普通高等教育"十二五"规划教材

电子技术

主　编　覃爱娜　李　飞

副主编　罗桂娥　罗　群

中国水利水电出版社
www.waterpub.com.cn

内 容 提 要

本书以"注重基础，覆盖全面，内容精炼"为宗旨，在模拟电子技术部分，强调基本概念、基本原理的描述，避免复杂的数学推导过程，简化电路的分析和计算；在数字电子技术部分，以逻辑器件为主线，凝练归类知识点，按基本单元到逻辑电路再到数字系统的顺序，循序渐进地介绍常用逻辑部件的功能和典型应用。

本书共 9 章。主要内容包括常用半导体器件、基本放大电路、集成运算放大器及其负反馈放大电路、集成运算放大器应用电路、直流稳压电源、数字逻辑基础、组合逻辑电路、时序逻辑电路和数字系统及其应用。每章均以"内容提要"作为一章内容的引导，以"本章小结"作为一章的结束，纲目清晰。

本书可作为高等工科院校机电类、信息物理工程类、能源动力类、冶金类、材料类、交通运输类等专业的课程教材，也可作为从事电子技术的工程技术人员和广大电子技术爱好者的参考书。

图书在版编目（CIP）数据

电子技术 / 覃爱娜，李飞主编. -- 北京 : 中国水利水电出版社，2016.8
普通高等教育"十二五"规划教材
ISBN 978-7-5170-4538-0

Ⅰ. ①电… Ⅱ. ①覃… ②李… Ⅲ. ①电子技术－高等学校－教材 Ⅳ. ①TN

中国版本图书馆CIP数据核字(2016)第162457号

策划编辑：雷顺加　　责任编辑：宋俊娥　　加工编辑：高双春　　封面设计：李 佳

书　　名	普通高等教育"十二五"规划教材 电子技术
作　　者	主　编　覃爱娜　李 飞 副主编　罗桂娥　罗 群
出版发行	中国水利水电出版社 （北京市海淀区玉渊潭南路1号D座　100038） 网址：www.waterpub.com.cn E-mail: mchannel@263.net（万水） 　　　　sales@waterpub.com.cn 电话：（010）68367658（发行部）、82562819（万水）
经　　售	北京科水图书销售中心（零售） 电话：（010）88383994、63202643、68545874 全国各地新华书店和相关出版物销售网点
排　　版	北京万水电子信息有限公司
印　　刷	北京正合鼎业印刷技术有限公司
规　　格	170mm×227mm　16开本　22.25印张　416千字
版　　次	2016年8月第1版　2016年8月第1次印刷
印　　数	0001—3000册
定　　价	39.00元

凡购买我社图书，如有缺页、倒页、脱页的，本社发行部负责调换

版权所有·侵权必究

普通高等教育"十二五"规划教材

（电工电子课程群改革创新系列）

编审委员会名单

主　任：施荣华　罗桂娥

副主任：李　飞　宋学瑞

成　员：（按姓氏笔画排序）

　　　　刘子建　刘曼玲　吕向阳　寻小惠　吴显金
　　　　宋学瑞　张亚鸣　张晓丽　张静秋　李　飞
　　　　李力争　李中华　陈　宁　陈明义　陈革辉
　　　　罗　群　罗桂娥　罗瑞琼　姜　霞　胡燕瑜
　　　　彭卫韶　覃爱娜　谢平凡

秘　书：雷　皓

前 言

"电子技术"是工科院校工科类专业的一门重要的技术基础课,是研究各种电子器件、模拟电路及其应用、数字电路及其应用的课程。本书是该课程使用的配套教材,适用学时数为 64~80 学时。为了适应电子技术的飞速发展和 21 世纪工程技术人才培养的需要,根据教学内容的改革和多年的教学实践经验,我们编写了本教材。本教材具有以下特点:

(1)注重基础,精选内容,力求少而精,以符合教学基本要求为准;

(2)在保证电子技术传统内容的基础上,适当引入新概念、新器件、新技术,便于学生了解电子技术的新发展;

(3)重视电子器件的外部特性,力求简化分析推导过程,重在其功能和使用方法,为学生以后学习专业课程打下基础;

(4)加大电子集成电路的比例,简明分析内部结构和工作原理,着重介绍集成电路的应用方法,利于学生理论联系实际;

(5)由于内容多学时少,为解决各专业基本要求与不同专业特殊要求的矛盾,本教材在每一章的最后均设置一节辅修内容,便于教师和学生取舍;

(6)每章均以"内容提要"作为一章内容的引导,以"本章小结"作为一章的结束,纲目清晰,便于学生把握学习内容及其重点。

全书共 9 章。第 1 章常用为半导体器件,介绍构成电子电路的基本器件,如 PN 结、半导体二极管、三极管、场效应管的基本特性;第 2 章为基本放大电路,介绍基本放大电路的构成、分析方法和放大参数的计算方法;第 3 章为集成运算放大器及其负反馈放大电路,介绍集成运算放大器的构成及其特性、负反馈放大电路的构成及其作用;第 4 章为集成运算放大器的应用电路,包括运算电路、正弦波振荡电路、电压比较器等;第 5 章为直流稳压电源,介绍直流稳压电源的各个组成部分电路;第 6 章为数字逻辑基础,介绍逻辑代数和逻辑函数及其化简方法以及门电路;第 7 章为组合逻辑电路,介绍组合逻辑电路的特点、组合逻辑电路的分析与设计方法、常见的中规模组合逻辑电路及其应用;第 8 章为时序逻辑电路,先介绍触发器的电路结构和逻辑功能,然后阐述时序逻辑电路的分析与设计方法,最后介绍若干常用的中规模时序逻辑电路芯片及其应用;第 9 章为数字系统及其应用,分别介绍 555 集成定时器组成的各种脉冲电路、半导体存储器 ROM、RAM 结构和应用、可编程逻辑器件的原理及应用、A/D 及 D/A 转换器的工作原理及电路。每章末均有小结、习题。

通过本课程的学习，使学生掌握必备的电子技术的基本理论、基本原理和基本方法，为今后学习专业技术和从事实际操作打下扎实基础。

本书是在总结中南大学信息科学与工程学院电工电子基础教学与实验中心教师多年教学实践经验的基础上完成的。本书由覃爱娜、李飞任主编，罗桂娥、罗群任副主编。其中，覃爱娜负责编写第7、8章，李飞负责编写第6、9章，罗桂娥负责编写第1、2章，罗群负责编写第3、4、5章。最后，由覃爱娜统稿定稿。

本书以满足工科类专业的需要为前提，可作为高等工科院校机电类、信息物理工程类、能源动力类、冶金类、材料类、交通运输类等专业的技术基础教材，也可作为高等职业技术学院的参考教材。

本书在编写过程中，宋学瑞、陈革辉、张静秋、张亚鸣、刘献如等同志给予了大力支持并提出了许多宝贵的意见，在此表示诚挚的谢意。

由于编者水平有限，书中难免有不妥和错误之处，殷切期望读者批评指正。

编 者

2016 年 6 月

目 录

前言

第1章 常用半导体器件 1
  1.1 半导体基础知识 1
    1.1.1 半导体材料及其导电特性 1
    1.1.2 杂质半导体 3
    1.1.3 PN结及其单向导电性 4
  1.2 半导体二极管 5
    1.2.1 二极管的结构与类型 6
    1.2.2 二极管的伏安特性和主要参数 7
    1.2.3 稳压二极管 9
    1.2.4 二极管应用举例 10
  1.3 双极型晶体管 13
    1.3.1 晶体管概述 14
    1.3.2 晶体管的工作原理 15
    1.3.3 晶体管的共射特性曲线和工作区 17
    1.3.4 晶体管的主要参数及温度的影响 19
    1.3.5 晶体管的简化小信号模型 21
    1.3.6 晶体管分析举例 23
  1.4 辅修内容 25
    1.4.1 半导体光电器件 25
    1.4.2 绝缘栅场效应三极管 28
  本章小结 34
  习题1 35

第2章 基本放大电路 41
  2.1 放大电路的基本概念及性能指标 41
    2.1.1 放大电路的作用 41
    2.1.2 放大电路的性能指标 42
  2.2 共射放大电路 44
    2.2.1 基本放大电路的组成 44

  2.2.2 共射放大电路的图解分析法 ·················· 46
  2.2.3 共射放大电路的等效电路分析法 ·················· 51
 2.3 共集电极放大电路 ·················· 56
 2.4 多级放大电路 ·················· 58
  2.4.1 多级放大电路的耦合方式 ·················· 59
  2.4.2 多级放大电路分析举例 ·················· 61
 2.5 差动放大电路 ·················· 64
  2.5.1 差动放大电路概述 ·················· 64
  2.5.2 典型差动放大电路的分析 ·················· 68
 2.6 功率放大电路 ·················· 70
  2.6.1 功放电路概述 ·················· 71
  2.6.2 互补对称功率放大电路 ·················· 73
  2.6.3 改进型 OCL 功率放大电路 ·················· 75
 2.7 辅修内容 ·················· 80
  2.7.1 场效应管放大电路 ·················· 80
  2.7.2 共基极放大电路分析 ·················· 82
  2.7.3 集成功率放大电路 ·················· 84
 本章小结 ·················· 86
 习题 2 ·················· 87
第 3 章 集成运算放大器及其负反馈电路 ·················· 94
 3.1 集成电路概述 ·················· 94
 3.2 集成运算放大器 ·················· 95
  3.2.1 集成运算放大器的基本结构 ·················· 95
  3.2.2 集成运放的电压传输特性及理想运放的分析依据 ·················· 96
  3.2.3 集成运算放大器的主要技术指标 ·················· 98
 3.3 运算放大器电路中的负反馈 ·················· 99
  3.3.1 反馈的基本概念和反馈组态 ·················· 99
  3.3.2 负反馈放大电路的方框图及一般表达式 ·················· 105
  3.3.3 负反馈对放大电路性能影响及引入负反馈一般原则 ·················· 107
 3.4 辅修内容 ·················· 110
  3.4.1 集成运放 F007 简介 ·················· 110
  3.4.2 集成运放选择及使用 ·················· 111
  3.4.3 深度负反馈放大电路的分析 ·················· 114
 本章小结 ·················· 117

习题 3 ... 117

第 4 章 集成运算放大器应用电路 ... 120
4.1 基本运算电路 ... 120
4.1.1 比例运算电路 ... 120
4.1.2 加法运算电路 ... 123
4.1.3 减法运算电路 ... 125
4.1.4 积分运算电路和微分运算电路 ... 127
4.2 有源滤波电路 ... 129
4.2.1 滤波电路概述 ... 129
4.2.2 低通滤波电路 ... 131
4.2.3 高通滤波电路 ... 133
4.2.4 带通滤波电路 ... 134
4.3 正弦波振荡电路 ... 135
4.3.1 正弦波振荡电路概述 ... 135
4.3.2 RC 串并联选频网络 ... 137
4.3.3 RC 正弦波振荡电路 ... 139
4.3.4 LC 正弦波振荡电路 ... 140
4.4 电压比较器 ... 143
4.4.1 电压比较器的类型和应用 ... 143
4.4.2 单限比较器与滞回比较器 ... 144
4.5 非正弦波产生电路 ... 147
4.6 辅修内容 ... 150
4.6.1 三角波产生电路 ... 150
4.6.2 锯齿波产生电路 ... 151
4.6.3 石英晶体正弦波振荡电路 ... 151
本章小结 ... 154
习题 4 ... 156

第 5 章 直流稳压电源 ... 161
5.1 直流稳压电源概述 ... 161
5.2 单相整流电路 ... 162
5.2.1 单相半波整流电路 ... 162
5.2.2 单相桥式整流电路 ... 164
5.3 滤波电路 ... 167
5.3.1 电容滤波电路 ... 167

5.3.2　电感滤波电路 170
　　5.3.3　复式滤波电路 171
　5.4　稳压电路 172
　　5.4.1　稳压电路的技术指标 172
　　5.4.2　稳压二极管稳压电路 173
　　5.4.3　串联型稳压电路 176
　　5.4.4　三端集成稳压器——W7800 系列集成稳压器 177
　5.5　辅修内容 179
　　5.5.1　W317 系列集成稳压器 179
　　5.5.2　调整管的选择 179
　本章小结 180
　习题 5 181

第 6 章　数字逻辑基础 184
　6.1　逻辑代数 184
　　6.1.1　逻辑代数中的逻辑运算 184
　　6.1.2　逻辑代数的公式和定理 189
　6.2　逻辑函数及其表示方法 192
　　6.2.1　逻辑函数的概念 192
　　6.2.2　逻辑函数的表示方法及其相互转换 193
　　6.2.3　逻辑函数的标准形式 196
　6.3　逻辑函数的化简 197
　　6.3.1　逻辑函数最简的概念 197
　　6.3.2　逻辑函数的代数化简法 199
　　6.3.3　逻辑函数的卡诺图化简法 201
　6.4　门电路 207
　　6.4.1　门电路的逻辑状态表示 207
　　6.4.2　TTL 集成门电路 208
　6.5　辅修内容 215
　　6.5.1　数制和码制 215
　　6.5.2　逻辑函数的另一种标准形式——最大项之积形式 218
　　6.5.3　CMOS 集成门电路 219
　本章小结 223
　习题 6 223

第 7 章　组合逻辑电路 227

7.1 组合逻辑电路的特点 227
7.2 组合逻辑电路的分析和设计 228
 7.2.1 组合逻辑电路的分析 228
 7.2.2 组合逻辑电路的设计 230
7.3 编码器 234
 7.3.1 普通编码器 234
 7.3.2 优先编码器 235
 7.3.3 二—十进制编码器 236
7.4 译码器 237
 7.4.1 二进制译码器 238
 7.4.2 二—十进制译码器 240
 7.4.3 显示译码器 242
7.5 数据选择器 244
 7.5.1 数据选择器类型和功能 245
 7.5.2 数据选择器的应用 246
7.6 加法器 248
 7.6.1 半加器 248
 7.6.2 全加器 248
 7.6.3 多位加法器 249
 7.6.4 加法器的应用 250
7.7 数值比较器 251
 7.7.1 1 位数值比较器 252
 7.7.2 多位数值比较器 252
7.8 辅修内容 253
 7.8.1 组合逻辑电路中的竞争冒险 253
 7.8.2 组合逻辑电路的功能扩展 255
本章小结 257
习题 7 258

第 8 章 时序逻辑电路 261

8.1 时序逻辑电路的特点和分类 261
8.2 触发器的电路结构及动作特点 262
 8.2.1 基本 RS 触发器 263
 8.2.2 同步 RS 触发器 264
 8.2.3 主从 JK 触发器 266

  8.2.4　边沿 D 触发器 ··· 268
  8.2.5　触发器逻辑功能的转换 ··· 270
 8.3　时序逻辑电路的分析 ··· 273
  8.3.1　同步时序逻辑电路的分析 ··· 273
  8.3.2　异步时序逻辑电路的分析 ··· 275
 8.4　寄存器 ··· 277
  8.4.1　数码寄存器 ··· 277
  8.4.2　锁存器 ··· 278
  8.4.3　移位寄存器 ··· 279
  8.4.4　寄存器应用举例 ··· 281
 8.5　计数器 ··· 282
  8.5.1　异步计数器 ··· 282
  8.5.2　同步计数器 ··· 283
  8.5.3　用 MSI 构成任意进制计数器的方法 ··· 286
 8.6　辅修内容 ··· 288
  8.6.1　可逆计数器 ··· 288
  8.6.2　中规模时序逻辑电路的功能扩展 ··· 289
  8.6.3　MSI 计数器的应用举例 ··· 291
 本章小结 ··· 293
 习题 8 ··· 294

第 9 章　数字系统及应用 ··· 300
 9.1　555 集成定时器及其应用 ··· 300
  9.1.1　555 定时器的电路结构及工作原理 ··· 300
  9.1.2　555 定时器构成的施密特触发器 ··· 302
  9.1.3　555 定时器构成的单稳态触发器 ··· 303
  9.1.4　555 定时器构成的多谐振荡器 ··· 305
 9.2　半导体存储器及其应用 ··· 307
  9.2.1　只读存储器（ROM） ··· 307
  9.2.2　随机存取存储器（RAM） ··· 311
  9.2.3　存储器的扩展与应用 ··· 312
 9.3　可编程逻辑器件 ··· 315
  9.3.1　可编程逻辑器件概述 ··· 315
  9.3.2　现场可编程逻辑阵列（FPLA） ··· 318
  9.3.3　可编程阵列逻辑（PAL） ··· 319

  9.3.4　通用阵列逻辑 ··· 322
9.4　数模与模数转换 ·· 322
  9.4.1　数模转换器 ··· 323
  9.4.2　模数转换器 ··· 327
9.5　辅修内容 ·· 333
  9.5.1　动态随机存储器 ··· 333
  9.5.2　通用阵列逻辑（GAL）··· 335
本章小结 ·· 340
习题 9 ··· 341

第 1 章 常用半导体器件

半导体二极管及双极型晶体三极管是最常用的半导体器件,它们是构成电子电路的基本元件。本章从常用半导体材料及其特性,PN 结的单向导电性入手,重点讨论半导体二极管及双极型晶体三极管的结构、工作原理、伏安特性、主要参数及其应用举例。

1.1 半导体基础知识

本节从半导体材料及其导电特性出发,介绍半导体中参与导电的两种载流子、P 型半导体、N 型半导体、PN 结及其单向导电性。PN 结是构成半导体二极管、晶体三极管等半导体电子器件的基础。

1.1.1 半导体材料及其导电特性

1. 半导体的导电特性

自然界中的物质按导电能力的不同,可以分为导体、绝缘体和半导体。所谓半导体是指其导电能力介于导体与绝缘体之间的物质。常用的半导体材料有硅(Si)、锗(Ge)、砷化镓(GaAs)和绝大多数金属氧化物与硫化物等。

半导体之所以能够得到广泛的应用,主要是因为它的光敏性、热敏性和掺杂性。

(1)光敏性。所谓光敏性,是指半导体材料随着光照程度的变化,其导电能力显著不同。如硫化镉,在有光照和无光照条件下,其电阻率有几十到几百倍的差别,利用这种特性可以制成各种光敏器件,如光敏电阻、光电管和光电池等。

(2)热敏性。所谓热敏性,是指半导体材料的导电能力随着温度的升高而明显增强。例如纯净的锗半导体,当温度从 20℃升高到 30℃时,其电阻率几乎降低一半。利用这种特性可制成各种热敏器件,如热敏电阻、热敏二极管等。

(3)掺杂性。所谓掺杂性,是指在本征半导体(纯净不含任何杂质的半导体)中,掺入微量的某种杂质元素,其导电能力将明显增强。如在本征硅半导体中,只要掺入亿分之一的三价元素硼,其电阻率将下降到原来的几万分之一。利用这种特性可制作具有不同用途的半导体器件，如二极管、双极型晶体管、场效应晶体管和晶闸管等。

2. 本征半导体的共价键结构

本征半导体是一种纯净不含任何杂质的、具有完整晶体结构的半导体，是制作半导体器件的基础材料。最常用的本征半导体是硅或锗半导体，它们都是四价元素，即在其原子结构模型的最外层轨道上各有 4 个价电子。下面以硅半导体为例来说明本征半导体的共价键结构。

图 1-1 是硅晶体单个原子排列方式的立体示意图，硅原子在空间排列成很有规律的空间点阵，即晶格。由于晶格中原子之间的距离很近，处于每个原子核外层的价电子不仅受到本身原子核的吸引，而且还会受到相邻原子核的吸引，因而任何一个价电子都为相邻的原子核所共有，即任何两个相邻的原子都具有一对价电子，称为共价键。图 1-2 是硅晶体共价键的示意图。共价键中的价电子受热激发将摆脱共价键的束缚成为自由电子。同时在共价键中留下一个空位，这个空位称为空穴，空穴带正电荷。

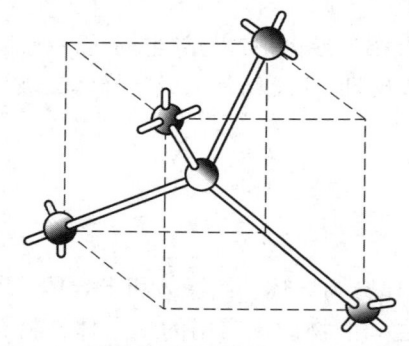

图 1-1　硅晶体原子排列方式立体示意图

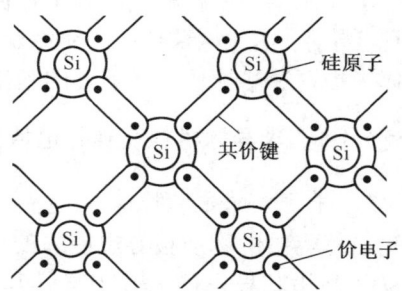

图 1-2　硅晶体中的共价键结构

在本征半导体中，由于电子和空穴的数目相同，称为自由电子—空穴对。在外加电压的作用下，一方面自由电子将逆着电场方向定向移动形成电子电流；另一方面由于空穴的存在，价电子也可能逆电场方向依次填补空穴，就好像空穴顺着电场方向移动，从而形成了空穴电流，自由电子与空穴的运动方向相反。因此，半导体中存在自由电子与空穴两种载流子，这是半导体导电与金属导电机理的本质区别。

在室温条件下，本征半导体中载流子的数目是一定的，且数目很少，因而导电能力很差，温度升高，载流子浓度将近似按指数规律增加，因此温度对本征半导体的导电性能有很大的影响。

1.1.2 杂质半导体

本征半导体的载流子数量太少，不能直接用来制造半导体器件，为了提高半导体的导电能力，需在本征半导体中掺入微量的杂质元素，如磷、硼等，形成杂质半导体。根据掺入杂质性质的不同，可将半导体分为 N 型半导体和 P 型半导体两大类。

1. N 型半导体

如图 1-3 所示，在本征硅半导体中掺入微量五价元素（如磷），则每掺入一个五价元素的原子就会在组成共价键时产生一个自由电子，使得在掺杂后的半导体中的电子浓度大大增加，其数量远远多于空穴的数量。这种掺杂后的半导体主要靠自由电子导电，称为电子型半导体，也称为 N 型半导体，其中自由电子为多数载流子，热激发形成的空穴为少数载流子。

2. P 型半导体

如图 1-4 所示，在本征硅半导体中掺入微量的三价元素（如硼），则每掺入一个三价元素的原子就会在组成共价键时产生一个空穴，使得掺杂后的半导体中的空穴浓度大大增加，其数量远远多于自由电子的数量。这种掺杂后的半导体其导电作用主要靠空穴运动，称为空穴型半导体，也称为 P 型半导体，其中空穴为多数载流子，而自由电子为少数载流子。

综上可知，无论在 N 型半导体还是 P 型半导体中，多数载流子主要由掺杂产生。掺入的杂质越多（以不破坏半导体的晶体结构为度），多数载流子的数目就越多。掺入少量的杂质元素，可使晶体中的多数载流子数量剧增，这样就大大提高了半导体的导电能力。不论是 N 型还是 P 型半导体，虽然都有一种载流子占多数，在 N 型半导体中，自由电子浓度远大于空穴浓度，而在 P 型半导体中，空穴浓度则远大于自由电子的浓度，但是整个半导体仍然是呈电中性的。

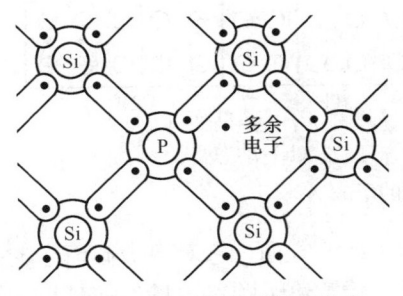

图 1-3 N 型半导体结构示意图

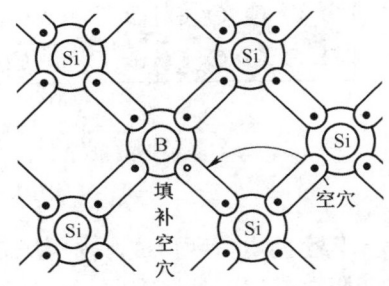

图 1-4 P 型半导体结构示意图

图 1-5 所示为 N 型半导体和 P 型半导体中载流子和杂质离子的示意图，图中

"⊕"表示杂质原子因提供了一个价电子而形成的正离子,"⊖"表示杂质原子因提供了一个空穴而形成的负离子。这些正、负离子不能移动,不能参与导电。

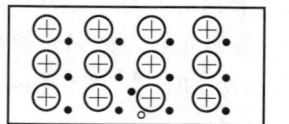
(a) N型半导体

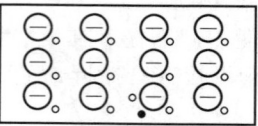
(b) P型半导体

图1-5 N型半导体与P型半导体的载流子示意图

1.1.3 PN结及其单向导电性

将P型半导体与N型半导体按一定的加工工艺结合在一起,可以形成PN结,PN结具有单向导电性,它是众多半导体元器件的基本组成部分。

1. PN结的形成

如图1-6(a)所示,当P型半导体与N型半导体接触后,由于交界两侧半导体类型不同,P型区的空穴浓度高,而N型区的自由电子浓度高,两侧存在载流子浓度差异,浓度高的将往浓度低的区域进行扩散。因此,P型区的空穴向N型区扩散,N型区的自由电子向P型区扩散。随着扩散运动的进行,在交界面附近的P型区和N型区域分别留下了一些不能移动的正、负离子,此区间称为空间电荷区。即随着扩散运动的进行,空间电荷区一侧带正电另一侧带负电,从而形成了内电场E_{in},其方向为正电荷指向负电荷的方向,即由N区指向P区,如图1-6(b)所示。

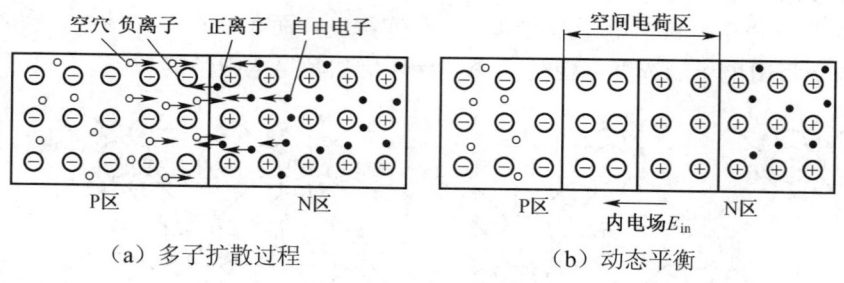

图1-6 PN结的形成

一旦空间电荷区形成,内电场有两种作用:一方面,它对多数载流子的扩散运动起阻碍作用;另一方面,它又可以促进少数载流子顺着电场方向越过空间电荷区进入另一侧,该运动称为少数载流子的漂移运动。显然,多数载流子的扩散运动方向和少数载流子的漂移运动方向是相反的。当扩散运动与漂移运动达到动态平衡时，空间电荷区的宽度便基本稳定下来。这个空间电荷区便称为 PN 结。

2. PN 结的单向导电性

在 PN 结的两端外加不同极性的电压时，就会打破载流子扩散运动和漂移运动原有的动态平衡状态，PN 结将表现出截然不同的导电性能，即 PN 结单向导电性。其基本原理如下：

（1）外加正向电压时 PN 结处于导通状态

当在 PN 结两端外加正向电压（也称为 PN 结正偏）时，即 P 区接外加电源的正极，N 区接外加电源的负极，如图 1-7 所示。此时，外加电场 E_{out} 与内电场 E_{in} 的方向相反，外加电场削弱内电场使空间电荷区变窄，使多数载流子的扩散运动大于少数载流子的漂移运动，形成较大的正向电流 I_F，这时称 PN 结处于导通状态。

（2）外加反向电压时 PN 结处于截止状态

当在 PN 结两端外加反向电压（也称为 PN 结反偏）时，即 P 区接外加电源的负极，N 区接外加电源的正极，如图 1-8 所示。此时，外加电场 E_{out} 与内电场 E_{in} 的方向相同，外加电场增强了内电场使空间电荷区变宽，使多数载流子的扩散运动难以进行，少数载流子的漂移运动加强，形成反向漂移电流 I_R。这时称 PN 结处于反向截止状态。

综上所述，当 PN 结外加正向电压时，PN 结呈现低电阻，内部有较大的正向电流，即 PN 结处于导通状态；当 PN 结外加反向电压时，PN 结呈现高电阻，内部只有反向电流流过，其数值很小，几乎为零，即 PN 结处于截止状态。这就是 PN 结的单向导电性。

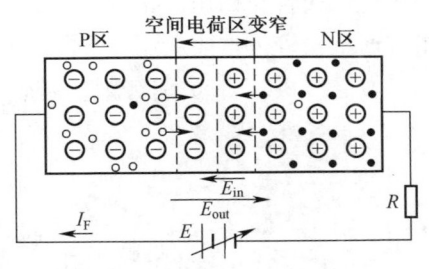

图 1-7 PN 结外加正向电压

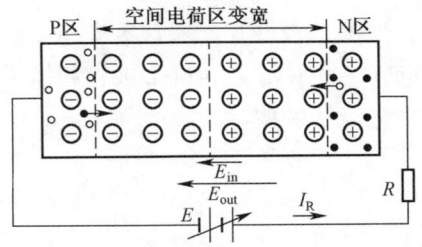

图 1-8 PN 结外加反向电压

1.2 半导体二极管

半导体二极管（简称二极管）是非线性器件，最主要的特性是单向导电性。

下面介绍二极管的结构类型、伏安特性、主要参数以及常用的电路模型。

1.2.1 二极管的结构与类型

如果在一个 PN 结的两端加上电极引线并用外壳封装起来，便构成一只半导体二极管，半导体二极管的核心就是一个 PN 结。图 1-9 所示为二极管的外形、结构示意图和图形符号。由 P 区引出的电极称为阳极或正极，由 N 区引出的电极称为阴极或负极，箭头表示二极管正向导通时的电流方向。

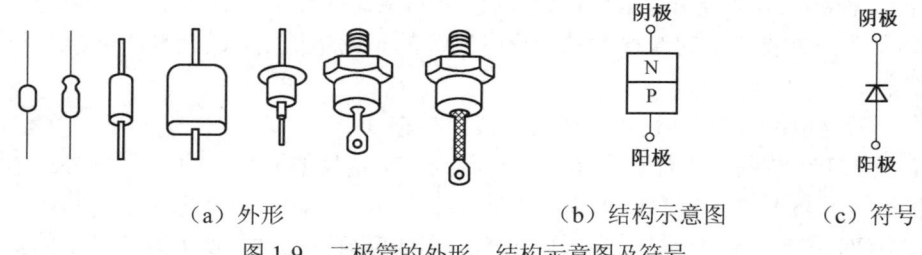

（a）外形　　　　　（b）结构示意图　　　（c）符号

图 1-9　二极管的外形、结构示意图及符号

二极管的分类方法有很多。按照内部结构的不同，二极管分为点接触型、面接触型和平面型，其结构如图 1-10 所示。点接触型二极管的 PN 结接触面小，结电容小，适宜在高频电路、开关电路等小电流情况下使用；面接触型二极管的 PN 结接触面大、结电容大，能通过较大的正向电流，适宜在整流电路中使用；平面型二极管又分为 PN 结接触面较大和 PN 结接触面较小的两种，根据 PN 结的接触面不同，使用场合也不相同。按用途可分为普通二极管、稳压二极管、发光二极管、变容二极管等，通常所说的二极管是指普通二极管。按照所用半导体材料的不同，二极管又分为硅二极管和锗二极管，一般硅二极管多为面接触型，锗二极管多为点接触型。

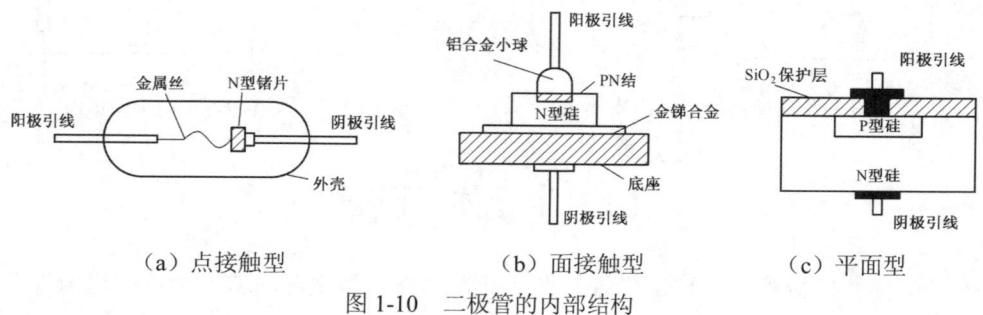

（a）点接触型　　　　　（b）面接触型　　　　　（c）平面型

图 1-10　二极管的内部结构

1.2.2 二极管的伏安特性和主要参数

1. 二极管的伏安特性

二极管的伏安特性是指二极管两端所施加电压与流过二极管的电流之间伏安关系。由于二极管的核心是 PN 结，所以二极管的伏安特性就是 PN 结的伏安特性。图 1-11 为通过实验测出的某硅二极管与锗二极管的伏安特性曲线。

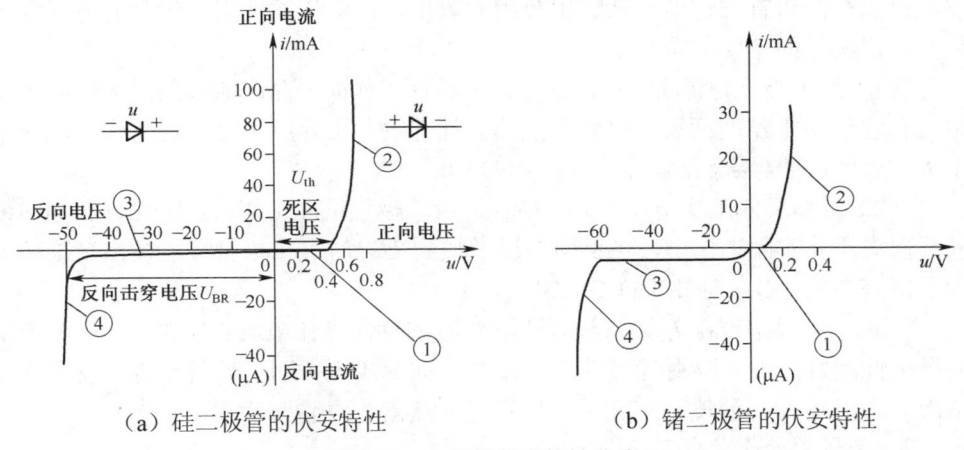

（a）硅二极管的伏安特性　　　　　（b）锗二极管的伏安特性

图 1-11　二极管伏安特性曲线

由此可见，二极管的伏安特性是非线性的。为清楚起见，下面对二极管的伏安特性曲线分四部分来说明。

① 正向死区：$0 < U_D < U_{th}$ 的区域。在此区域，外加正向电压较小时，由于外电场较弱，还不足以克服 PN 结内电场对多数载流子扩散运动的阻力，所以正向电流很小，几乎为零。即此时 $I_D = 0$。U_{th} 称为死区电压（或称为阈值电压），硅管的死区电压约为 0.5V，锗管的死区电压约为 0.1V。

② 正向导通区：$U_D > U_{th}$ 且二极管又没有因过流损坏的区域。当二极管两端所施加的正向电压超过死区电压后，PN 结的内电场被大大削弱，电流急剧增加，二极管处于正向导通状态。此时二极管的电阻变得很小，其压降也很小。硅管的导通电压 $U_{D(on)}$ 一般在 0.6~0.8V，而锗管一般在 0.2~0.4V。工程估算时，一般硅管的导通电压取 0.7V，而锗管的导通电压取 0.3V。

③ 反向截止区：二极管反偏且 $|U_D| < U_{BR}$ 的区域。当二极管两端施加反向电压时，由少数载流子漂移而形成的反向电流 I_R 很小，且在一定电压范围内基本上不随反向电压而变化，处于饱和状态，故这一段的电流又称反向饱和电流 I_S。硅管的反向电流比锗管的小，一般约在 1μA 至几十μA；锗管的反向电流可达几百μA。

④ 反向击穿区：当二极管的反向电压增大到 U_{BR} 时，反向电流急剧增大，这种现象称为"反向击穿"，U_{BR} 称为反向击穿电压。一旦二极管被击穿后，一般不能恢复原来的性能，二极管便失去单向导电性。因此应该避免二极管发生击穿现象。

2. 二极管的主要参数

二极管的特性除了用伏安特性曲线表示外，还可以用参数来说明。二极管的参数是表征二极管的性能及其适用范围的数据，是选择和使用二极管的重要参考依据。二极管的主要参数如下。

（1）最大整流电流 I_F。I_F 是指二极管长期工作时，允许通过的最大正向平均电流。它与 PN 结的面积、材料及散热条件有关。实际应用时平均工作电流应小于 I_F，否则可能导致结温过高而烧毁 PN 结。

（2）最高反向工作电压 U_{RM}。U_{RM} 是指二极管反向工作时，所允许施加的最高反向电压。实际工作中，当反向电压增加到 U_{BR} 时，二极管可能被击穿损坏。为了留有余地，U_{RM} 通常取 $(1/2\sim1/3)U_{BR}$。

（3）反向电流 I_R。I_R 为二极管未击穿时的反向工作电流。I_R 越小二极管的单向导电性越好。实际应用时可以认为 I_R 与反向偏压无关而近似等于 I_S（反向饱和电流）。但是 I_R 与温度密切相关，使用时应注意 I_R 的温度条件。

3. 二极管的等效电路

从二极管的伏安特性可以看出，二极管是非线性器件，给电路分析带来不便，在满足工程需要的前提下，可以将二极管线性化。即在一定条件下，采用尽量简化的等效电路来分析电路的响应。下面介绍两种最常用的二极管等效电路。

（1）理想二极管模型。理想二极管模型是将二极管的单向导电性作理想化处理，将二极管看成理想的压控开关，如图 1-12（a）所示。

1）正向偏置时，二极管导通且导通压降为 0，有较大的正向电流（取决于外电路）；

2）反向偏置时，二极管截止，反向电流为零。

（2）二极管的恒压降模型。在相当多的情况下，二极管本身的导通压降（也称为管压降）不能忽略。这时可以采用理想二极管串联电压源来代替原来的二极管，此模型称为恒压降模型，如图 1-12（b）所示。

1）当二极管两端的电压小于 $U_{D(on)}$ 时，二极管完全截止，流经二极管的电流为 0；

2）二极管导通时，其端电压为常量 $U_{D(on)}$；理想二极管反映实际二极管的单向导电性，电压源 $U_{D(on)}$ 代表二极管的正向导通压降。工程估算值一般对于硅二极管取 $U_{D(on)}=0.7V$；对于锗二极管取 $U_{D(on)}=0.3V$。

第 1 章 常用半导体器件

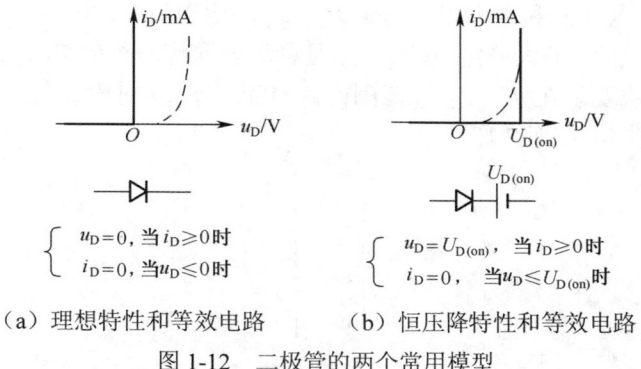

(a) 理想特性和等效电路　　(b) 恒压降特性和等效电路

图 1-12 二极管的两个常用模型

1.2.3 稳压二极管

稳压二极管是一种特殊的面接触型半导体硅二极管,简称稳压管。它和普通二极管一样,实质上也是一个 PN 结。由于它在电路中与适当数值的电阻配合后能起稳定电压的作用,所以称为稳压管。

1. 稳压二极管及其特性

稳压管的伏安特性曲线及电路图形符号如图 1-13 所示。稳压管的伏安特性与二极管的伏安特性相似,其差别是稳压管的反向击穿区特性曲线比较陡。稳压管与普通二极管不同,它工作在反向击穿区,即对应于反向特性曲线的 AB 段。从稳压管的反向伏安特性曲线可以看出,稳压管被击穿后,由于反向电流在相当大的范围内变化时,稳压管两端的电压却变化很小。利用这一特性,稳压管在电路中能起稳压作用。

稳压管的 PN 结是经过特殊设计和特殊工艺处理的,其击穿电压可以做得比普通二极管的击穿电压低,反向击穿电流大,只要限制其反向电流不超过容许的数值,稳压管不致于过热而损坏,外加电压消失后,稳压管又恢复原来状态,这与普通二极管被击穿后便被损坏是不同的。但是如果反向电流超过容许范围,稳压二极管同样会发生热击穿而损坏。

2. 稳压管的主要参数

稳压管的主要参数如下。

(1) 稳定电压 U_Z。稳定电压 U_Z 就是稳压管在正常的反向击穿工作状态下管子两端的反向电压。当稳压管中的电流在规定范围($I_Z \sim I_{Z(\max)}$)时,稳压管两端的电压值称为稳定电压 U_Z。由于手工工艺和其他原因,即使同一型号的稳压管,其实际稳压值也不一定完全相同,具有一定的分散性。所以在手册上给出的是某一型号管子的稳定电压范围,使用时要进行测试,按需要进行挑选。

（2）稳定电流 I_Z 和最大稳定电流 $I_{Z(max)}$。稳定电流 I_Z 是指工作电压等于稳定电压时的反向电流，最大稳定电流 $I_{Z(max)}$ 是稳压管允许通过的最大反向电流。稳压管正常工作电流要求在 $I_Z \sim I_{Z(max)}$ 范围内，电流小于 I_Z 时没有稳压作用，而大于 $I_{Z(max)}$ 则可能因热击穿而烧坏。

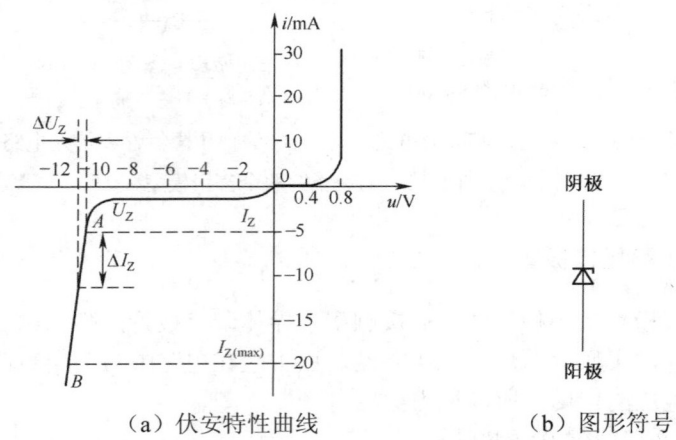

(a) 伏安特性曲线　　　　(b) 图形符号

图 1-13　稳压管的伏安特性曲线及电路图形符号

（3）动态电阻 r_Z。指稳压管两端电压变化量 ΔU 与对应的电流变化量 ΔI 之比。在不超过额定功耗的情况下，反向击穿电流越大、动态电阻越小则稳压性能越好。

（4）最大允许耗散功率 P_{ZM}。P_{ZM} 是稳压管工作时所允许的最大耗散功率，等于最大稳定电流与相应稳定电压的乘积。即

$$P_{ZM} = U_Z I_{Z(max)}$$

（5）电压温度系数 α。它是说明稳压管的稳定电压受温度变化影响的系数。当环境温度每升高 1℃ 时稳定电压值变化的百分比称为电压温度系数。即

$$\alpha = \Delta U_Z / \Delta T$$

1.2.4　二极管应用举例

二极管的应用范围很广，主要是利用它的单向导电性。它可以用于整流、检波、钳位、限幅以及在脉冲与数字电路中作为开关元件。二极管整流电路将专门在第 5 章介绍，下面举例说明二极管的一些应用情况。

1. 二极管的整流与检波

整流是将极性周期性变化的交流电变换成极性单一的直流电的过程。

例 1-1　在图 1-14（a）所示电路中，已知 $u_i = 10\sin\omega t\,(\text{V})$，试分析输出 u_o 波形。

分析 在整流电路中,当外电路的电压远远大于二极管的导通压降时,可以将二极管看成理想二极管;对于周期性变化的输入信号,通常按正半周和负半周分别进行分析。

解 (1)在输入信号的正半周,二极管 D 导通,其端电压为零,所以 $u_o = u_i$;
(2)在输入信号的负半周,二极管 D 截止,相当于开关断开,所以 $u_o = 0$;
由此可以画出电路的工作波形如图 1-14(b)所示。

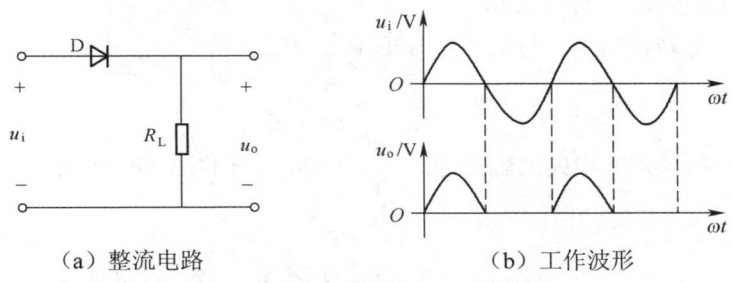

(a) 整流电路　　　　　　　　(b) 工作波形

图 1-14　二极管整流电路及工作波形

检波是将调制在高频电磁波上的低频信号检取下来,比如在收音机的检波电路中,在利用二极管单向导电性的同时,利用电容将高频信号旁路,从而将音频信号从载波中提取出来,其原理性电路如图 1-15 所示。检波电路在形式上与整流电路很近似,原理也相近。

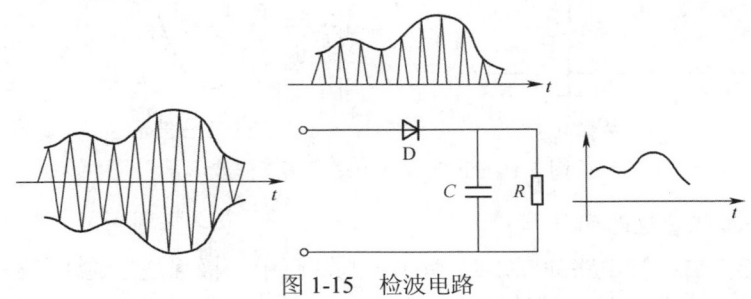

图 1-15　检波电路

2. 二极管限幅电路

限幅也称为削波,是指电路输出信号的幅度或波形受到规定电压(即限幅电压)的限制。

例 1-2 在图 1-16(a)所示电路中,二极管为理想二极管,已知 $u_i = 6\sin\omega t$ (V),E=3V,试分析输出 u_o 波形。

分析 对于周期性变化的输入信号,通常按 $u_i \geq E$ 和 $u_i < E$ 两种情况进行讨论,注意图(a)中 u_i 的方向为参考方向。

解 下面按 $u_i \geqslant E$ 和 $u_i < E$ 两种情况进行讨论：

（1）在输入信号正半周，$u_i > 0$，表明 u_i 的实际极性与参考极性一致。所以，当 $u_i \geqslant E$ 时，二极管 D 正偏导通，忽略二极管导通压降，则 $u_o \approx E = 3\text{V}$。此时输出信号被限制在限幅电压 E 值上；当 $u_i < E$ 时，二极管 D 反偏截止，将其所在支路看成断开，忽略电阻 R 上的压降，则输出电压 $u_o = u_i$。

（2）在输入信号负半周，$u_i < 0$，表明 u_i 的实际极性与参考极性相反，二极管 D 反偏截止，则输出电压 $u_o = u_i$。

总结该电路输出电压与输入信号电压之间的关系有：

$$u_o = \begin{cases} E, & (u_i \geqslant E) \\ u_i, & (u_i < E) \end{cases}$$

由此可得该限幅电路的输出电压 u_o 的波形如图 1-16（b）所示。

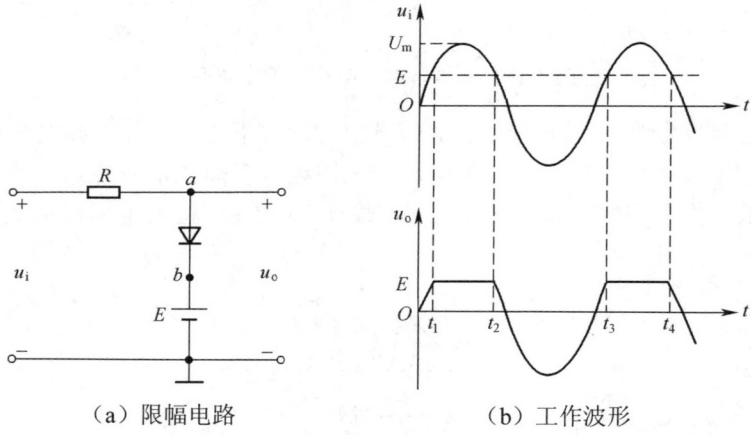

（a）限幅电路　　　　　（b）工作波形

图 1-16　正向限幅电路及其工作波形

3. 含二极管电路的计算

例 1-3　二极管电路如图 1-17 所示，判断图中二极管是导通还是截止，并确定电路的输出电压。设二极管为理想元件。

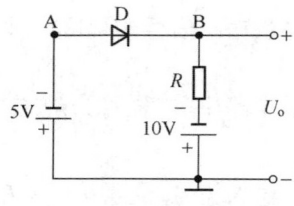

图 1-17　例 1-3 电路图

分析 判断二极管在电路中的工作状态，常用的方法是：假设二极管断开，求出二极管阳极与阴极之间所承受的开路电压。对于理想二极管来说，如果求出的电压大于零，则说明该二极管处于正向偏置而导通；如果电压小于零，则说明该二极管处于反向偏置而截止。

解 对图 1-22（a）的判断如下：首先将二极管 D 断开，求其两端所承受的电压

$$U_{AB}=-5+10=5V$$

显然，二极管接入后处于正向偏置而导通，其正向导通压降为零，故输出电压 $U_o=-5V$。

4. 稳压管稳压电路

例 1-4 对于图 1-18（a）所示的电路，已知稳压管的稳定电压值为 6V，输入波形如图 1-18（b）所示，画出输出电压 u_o 的波形。

分析 由稳压管的反向特性可知，当输入电压 $u_i > U_Z$，稳压管始终处于反向击穿状态，这时稳压管起稳压作用，可以获得稳定的输出电压 U_Z；当 u_i 只是部分大于 U_Z 时，则大于的部分被削波（或限幅），小于 U_Z 的部分跟随输入信号。

解 根据上述分析可知，图 1-18（a）的输出波形如 1-18（c）所示。

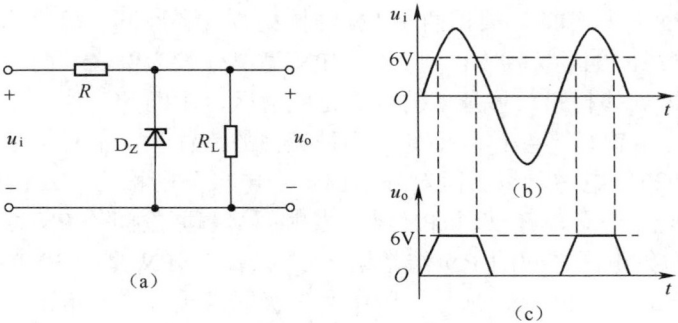

图 1-18 稳压管稳压电路

1.3 双极型晶体管

双极型晶体管，又称为半导体三极管，常简称为晶体管或三极管，是一种重要的半导体器件。它由两个 PN 结、三个电极组成，这两个 PN 结靠得很近，工作时相互联系、相互影响，表现出与两个单独的 PN 结完全不同的特性，三极管具有电流放大作用，所以在电子线路中得到广泛的应用。

1.3.1 晶体管概述

无论在分立元件的电子电路中，还是在集成电路中，晶体管都有极为广泛的应用。晶体管的种类很多，按结构可以分为 NPN 型和 PNP 型；按工作频率可以分为高频管和中低频管；按功耗可以分为大功率管和中小功率管，其外形如图 1-19 所示。

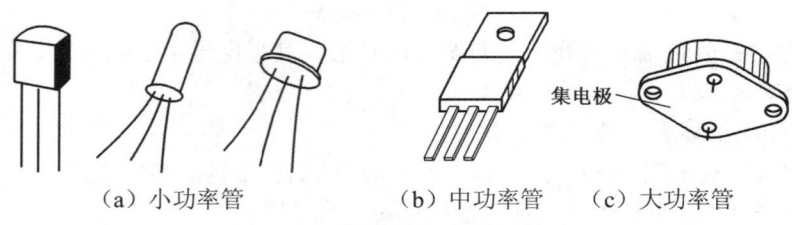

（a）小功率管　　　（b）中功率管　（c）大功率管

图 1-19　晶体管的几种常见外形

尽管晶体管的种类繁多，外形不同，但是它们的基本结构相同。都是通过一定的工艺在一块半导体基片上制成两个 PN 结，再引出三个电极，然后用管壳封装而成。因此，它是一种具两个 PN 结的半导体器件。

晶体管的内部结构示意图、组成和电路符号如图 1-20 所示。晶体管是由两个背靠背的 PN 结构成的。根据两个 PN 结排列方式的不同，可以构成两种不同类型的晶体管：NPN 型和 PNP 型。以 NPN 型晶体管为例，其两端是两块掺杂相同的 N 型半导体材料，掺杂多的区域是发射区，中间的一块掺杂不同（掺杂少且做得薄）的 P 型半导体。不论是哪种类型的晶体管，都有三个工作区域：发射区、基区和集电区。每个区对外引出一个电极分别称为：发射极（E）、基极（B）和集电极（C）。有两个 PN 结：发射区与基区之间的 PN 结称为发射结（J_E）；基区与集电区之间的 PN 结是集电结（J_C）。NPN 型和 PNP 型晶体管的电路图形符号如图 1-20（c）所示，图中发射极的箭头方向表示该管脚电流的实际方向。

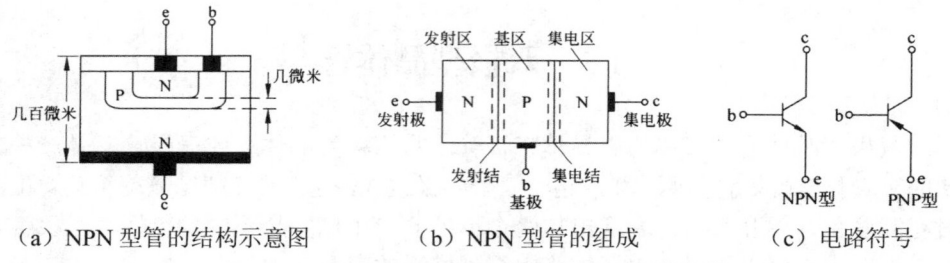

（a）NPN 型管的结构示意图　　（b）NPN 型管的组成　　　（c）电路符号

图 1-20　晶体管的结构示意图、组成和电路符号

1.3.2 晶体管的工作原理

1. 晶体管能够实现电流放大的条件

为了保证晶体管具有电流放大作用,在制造晶体管时通过工艺措施使它具有如下特点:

发射区的掺杂浓度最高,以保证有足够的载流子可供发射;

基区做得很薄且掺杂少,以便增强基极电流的控制作用;

集电区的面积较大,以便收集从发射区发射来的载流子。

晶体管结构上的特点决定了它的电流放大作用的内部条件,为了实现电流放大作用,还必须具备一定的外部条件,这就是通过外加电压保证发射结正偏,集电结反偏。

2. 晶体管工作在放大区时内部载流子传输过程

NPN 型和 PNP 型是对偶管,工作原理一样,只是偏置电压的极性和电流的流向不同。下面以 NPN 型晶体管组成的共射极放大电路来分析晶体管的电流放大作用。图 1-21 中通过 V_{BB} 保证发射结正偏、通过 V_{CC} 保证集电结反偏,从而使晶体管工作在放大区。晶体管内部的载流子传输过程分析如下:

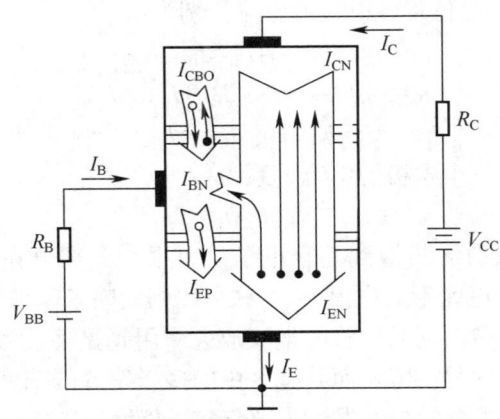

图 1-21 晶体管内部的载流子传输过程

(1) 发射区向基区扩散(发射)电子。由于发射结处于正向偏置,发射结的内电场被削弱,发射区中的多数载流子(自由电子)不断扩散到基区,所形成的电流记为 I_{EN},它是发射极电流 I_E (由于发射区电子的掺杂浓度远大于基区空穴的掺杂浓度且基区很薄,所以基区的多数载流子—空穴扩散到发射区 I_{EP} 可以忽略)的主要成分。

(2) 电子在基区中的扩散与复合。从发射区扩散到基区的自由电子起初都聚集在发射结附近,靠近集电结的自由电子很少,形成了浓度上的差别,因而自由电子向集电结方向继续扩散。由于基区做得很薄,所以自由电子只有很少的一部分与基区中的空穴复合,所形成的电流记为 I_{BN}。因基区的空穴是电源 V_{BB} 提供的,故 I_{BN} 是基极电流 I_B 的主要成分。

(3)集电区收集电子。由于集电结反向偏置,它有利于集电结两边半导体中少数载流子的漂移运动,而对多数载流子的扩散运动起阻碍作用,即阻挡集电区的自由电子向基区扩散,但可以将从发射区扩散到基区并到达集电区边缘的自由电子拉入集电区,从而形成电流 I_{CN},它是集电极电流 I_C 的主要成分。此外,还有集电区的少数载流子(空穴)和基区的少数载流子(电子)漂移运动所形成的反向电流,称为集电极—基极间的反向饱和电流,用 I_{CBO} 表示。I_{CBO} 的数值很小,但它也是构成集电极电流 I_C 和基极电流 I_B 的组成部分,通常可以忽略,但它对温度比较敏感。

$$I_{CN}=I_{EN}-I_{BN} \tag{1-1}$$

由以上分析可知,晶体管的工作过程依赖于两种载流子:电子和空穴,因此又称之为双极型晶体管(常缩写为 BJT)。

3. 晶体管的电流分配与电流放大作用

由图 1-21 可知,晶体管各电极的电流分别为:

发射极 $\qquad I_E=I_{EN}+I_{EP}\approx I_{EN}$ (1-2)

集电极 $\qquad I_C=I_{CN}+I_{CBO}=I_{EN}-I_{BN}+I_{CBO}\approx I_{CN}$ (1-3)

基极 $\qquad I_B=I_{EP}+I_{BN}-I_{CBO}\approx I_{BN}$ (1-4)

由以上三式可得三个电极的电流关系为

$$I_E=I_B+I_C \tag{1-5}$$

如上所述,从发射区扩散到基区电子只有很少一部分在基区复合形成电流 I_{BN},绝大部分到达集电区形成电流 I_{CN},这个比例反映了晶体管的电流放大能力。进入集电区的电子越多,则晶体管的电流放大作用越显著。为了保证有足够的放大能力,必须将基区做得很薄,而且基区中的多子空穴的浓度很低,使得电子与空穴在基区内复合的机会较少,保证大部分电子能够进入集电区。

共射极直流电流放大系数定义为

$$\bar{\beta}=\frac{I_{CN}}{I_{BN}} \tag{1-6}$$

根据 KCL 并且忽略反向饱和电流 I_{CBO} 可得

$$\bar{\beta}=\frac{I_{CN}}{I_{BN}}\approx\frac{I_C-I_{CBO}}{I_B+I_{CBO}}\approx\frac{I_C}{I_B} \tag{1-7}$$

在上式中,将基极电流看作输入量、集电极电流看作输出量、发射极作为公共端,定义 $\bar{\beta}$ 为共射极直流电流放大系数,其值约 20~200,体现了晶体管的电流放大能力。

1.3.3 晶体管的共射特性曲线和工作区

1. 晶体管的共射特性曲线

晶体管的特性曲线反映了晶体管各极电压与电流之间的关系,是分析和设计晶体管放大电路的重要依据。由于晶体管有三个电极,因此,要用两种特性曲线来表示,即输入特性曲线和输出特性曲线。这些特性曲线可以用晶体管特性图示仪直接测出,也可以通过如图 1-22 所示的实验电路测绘出来。下面仍以共射接法为例讨论晶体管各电极之间的伏安特性关系。

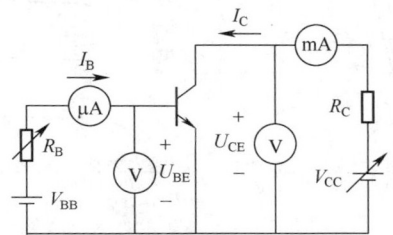

图 1-22 测量晶体管特性的实验电路

(1)晶体管的输入特性曲线。输入特性曲线反映的是以管压降 U_{CE} 为参变量,发射结压降 u_{BE} 与基极电流 i_B 之间的关系,如图 1-23(a)所示。输入特性表达式为:

$$i_B = f(u_{BE})\big|_{U_{CE}=常数} \tag{1-8}$$

由图可知,晶体管的输入特性曲线与二极管的正向伏安特性曲线相似。和二极管一样,晶体管的输入特性也有死区,硅管的死区电压约为 0.5V,锗管的死区电压约为 0.1V。晶体管导通时,硅管的导通电压一般在 0.6~0.8V,而锗管一般在 0.2~0.4V。工程估算时,一般硅管的导通电压取 0.7V,而锗管的导通电压取 0.3V。

此外,从图中还可以看出,U_{CE} 从 0V 增大到 1V 时,特性曲线向右移动了一段距离;当 $U_{CE} \geqslant 1V$ 以后,可以认为集电结反偏电场足够强,已经将大部分电子吸引过去形成了集电极电流。即使 U_{CE} 继续增大,集电结收集电子的能力继续增强,但所能继续收集电子的数量已经很少了,因此,基极电流 i_B 的变化很小。晶体管工作在放大状态时,一般情况下,U_{CE} 总是大于 1V 的。基于上述原因,我们在实际使用时,一般把 $U_{CE}=1V$ 时的特性曲线近似地代替 $U_{CE}>1V$ 的特性曲线。

（2）晶体管的输出特性曲线。输出特性曲线反映的是以基极电流 I_B 为参变量，集电极电流 i_C 和管压降 u_{CE} 之间的关系。输出特性表达式为

$$i_C = f(u_{CE})\big|_{I_B=常数} \qquad (1\text{-}9)$$

如图 1-27（b）所示的晶体管的共射输出特性曲线，当基极电流 I_B 取不同数值时，输出特性为一组形状大体相同的曲线族。下面取其中某一条进行讨论。

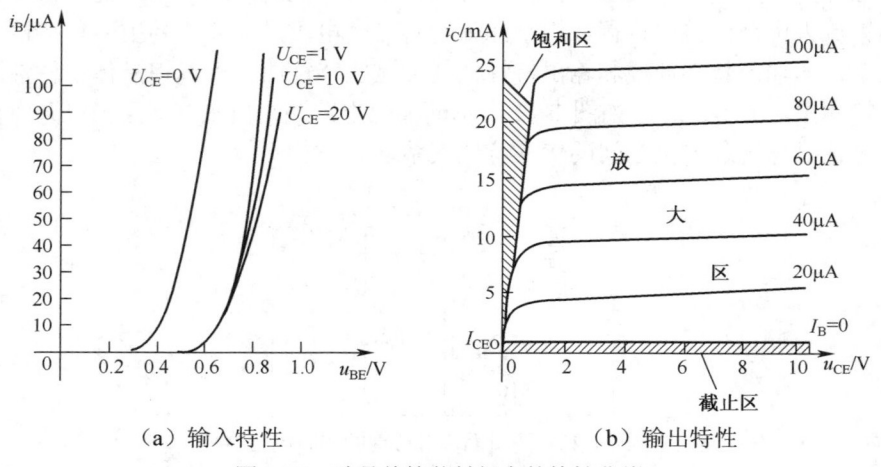

（a）输入特性　　　　　　　　　　（b）输出特性

图 1-23　硅晶体管共射组态的特性曲线

1）输出特性靠近坐标原点的位置，管压降 u_{CE} 很小。这时，集电极收集电子的能力较差，i_C 很小；当 u_{CE} 略有增加时，集电极收集电子的能力有明显的增强，从发射区进入基区的电子就有较多的进入集电区。因此，i_C 随着 u_{CE} 几乎成正比例增加。

2）当 $u_{CE} > 1V$ 后，集电极反偏电场足够大，收集电子的能力足够强。这时，发射区扩散到基区的电子绝大部分都被集电极收集起来，形成了 i_C。即使 u_{CE} 继续增加，i_C 基本保持不变。因而，输出特性曲线大体上是一条比较平坦的直线。这时 $i_C = \beta i_B$，其中 β 为交流放大系数。

2. 晶体管的三个工作区及其特点

通常可以将晶体管的输出特性曲线划分为三个工作区域：截止区、放大区和饱和区。如图 1-23（b）所示。

（1）放大区。放大区位于输出特性曲线中间平坦且近似等距的区域。其工作条件是：晶体管的发射结正向偏置，集电结反向偏置。集电极电流 i_C 和基极电流 i_B 几乎成线性关系而与 u_{CE} 无关。近似分析时可以认为

$$i_C = \beta i_B \qquad (1\text{-}10)$$

(2) 截止区。截止区位于输出曲线中 $I_B=0$ 的那条曲线与横坐标相夹的区域。其工作条件是：晶体管的发射结压降小于其死区电压，且集电结反偏。为了保证可靠地截止，经常使晶体管的发射结反偏。这时，晶体管不导通，$I_B=0$，集电极电流 i_C 也近似为零。

(3) 饱和区。饱和区位于输出曲线中 i_C 随着 u_{CE} 几乎成正比例增加部分与纵坐标相夹的区域。其工作条件是：晶体管的发射结正向偏置，集电结也是正向偏置。在这个区域内 $u_{CE} < u_{BE}$，管压降很小，一般为零点几伏，使得集电极收集电子的能力较差，集电极电流较小。当集电结零偏（$u_{CE} = u_{BE}$）时，晶体管处于临界饱和状态（或者临界放大状态）。

1.3.4 晶体管的主要参数及温度的影响

1. 晶体管的主要参数

晶体管的参数用于表示管子的性能指标和适用范围，是选用晶体管和分析、调整电路的重要依据。

(1) 电流放大系数

1) 共射直流电流放大系数

$$\bar{\beta} = \frac{I_C}{I_B} \quad (1\text{-}11)$$

2) 共射交流电流放大系数

$$\beta = \frac{\Delta i_C}{\Delta i_B} \quad (1\text{-}12)$$

直流 $\bar{\beta}$ 和交流 β 的意义是不同的，前者表征直流量的电流放大能力，后者反映交流量的电流放大能力。由于晶体管的输出特性曲线实际上不是均匀的，也就是说，$\bar{\beta}$ 值并不是一个固定不变的常数。β 是两个变化量之比，其值的大小与工作点密切相关。但在输出特性曲线恒流（水平、等距）区域，两者的大小是基本相等的，一般不严格区分，认为 $\bar{\beta} \approx \beta$。

(2) 极间反向电流

I_{CBO} 是发射极开路时，集电结的反向饱和电流；I_{CEO} 是基极开路时，在集电极与发射极之间的穿透电流。两者之间有如下运算关系

$$I_{CEO} = (1+\bar{\beta})I_{CBO} \quad (1\text{-}13)$$

同一型号的管子，反向电流越小，性能越稳定。硅管比锗管的反向电流小 2～3 个数量级。一般小功率锗管的 I_{CEO} 为几十微安以下，硅管的 I_{CEO} 为几微安以下。

(3) 极限参数

1) 集电极最大允许电流 I_{CM}。在晶体管的放大区，集电极电流 I_C 在相当大的范围内变化时，β 值基本保持不变。但 $I_C > I_{CM}$ 后，如果 I_C 继续增大，β 值反而要减小了。规定 β 值下降到正常值的 2/3 时对应的集电极电流称为集电极最大允许电流 I_{CM}。

2) 集电极最大允许功耗 P_{CM}。当集电极电流流过集电结时，要消耗功率使集电结发热，若集电结温度过高，管子的特性明显变坏，甚至烧坏。P_{CM} 可以用下式计算

$$P_{CM} = I_C U_{CE} \qquad (1\text{-}14)$$

在晶体管输出特性平面上，P_{CM} 是一条双曲线。

3) 极间反向击穿电压。当晶体管的某一电极开路时，另两个电极之间所允许的最高反向电压，即为极间反向击穿电压。所以极间反向电压有 $U_{(BR)CEO}$、$U_{(BR)CBO}$、$U_{(BR)EBO}$。击穿电压不仅与晶体管器件有关，而且与外加电路的接法有关。在实际使用时，晶体管的基极和发射极之间常常接有电阻 R_B，相应的集电极与发射极之间的击穿电压用 $U_{(BR)CER}$ 表示；这几个集电极击穿电压之间的大小关系如下

$$U_{(BR)CBO} > U_{(BR)CER} > U_{(BR)CEO} > U_{(BR)EBO} \qquad (1\text{-}15)$$

如图 1-24 所示，由三个极限参数组成一道"防火墙"将晶体管的输出特性曲线划分为安全工作区和非安全工作区。

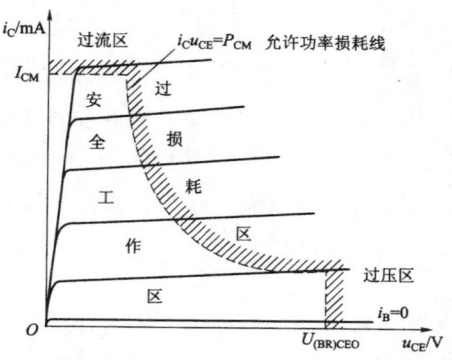

图 1-24 晶体管的安全工作区

2. 温度对晶体管参数和伏安特性的影响

晶体管的主要参数包括电流放大系数 β、反向饱和电流 I_{CBO} 和发射结偏置电压 U_{BE}，都是温度 T 的函数。

(1) 温度对晶体管参数的影响

1) 温度对 U_{BE} 的影响：温度升高，U_{BE} 减小。

2) 温度对 I_{CBO} 的影响：温度升高，I_{CBO} 增大。可以近似认为温度升高 10℃ 时，I_{CBO} 增加一倍。

3) 温度对 β 值的影响：温度升高，β 减小。

（2）温度对晶体管输入和输出特性的影响

温度升高时，U_{BE} 的值要减小，使晶体管的输入特性左移。

温度升高时，整个输出特性曲线族都要"上涨"，而且曲线间的间距也要扩大。主要原因是少子电流形成的 I_{CBO}、I_{CEO} 均随温度的升高而迅速增大，而 β 也将随温度的升高而增大。

如图 1-25 所示，虚线表示 $T=60$℃时的特性曲线；实线表示 $T=20$℃时的特性曲线。

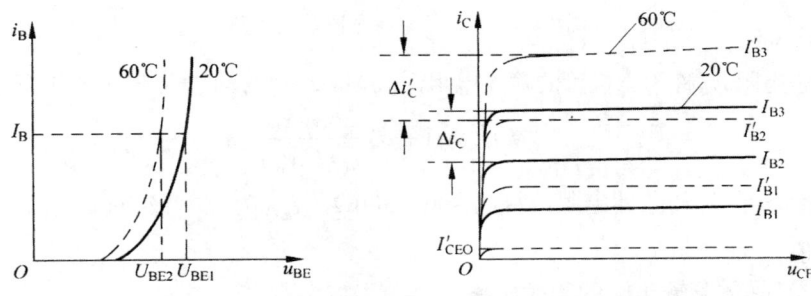

图 1-25　温度对晶体管输入和输出特性的影响

（3）温度对三极管的综合影响

温度增高导致 U_{BE} 下降、β 增加和 I_{CBO} 增加，其结果都会引起静态集电极电流 I_C 增加。反之，若温度下降又都引起 I_C 减小。

1.3.5　晶体管的简化小信号模型

晶体管为非线性器件，为了简化分析计算，需要建立模型使得在一定条件下，将非线性电路看成线性电路后，可以利用叠加原理进行分析。这里重点介绍晶体管的低频小信号模型。

（1）晶体管输入端的等效电路

我们知道，从晶体管的 B、E 看进去是三极管的发射结，发射结对输入信号会呈现一定的动态电，设为 r_{be}。如果 r_{be} 是一个常数，那么晶体管的输入回路可以等效为图 1-26（a）的形式。

晶体管的输入特性曲线是非线性的，各点切线的斜率是不相同的，因此 r_{be} 的大小也不一样。也就是说 r_{be} 的大小与静态工作点 Q 有关。如果在小信号输入情况下,如图1-26(b)所示,则静态工作点Q附近的工作段可认为是直线,这样Q点的切线与原特性曲线重合,使r_{be}成为一个常数。所以有

$$r_{be} = \frac{\Delta u_{BE}}{\Delta i_B}\bigg|_{u_{CE}=常数} = \frac{u_{be}}{i_b}\bigg|_{u_{CE}=常数} \qquad (1-16)$$

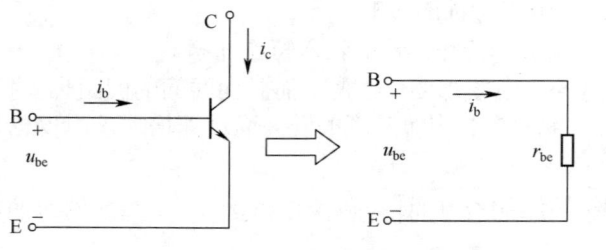

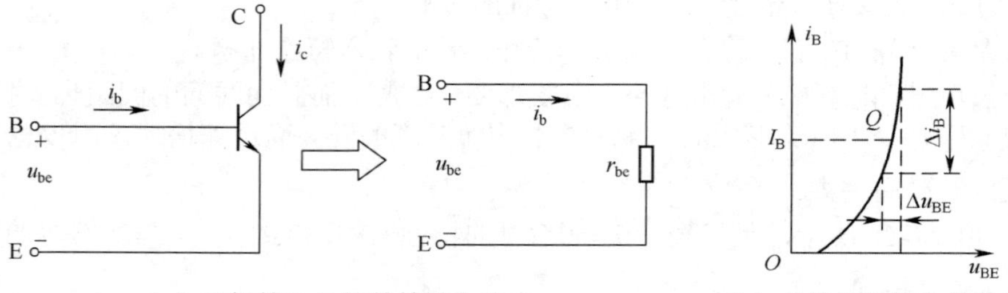

(a)三极管B-E间的等效电路　　　　(b)从输入特性曲线求r_{be}

图1-26　晶体管输入回路等效电路

动态电阻r_{be}称为三极管的输入电阻,低频小功率管的输入电阻常用下式估算。

$$r_{be} = r'_{bb} + (1+\beta)\frac{26(\text{mV})}{I_{EQ}(\text{mA})} \qquad (1-17)$$

式中:r'_{bb}为基区体电阻,常取100~300Ω,I_{EQ}为发射极静态工作点Q对应的电流值。

(2)晶体管输出端的等效电路

从晶体管输出特性曲线中可以看出,在放大区内,输出特性曲线是一组近似水平和等间隔的直线,如图1-27(b)所示。当U_{CE}为常数时,Δi_C与Δi_B之比定义为

$$\beta = \frac{\Delta i_C}{\Delta i_B}\bigg|_{u_{CE}=常数} = \frac{i_c}{i_b}\bigg|_{u_{CE}=常数} \qquad (1-18)$$

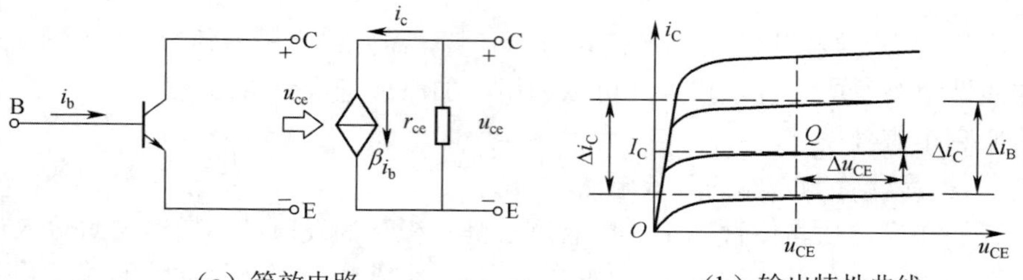

(a)等效电路　　　　　　(b)输出特性曲线

图1-27　晶体管输出回路等效电路

即为晶体管的电流放大系数。由它确定i_c受i_b的控制关系,因此晶体管的输

出电路可以用一个受控源 $i_c = \beta i_b$ 代替，以表示晶体管的电流控制作用。另外从输出特性可以看出，输出特性不完全与横轴平行，因此有下式成立

$$r_{ce} = \frac{\Delta u_{CE}}{\Delta i_C}\bigg|_{i_B=常数} = \frac{u_{ce}}{i_c}\bigg|_{i_B=常数} \quad (1-19)$$

称为晶体管的输出电阻。如果把晶体管的输出电路看成是电流源，r_{ce} 就是电流源的内阻，在等效电路中与受控源 βi_b 并联。由于 r_{ce} 阻值很高，约为几十千欧到几百千欧，因此在画微变等效电路时，可以视为开路。

（3）晶体管的简化小信号模型

综上所述，可以作出晶体管的简化小信号等效电路如图 1-28 所示。

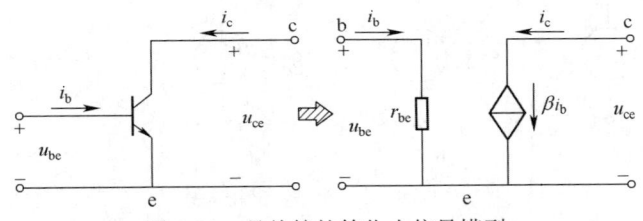

图 1-28　晶体管的简化小信号模型

从晶体管的简化小信号模型可知，$i_c = \beta i_b$ 反映了三极管具有流控流源（CCCS）的特性。

1.3.6　晶体管分析举例

晶体管在模拟电路中，主要用作放大器件，工作在放大区；而在数字逻辑电路中，主要用作开关器件，工作在饱和区和截止区。通过实验手段测试晶体管各极电位或各极电流，可以分析晶体管的工作状态；根据已知电路参数，也可以计算其所处状态。晶体管分析方法举例如下。

例 1-5　已知放大电路中三极管各极电位如图 1-29（a）（b）所示，试判断管型和材料，并将三极管的符号画在圆圈中。

分析　该题隐含条件是"晶体管处于放大状态"。要使晶体管处于放大状态，必须保证发射结正偏，集电结反偏。即在放大电路中，三极管各极电位和发射结压降有如下关系：

（1）对于 NPN 管有：$V_C > V_B > V_E$，且 $U_{BE} = 0.7V$（硅管）/0.3V（锗管）；

（2）对于 PNP 管有：$V_E > V_B > V_C$，且 $U_{EB} = 0.7V$（硅管）/0.3V（锗管）。

解题步骤如下：

（1）找基极：三极中电位居中者为基极。

（2）找射极：射极电位与基极电位有约束关系：

BJT 发射结的导通电压 $|U_{BE(on)}| = \begin{cases} 0.6 \sim 0.8V & 硅管 \\ 0.2 \sim 0.4V & 锗管 \end{cases}$

（3）判断材料：由 $|U_{BE}|$ 可以判断是硅材料，还是锗材料。

（4）由三极管的 C 点电位可以判明是 NPN 管还是 PNP 管：V_C 最高者为 NPN 管，V_C 最低者为 PNP 管。

解 根据上述方法可得分析结果如图 1-29（c）（d）所示，可见（a）为 NPN 型硅管；（b）为 PNP 型锗管。

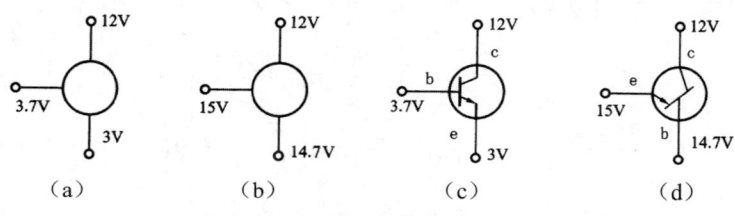

图 1-29　例 1-5 题图和解图

例 1-6 测得放大电路中晶体管两个电极的电流如图 1-30（a）（b）所示。分别求另一电极的电流，标出其实际方向，并在圆圈中画出管子。

分析 该题隐含了三个条件：

（1）晶体管三个电极的电流关系满足：$I_E = I_B + I_C$。

（2）$I_C \approx I_E \gg I_B$。

（3）对于 NPN 管，I_B 和 I_C 流入管子，I_E 流出；对于 PNP 管，I_B 和 I_C 流出管子，I_E 流入。

解 对（a）图，首先根据电流的大小找到基极（$I_B=10\mu A$）；再根据电流的流向确定集电极（与基极电流的流向一致），流入 1mA 的为集电极；则另一极为发射极，电流流出；然后利用 KCL 求另一极电流 $I_E = I_B + I_C = 10\mu A + 1mA = 1.01mA$。分析结果如图 1-30（c）所示。

同理可以求解（b）图，分析结果如图 1-30（d）所示。

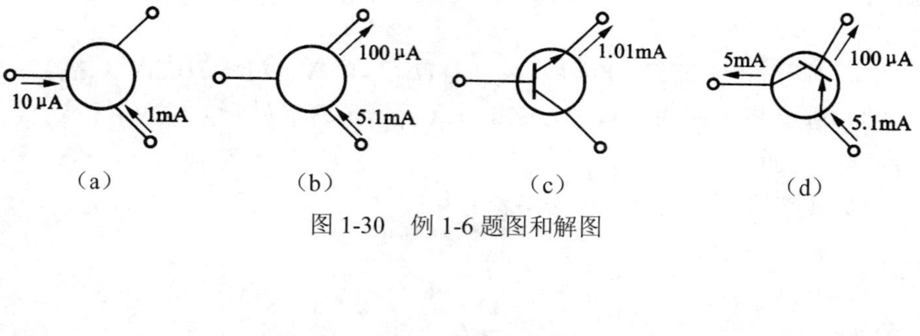

图 1-30　例 1-6 题图和解图

例 1-7 测得电路中 3 个 NPN 硅管的各极电位分别如下,试分别确定各三极管的工作状态。

T_1: $V_B = -2V$, $V_E = -2.7V$, $V_C = 4V$

T_2: $V_B = 6V$, $V_E = 5.3V$, $V_C = 5.6V$

T_3: $V_B = -1V$, $V_E = -0.3V$, $V_C = 8V$

分析 此题可采用三极管结偏置的判定方法进行分析。

三极管发射结、集电结的偏置和管子工作状态的关系如表 1-1 所示。

表 1-1 三极管发射结、集电结的偏置和管子工作状态的关系

结偏置 工作状态	发射结	集电结
截止	反偏或零偏	反偏
放大	正偏	反偏
饱和	正偏	正偏或零偏

综上可知:①当 NPN 硅管处于放大状态时,应保证发射结正偏、集电结反偏,且 $U_{BE}=0.7V$;②当 NPN 硅管处于饱和状态时,发射结和集电结均正偏,且 $U_{BE}=0.7V$;③当 NPN 硅管处于截止状态时,发射结和集电结均反偏。

解 T_1 管:$U_{BE}=V_B-V_E=0.7V$,$U_{BC}=V_B-V_C=-6V$。即发射结正偏、集电结反偏,所以 T_1 处于放大状态。

T_2 管:$U_{BE}=V_B-V_E=0.7V$,$U_{BC}=V_B-V_C=0.4V$。即发射结和集电结均正偏,所以 T_2 处在饱和状态。

T_3 管:$U_{BE}=V_B-V_E=-0.7V$,$U_{BC}=V_B-V_C=-9V$。即发射结和集电结均反偏,所以 T_3 处在截止状态。

1.4　辅修内容

1.4.1　半导体光电器件

1. 发光二极管

发光二极管(Light-Emitting Diode,简称 LED)是一种将电能转换为光能的半导体元件。发光二极管有多种类型,按照发出的光线可以分为:可见光、不可见光、激光等。发光二极管的外形、符号和典型应用电路如图 1-31 所示。

发光二极管与普通二极管一样由 PN 结构成,结构类似,伏安特性也类似,同

样具有单向导电性。当给发光二极管加上正向偏置电压后,发光二极管导通。光线的波长和颜色与发光二极管所采用的半导体材料的种类和掺入的元素杂质有关。常用的是发红光、绿光、黄光和红外光的发光二极管。

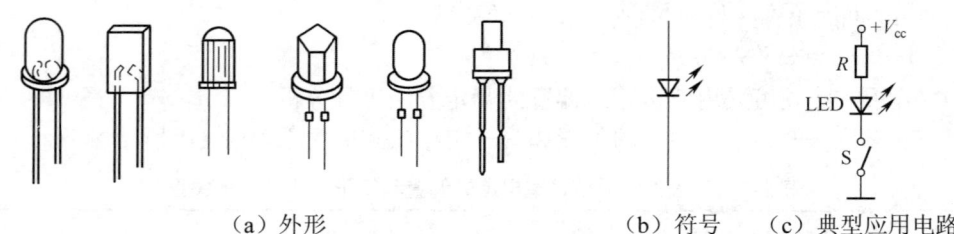

(a) 外形　　　　　　　　(b) 符号　　(c) 典型应用电路

图 1-31　发光二极管的外形、符号和典型应用电路

发光二极管的工作电流一般为几~几十毫安,典型工作电流为 10mA,使用时需要串联限流电阻将工作电流限制在规定范围内。正偏导通压降一般为 1.5~3V。

发光二极管具有体积小、功耗低、稳定可靠、寿命长、光输出响应速度快、可直接与集成电路连接使用的特点,广泛应用于仪器仪表和家用电器的信号灯指示、数字和字符显示。

随着技术的不断进步,二极管已经可以发出白光,并应用于照明领域。

2. 光电二极管

光电二极管也称为光敏二极管,是将光信号变换成电信号的半导体器件。其结构与普通二极管类似,管壳上有一个玻璃窗口用于接收外部的光。光电二极管正常工作状态是反向偏置,主要特点是反向电流与光的照度成正比,灵敏度的典型值为 0.1mA/lx 数量级。光电二极管的外形和电路符号如图 1-32(a)(b) 所示。

在反向电压作用下,无光照时,反向电流为很小的暗电流;当光照射到 PN 结上时,它的反向电流随光照度的增加而上升称为光电流,此时光电二极管处于导通状态。

光电二极管作为光控元件时可用于物体的检测、光电控制和自动报警等方面。如遥控接收器、光纤通讯、激光头、光电传感器等。当制成大面积的光电二极管时,就称为光电池,此时它可以将光能转换为电能。

目前光电二极管广泛应用于光纤通讯和远距离信号传输领域。图 1-32(c) 所示为远距离光电传输系统工作示意图。

3. 光电三极管

光电三极管也称为光敏三极管,是在光电二极管基础上发展起来的器件,能将输入的光信号转换成电信号放大后输出。比光电二极管具有更高的灵敏度。其外电路符号和等效电路如图 1-33 所示。

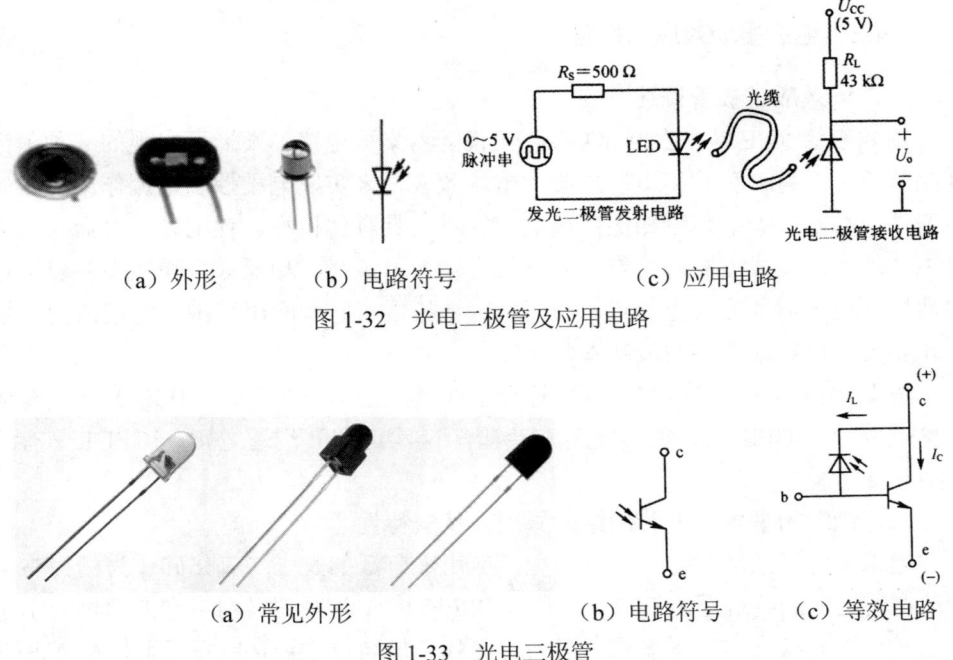

（a）外形　　　（b）电路符号　　　（c）应用电路

图 1-32　光电二极管及应用电路

（a）常见外形　　　（b）电路符号　　　（c）等效电路

图 1-33　光电三极管

为了对光具有良好的响应，提供光敏度，光电三极管的基区面积比发射区大得多。从原理上说，光电三极管相当于基极和集电极之间接入光电二极管的三极管。对外只引出集电极和发射极两个电极，管子的受光窗口就是基极。

4. 光电耦合器

光电耦合器（OC）也称为光电隔离器或光耦，是以光为媒介来传输电信号的器件。光电耦合器通常将发光器（如发光二极管）与受光器（如光敏电阻、光电二极管、光电三极管、光电晶闸管、光电池等）封装在一起，从而形成二端口器件。其常见外形和电路符号如图 1-34（a）（b）所示。

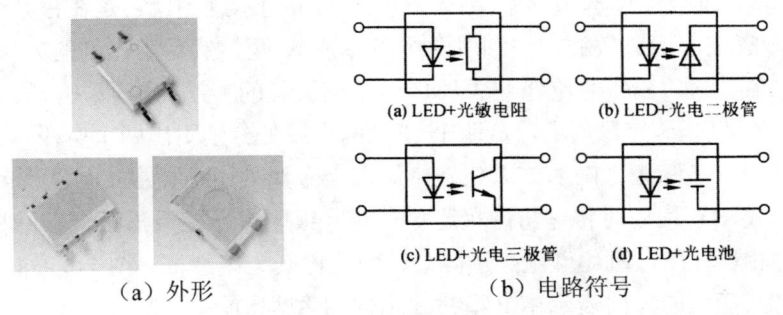

（a）LED+光敏电阻　　　（b）LED+光电二极管

（c）LED+光电三极管　　　（d）LED+光电池

（a）外形　　　（b）电路符号

图 1-34　光电耦合器

1.4.2 绝缘栅场效应三极管

一、场效应三极管概述

场效应管（FET）是 20 世纪 60 年代随着集成电路的发展而出现的一种单极性晶体管，它是一种利用电压产生的电场效应，来实现电压控制电流作用的半导体器件。与双极型晶体管相比，场效应管不仅具有体积小、耗电省、寿命长、制造工艺简单、集成度高等特点，而且具有输入阻抗高、功耗低、噪声小、温度稳定性好，抗辐射能力强等优点，因而大大地拓展了它的应用范围，它已成为大规模和超大规模集成电路的最基本单元。

根据结构不同，可以将场效应管分为两类：结型场效应管（JFET）和绝缘栅型场效应管（IGFET）。每一类型 FET 都有 N 沟道和 P 沟道之别，IGFET 又有增强型和耗尽型之分。

二、绝缘栅型场效应管的结构原理与伏安特性

绝缘栅型场效应管有若干种类型，应用最广泛的是以二氧化硅作为栅极与半导体材料之间的绝缘层的 FET，简称 MOSFET 管。工作时，由于它的栅极处于不导电（绝缘）状态，所以输入电阻大为提高，最高可达到 $10^{15}\Omega$，因此 MOSFET 应用更加广泛。

MOSFET 分 N 沟道和 P 沟道两类，每一类又分为增强型和耗尽型两种。所谓耗尽型是指 $u_{GS}=0$ 时存在导电沟道的场效应管；所谓增强型是指 $u_{GS}=0$ 时没有导电沟道，必须加上合适的栅源电压 u_{GS} 以后才出现导电沟道的场效应管。鉴于 N 沟道管与 P 沟道管的工作原理相似，下面重点以 N 沟道 MOSFET 管为例来分析管子的结构、工作原理及特性曲线。

1. N 沟道增强型 MOS 管

（1）N 沟道增强型 MOS 管的结构

图 1-35（a）为 N 沟道增强型 MOSFET 的结构示意图。它是在掺杂浓度较低的 P 型衬底上，用分散的方法制成两个高掺杂 N^+ 区，然后用光刻的方法，将 N^+ 顶部的二氧化硅（SiO_2）绝缘层去掉，用真空镀膜的方法将金属（一般为铝）镀在 N^+ 区和二氧化硅绝缘层上，从两个 N^+ 区的金属处分别引出两个电极，作为源极 S 和漏极 D；从漏源之间的二氧化硅绝缘层上金属处引出栅极 G，另外在衬底引出衬底引线 B，使用时将它与源极连在一起。很明显，栅极与源极、漏极以及衬底等都不相连，由二氧化硅绝缘层隔离，因此称其为绝缘栅。图 1-35（b）是其电路符号，其箭头的方向表示由 P 型衬底指向 N 型沟道。

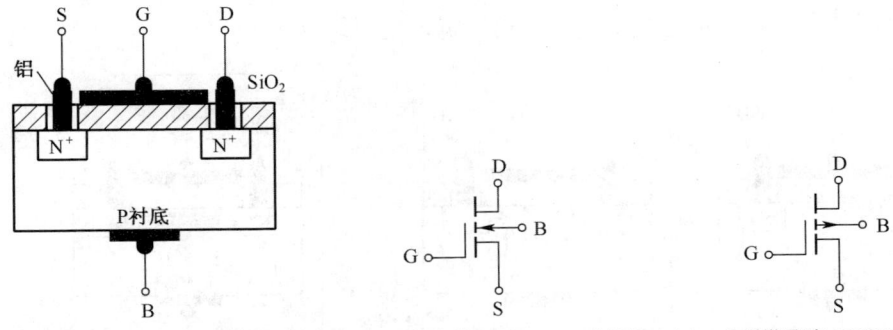

(a) N沟道增强型MOSFET结构示意图　(b) N沟道增强型MOSFET的符号　(c) P沟道增强型MOSFET的符号

图 1-35　增强型 MOS 管的结构与图形符号

（2）N 沟道增强型 MOS 管的工作原理

1) u_{GS} 对导电沟道的影响。

先假设 $u_{GS}=0$，只考虑栅源电压 u_{GS} 对沟道的影响。

当 $u_{GS}=0$，漏源之间相当于两个背靠背的 PN 结，此时不管漏源之间电压 u_{DS} 极性如何，总有一个 PN 结处在反向截止状态，不会形成漏极电流 i_D。如图 1-36（a）所示。

当 $0<u_{GS}<U_{GS(th)}$ 时，栅极和衬底间类似于以二氧化硅为介质的平板电容，在正的栅源电压作用下，产生了一个垂直于半导体表面由栅极指向 P 型衬底的电场。这个电场排斥空穴而吸引电子，使栅极附近的 P 型衬底的多子空穴被排斥，同时将 P 型衬底中少子电子吸引到栅极附近，但数量有限，不足以形成将漏源连通的沟道，所以漏极电流 i_D 仍然为零。如图 1-36（b）所示。

进一步增加 u_{GS}，使 $u_{GS}\geq U_{GS(th)}$，此时栅极电压已经比较强，在靠近栅极下方的 P 型半导体表面聚集较多的电子而形成了一个 N 型薄层，由于它是在 P 型衬底上形成的，故称为反型层（图 1-36（c）），这个反型层将两个 N^+ 区相连，组成了源极和漏极间的 N 型导电沟道。此时，在漏源之间加正向电压，电子就会沿着该导电沟道由源极向漏极运动形成漏极电流 i_D。一般把反型层即导电沟道开始形成时栅源两端电压称为开启电压，用 $U_{GS(th)}$ 表示。如图 1-36（c）所示。一旦导电沟道形成后，u_{GS} 的大小控制沟道均匀变化。

2) u_{DS} 对 i_D 的影响。

在 $u_{GS}>U_{GS(th)}$，且为某一固定值时，来分析 u_{DS} 对 i_D 的影响。若漏源电压 u_{DS} 从零开始增加，该电压使得沟道中各点的电位不再相等，于是沟道中各点与栅极间的电位差不再相等，也就是加在 PN 结两端的反向偏置电压不再相等，靠近源极 PN 结上的反向电压最小，靠近漏极的反向电压最大，结果使耗尽层从漏极到源极逐渐变窄，导电沟道从上到下不再等宽，呈斜线分布。

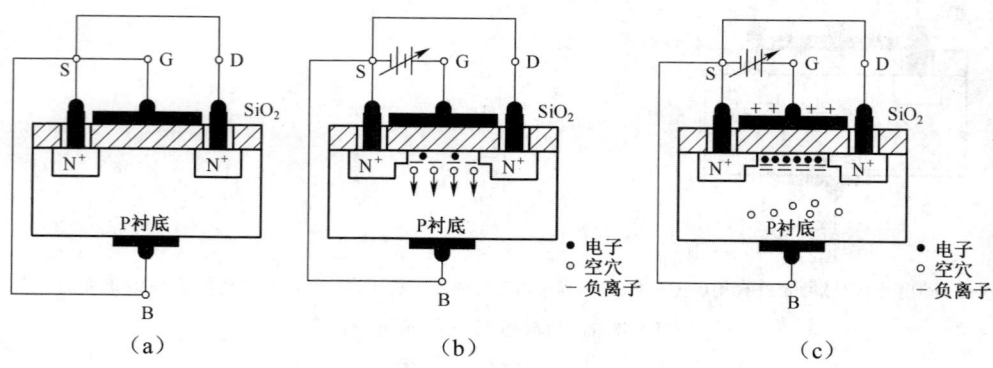

图 1-36　栅源电压 u_{GS} 对导电沟道的影响

当 u_{DS} 较小时，沟道分布如图 1-37（a）所示。此时 u_{DS} 基本均匀降落在沟道中，随着 u_{DS} 增加，i_D 几乎成线性增大。

当 u_{DS} 增加到使 $u_{GD} = u_{GS} - u_{DS} = U_{GS(off)}$ 时，在紧靠漏极处沟道出现了预夹断，如图 1-37（b）所示。

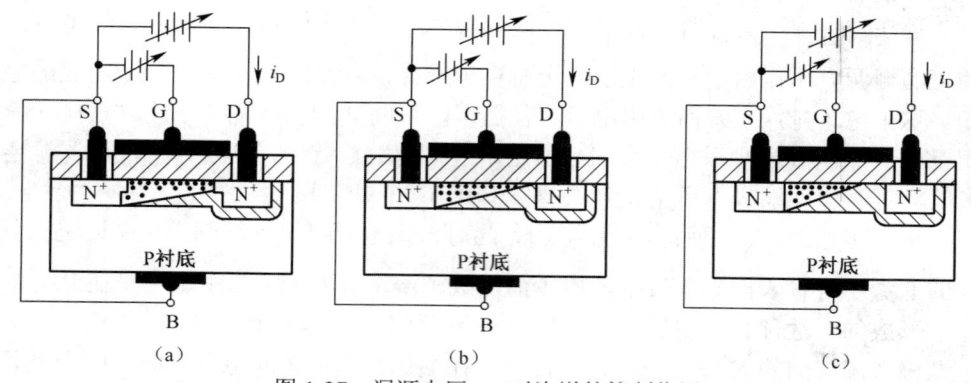

图 1-37　漏源电压 u_{DS} 对沟道的控制作用

当 u_{DS} 继续增加，漏极处的夹断继续向源极方向扩展，如图 1-37（c）所示。在沟道没有被预夹断之前，i_D 随着 u_{DS} 几乎成正比例增加；尽管沟道被夹断，但由于夹断处电场很强，仍能将电子拉过夹断区形成漏极电流。而在源极到夹断点之间的沟道上，电场基本上不随 u_{DS} 改变而变化，因此 i_D 基本上不随 u_{DS} 增加而增大，因此夹断后漏极电流 i_D 趋于饱和。

（3）特性曲线。

N 沟道增强型 MOS 管的特性曲线有两条：一是输出特性曲线，一是转移特性曲线。

1) 输出特性曲线。

输出特性曲线是指当 u_{GS} 为某一固定值，i_D 与 u_{DS} 之间关系的特性曲线，其函数表达式为

$$i_D = f(u_{DS})|u_{GS} = 常数 \qquad (1-20)$$

它反映了 u_{GS} 为某一固定值时，漏源电压 u_{DS} 对漏极电流 i_D 的影响，如图 1-38（a）所示。

2) 转移特性曲线。

转移特性曲线是在 u_{DS} 一定时，漏极电流 i_D 随栅源电压 u_{GS} 的关系曲线，其函数表达式为

$$i_D = f(u_{GS})|u_{DS} = 常数 \qquad (1-21)$$

它反映了 u_{DS} 为某一固定值时，漏源电压 u_{GS} 对漏极电流 i_D 的控制作用，如图 1-38（b）所示。在恒流区内，N 沟道增强型 MOSFET 的 i_D 可近似表示为

$$i_D = I_{DO}(\frac{u_{GS}}{U_{GS(th)}} - 1)^2 \quad （当 u_{GS} > U_{GS(th)}） \qquad (1-22)$$

其中，I_{DO} 是 $u_{GS} = 2U_{GS(th)}$ 时对应的 i_D 值。

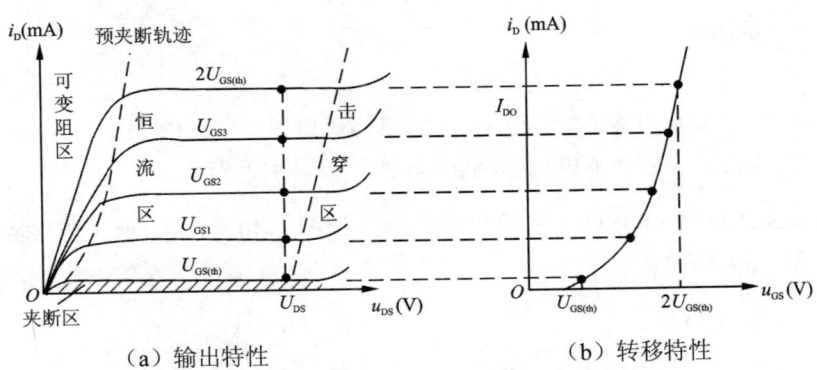

(a) 输出特性　　　　　　　(b) 转移特性

图 1-38　N 沟道增强型 MOS 管的输出特性与转移特性

P 沟道增强型 MOS 管的结构可以通过类比的方法得到，其工作原理与特性曲线与 N 沟道管是相似的，区别是 u_{GS}、u_{DS}、$U_{GS(th)}$ 的极性与 N 沟道管的相反，漏极 i_D 的方向也与 N 沟道的相反。

3. N 沟道耗尽型 MOS 管

（1）结构与符号。N 沟道耗尽型 MOSFET 的结构和电路符号如图 1-39（a）和（b）所示。其结构与增强型基本相同，二者在结构上的唯一区别是，在制作耗

尽型管时,要在二氧化硅绝缘层中掺入大量的正离子,使得栅极与衬底之间有足够强的电场,即使$u_{GS}=0$,也能在两个N^+区之间感应出自由电子反型层,形成N型导电沟道,将源极与漏极连通。

(2)工作原理与特性曲线。N沟道耗尽型MOSFET工作时,其栅源电压u_{GS}可正、可负,也可为零,该电压的作用是调节感生沟道的宽窄,以控制漏极电流i_D的大小。

当$u_{GS}=0$时,在DS间加上正向电压u_{DS},就会形成漏极电流i_D。

当u_{GS}由零向正值增大时,反型层变宽,导电能力增强,i_D更大。

当u_{GS}由零向负值增大时,反型层变窄,i_D减小,直到负向增大某一数值时,反型层消失,$i_D=0$,MOS管截止。使反型层刚刚消失时对应的栅源电压称为夹断电压,用$U_{GS(off)}$表示。

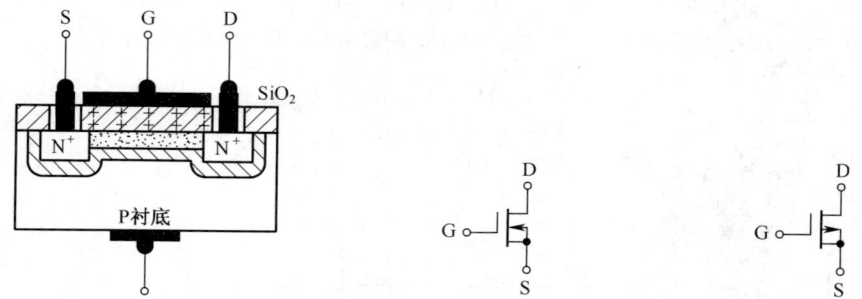

(a)N沟道耗尽型MOSFET结构示意图 (b)N沟道耗尽型MOSFET的符号 (c)P沟道耗尽型MOSFET的符号

图1-39 耗尽型MOS管的结构与图形符号

N沟道耗尽型MOSFET的输出特性曲线如图1-40(a)所示,转移特性曲线如图1-40(b)所示。

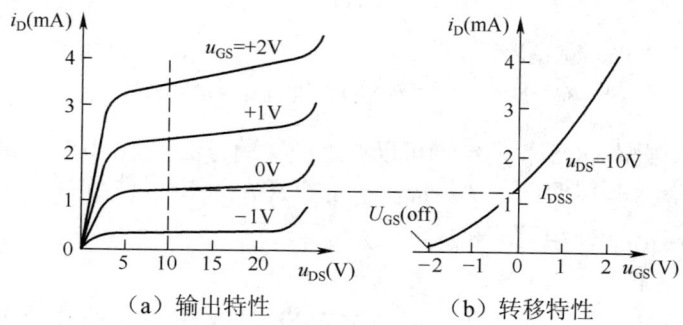

(a)输出特性 (b)转移特性

图1-40 N沟道耗尽型MOS管的输出特性与转移特性

N 沟道耗尽型 MOSFET 的输出特性曲线也可以分为截止区(又称为夹断区)、可变电阻区、放大区(又称为恒流区或饱和区)及击穿区。表 1-2 列出了 N 沟道 MOS 管在截止区、可变电阻区、预夹断区和放大区的工作条件。

表 1-2 N 沟道 MOS 管各个工作区的条件

类型	截止区	可变电阻区	预夹断区	放大区
N 沟道增强型 MOSFET	$U_{GS} < U_{GS(th)}$ $U_{DS} > 0$	$U_{GS} > U_{GS(th)} > 0$ $U_{GD} > U_{GS(th)}$ $U_{DS} > 0$(充分条件)	$U_{GS} > U_{GS(th)} > 0$ $U_{GD} = U_{GS(th)}$ $U_{DS} > 0$(充分条件)	$U_{GS} > U_{GS(th)} > 0$ $U_{GD} < U_{GS(th)}$ $U_{DS} > 0$(充分条件)
N 沟道耗尽型 MOSFET	$U_{GS} < U_{GS(off)} < 0$ $U_{GD} < U_{GS(off)} < 0$ $U_{DS} > 0$	$U_{GS} > U_{GS(off)}$ $U_{GD} > U_{GS(off)}$ $U_{DS} > 0$(充分条件)	$U_{GS} > U_{GS(off)}$ $U_{GD} = U_{GS(off)}$ $U_{DS} > 0$(充分条件)	$U_{GS} > U_{GS(off)}$ $U_{GD} < U_{GS(off)}$ $U_{DS} > 0$(充分条件)

三、场效应管的主要参数

1. 直流参数

(1) 夹断电压 $U_{GS(off)}$:是耗尽型管的参数。当 u_{DS} 为某一定值时,为使 $i_D = 0$,栅源之间所加的偏压就是夹断电压 $U_{GS(off)}$。

(2) 开启电压 $U_{GS(th)}$:是增强型管的参数。当 $|u_{GS}| < |u_{GS(th)}|$ 时,场效应管不能导通。

(3) 饱和漏极电流 I_{DSS}:是指耗尽型管在 $u_{GS} = 0$ 时所对应的漏极电流。

(4) 直流输入电阻 R_{GS}:是栅源电压与栅极电流的比值。对结型管,R_{GS} 一般大于 $10^7 \Omega$;对 MOS 管,R_{GS} 一般大于 $10^9 \Omega$。

2. 交流参数

低频跨导 g_m 是表征 u_{GS} 对 i_D 控制能力的参数。其定义为:当 u_{DS} 为恒定值时,i_D 的微小变化量与 u_{GS} 的微小变化量之比。即

$$g_m = \frac{\Delta i_D}{\Delta u_{GS}}\bigg|_{u_{DS}=常数} \qquad (1-23)$$

3. 极限参数

(1) 最大漏极电流 I_{DM}:是管子工作时允许的最大漏极电流,它相当于晶体管的 I_{CM}。

(2) 漏极最大允许耗散功率 P_{DM}:相当于双极型晶体管的 P_{CM}。在管子工作过程中,其消耗的功率不允许超过这一数值,否则管子会因过热而烧坏。

(3) 栅源击穿电压 $U_{BR(GS)}$:对 MOS 管而言,它是使二氧化硅绝缘层击穿的电压;对 JFFT 而言,它是指栅极与沟道间 PN 结的反向击穿电压。

（4）漏源击穿电压 $U_{BR(DS)}$：是指当管子的 U_{DS} 增大时，使 I_D 急剧增大的 U_{DS} 值，当 U_{DS} 超过 $U_{BR(DS)}$ 时，管子会被损坏。

四、场效应管的交流小信号模型

场效应管（FET）是一个电压控制型器件，根据它的工作区域和工作状态的不同，可以建立不同的 FET 模型。

场效应管的栅源之间的电阻很大，不论工作在哪种状态，总可以近似认为是开路的。图 1-41（a）是 FET 工作在夹断区时的模型。这时，FET 的漏极电流 I_D 近似为零，漏源之间可看成是开路的。图 1-41（b）是 FET 工作在可变电阻区时的模型，FET 的漏源之间可以看成是一个受栅源 u_{GS} 电压控制的可变电阻 R_{DS}。图 1-41（c）是 FET 在小信号作用下，工作在放大区（也称为饱和区）时的模型。这时，FET 的漏极电流 i_D 受栅源电压 u_{GS} 控制，这里用一个压控电流源（VCCS）表示。

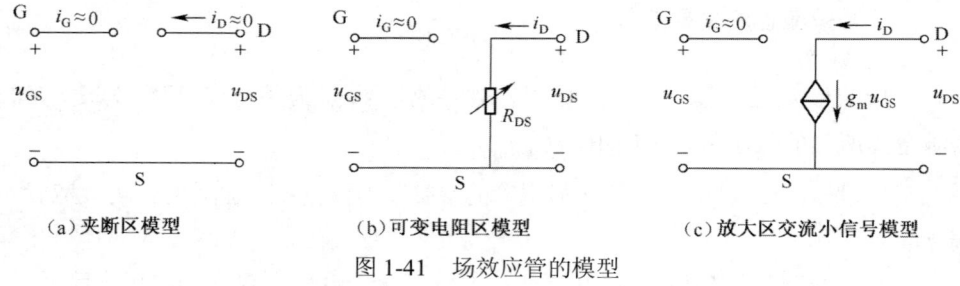

（a）夹断区模型　　　　（b）可变电阻区模型　　　　（c）放大区交流小信号模型

图 1-41　场效应管的模型

本章对常用半导体器件，主要包括半导体二极管、双极型晶体三极管的结构原理、特性曲线、主要参数进行了介绍。

1. 本章要点

（1）半导体有自由电子和空穴两种载流子参与导电。

（2）掺杂可以改变半导体的导电能力。在本征半导体中掺入微量的三价元素可以形成 P 型半导体，其多数载流子是空穴，少数载流子是自由电子；掺入微量的五价元素可以形成 N 型半导体，其多数载流子是自由电子，少数载流子是空穴。

（3）PN 结具有单向导电性，它是电子元件的主要组成部分。半导体二极管实质就是 PN 结，其基本性能也是单向导电性，利用它的这一特性，可用来进行整流、检波、限幅等。二极管的伏安特性是非线性的，所以它是非线性器件。

（4）二极管有三个工作区：正向导通区、反向截止区、反向击穿区。普通二极管只能在正向导通和反向截止两个区工作。而稳压二极管可以在三个区工作，并且正常工作在击穿区，以获得稳定的电压输出。

（5）多个二极管共阴或者共阳连接时，存在"优先"导通现象。共阴连接时，阳极电位高的二极管会优先导通；而共阳连接时，阴极电位低的二极管会优先导通。

（6）晶体管是一种电流控制器件，它通过基极电流去控制集电极电流。所谓放大作用，实质上是一种控制作用。要使晶体管具有放大作用，管子的发射结必须正向偏置，而集电结必须反向偏置。晶体管的输出特性曲线可以分为三个工作区：放大区、饱和区和截止区，由此可以确定晶体管的三种工作状态：放大状态、饱和状态和截止状态。

（7）MOS 场效应管有 N 沟道和 P 沟道两类，每类又有增强型与耗尽型之分。

（8）晶体管是一种电流控制器件，有电子和空穴两种载流子参与导电，属于双极型器件；而场效应管是一种电压控制器件，每个场效应管中只有多数载流子参与导电，属于单极性器件。

2．本章基本要求

（1）理解 PN 结的单向导电性。

（2）理解二极管的伏安特性，主要参数。

（3）掌握二极管典型应用电路的分析方法。

（4）理解晶体管的电流放大特性，直流偏置与工作区之间的关系，特性曲线及主要参数。

（5）掌握晶体管工作区、三个电极、制作材料、管型等的分析判断方法。

（6）通过与晶体管对比，理解场效应管的结构特点、工作原理与特性曲线及符号。

1-1 填空题。

（1）在本征半导体中加入微量的_____价元素可形成 N 型半导体，加入微量的_____价元素可形成 P 型半导体。

（2）当温度升高时，二极管的反向饱和电流将_____（填增大、不变或减小）。

（3）工作在放大区的某晶体管，如果当 I_B 从 12μA 增大到 22μA 时，I_C 从 1mA 变为 2mA，那么它的 β 约为_____。

（4）PN 结加正向电压时，空间电荷区将_____（填变窄、基本不变或变宽）。

（5）稳压管的稳压区是其工作在_____状态。

（6）当晶体管工作在放大区时，发射结电压应_____偏，集电结电压应_____偏。

1-2 在图 1-42 所示电路中，发光二极管导通电压 $U_D=1.5V$，正向电流在 5～15mA 时才能正常工作。试问：

（1）开关 S 在什么位置时发光二极管才能发光？

（2）R 的取值范围是多少？

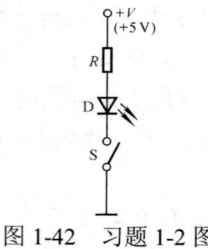

图 1-42 习题 1-2 图

1-3 二极管电路如图 1-43 所示，二极管的导通电压为 0.7V，判断图中二极管是导通还是截止，并求输出电压 U_O。

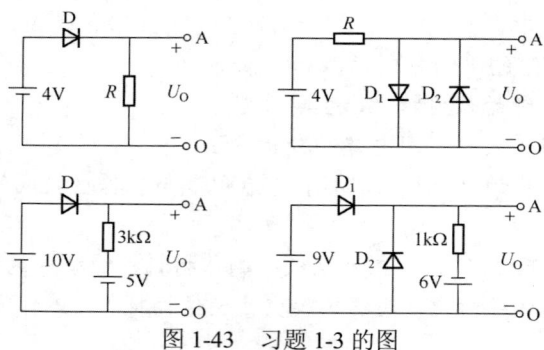

图 1-43 习题 1-3 的图

1-4 如图 1-44 所示，二极管导通电压忽略不计，已知 $u_i(t)=6\sin\omega t$(V)，E=3V，试分别画出 u_o 的波形。

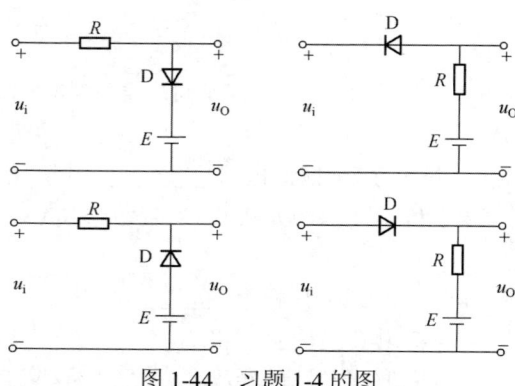

图 1-44 习题 1-4 的图

1-5 图 1-45 所示各电路中，已知两串联稳压管的稳压值分别为 U_{Z1}=6V、U_{Z2}=8V，稳压管的正向导通电压为 0.7V，求 U_o 值。

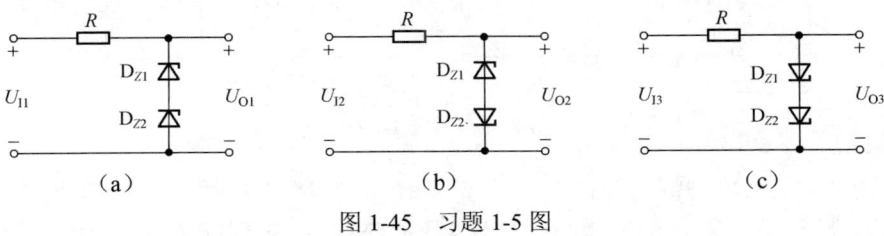

图 1-45 习题 1-5 图

1-6 由理想二极管组成的幅度选择电路如图 1-46 所示，试确定各电路的输出电压 V_{o1}、V_{o2} 和 V_{o3}。

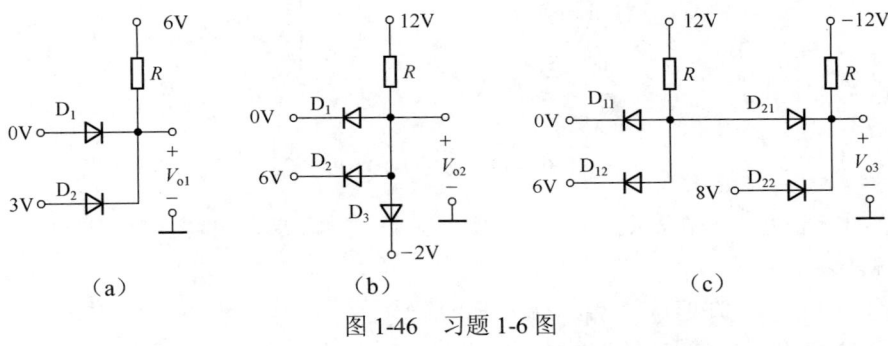

图 1-46 习题 1-6 图

1-7 由理想二极管组成的电路如图 1-47 所示，已知输入电压 u_i 波形，试画出输出电压 u_o 的波形。

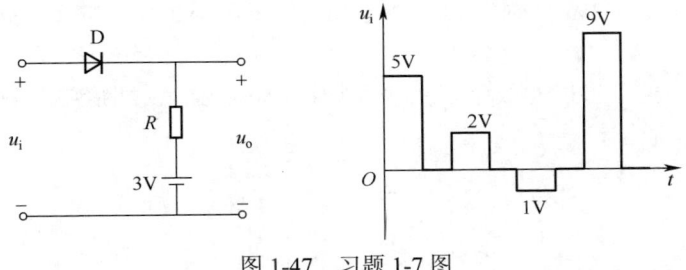

图 1-47 习题 1-7 图

1-8 已知二极管的导通电压 U_D=0.7V。试分析图 1-48 所示各电路二极管的工作状态（导通或截止），并求电路的输出电压值。

1-9 两个三极管，一个管子 β=60，I_{CBO}=0.5μA，另一个管子 β=100，I_{CBO}=2μA，如果其他参数一样，选用哪个管子较好？为什么？

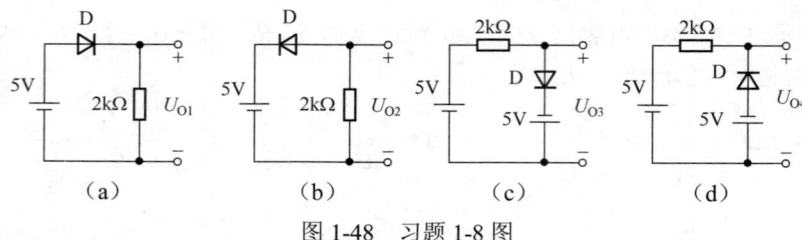

图 1-48 习题 1-8 图

1-10 工作在放大电路中的两个三极管，其电流分别如图 1-49 所示，试在图中分别标出它们的管脚 E、B、C，判断该三极管是 NPN 型还是 PNP 型，并分别估算它们的 β 值。

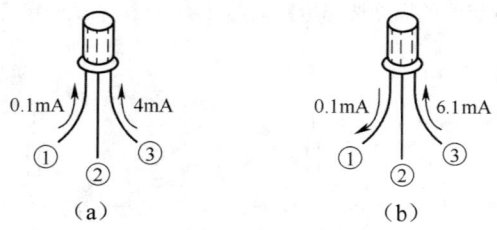

图 1-49 习题 1-10 图

1-11 晶体管工作在放大区时，要求发射结正偏，集电结反偏，试就 NPN 型和 PNP 型两种情况讨论：

（1）U_B 和 U_C 的电位哪个高？U_{CB} 是正还是负？

（2）U_B 和 U_E 的电位哪个高？U_{BE} 是正还是负？

（3）U_C 和 U_E 的电位哪个高？U_{CE} 是正还是负？

1-12 在放大电路中，测得晶体管 3 个电极的对地电位分别为以下情况①$-6V$、$-3V$、$-3.3V$；②$3.7V$、$9V$、$3V$；试判断各晶体管是 NPN 型还是 PNP 型，锗管还是硅管，并确定 3 个电极。

1-13 各三极管的每个电极对地的电位，如图 1-50 所示，试判断各三极管处于何种工作状态？是硅管还是锗管？

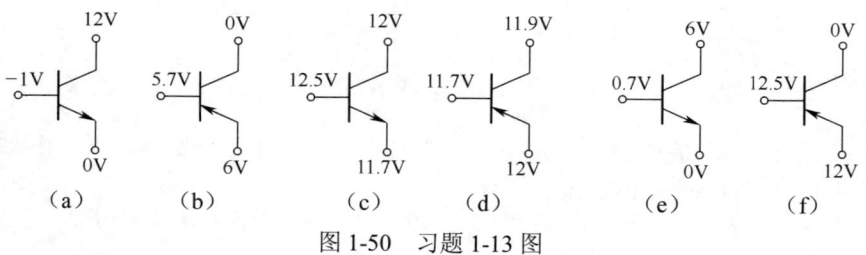

图 1-50 习题 1-13 图

1-14 测得放大电路中处于放大状态的晶体管直流电位如图 1-51 所示。试在图中的圆圈里画出晶体管，并说明分别是硅管还是锗管。

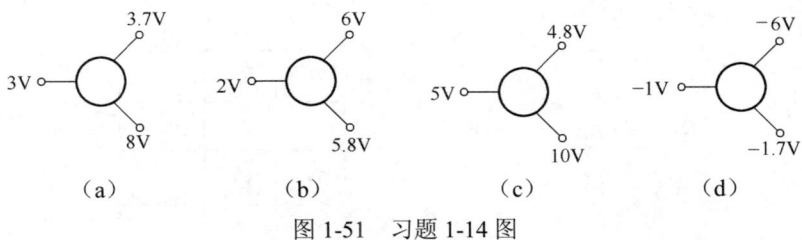

图 1-51 习题 1-14 图

1-15 特性完全相同的稳压管，$U_Z=6$V，稳压管的正向导通电压为 0.7V，接成图 1-52 所示电路，求各电路的输出 U_o 及电流 I 值。

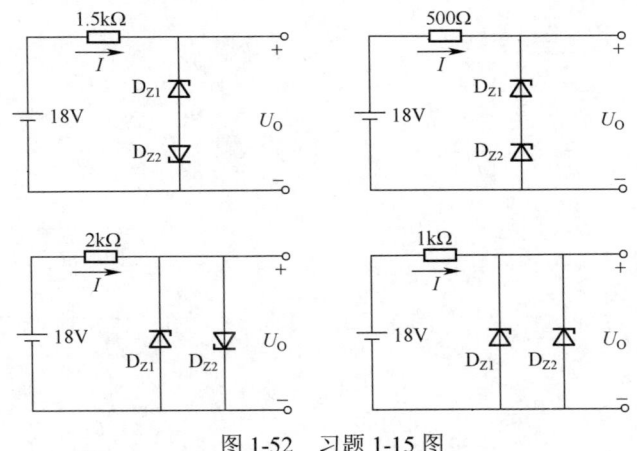

图 1-52 习题 1-15 图

1-16 在图 1-53（a）所示电路中，二极管为理想二极管，已知 $u_i = 6\sin\omega t$(V)，$E=3$V，试分析输出 u_o 波形。

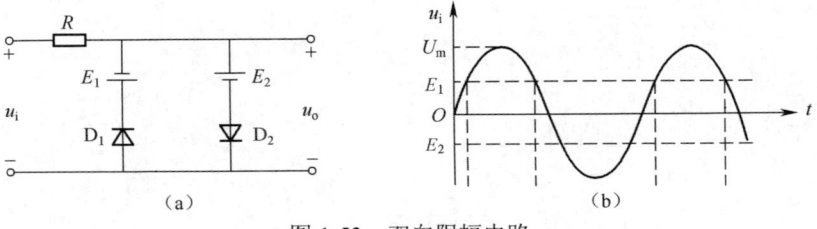

图 1-53 双向限幅电路

1-17 二极管"与门"电路如图 1-54（a）所示，V_{CC}=5V，假定二极管的导通压降为 0.7V。试在给定输入条件下，计算相应的输出值。

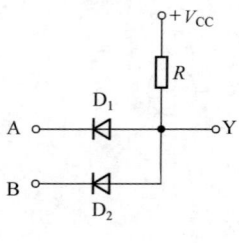

V_A	V_B	V_Y
0V	0V	
0V	3V	
3V	0V	
3V	3V	

（a）电路　　　　　　　（b）输入输出关系

图 1-54　与门电路及输入输出关系

第 2 章 基本放大电路

内容提要

本章首先介绍放大电路的基本概念及性能指标，然后从基本共射放大电路入手，扩展到其他组态的放大电路。重点对晶体管单管放大电路的组成、工作原理、静态与动态分析和工作点稳定问题进行讨论，并用图解法和微变等效电路法这两种方法来分析放大电路。电路分析分两个步骤进行：首先是电路的静态分析——求静态工作点（Q点），然后是电路的动态分析——求动态性能指标。

模拟电子电路中有多种多样的功能电路，由三极管组成的放大电路应用最为广泛，它的基本任务就是把微弱的电信号（电压、电流）进行放大，以便检测、显示或驱动某种执行机构。如收音机的天线将电磁波信号转换成电信号，扩音系统的麦克风将声音信号转换成电信号，这些电信号很微弱，不足以驱动扬声器发出声音。由温度、压力、流量等传感器转换而来的电信号也都是很微弱的，这些微弱信号需要经过放大电路放大后才能加以利用。因此放大电路是电子设备中最普遍的一种基本单元。本章主要介绍由分立元件组成的各种基本放大电路，讨论它们的电路结构、工作原理、分析方法、特点及应用等。

2.1 放大电路的基本概念及性能指标

在模拟电路中，三极管最基本的应用是对信号进行放大，为了适应不同应用场合的需要、满足对"放大"的性能指标要求，可以构成不同功能的放大电路，如：基本放大电路、功率放大电路、多级放大电路以及集成放大电路等。

2.1.1 放大电路的作用

放大电路的作用是将输入的微弱电信号放大成为幅度足够大且与原来信号变化规律一致的电信号。

一个放大电路可以用如图 2-1 所示的方框图来表示。其中信号源提供放大电路的输入信号；放大电路的作用是将输入的微弱电信号放大，得到输出电信号；

负载是接收放大了的输出电信号,如扬声器或执行机构等,一般的放大电路均需要直流电源来提供电路所需的能量,放大的本质是实现能量的控制和转换。由于输入信号的能量过于微弱,因此需要在放大电路中另外提供一个能源,由能量较小的输入信号控制这个能源,使之输出较大的能量然后推动负载。这种小能量对大能量的控制作用就是放大作用,放大的对象是变化量。

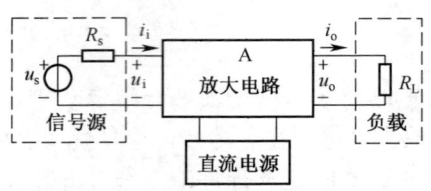

图 2-1 放大电路示意图

2.1.2 放大电路的性能指标

在分析与设计一个放大电路时,如何衡量一个放大电路性能的好坏呢?这就是放大电路的性能指标,下面用图 2-1 来说明放大电路的主要技术指标。

1. 放大倍数

放大倍数是描述一个放大电路放大电压信号或电流信号能力的指标。根据输入量和输出量的不同,对放大电路而言有电压放大倍数、电流放大倍数、互阻放大倍数、互导放大倍数和功率放大倍数,本教材重点讨论电压放大倍数,其定义如下:

电压放大倍数:是指放大电路的交流输出电压 $\dot{U}_o$ 与交流输入电压 $\dot{U}_i$ 的比值,它体现了放大器对输入信号电压的放大能力。其表达式为

$$\dot{A}_u = \dot{U}_o / \dot{U}_i \quad (2\text{-}1)$$

2. 输入电阻 R_i

从放大电路的输入端看进去的等效电阻称为放大电路的输入电阻。输入电阻 R_i 的大小等于外加正弦输入电压与相应的输入电流之比。其表达式为

$$R_i = U_i / I_i \quad (2\text{-}2)$$

通常以恒压源作为放大电路的信号源,希望放大电路从信号源索取的电流越小越好,当然也希望放大电路输入端获得的电压 u_i 与信号源电压 u_s 越接近越好。从图 2-2 可知,u_i 与 u_s 的关系为

$$u_i = \frac{R_i}{R_i + R_s} u_s \quad (2\text{-}3)$$

上式表明：当信号源一定时，R_i 越大，放大电路从信号源索取的电流越小；信号源电压 u_s 不是消耗在内阻 R_s 上，而是加在放大电路的输入端。

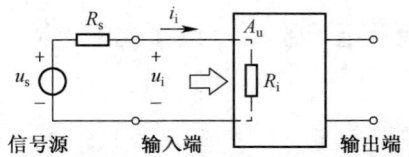

图 2-2　放大电路与信号源之间的关系示意图

3. 输出电阻 R_o

在中频段，从放大电路的负载端的角度来看，放大电路可以等效为一个信号源，该信号源的内阻就是放大电路的输出电阻 R_o，如图 2-3 所示。

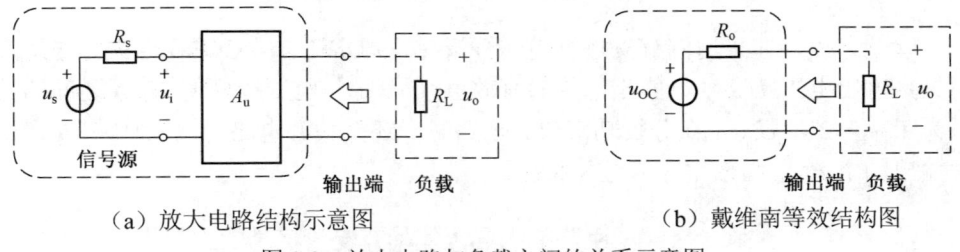

（a）放大电路结构示意图　　　　　　（b）戴维南等效结构图

图 2-3　放大电路与负载之间的关系示意图

可以用戴维南定理计算 R_o：将放大电路的输入信号置零（即 $u_S=0$，但保留 R_s），输出端负载开路（令 $R_L=\infty$）时，外加一个正弦电压 U'_o 与流入电流 I'_o 之比，就是输出电阻 R_o。其表达式如下：

$$R_o = \left. \frac{U'_o}{I'_o} \right|_{R_L=\infty,\ U_S=0,\ R_S\text{保留}} \tag{2-4}$$

从图 2-3（b）可知，

$$u_o = \frac{R_L}{R_o + R_L} \cdot u_{oc} \tag{2-5}$$

式中，u_{oc} 为负载开路时的戴维南等效电压，由此可见，放大电路的输出电阻越小，其带负载能力越强，同时输出电压越稳定。

4. 通频带

一个放大电路并不是在任何频率下都可以正常工作的。由于放大器件均由 PN 结构成，而 PN 结本身存在极间电容，还有一些放大电路中接有电抗性元件，因此，放大电路的放大倍数将随着信号频率的变化而变化。也就是说放大电路的放

大倍数 $A(f)$ 是频率 f 的函数。如图 2-4 所示。当 $A(f)$ 下降到中频电压放大倍数 A_m 的 $\frac{1}{\sqrt{2}}$ 时，对应的频率称为截止频率：f_L 为下限频率，f_H 为上限频率。放大电路允许工作的频率范围称为通频带 f_{BW}（或称 3dB 带宽），定义为

$$f_{BW} = f_H - f_L \tag{2-6}$$

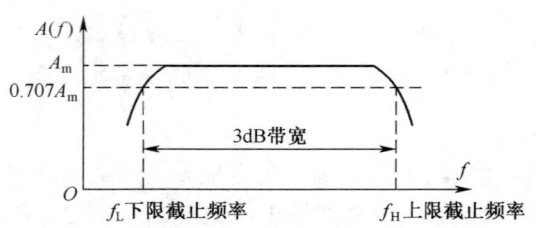

图 2-4 放大电路的截止频率与通频带的定义

除此之外，在采用图解法进行电路分析时，通常还会关心非线性失真与最大不失真输出电压 U_{oM}（一般指电压的有效值）。U_{oM} 与电压峰峰值 U_{PPM} 之间的关系为 $U_{PPM} = 2\sqrt{2}\, U_{oM}$。在分析功率放大电路时，还会关心电路的输入功率 P_V、最大输出功率 P_{omax} 与效率 η 等性能指标。

2.2 共射放大电路

本节介绍单管共射放大电路的组成原理和分析方法。放大电路的分析就是求解静态工作点和各项动态性能指标，一般应遵循"先静态，后动态"的原则。通过对电路工作状态的分析以及对电路参数和性能指标的估算，来判断放大电路能否正常工作、评价电路性能的优劣，以便正确选用和设计放大电路。

2.2.1 基本放大电路的组成

组成放大电路的晶体管元件有 NPN 型和 PNP 型；放大电路有共射、共基、共集三种基本接法，不论采用哪种接法，放大电路的组成原则和基本工作原理都大同小异。下面以 NPN 管构成的共射放大电路为例来说明放大电路的组成和工作原理。

1. 放大电路的组成原则

用晶体管组成放大电路的基本原则是：

（1）应保证三极管工作在放大状态，即保证发射结正向偏置，集电结反向偏置。

（2）电路中信号应畅通，输入信号能从放大电路的输入端加到晶体管的输入

端上,信号放大后能顺利地从输出端输出。

(3) 希望放大电路工作点稳定,信号失真(即放大后的输出信号波形与输入信号波形不一致的程度)不超过允许范围。

2. 共射放大电路的组成

图 2-5 为根据放大电路的组成原则由 NPN 管组成的基本共射放大电路。电路中各元件的作用如下。

(1) 三极管 T。它是放大电路的核心器件,利用其基极电流对集电极电流的控制作用实现能量的转换和信号的放大。

(2) 集电极电源 V_{CC}。它的作用有两个:一是保证三极管的发射结正偏和集电结反偏,即三极管始终处于放大状态;二是为信号放大提供能量。一般取值在几伏到几十伏之间。

(3) 基极偏置电阻 R_B。它与 V_{CC} 一起构成偏置电路,保证三极管的发射结正向偏置,并为基极提供适当的偏置电流 I_B。R_B 的阻值一般为几十千欧到几百千欧。

(4) 集电极负载电阻 R_C。它主要是将晶体管集电极电流的变化转换为电压的变化输出,从而实现电压的放大。R_C 的阻值一般为几千欧到几十千欧。

(5) 耦合电容 C_1 和 C_2。它的作用是"隔直流、通交流",即阻断放大电路与信号源、放大电路与负载之间的直流连接,而被放大的信号则可以无阻碍地通过。为了满足这个要求,耦合电容一般是几微法到几十微法的电解电容器。

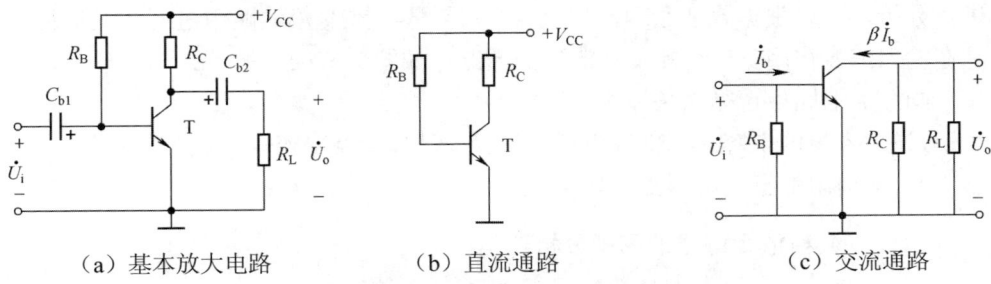

(a) 基本放大电路　　　　(b) 直流通路　　　　(c) 交流通路

图 2-5　基本共射放大电路及其直流通路和交流通路

3. 放大电路的工作状态

从第 1 章晶体管的低频小信号模型分析可知,在一定条件下可以将晶体管等效为线性器件,这样放大电路就可以看成线性电路,这时可以将直流电源和信号源所产生的响应分别进行分析。所以放大电路的工作状态可以分为以下两种情况。

一是静态(或称为直流工作状态),即令 $u_i=0$,此时为只有直流电源在起作用

（例如收音机合上电源开关而没有接收到电台、无声音输出）时的状态，电路中各处的电压、电流都是固定不变的直流量。所谓静态分析就是通过直流通路求解静态性能指标，如求解放大电路静态工作点（简称 Q 点）的值（如 I_{BQ}、U_{BEQ}、I_{CQ} 和 U_{CEQ}）。

二是动态（或称为交流工作状态），是在静态合适的基础上，施加需要放大的信号（例如收音机收听到某电台节目）时的状态，因为直流合适，所以在动态分析时，可以只考虑被放大信号的作用，无需考虑直流电源的作用。所谓动态分析就是通过交流通路及微变等效电路求解放大电路的动态性能指标（如 R_i、R_o、A_u、U_{oM} 以及 f_{BW} 等）。

（1）直流通路

直流通路是在直流电源作用下，直流电流流经的通路，如图 2-5（b）所示。静态分析（求 Q 点）就是在此通路中进行。

画直流通路应遵循三条原则：

1）电容视为开路。

2）电感视为短路（若有直流电阻，则保留其直流电阻）。

3）信号源为电压源时，将信号源短路，但保留其内阻。

（2）交流通路

在静态工作点合适的基础上，给电路输入交流信号后，电路中各处的电压、电流都处于交、直流混合在一起的工作状态。此时若对外加的交流信号及其响应进行分析，可以根据叠加原理，将直流电源置零，在交流通路中进行。交流通路是在输入信号作用下，交流信号流经的通路，如图 2-5（c）所示。

画交流通路应遵循两条原则：

1）大容量的电容（如耦合电容、射极或基极旁路电容等）视为短路。

2）无内阻的直流电压源（如 V_{CC}、V_{EE} 等）视为短路。

2.2.2 共射放大电路的图解分析法

根据电路的基本理论，对非线性电路进行分析，一个常用的有效方法是采用图解分析法。这种方法的核心思想就是针对非线性器件的特性曲线和其他线性器件的特性曲线，采用作图的方法进行分析求解。放大电路的图解分析法就是在晶体管的输入、输出特性曲线上，直接用作图的方法分析放大电路的工作情况。

由于放大电路工作时直流量和交流量混处于同一电路，电流与电压的名称较多、符号容易混淆，下面将各符号的含义列于表 2-1 中，以便区别。

表 2-1 放大电路中电压和电流的表示方法

序号	文字符号	特征	代表意义
1	U_{BE}、I_B、U_{CE}、I_C	大写字母大写下标	静态值或直流量
2	u_{be}、i_b、i_c、u_{ce}	小写字母小写下标	交流分量的瞬时值
3	U_{be}、I_b、U_{ce}、I_c	大写字母小写下标	交流分量的有效值
4	$\dot{U}_{be}$、$\dot{I}_b$、$\dot{U}_{ce}$、$\dot{I}_c$	上一栏字母上加"."	交流分量有效值的相量
5	U_{bem}、I_{bm}、U_{cem}、I_{cm}	第三栏下标加 m	交流分量的幅值
6	u_{BE}、i_B、u_{CE}、i_C	小写字母大写下标	总的瞬时值

1. 利用图解法进行静态分析

利用图解法进行静态分析的任务是：用作图的方法确定放大电路的静态工作点，即求出 I_{BQ}、U_{BEQ}、I_{CQ} 和 U_{CEQ}。

对图 2-5（a）所示的基本共射放大电路用图解法进行静态分析时，应首先画出其直流通路如图 2-5（b）所示。然后按照如下的分析方法和步骤进行：

（1）对输入回路列 KVL 方程（即输入直流负载线方程）

$$U_{BE} = V_{CC} - I_B R_B \tag{2-7}$$

（2）在输入特性曲线的平面上，作出输入直流负载线。三极管输入特性与直流负载线的交点就是放大电路的 Q 点在输入特性上的体现，从图上可读出 I_{BQ} 和 U_{BEQ} 的值。

（3）对输出回路列 KVL 方程（即输出直流负载线方程）

$$U_{CE} = V_{CC} - I_C R_C \tag{2-8}$$

（4）在输出特性曲线的平面上，作出输出直流负载线。作法为：分别在 X 轴和 Y 轴上确定两个特殊点 M（V_{CC}，0）和 N（0，V_{CC}/R_C），连接 M、N 两点所作的直线即为输出直流负载线 MN。

（5）输出直流负载线与 I_{BQ} 所确定的那条输出特性曲线的交点，就是 Q 点在输出特性上的体现，从图上可读出 I_{CQ} 和 U_{CEQ} 值。其静态图解分析过程如图 2-6 所示。

2. 利用图解法进行动态分析

用图解法对放大电路进行动态分析，旨在确定最大不失真输出电压有效值 U_{oM}，分析非线性失真情况，也可求出电压放大倍数 A_u。对图 2-5（a）所示的共射放大电路进行动态分析时，应首先画出其交流通路如图 2-5（c）所示，然后按以下方法和步骤进行分析。

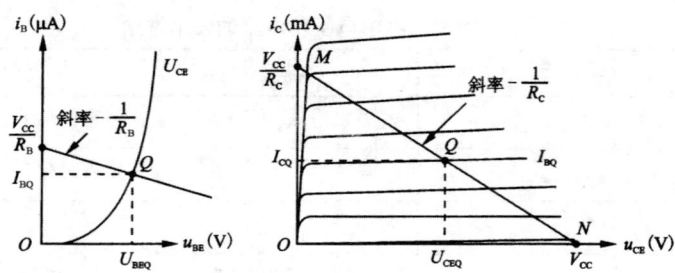

图 2-6 利用图解法分析放大电路静态工作点

(1) 作交流负载线。给放大电路输入交流信号后，其输出交流电压 u_o 和电流 i_o 将沿着交流负载线变化。交流负载线是有交流输入信号时 Q 点的运动轨迹，可以在晶体管的输出特性平面上作出。由于每次交流信号过零点的时候，恰为静态。所以，交流负载线与直流负载线必然相交于 Q 点。由交流通路可以列出输出回路方程：

$$\dot{U}_o = -\dot{I}_c(R_C /\!/ R_L) = -\dot{I}_c R'_L \qquad (2-9)$$

式中，$R'_L = R_C /\!/ R_L$，称为交流负载电阻。由式（2-9）可知，交流负载线的斜率为 $-\dfrac{1}{R'_L}$，因而可得出交流负载线的作法之一：由图 2-7 可以计算出线段 $OB = U_{CEQ} + I_{CQ} R'_L$，过 Q 和 B 两点作直线 AB，其斜率为 $-\dfrac{1}{R'_L}$，即 AB 为交流负载线。如果负载开路，$R'_L = \infty$，则交流负载线与直流负载线重合。

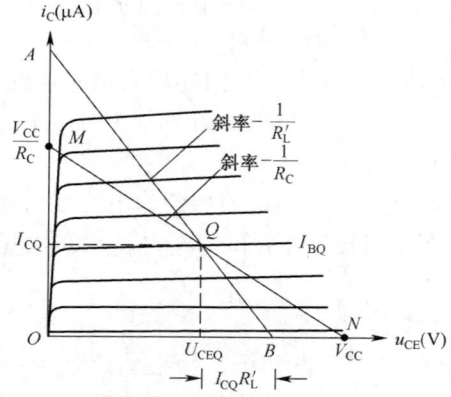

图 2-7 利用图解法分析放大电路的动态工作情况

(2) 信号放大过程图解。信号放大过程图解如图 2-8 所示，作图步骤如下：
1) 输入信号 u_i 叠加在静态发射结上，得到 u_{BE}（$=U_{BE}+u_i$）的波形。

2）在晶体管输入特性上的 Q 点附近，由于施加的是微小信号，将此段的输入特性可以看做线性特性，根据投影原理，作图得到 i_B（$=I_B+i_b$）波形。

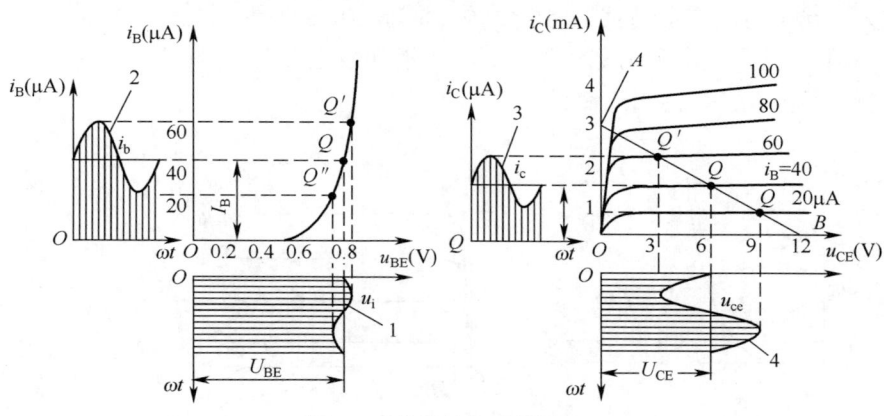

图 2-8　信号放大过程图解

3）根据放大区电流关系 $i_C = \beta i_B$（即 $I_C + i_c = \overline{\beta} I_B + \beta i_b$）得到 i_C 的波形。

4）在晶体管的输出特性上作图得到 u_{CE}（$=U_{CE}+u_{ce}$）波形，u_{ce} 即为输出电压 u_o。

如果作图足够准确，可以分别测量输出电压和输入电压的峰峰值，进而求得电压放大倍数如下。

$$A_u = \frac{U_{OPP}}{U_{IPP}} \qquad (2\text{-}10)$$

从图 2-8 可知，共射放大电路的输出电压与输入电压相位关系为反相。

（3）求最大不失真输出电压 U_{OM}。当 Q 点确定，设晶体管的饱和管压降为 U_{CES}，从图 2-7 可以得出最大不失真输出电压有效值为

$$U_{OM} = \frac{1}{\sqrt{2}} \min\{U_{CEQ} - U_{CES}, I_{CQ} R'_L\} \qquad (2\text{-}11)$$

当 Q 点未确定，要使最大不失真输出电压 U_{OM} 尽可能大，静态工作点应选择在交流负载线 AB 的中点附近。

（4）输出波形失真分析。在放大电路中，当输入信号为正弦波，输出信号应是幅值放大了的正弦波，要求输出信号与输入信号之间是线性关系，应尽量避免失真现象出现。如产生了形状不对称或局部变形现象都称为波形失真。这是由于晶体管非线性特性引起的失真，所以称这种失真为非线性失真，主要包括饱和失真和截止失真两种，分别由于放大电路的工作点到达了晶体管的饱和区或截止区所引起的。

1) Q 点偏低，接近截止区时，产生截止失真。如图 2-9 所示。当 Q 偏低接近截止区时，交流量的负向峰值到来时，晶体管工作在截止区，交流信号不能被线性放大，输出电流波形的负半周被削顶，而输出电压波形则是正半周被削顶（或称上截顶），这种失真称为截止失真。为了消除截止失真，可以减小 R_B 值使得 Q 点沿负载线上移，从而消除截止失真。

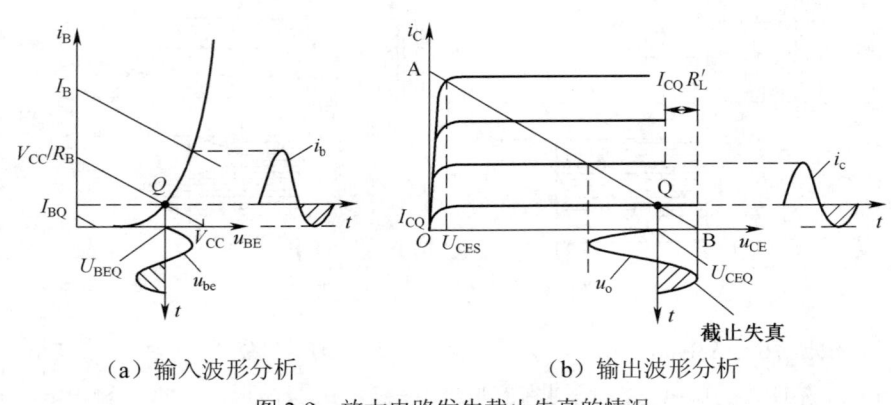

（a）输入波形分析　　　　　　（b）输出波形分析

图 2-9　放大电路发生截止失真的情况

2) Q 点偏高，接近饱和区时，产生饱和失真。如图 2-10 所示。当 Q 点偏高接近饱和区时，交流量正向峰值到来时，晶体管将工作在饱和区，交流信号不能被线性放大，输出电流波形的正半周被削顶，而输出电压波形则是负半周被削底（或称下截顶），这种失真称为饱和失真。为了减小饱和失真，可以增大 R_B 值，使得 Q 点沿负载线下移，从而消除饱和失真。

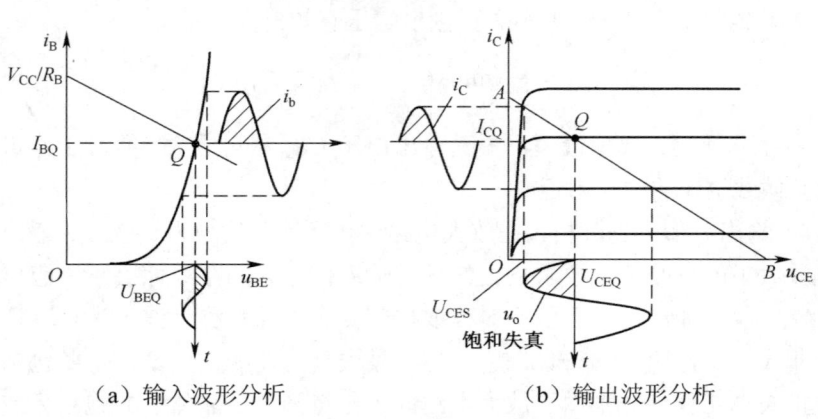

（a）输入波形分析　　　　　　（b）输出波形分析

图 2-10　放大电路发生饱和失真的情况

2.2.3 共射放大电路的等效电路分析法

等效电路法分为直流等效电路法和交流微变等效电路法，它们分别用来对放大电路进行静态和动态分析。其共同特点是，在一定范围内将非线性电路线性化，然后利用线性电路的基本定理来计算放大电路的静态、动态参数。这里仍以基本共射放大电路为例，静态分析只介绍估算法，然后重点介绍动态参数的交流微变等效电路分析法。

1. 基本共射放大电路的分析

（1）利用估算法进行静态分析

对图 2-11（a）所示基本共射放大电路进行静态分析，首先画出如图 2-11（b）所示的直流通路，将 U_{BEQ}（硅管取 0.7V，锗管取 0.3V）当做已知，然后按照如下步骤进行静态工作点 Q 的估算。

1）对输入回路列 KVL 方程求 I_{BQ}。

由 $V_{CC} = I_{BQ}R_B + U_{BEQ}$，可得

$$I_{BQ} = \frac{V_{CC} - U_{BEQ}}{R_B}(\mu A) \tag{2-12}$$

2）根据放大区电流方程求 I_{CQ}。

$$I_{CQ} = \beta I_{BQ} \tag{2-13}$$

3）对输出回路列 KVL 方程求 U_{CEQ}。

由 $V_{CC} = I_{CQ}R_C + U_{CEQ}$，可得

$$U_{CEQ} = V_{CC} - I_{CQ}R_C \tag{2-14}$$

由上面的分析可知，在该放大电路中，当 R_B 确定后，I_{BQ} 就确定了，几乎不受外界因素的影响，因此，I_{BQ} 称为固定偏流，故该放大电路称为固定偏置共射放大电路。

（2）利用微变等效电路法进行动态分析

微变等效电路分析法是在输入为低频小信号的前提下，用晶体管的简化小信号模型（见第 1 章图 1-28）替换交流通路中的晶体管，得到放大电路的微变等效电路，然后利用线性电路的基本定理来计算放大电路的性能指标（如 $\dot{A}_u$、R_i 和 R_o 等）。

对图 2-11（a）所示共射放大电路，用微变等效电路法进行动态分析的方法和步骤如下。

1）画出放大电路的微变等效电路。可以先画出该电路的交流通路，如图 2-11（c）所示。然后将图中的晶体管用晶体管的简化小信号模型来替换，即可得到共射放大电路的微变等效电路，如图 2-11（d）所示。由于一般采用正弦信号作为放

大电路的测试信号,因此将微变等效电路中的电压和电流都看成正弦量,采用相量来标识。

2)计算电压放大倍数。对图 2-11(d)列输入回路方程可得

$$\dot{U}_i = \dot{I}_b r_{be} \qquad (2\text{-}15)$$

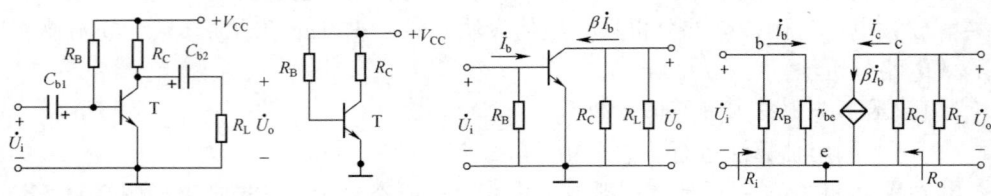

(a)共射放大电路　　(b)直流等效电路　　(c)交流通路　　(d)微变等效电路

图 2-11　共射放大电路及其等效电路

由晶体管输入电阻的计算公式可得

$$r_{be} = r_{bb'} + (1+\beta)\frac{26\ \text{mV}}{I_{EQ}\ \text{mA}} \qquad (2\text{-}16)$$

列输出回路方程可得

$$\dot{U}_o = -\dot{I}_c R'_L = -\beta \dot{I}_b R'_L \qquad (2\text{-}17)$$

式中: $R'_L = R_c /\!/ R_L$

由电压放大倍数计算公式,可得

$$\dot{A}_u = \frac{\dot{U}_o}{\dot{U}_i} = -\frac{\beta R'_L}{r_{be}} \qquad (2\text{-}18)$$

3)计算输入电阻 R_i。

$$R_i = \dot{U}_i / \dot{I}_i = R_B /\!/ r_{be} \approx r_{be} \qquad (2\text{-}19)$$

4)计算输出电阻 R_o。

在图 2-11(d)中,将负载开路,根据输出电阻计算公式可得

$$R_o = R_c \qquad (2\text{-}20)$$

综上分析可知:共射放大电路 $\dot{A}_u$ 是负值,即输出电压与输入电压的相位相反,又称其为反相放大器;其 R_i 和 R_o 都居中;其电压放大倍数和电流放大倍数都较高,是最常用的一种放大电路。

例 2-1　某共射放大电路如图 2-12 所示。设 $U_{BE}=0.7\text{V}$,$r_{be}=1.3\text{k}\Omega$,$\beta=100$,其他参数如图。

(1)计算 Q 点。

(2)画出其微变等效电路。

(3) 求 $\dot{A}_u$、R_i 和 R_o。

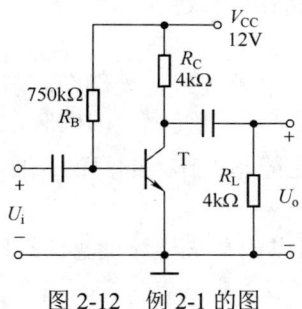

图 2-12 例 2-1 的图

解 (1) 计算 Q 点。
1) 对输入回路列 KVL 方程求 I_{BQ}

$$I_{BQ} = \frac{V_{CC} - U_{BE}}{R_B} = \frac{12 - 0.7}{750} = 15\mu A$$

2) 根据放大区电流方程求 I_{CQ}

$$I_{CQ} = \beta I_{BQ} = 1.5 mA$$

3) 对输出回路列 KVL 方程求 U_{CEQ}

$$U_{CEQ} = V_{CC} - I_{CQ} R_C = 12 - 1.5 \times 4 = 6V$$

(2) 图 2-11 的微变等效电路如图 2-11 (d) 所示。
(3) 由图 2-11 (d) 根据动态性能指标的定义可以分别求出 $\dot{A}_u$、R_i 和 R_o。

$$\dot{A}_u = -\beta \frac{R_C // R_L}{r_{be}} = -154$$

$$R_i = R_B // r_{be} \approx r_{be} \approx 1.3 k\Omega$$

$$R_o = R_C = 4 k\Omega$$

2. 分压偏置共射放大电路的分析

(1) 影响放大电路静态工作点稳定的因素

从第 1 章可知，温度对晶体管 U_{BE}、I_{CBO}、β 等参数都有影响，从而对晶体管的输入输出特性曲线也有影响，将导致放大电路的静态工作点偏移。如当温度升高时，三极管的 I_{CBO}、β 增大、发射结电压 U_{BE} 减小，其结果均使 I_C 增大，使 Q 点升高，特别是在高温时偏向饱和区，使电路不能正常工作。

前面介绍的放大电路是一种固定偏置电路，这种电路虽然简单、容易调整，但其静态工作点在运行中是不稳定的，在外部因素（如温度变化、电源电压变动等）的影响下，将会引起静态工作点上下移动，造成动态工作范围减小或出现非线性失真,严重时放大电路甚至不能正常工作。其中,温度的影响是最主要的。所以必须对上述固定偏置电路加以改进。

(2)分压偏置共射放大电路

由于温度对静态工作点的影响最终都表现在静态集电极电流 I_C 的变化上,而 $I_C = \beta I_B$,因此如果在 I_C 因温度上升而增大的同时,设法减小 I_B,从而抑制 I_C 使其近似恒定,就可以达到稳定静态工作点的目的。通常可采用图 2-13(a)所示的分压式偏置共射放大电路。

图 2-13(b)为分压偏置共射放大电路的直流通路,偏置电路是由 R_{B1} 和 R_{B2} 组成的分压电路。由图可知

$$I_1 = I_2 + I_B$$

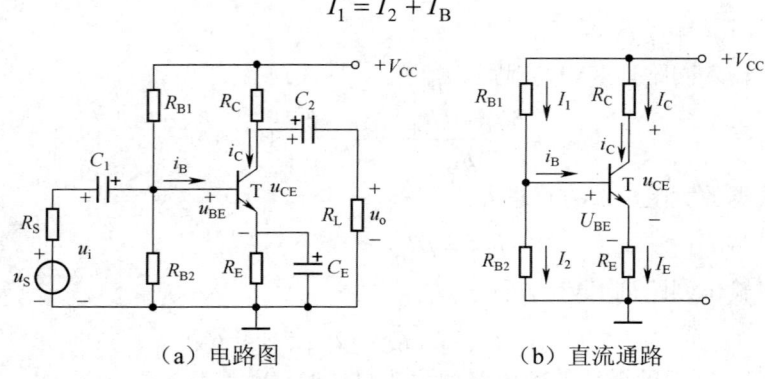

(a)电路图　　　　　　　　(b)直流通路

图 2-13 分压偏置共射放大电路

若使 $I_2 \gg I_B$(一般取 $I_2 = (5 \sim 10) I_B$),则

$$I_1 \approx I_2 = \frac{V_{CC}}{R_{B1} + R_{B2}}$$

基极电位

$$V_B = \frac{R_{B2}}{R_{B1} + R_{B2}} V_{CC} \tag{2-21}$$

V_B 由 R_{B1}、R_{B2} 和 V_{CC} 决定,而与晶体管的参数无关,即与温度无关。由于 $V_B = U_{BE} + I_E R_E$,若使 $V_B \gg U_{BE}$(一般取 $V_B = (5 \sim 10) U_{BE}$),则静态电流

$$I_C \approx I_E = \frac{V_B - U_{BE}}{R_E} \approx \frac{V_B}{R_E} \tag{2-22}$$

从式(2-22)可知,当满足 $I_2 \gg I_B$ 及 $V_B \gg U_{BE}$ 时,I_C 基本上不受温度变化的影响。所以此电路能够稳定静态工作点,其调节过程如下。

当温度升高时,三极管的 I_{CBO}、β 增大、U_{BE} 减小,从而使 $I_{CQ}(\approx I_{EQ})$ 增大,I_{EQ} 流过 R_E,R_E 上的压降 V_E 变大,则晶体管 B、E 极间的实际偏压 $U_{BE} = V_B - V_E$ 将

减小,从而使基极电流 I_{BQ} 减小,牵制了 I_{CQ} 的增大,达到了稳定 Q 点的目的。以上过程可以表示为图 2-14。

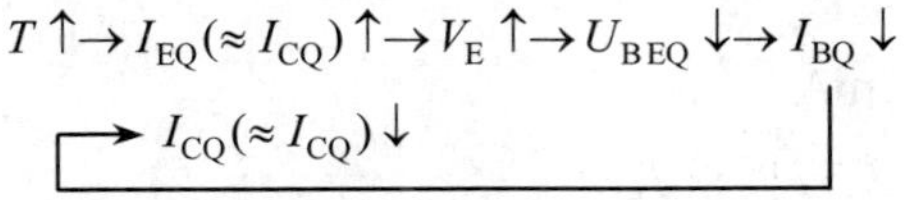

$$T\uparrow \to I_{EQ}(\approx I_{CQ})\uparrow \to V_E\uparrow \to U_{BEQ}\downarrow \to I_{BQ}\downarrow$$
$$\hookrightarrow I_{CQ}(\approx I_{CQ})\downarrow$$

图 2-14 静态工作点调节过程

例 2-2 分压式偏置共射放大电路如图 2-15(a)所示,假设晶体管的 $\beta=100$,$r_{bb'}=300\Omega$,$U_{BEQ}=0.7V$,其他参数见图 2-15(a)。

(1) 求静态工作点。
(2) 画出其微变等效电路。
(3) 求 $\dot{A}_u$、R_i 和 R_o。
(4) 讨论当射极旁路电容 C_e 开路时,会引起放大电路的哪些性能指标发生变化?如何变化?

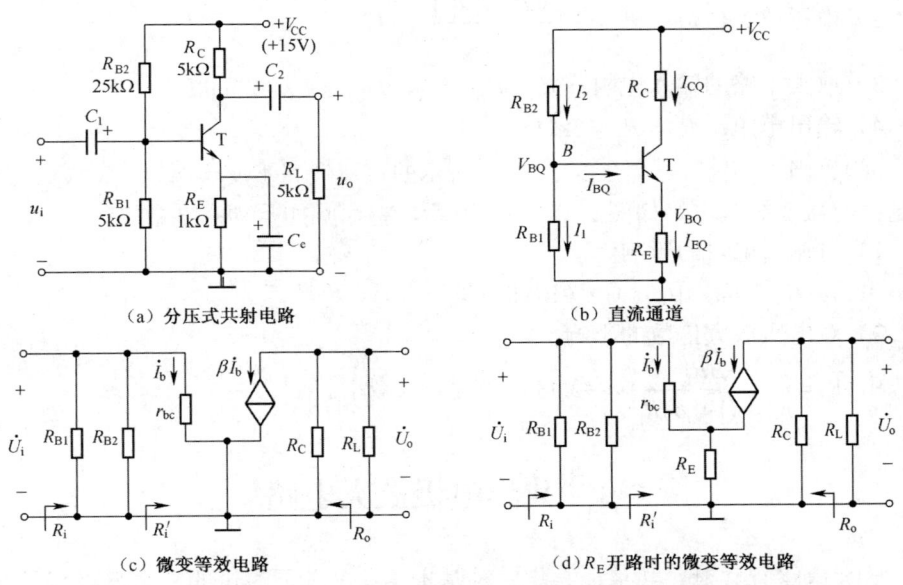

(a) 分压式共射电路 (b) 直流通道

(c) 微变等效电路 (d) R_E 开路时的微变等效电路

图 2-15 分压式偏置共射放大电路及其微变等效电路

分析 静态工作点在直流通路中求解,假设 $I_2 \gg I_B$ 及 $V_B \gg U_{BE}$ 两个条件都满足,方法采用估算法;交流性能指标在微变等效电路中求解。

解 (1) 采用估算法求 Q 点。

1) 画出电路的直流通路如图 2-15(b)所示。

2）对输入回路列方程求 I_{CQ}

$$V_{BQ} \approx \frac{R_{B1}}{R_{B1}+R_{B2}} \cdot V_{CC} = 2.2\text{V} \text{ 和 } I_{EQ} = \frac{V_{BQ}-U_{BEQ}}{R_E} \approx 1.5\text{mA}$$

故：$I_{CQ} \approx I_{EQ} = 1.5\text{mA}$

3）根据放大区电流方程求 I_{BQ}

$$I_{BQ} = \frac{I_{EQ}}{1+\beta} \approx 1.5\mu\text{A}$$

4）对输出回路列 KVL 电压方程求 U_{CEQ}

$$U_{CEQ} = V_{CC} - I_{CQ}R_C - I_{EQ}R_E = 6\text{V}$$

（2）画出微变等效电路如图 2-15（c）所示。

（3）求解动态参数。

1）三极管输入电阻：$r_{be} = r_{bb'} + (1+\beta)\dfrac{26\text{mV}}{I_{EQ}} \approx 2.05\text{k}\Omega$

2）电压放大倍数：$\dot{A}_u = -\dfrac{\beta(R_C // R_L)}{r_{be}} \approx -122$

3）放大电路的输入电阻：$R_i = R_{B1} // R_{B2} // r_{be} \approx r_{be} = 2.05\text{k}\Omega$

4）输出电阻：$R_o = R_C = 5\text{k}\Omega$

（4）当 C_e 开路时，图 2-15（b）所示的直流通路不变，所以，对 Q 点没有影响；而微变等效电路如图 2-15（d）所示。将影响如下动态参数。

1）对输入电阻的影响。

由 $R_i = R_{B1} // R_{B2} //[r_{be}+(1+\beta)R_E] \approx 4\text{k}\Omega$，可见 R_i 增大。

2）对电压放大倍数的影响。

由 $\dot{A}_u = \dfrac{-\beta R_L'}{r_{be}+(1+\beta)R_E} \approx -2.43$，可见 $|\dot{A}_u|$ 减小。

2.3　共集电极放大电路

放大电路有共射、共基、共集三种基本接法。前面讨论的放大电路都是共射极电路，本节对共集电极放大电路进行分析。

在图 2-16（a）所示的电路中，输出信号从发射极取出，故称其为射极输出器。从它的交流通路图 2-16（b）中可见，输入电压 u_i 加在基极和集电极之间，而输出电压 u_o 取自发射极和集电极，集电极为输入回路与输出回路的公共端，所以它实际上是一个共集电极放大电路。

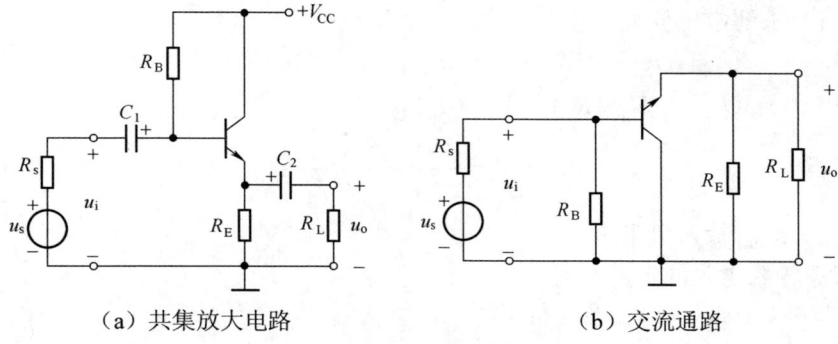

（a）共集放大电路　　　　　　　　（b）交流通路

图 2-16　共集电极放大电路

1. 共集放大电路的静态分析

（1）画出其直流通路

根据画直流通路的原则可以得到共集放大电路的直流通路如图 2-17 所示。

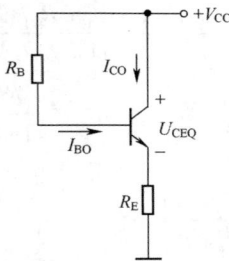

图 2-17　共集放大电路的直流通路

（2）用估算法求 Q 点

1）对输入回路列 KVL 方程求 I_B。

$$V_{CC} = I_{BQ}R_B + U_{BEQ} + (1+\beta)I_{BQ}R_E \tag{2-23}$$

得　$I_{BQ} = \dfrac{V_{CC} - U_{BEQ}}{R_B + (1+\beta)R_E}$

2）由晶体管电流方程求 I_C。

$$I_{CQ} = \beta I_{BQ} \tag{2-24}$$

3）对输出回路列 KVL 方程求 U_{CE}。

$$U_{CEQ} = V_{CC} - I_{EQ}R_E \tag{2-25}$$

2. 共集放大电路动态分析

在图 2-16（b）所示的交流通路中将晶体管用简化小信号模型替换就可以得到如图 2-18（a）所示的微变等效电路。

(1) 求解电压放大倍数

由 $\dot{U}_i = \dot{I}_b r_{be} + \dot{I}_e (R_E // R_L) = \dot{I}_b r_{be} + (1+\beta)\dot{I}_b R'_L$

及 $\dot{U}_o = \dot{I}_e (R_E // R_L) = (1+\beta)\dot{I}_b R'_L$

可得
$$\dot{A}_u = \frac{\dot{U}_o}{\dot{U}_i} = \frac{(1+\beta)R'_L}{r_{be} + (1+\beta)R'_L} \approx 1 \tag{2-26}$$

(2) 求解输入电阻 R_i

根据输入电阻的定义可得
$$\begin{aligned} R_i &= R_b // R'_i \\ &= R_b // [r_{be} + (1+\beta)(R_E // R_L)] \end{aligned} \tag{2-27}$$

(3) 求解输出电阻 R_o

将信号源 $\dot{U}_s$ 短路，保留其内阻 R_s，负载 R_L 开路，在输出端施加电压源 U_o，其流入电流为 I_o，两者之比即为输出电阻。画出求输出电阻的等效电路如图 2-18 (b) 所示。由此可得

$$R'_o = \frac{U_o}{I_e} = \frac{I_b(r_{be} + R_s // R_B)}{(1+\beta)I_b} \tag{2-28}$$

$$R_o = R'_o // R_E = R_E // \frac{R_s // R_B + r_{be}}{1+\beta} \tag{2-29}$$

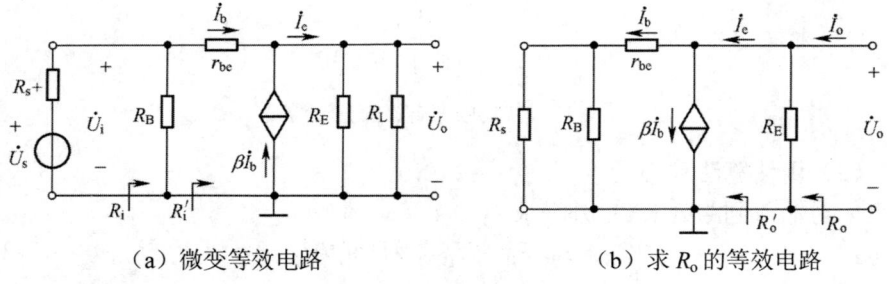

(a) 微变等效电路 (b) 求 R_o 的等效电路

图 2-18 共集放大电路的动态分析

综上可知，射极输出器的电压放大倍数接近于 1，输出电压与输入电压同相，因此，射极输出器又称为射极跟随器。输入电阻高，输出电阻低。针对这些特点，该电路广泛用作多级放大电路的输入级、隔离级、输出级。

2.4 多级放大电路

前面讨论的各种类型单级放大电路往往不能全面满足电子系统对电路各种指标的综合要求。如它们的放大倍数有限，输入电阻、输出电阻不理想等。所以一

个实际的放大系统通常需要由多级放大电路构成。图 2-19 是多级放大电路的组成框图，其中前面若干级主要用作电压放大，称为前置级，微弱的信号经前置级放大到足够的幅度，推动功率放大级工作，以输出负载所需要的功率。下面主要介绍多级放大电路的耦合方式及其特点，以及多级放大电路的电压放大倍数、输入电阻和输出电阻的分析方法。

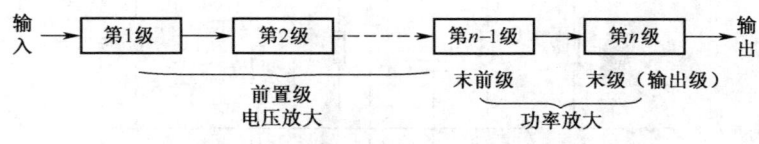

图 2-19　多级放大电路的组成框图

2.4.1　多级放大电路的耦合方式

多级放大电路内部各级之间的连接方式称为耦合方式。各级电路进行耦合时，必须满足：

（1）耦合后，各级电路都有合适的静态工作点。

（2）信号在各级之间能够顺利地传输。

（3）耦合后多级放大电路的性能指标能够达到电路的实际需求。

多级放大电路之间常见的耦合方式有阻容耦合、变压器耦合和直接耦合。

1. 阻容耦合

将放大电路的前级输出端通过电容接到后级输入端，称为阻容耦合方式。图 2-20 为一个两级阻容耦合放大电路的实例。

（1）阻容耦合方式的优点

1）各级静态工作点互不影响。由于电容具有"隔离直流、传送交流"的作用，使得信号源与放大电路之间、放大电路与负载之间、电路中相邻两级之间均无直流联系，各级之间的直流通路互相隔离、互相独立。因此，各级的静态工作点相互独立，互不影响。这样给设计和调试带来很大的方便。

2）在传输过程中，交流信号损失较小。只要耦合电容的电容量足够大，在一定的频率范围内，可以做到把前一级的交流信号几乎无损失地加到后一级，交流信号的传输损失较小。

3）零点漂移小。因为耦合电容具有"隔直"作用，所以阻容耦合放大电路的零点漂移很小。

（2）阻容耦合方式的缺点

1）阻容耦合电路无法应用于集成电路制造工艺中。

2）阻容耦合电路的低频特性差。

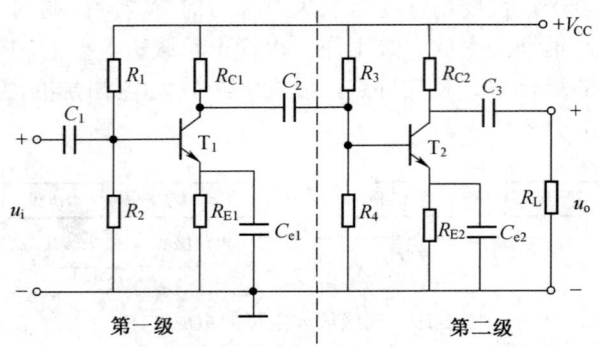

图 2-20　两级阻容耦合放大电路的实例

2. 变压器耦合

变压器是一种通过磁路的耦合作用，把一次侧的交流信号传送到二次侧的耦合元件。图 2-21 是一个两级变压器耦合放大电路的实例，第一级的集电极电阻换成了变压器 B_1 的一次侧绕组，交变的电压和电流经变压器 B_1 的二次侧绕组加到 T_1 管的基极，进行再次放大，变压器 B_2 则把被 T_2 放大了的交流电压和电流加到负载上。

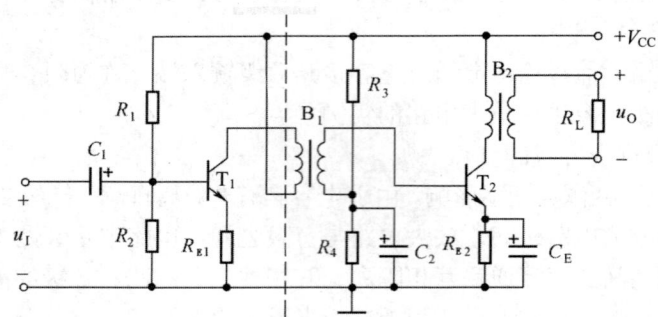

图 2-21　两级变压器耦合放大电路的实例

（1）变压器耦合方式的优点

1）变压器不能传递直流信号，因此通过变压器耦合的多级放大电路前后级的静态工作点互相独立、互不影响，使得电路的设计和调试都很方便。

2）由于变压器只能传送交流信号，而对直流信号起隔离作用，因此变压器耦合多级放大电路的零点漂移很小。

3）变压器耦合方式最突出的优点是变压器具有阻抗变换作用，变压器在传送交流信号的同时，还可以进行信号的电压、电流以及阻抗变换。运用变压器耦合可以使电路的各级之间获得最佳阻抗匹配，信号在电路中得到最大传输。

（2）变压器耦合方式的缺点

1）使用变压器耦合方式的放大电路，其高频和低频性能都变差。

2）变压器用有色金属和磁性材料制成，不仅体积大、重量重、成本高，容易产生电磁干扰，而且电路无法集成。

3. 直接耦合

所谓直接耦合是将前级的输出端直接或通过电阻接到后一级的输入端。图2-22是一个两级直接耦合放大电路的实例。

（1）直接耦合方式的优点

1）放大器之间直接相连，所以它不仅可以放大一般的交流信号，而且可以放大缓慢变化的信号或直流信号，它的低频特性很好。

2）便于集成。由于集成电路中不能使用大容量电容和变压器，所以目前集成电路均采用直接耦合方式。

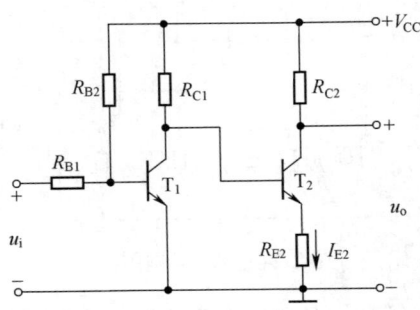

图 2-22 两级直接耦合放大电路

（2）直接耦合方式的缺点

1）存在各级 Q 点的配置问题。如果简单地将两单管放大电路直接连在一起，有可能使放大电路不能正常工作。

2）直接耦合使得放大电路各级 Q 点相互影响，给设计、计算和调试带来不便。

3）直接耦合存在温漂现象。

2.4.2 多级放大电路分析举例

多级放大电路通常由多级基本放大电路级联组成，方框图如图 2-23 所示。它由输入级、中间级和输出级等组成。由图可求得多级放大电路的动态性能指标如下：

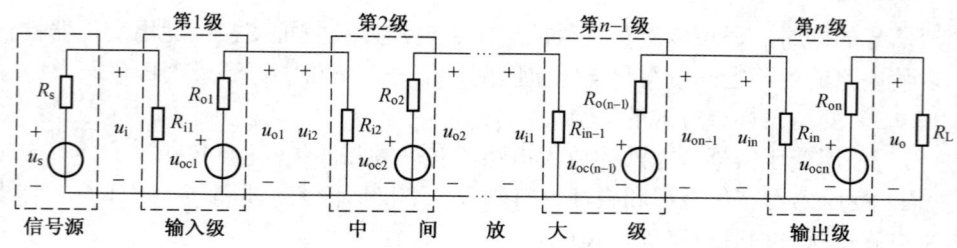

图 2-23 多级放大电路的组成框图

1. 电压放大倍数

由图 2-24 可知,多级放大电路的前一级输出就是后一级输入,所以多级放大电路总的电压放大倍数等于各级电压放大倍数的乘积,即

$$\dot{A}_\mathrm{u} = \dot{A}_{\mathrm{u}1} \cdot \dot{A}_{\mathrm{u}2} \cdots \dot{A}_{\mathrm{u}n} = \prod_{i=1}^{n} \dot{A}_{\mathrm{u}i} \qquad (2\text{-}30)$$

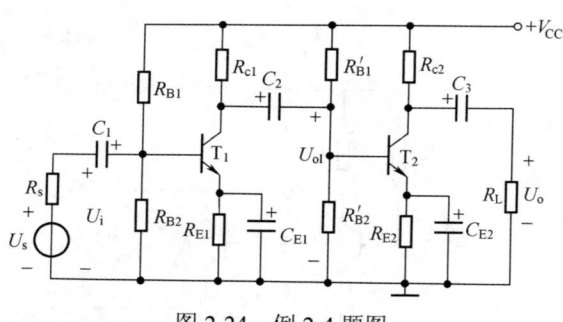

图 2-24 例 2-4 题图

在计算分析单级的电压放大倍数时,要充分考虑后级放大电路对前级放大电路负载的影响,后一级的输入电阻就是前一级的负载电阻。

2. 输入电阻与输出电阻

按照放大电路对输入电阻的定义,参照图 2-23 可知,多级放大电路的输入电阻,就是第一级的输入电阻。即

$$R_\mathrm{i} = R_{\mathrm{i}1} \qquad (2\text{-}31)$$

同样,计算输入电阻时,要考虑后一级放大电路对前一级放大电路负载的影响。

按照放大电路对输出电阻的定义和输出电阻的计算方法,多级放大电路的输出电阻就是最后一级的输出电阻。即

$$R_\mathrm{o} = R_{\mathrm{on}} \qquad (2\text{-}32)$$

计算输出电阻时,要考虑前级放大电路作为后级电路的信号源。

例 2-3 在图 2-24 电路中,已知 $\beta_1 = \beta_2 = 40$, $U_\mathrm{BE} = 0.7\,\mathrm{V}$, $V_\mathrm{CC} = 12\,\mathrm{V}$,

$r_{bb'} = 300\Omega$，$R_{B1}=30\text{k}\Omega$，$R_{B2}=15\text{k}\Omega$，$R'_{B1} = 20\text{k}\Omega$，$R'_{B2} = 10\text{k}\Omega$，$R_{C1}=5\text{k}\Omega$，$R_{C2}=2.5\text{k}\Omega$，$R_{E1}=3\text{k}\Omega$，$R_{E2}=2\text{k}\Omega$，$R_L=5\text{k}\Omega$。

（1）求各级的静态工作点。
（2）求各级电压放大倍数与总电压放大倍数。
（3）求输入电阻与输出电阻。

分析 在静态分析时，因为两级放大电路之间为阻容耦合，所以各级 Q 点相互独立可以单独计算每一级。

在进行动态分析时，总的放大电路放大倍数是每级放大倍数的乘积。但在计算第一级电路的放大倍数时，要考虑第二级输入电路就是第一级的负载电阻。

解 （1）求各级电路的静态工作点

$$V_{B1} = \frac{R_{B2}}{R_{B1} + R_{B2}}V_{CC} = \frac{15}{15+30} \times 12 = 4\text{V}$$

而

$$V_{B1} = U_{BE1} - (1+\beta_1)I_{B1}R_{E1}$$

所以

$$I_{B1} = \frac{V_{B1} - U_{BE1}}{(1+\beta_1)R_{E1}} = \frac{4-0.7}{(1+40)\times 3} = 27\mu\text{A}$$

$$I_{C1} = \beta_1 I_{B1} = 1.08\text{mA}$$

$$U_{CEQ1} = V_{CC} - I_{C1}R_{C1} - I_{E1}R_{E1} = 3.36\text{V}$$

同理可求得 $V_{B2} = 4V, I_{B2} = 40\mu\text{A}, I_{C2} = 1.6\text{mA}, U_{CE2} = 4.8\text{V}$

（2）求各级电压放大倍数与总电压放大倍数

先画出图 2-24 电路的微变等效电路如图 2-25 所示。

$$r_{be1} = r_{bb'} + (1+\beta_1)\frac{26\text{mV}}{I_{E1Q}} \approx 1.27\text{k}\Omega$$

$$r_{be2} = r_{bb'} + (1+\beta_2)\frac{26\text{mV}}{I_{E2Q}} \approx 0.95\text{k}\Omega$$

$$\dot{A}_{u1} = -\frac{\beta_1(R_{C1}\ //\ R_{i2})}{r_{be1}} = -\frac{40\times(5\ //\ 0.83)}{1.27} \approx -22.4$$

其中 $R_{i2} = r_{be2}\ //\ R'_{B1}\ //\ R'_{B2} = 0.83\text{k}\Omega$

$$\dot{A}_{u2} = -\beta_2\frac{R_{C2}\ //\ R_L}{r_{be2}} = -40 \times \frac{2.5\ //\ 5}{0.95} \approx -70.3$$

$$\dot{A}_u = \dot{A}_{u1}\dot{A}_{u2} \approx 1575$$

（3）求输入电阻与输出电阻

$$R_i = R_{i1} = R_{B1}\ //\ R_{B2}\ //\ r_{be1} = 1.13\text{k}\Omega$$

$$R_o = R_{o2} = R_{C2} = 2.5\text{k}\Omega$$

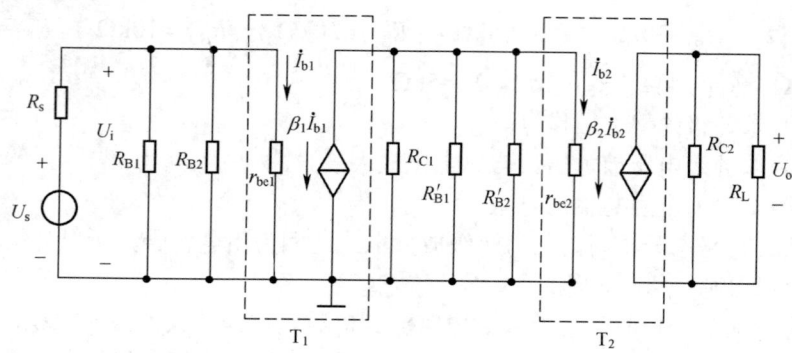

图 2-25 图 2-24 电路的微变等效电路

2.5 差动放大电路

集成电路的级间耦合方式一般采用直接耦合,对直接耦合多级放大电路而言,它有个明显的缺点,那就是零点漂移。人们在实验中发现,在直接耦合多级放大电路中,即使将输入端短路,用灵敏的直流表测量输出端,也会有变化缓慢的输出电压。这种输入电压为零,而输出电压的变化不为零的现象称为零点漂移。

在放大电路中,任何元件参数的变化,如电源电压的波动、元件的老化、半导体器件参数随温度的变化而产生的变化,都将导致输出电压的漂移。尤其在直接耦合多级放大电路中,由于前后级直接相连,前一级的漂移电压会和有用信号叠加在一起被送到下一级,而且逐级放大,以至于有时在输出端很难区分什么是有用信号,什么是漂移电压,最终导致放大电路不能正常工作。采用高质量的稳压电源和使用经过老化实验的元件就可以大大减小零点漂移现象的产生。这样,由温度引起的半导体器件参数的变化就成为产生零点漂移现象的主要原因。因此,也称零点漂移为温度漂移,简称温漂。

为了抑制零点漂移,可采取多种方法,如在电路中引入直流负反馈,或采用温度补偿的方法,或采用差动放大电路。其中最有效的方法是改变电路的结构,利用电路的对称性来进行温度补偿,从而抑制零点漂移,差动放大电路能有效地抑制零点漂移。下面重点分析差动放大电路。

2.5.1 差动放大电路概述

1. 差动放大电路的组成

差动放大电路(也称为差分放大电路,简称差放)具有对称性(指差动放大电路的两个三极管的特性一致,电路参数对应相等)的电路结构,图 2-26 是它的两种典型电路。从电路结构上看,差动放大电路具有两个明显的特征:对称性(从上部看)和长尾(从下部看),图 2-26(a)的长尾是电阻,称为电阻长尾式差动放大电路;图 2-26(b)的长尾是恒流源,称为恒流源长尾式差动放大电路。其实两者并无本质区别,假如把图 2-26(a)中的长尾电阻 R_E 看成是负电源的 V_{EE} 的内阻,而且 R_E 很大,那么电阻式长尾也就成了恒流源式长尾。

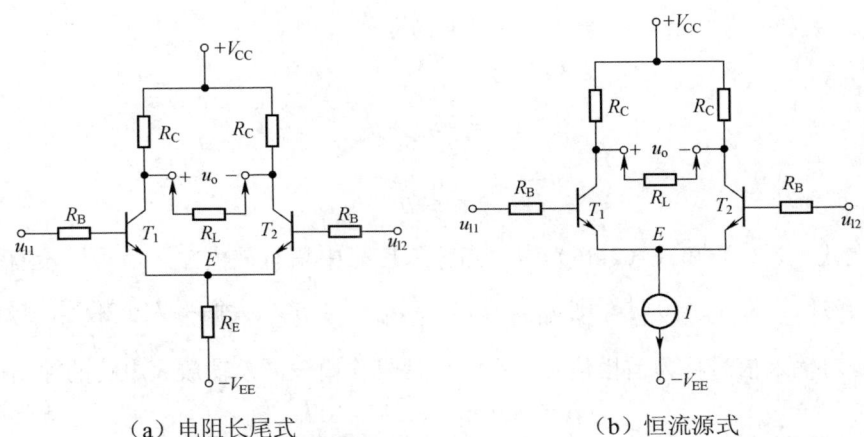

(a)电阻长尾式　　　　　　　(b)恒流源式

图 2-26　两种典型的差动放大电路

2. 输入输出方式与电路工作模式

差动放大电路一般有两个输入端,一个为同相输入端,另一个为反相输入端。根据规定的正方向,在一个输入端加上一定极性的信号,如果所得到的输出信号极性与其相同,则该输入端称为同相输入端。反之,如果所得到的输出信号的极性与其相反,则该输入端称为反相输入端。

信号的输入方式有两种:若信号同时加到同相输入端和反相输入端,称为双端输入;若信号仅从一个输入端加入,另一个输入端接地,称为单端输入。

差动放大电路可以有两个输出端,一个是 T_1 的集电极 C_1,另一个是 T_2 的集电极 C_2。若从 C_1 和 C_2 两端输出称为双端输出,仅从集电极 C_1 或 C_2 对地输出称为单端输出。

综上所述,差动放大电路的工作模式分为以下四种:
(1)双端输入、双端输出(简称为双入－双出)。
(2)双端输入、单端输出(简称为双入－单出)。
(3)单端输入、双端输出(简称为单入－双出)。
(4)单端输入、单端输出(简称为单入－单出)。

3. 差模输入信号与共模输入信号

为了便于分析，定义差动放大电路的两个输入信号之差为差模输入信号 u_{Id}，两个输入信号的平均值为共模输入信号 u_{Ic}。即

$$u_{Id} = u_{I1} - u_{I2} \tag{2-33}$$

$$u_{Ic} = \frac{1}{2}(u_{I1} + u_{I2}) \tag{2-34}$$

4. 差模信号、共模信号与任意信号的分解

综合式（2-33）和式（2-34）有

$$u_{I1} = \frac{1}{2}u_{Id} + u_{Ic} \tag{2-35}$$

$$u_{I2} = -\frac{1}{2}u_{Id} + u_{Ic} \tag{2-36}$$

在式（2-35）和式（2-36）中，当输入信号中只有差模输入信号，没有共模输入信号时，即 $u_{Ic}=0$ 时，则 $u_{I1}=-u_{I2}=\frac{1}{2}u_{Id}$。于是，我们将大小相等，极性相反的一对输入信号称为差模信号。在差模信号作用下，差动放大电路的输出电压

$$u_O = A_{ud}(u_{I1} - u_{I2}) = A_{ud}u_{Id} \tag{2-37}$$

式（2-37）中，$A_{ud} = u_O/u_{Id}$ 为差动放大电路的差模电压放大倍数。

同样，在式（2-35）和式（2-36）中，当输入信号中只有共模输入信号，没有差模输入信号时，即 $u_{Id}=0$ 时，则 $u_{I1}=u_{I2}=u_{Ic}$。于是，我们将大小相等，极性相同的一对输入信号称为共模信号。在共模信号作用下，差动放大电路的输出电压

$$u_O = A_{uc}u_{Ic} \tag{2-38}$$

式（2-38）中，$A_{uc} = u_O/u_{Ic}$ 为差动放大电路的共模电压放大倍数。

一般情况下 $u_{I1} \neq u_{I2}$，即输入信号中既有差模输入信号，又有共模输入信号，我们称之为任意信号。任何任意信号都可以看成是一对差模信号与一对共模信号的叠加，这样对于差放这个准线性系统而言，可以分别求得差放对差模和共模信号的响应特性后，应用叠加定理即可求得总的响应特性。所以，这时的输出电压为

$$u_O = A_{ud}u_{Id} + A_{uc}u_{Ic} \tag{2-39}$$

例如，$u_{I1}=10\text{mV}$，$u_{I2}=6\text{mV}$，根据式（2-33）和式（2-34）可知，$u_{Id}=4\text{mV}$，$u_{Ic}=8\text{mV}$，在差模信号和共模信号同时存在的情况下，可利用叠加原理再根据式（2-39）求出总的输出电压。

例如，单端输入可视为任意信号情况下的一个特例，$u_{I1} \neq u_{I2}$，设 $u_{I1}=u_I$，$u_{I2}=0$，则 $u_{Id}=u_I$，$u_{Ic}=u_I/2$，这样就可以把单端输入等效成双端输入了。

5. 差放对差模信号的放大作用和对共模信号的抑制作用

（1）差放对差模信号的放大作用

当输入信号为差模信号时，即 $u_{I1} = -u_{I2}$。由于电路的参数对称，在静态的基础上，T_1 管和 T_2 管产生的电流变化大小相等而方向相反，即 $\Delta i_{B1} = -\Delta i_{B2}$，$\Delta i_{C1} = -\Delta i_{C2}$；因此两管集电极电位的变化也是大小相等方向相反，即 $\Delta u_{C1} = -\Delta u_{C2}$，也就是说两个单端输出电压的变化量也是大小相等而方向相反的一对差模信号，而双端输出电压的变化量则是单端输出电压变化量的两倍，即 $\Delta u_C = \Delta u_{C1} - \Delta u_{C2} = 2\Delta u_{C1}$，从而可以实现电压放大。但由于 $\Delta i_{E1} = -\Delta i_{E2}$，则在差模信号作用下，$R_E$ 中的电流变化为零，也就是说 R_E 对差模信号相当于短路，E 点相当于差模接地；因此大大提高了电路对差模信号的放大能力。

（2）差放对共模信号的抑制作用

当输入信号为共模信号时，即 $u_{I1} = u_{I2}$。由于电路的参数对称，在静态的基础上，T_1 管和 T_2 管产生的电流变化大小相等而方向相同，即 $\Delta i_{B1} = \Delta i_{B2}$，$\Delta i_{C1} = \Delta i_{C2}$；因此两管集电极电位的变化相同，即 $\Delta u_{C1} = \Delta u_{C2}$，也就是说两个单端输出电压的变化量也是大小相等而方向相同的一对共模信号，而双端输出电压的变化量则为零，即 $\Delta u_C = \Delta u_{C1} - \Delta u_{C2} = 0$。所以双端输出时，共模信号被完全抑制掉了。单端输出时，由于 $\Delta i_{E1} = \Delta i_{E2}$，则在共模信号作用下 R_E 中的电流变化量为 $2\Delta i_{E1}$，也就是说发射极电位变化量 $\Delta u_{CE} = 2\Delta i_{E1} R_E$，它将削弱共模信号的作用。例如，设输入共模电压为正，长尾上的压降方向将提高发射极电位，从而使 u_{BE} 减小，最终使两管的电流变化量减小，输出的共模成分被抑制到很低的水平。长尾电阻 R_E 的上述作用被叫做共模负反馈（关于负反馈的概念，将在下章介绍）。

可见，电路的匹配精度越高，长尾电阻 R_E 越大，差放抑制共模信号的能力就越强。由于恒流源的动态内阻远大于长尾差放的长尾电阻 R_E，所以恒流源式差放具有更强的抑制共模信号的能力。

为了表征差动放大电路对差模信号的放大能力和对共模信号的抑制能力，特引入一个指标参数——共模抑制比 K_{CMR}，定义为

$$K_{CMR} = \left|\frac{A_{ud}}{A_{uc}}\right| \quad \text{或} \quad K_{CMR} = 20\lg\left|\frac{A_{ud}}{A_{uc}}\right| \qquad (2-40)$$

其值越大，说明电路性能越好。

6. 差动放大电路抑制温漂的原理

在电路对称的条件下，静态（即 $u_{I1} = u_{I2} = 0$）时，两管的 Q 点是相同的，故其双端输出电压 $u_O = 0$，而单端输出电压 $u_{O1} = V_{CQ1} = u_{O2} = V_{CQ2}$。

当温度变化或电源电压波动时，两管集电极电位同时漂移，两边电路的漂移

在输出端互相抵消。因此，在电路对称条件下，温度变化时引起差动放大电路两个管子的电流变化完全相同，故可以将温度漂移（零点漂移）等效成共模信号，差动电路对共模信号的抑制情况就反映了对温漂（零漂）的抑制情况。

2.5.2 典型差动放大电路的分析

由于差动电路两半对称，在分析差动放大电路时，经常采用一种"半电路分析法"。即先画出一半电路的等效电路，分析计算一半电路的性能参数，然后再对整个差动放大电路进行分析计算。下面重点以双入—双出差动放大电路为例进行电路的静态分析、差模性能分析与共模性能分析。

1. 静态分析

图 2-27（a）所示的双入—双出差动放大电路，静态时 $u_{I1} = u_{I2} = 0$，由于两个差动管的电路参数对称，两管的静态工作点完全相同，即 $I_{BQ1} = I_{BQ2} = I_{BQ}$，$I_{CQ1} = I_{CQ2} = I_{CQ}$，$U_{CEQ1} = U_{CEQ2} = U_{CEQ}$。求静态工作点时先画出一半电路的等效电路，然后再进行分析计算。

在画一半电路的等效电路时，对公共元件 R_E 和 R_L 要注意以下两点：①电阻 R_E 中的电流为 $I_{RE} = I_{EQ1} + I_{EQ2} = 2I_{EQ1} = 2I_{EQ}$；②而对负载电阻 R_L，由于 $U_{CQ1} = U_{CQ2}$，所以 R_L 中无电流流过。这样可以得到图 2-27（b）所示的等效电路。

对图 2-27（b），静态工作点的分析如下：

对基极回路列 KVL 方程

$$I_{BQ}R_B + U_{BEQ} + 2I_{EQ}R_E + (-V_{EE}) = 0 \qquad (2-41)$$

得

$$I_{BQ} = \frac{V_{EE} - U_{BEQ}}{R_B + 2(1+\beta)R_E} \qquad (2-42)$$

$$I_{CQ} = \beta I_{BQ} \qquad (2-43)$$

对输出回路列 KVL 方程

$$U_{CEQ} = V_{CC} + V_{EE} - I_{CQ}R_C - 2I_{EQ}R_E \qquad (2-44)$$

只要合理选择电路参数，就可以设置合适的静态工作点。

2. 动态分析

由于输入信号有差模与共模之分，所以差放的动态分析也有差模与共模之分。我们将在各项指标的右下方缀以下标"d"（代表差模）和"c"（代表共模），以示区别。不论差模还是共模，均采用小信号等效电路法进行分析。同时，由于电路是对称的，可以只画出等效电路的一半，谓之"半等效电路"。当然，在画这一半时，必须考虑到另一半的影响。

（1）差模性能分析。下面仍以图 2-27（a）所示差动放大电路为例进行差模性能分析。画差模半等效电路时，应注意以下三点：①长尾电阻 R_E 对差模信号而言应视为短路（E 点为差模信号接地点）；②两个单端输出电压大小相等而相位相反，所以接在两输出端之间的负载电阻 R_L，其中点必为差模零电位；③一个输入端到地的差模输入电压是总的差模输入电压 U_{Id} 的一半。考虑到这几点之后，即可画出图 2-27（b）所示差放左半边的差模半等效电路如图 2-28（a）所示。由此即可求得各项差模性能指标。

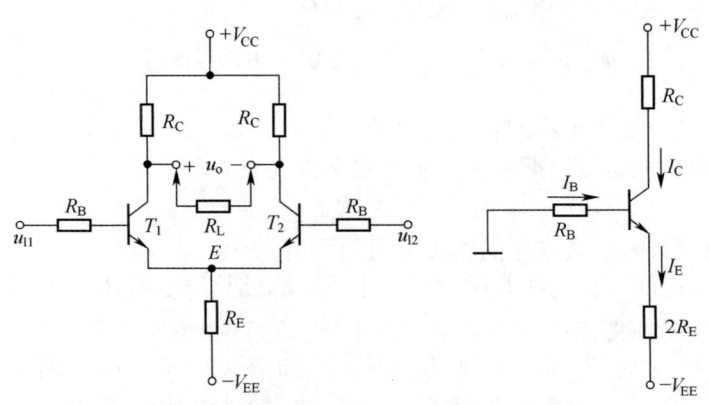

（a）电路图　　　　　　（b）差放管单管静态等效电路

图 2-27　双入－双出差动放大电路静态分析

1）差模电压放大倍数。对差模半等效电路图 2.28（a）而言

$$A_{u1} = \frac{u_{O1}}{u_{I1}} = -\frac{\beta(R_C // \frac{R_L}{2})}{R_B + r_{be}} \qquad (2\text{-}45)$$

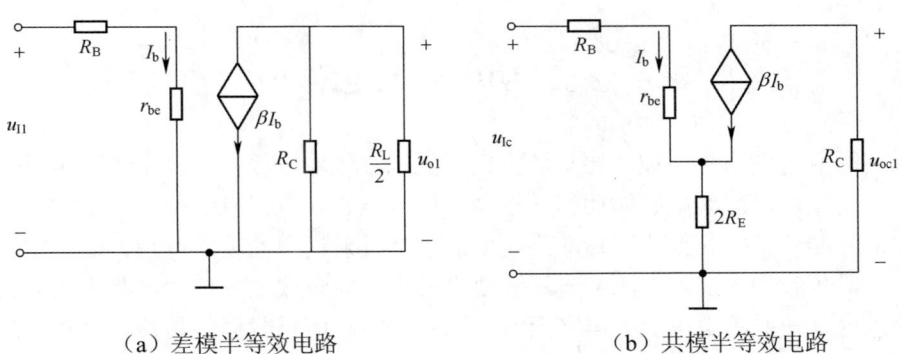

（a）差模半等效电路　　　　　　（b）共模半等效电路

图 2-28　图 2-27（a）的半等效电路

而在差模信号作用下，$u_{I1} = -u_{I2}$，$u_{O1} = -u_{O2}$，所以，此时差模放大倍数为

$$A_{ud} = \frac{u_{Od}}{u_{Id}} = \frac{u_{O1} - u_{O2}}{u_{I1} - u_{I2}} = \frac{2u_{O1}}{2u_{I1}} = A_{u1} \quad (2\text{-}46)$$

式（2-46）表明，用两个晶体管组成的差动放大电路，双端输出的电压放大倍数与单管共射放大电路的电压放大倍数相同。实际上这种电路是以牺牲一个管子的放大作用来换取对零点漂移的抑制。

2）差模输入电阻。根据输入电阻的定义有

$$R_{id} = \frac{u_{Id}}{i_{Id}} = \frac{u_{Id}}{I_b} = \frac{2u_{I1}}{I_b} = 2R_{i1} = 2(R_B + r_{be}) \quad (2\text{-}47)$$

它是单管共射放大电路的输入电阻的两倍。

3）差模输出电阻。根据输出电阻的定义有

$$R_{od} = 2R_C \quad (2\text{-}48)$$

它也是单管共射放大电路的输出电阻的两倍。

（2）共模性能分析。在共模信号作用下，流过长尾电阻 R_E 的电流是两管电流之和，两个单端输出电压大小、相位均相同，故在共模半等效电路中，长尾电阻 R_E 应加倍，而 R_L 则应视为开路，如图 2-28（b）所示，且有 $u_{Ic1} = u_{Ic2} = u_{Ic}$，$u_{Oc1} = u_{Oc2} = u_{Oc}$。所以，共模电压放大倍数为

$$A_{uc} = \frac{u_{Oc}}{u_{Ic}} = \frac{u_{Oc1} - u_{Oc2}}{u_{Ic}} = 0 \quad (2\text{-}49)$$

即只要电路完全对称，双端输出时，共模信号得到完全抑制。

差动放大电路对共模信号的抑制作用可以用共模抑制比 K_{CMR} 来描述，在双入—双出差动放大电路中，共模信号得到完全抑制，其共模抑制比为

$$K_{CMR} = \left|\frac{A_{ud}}{A_{uc}}\right| = \infty \quad (2\text{-}50)$$

2.6 功率放大电路

实际应用电路中，往往要求放大电路的末级（输出级）都要接实际负载。如使扬声器发声、驱动电磁阀动作、推动电机旋转、使电视机的荧光屏上的光点随图像信号偏转扫描、使蜂窝移动系统中的基站发射机中的天线有较大的辐射功率等。一般负载上的信号电流和电压都要求较大，即负载要求放大电路输出较大的功率，这是一般的电压放大电路无法驱动的。能够向负载提供足够信号功率的放大电路称为功率放大电路，简称功放。正是由于输出功率大，给功率放大电路带

来了一系列的特殊问题，使得功率放大电路的电路结构、工作原理、分析计算方法等与一般的电压放大器都有很大不同。本节在介绍功率放大电路的一般特点的基础上，重点分析 OCL 互补对称功率放大电路。

2.6.1 功放电路概述

1. 功率放大电路的特点

功率放大电路与前面讨论的电压放大电路有所不同，电压放大电路是放大微弱的电压信号，属于小信号放大电路；而功率放大电路属于大信号放大电路。对功率放大电路的要求主要有以下几个方面：

（1）输出功率要足够大。为了足够大的输出功率，要求晶体管的动态电压和动态电流都有足够大的输出幅度，即处于大信号工作状态，甚至接近极限工作状态。输出的最大功率 P_{omax} 等于最大输出电压有效值与最大输出电流有效值的乘积。

（2）具有较高的效率。从能量转换的观点来看，功率放大器是将直流电源提供的能量转换成交流电能输出给负载。在能量转换过程中，电路中的晶体管、电阻也要消耗一定的能量，这个问题在大功率输出时比较突出，因此要求功率放大器具有较高的转换效率，放大器的效率为

$$\eta = \frac{最大输出功率 P_{omax}}{直流电源提供的功率 P_V} \times 100\% \qquad (2\text{-}51)$$

通常把晶体管耗散功率和电路的损耗功率统称为耗散功率 P_T，根据能量守恒的原则有：$P_V = P_O + P_T$，效率 η 反映了功放把电源功率转换成输出信号（有用）功率的能力，表示了对电源功率的转换率。功率放大器的效率低容易使功率放大管因发热而损坏。

（3）非线性失真要小。功率放大电路是在大信号状态下工作，输出电压和电流的幅值都很大，所以不可避免地会产生非线性失真。因此把非线性失真限制在允许的范围内，是设计功率放大器时必须考虑的问题。

（4）晶体管的散热和保护问题。功放中的晶体管往往工作在接近管子的极限参数状态，因此一定要注意晶体管的安全使用。就晶体管而言，不能超过其极限参数 P_{CM}、I_{CM} 和 $U_{(BR)CEO}$，当晶体管选定后，需要合理选择功放的电源电压及工作点，甚至需要对晶体管采取一定的散热措施，以保护晶体管，如对晶体管加装一定面积的散热片，或在电路中增加电流保护环节。

（5）分析方法采用图解法。由于功放电路工作在大信号状态，实际上已不属于线性电路的范围，故不能用小信号微变等效电路的分析方法，通常采用图解法对其输入功率、输出功率、效率及管耗等指标作粗略估算。

2. 功率放大电路的分类

功率放大电路类型较多，按晶体管的导通情况可将功率放大电路分为甲类、乙类、甲乙类等。

在放大电路中，当输入信号为正弦波时，若晶体管在信号的整个周期内均导通（即导通角 $\theta_T = 360°$），则称管子工作在甲类状态，如在前面介绍的电压放大电路中，晶体管总是工作在放大区，这种放大器称为甲类放大器。甲类放大器在输入信号的整个周期内晶体管始终工作在线性放大区域如图 2-29（a）所示；若晶体管仅在信号的正半周或负半周导通（即导通角 $\theta_T = 180°$），则称管子工作在乙类状态，如图 2-29（b）所示；若晶体管的导通时间大于半个周期而小于一个周期（即导通角 $180° < \theta_T < 360°$），则称管子工作在甲乙类状态，如图 2-29（c）所示。

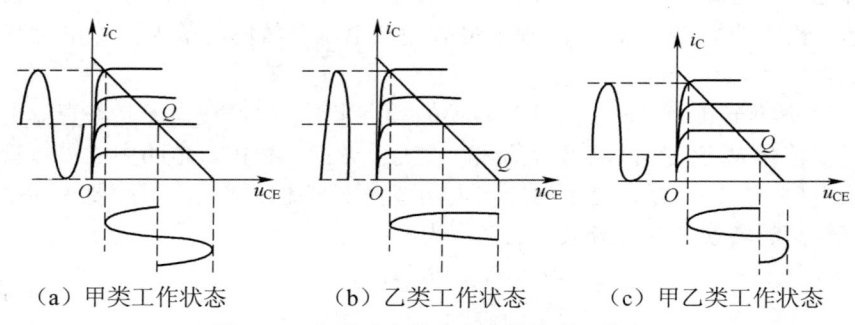

（a）甲类工作状态　　　（b）乙类工作状态　　　（c）甲乙类工作状态

图 2-29　各类功率放大电路的静态工作点

提高功放的效率的根本途径是减小功放管的功耗，方法之一就是要减小功放管的导通角，增大其在一个周期内的截止时间，从而减小管子所消耗的平均功率。

甲类放大器的静态电流不为零，为了获得较大的动态范围，一般要将其 Q 点选择在交流负载线的中点。因此，即使无信号输入时，电源也必须向放大器提供电流，仍要消耗功率，故甲类放大器的效率较低。

如果把静态工作点 Q 向下移动，使静态工作点设置在横轴上（截止区），则输入信号为零时，静态电流 I_C 为零，电源输出的功率也等于零；输入信号增大时，电流 i_C 增大，电源供给的功率也随之增大，这样电源供给的功率及管耗均随着输出功率的大小而变，显然可以改变甲类放大时效率低的缺点。这种工作方式称为乙类放大，但波形产生了严重的失真，输入信号的整个周期中，只有半个周期有电流流过晶体管。乙类放大具有较高的效率。

另外还有一种称为甲乙类放大的工作方式，也能提高输出效率。它的静态工作点 Q 比乙类放大稍高，在输入信号的整个周期中，半个周期以上有电流流过晶体管，但同样也有严重的波形失真。甲乙类和乙类放大主要用于功率放大器中。

甲乙类和乙类放大虽然减小了静态功耗，提高了效率，但都出现了严重的波形失真。因此，既要保持静态时功耗小，又要使失真不太严重，就需要在电路结构上作出改进，采用互补对称功率放大电路。

2.6.2 互补对称功率放大电路

1. 电路的组成

乙类互补功率放大电路如图 2-30（a）所示。它是由一对 NPN、PNP 特性相同的互补三极管组成的共集组态（射极输出器）放大电路，并且由数值相同的正、负两套电源供电。这个电路可以看成是由图 2-30（b）（c）两个射极输出器组合而成。这种电路也称为 OCL 互补功率放大电路。

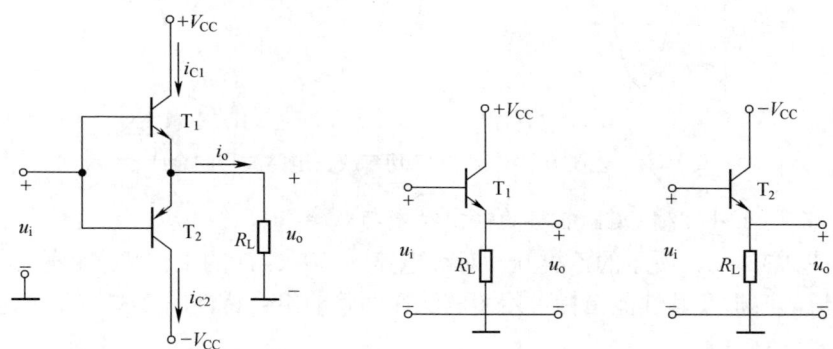

（a）乙类互补对称推挽电路　　（b）NPN 管射极输出器　（c）PNP 管射极输出器

图 2-30　两个射极输出器组成的 OCL 电路

2. 工作原理

当 $u_i=0$，即电路处于静态时，由于电路上、下匹配，所以 $U_{BE1}=U_{BE2}=0$，$I_{CQ1}=I_{CQ2}=0$，$u_o=0$。

当输入信号处于正半周时，且幅度远大于三极管的开启电压，此时 NPN 型三极管 T_1 导通，PNP 型三极管 T_2 截止，电流 i_{E1} 通过负载 R_L，按图中方向由上到下，与假设正方向相同，使其获得信号正半周的波形。

当输入信号处于负半周时，且幅度远大于三极管的开启电压，此时 T_2 管导通，T_1 管截止，电流 i_{E2} 通过负载 R_L，按图中方向由下到上，与假设正方向相反，使其获得信号负半周的波形。

于是两个三极管一个正半周、一个负半周轮流导电，实现推挽工作状态，在负载上将正半周和负半周合成在一起，得到一个完整的不失真波形，如图 2-31（a）所示。因为是共集组态，电压增益约为 1，所以 u_o 的振幅与 u_i 的振幅基本相同。

如果信号足够大，晶体管获得充分激励，则在略去管子饱和压降的条件下，负载上可能获得的最大信号电压幅度为 V_{CC}。

由于乙类放大器的静态工作点位于晶体管输入特性曲线的坐标原点，就会使信号波形在上、下两管的交接处附近达不到晶体管的开启电压，三极管不导通，致使输出波形在正、负半周交替过零处会出现一种特殊的非线性失真，谓之交越失真，如图 2-31（b）所示。信号越小，交越失真也就越明显。

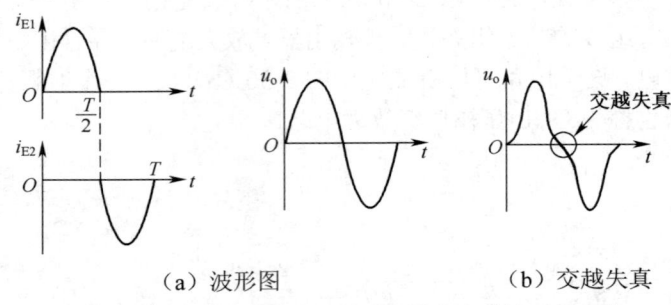

（a）波形图　　　　　　（b）交越失真

图 2-31　乙类互补对称 OCL 功率放大电路波形的合成

3. 乙类互补对称 OCL 电路的输出功率与效率

在图 2-32（a）所示的乙类互补对称电路中，T_1、T_2 的工作状态和输出电压、输出电流的波形及其性能指标可用图解法在两管的组合特性图 2-32（b）上进行分析计算。

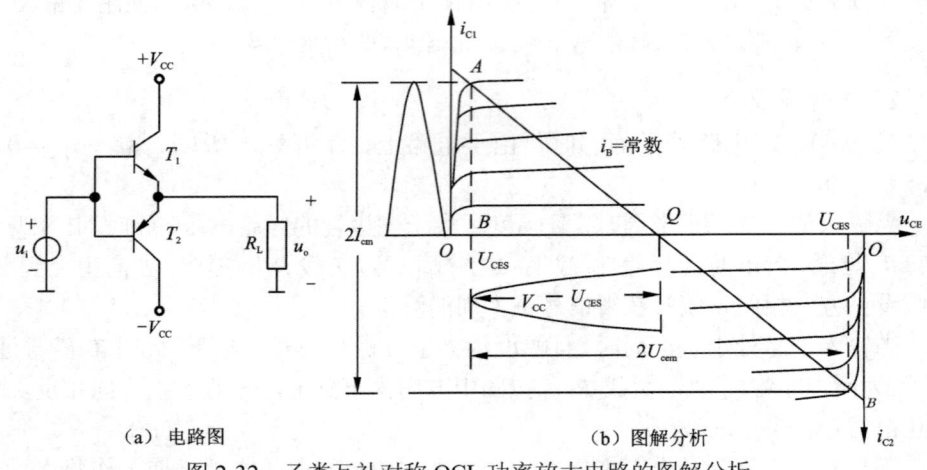

（a）电路图　　　　　　（b）图解分析

图 2-32　乙类互补对称 OCL 功率放大电路的图解分析

（1）最大不失真输出功率 P_{omax}

电路的输出功率为

$$P_o = U_o \times I_o = \frac{U_{cem}}{\sqrt{2}} \times \frac{I_{cem}}{\sqrt{2}} = \frac{1}{2}U_{cem}I_{cem} = \frac{1}{2}\frac{(U_{cem})^2}{R_L} = \frac{1}{2}\frac{U_{om}^2}{R_L} \quad (2\text{-}52)$$

式中，U_o、I_o 分别为输出电压、输出电流的有效值，而 U_{cem}（即 U_{om}）、I_{cem} 分别为输出电压、输出电流的最大值。

最大不失真输出功率为

$$P_{omax} = \frac{U_{oM}^2}{R_L} = \frac{U_{ommax}^2}{2R_L} = \frac{[(V_{CC}-U_{CES})/\sqrt{2}]^2}{R_L} = \frac{(V_{CC}-U_{CES})^2}{2R_L} \quad (2\text{-}53)$$

式中 U_{oM} 表示为输出电压有效值之中的最大值。

（2）电源功率 P_V

$$P_V = V_{CC}I_{CC} = V_{CC}\frac{2}{2\pi}\int_0^\pi I_{om}\sin\omega t \, d(\omega t) = V_{CC}\frac{2}{2\pi}\int_0^\pi \frac{U_{om}}{R_L}\sin\omega t \, d(\omega t)$$

$$= \frac{2}{\pi} \cdot \frac{V_{CC} \cdot U_{om}}{R_L} = \frac{2}{\pi} \cdot \frac{V_{CC}(V_{CC}-U_{CES})}{R_L} \quad (2\text{-}54)$$

4. 效率 η

$$\eta = \frac{P_o}{P_V} \times 100\%$$

$$\eta_{max} = \frac{P_{omax}}{P_V} \times 100\% = \frac{\pi}{4} \cdot \frac{V_{CC}-U_{CES}}{V_{CC}} \times 100\% = \frac{\pi}{4} \cdot \frac{U_{om}}{V_{CC}} \times 100\% \quad (2\text{-}55)$$

在理想情况下，即晶体管饱和管压降可以忽略的情况下，$\eta = \pi/4 \approx 78.5\%$。

通常情况下，大功率管的饱和管压降常为 2～3V，因而一般不能忽略功率管的饱和管压降。

2.6.3 改进型 OCL 功率放大电路

乙类互补对称功率放大电路虽然具有较高的输出效率，但由于静态时 T_1、T_2 管的发射结均处于零偏置状态，晶体管的非线性特性将会使输出信号产生一个"死区"。即当输入信号在小于晶体管的死区电压范围内变化时，晶体管的基极电流和集电极电流均为 0，电路的输出电压也为 0，以致造成严重的失真。这种失真就是前面所说的"交越失真"。另外乙类互补对称功率放大电路中的 T_1、T_2 管为异种类型，一个为 NPN 型，一个为 PNP 型，要保证两管性能严格匹配较为困难，从而可能导致输出波形正、负半周难以对称。为了解决交越失真、输出波形的对称性等问题，就需要对 OCL 电路进行改进。

1. 甲乙类互补对称 OCL 功率放大电路

为了克服交越失真，应当在 T_1 和 T_2 管的基极加上一定的偏置电压，使它们在静态时也处于微导通的状态,那么当输入信号作用时,就能保证至少有一个管子处于导通状态。这样,晶体管不再工作在乙类放大状态,而是工作在甲乙类放大状态。

下面介绍两种消除交越失真的甲乙类互补对称功率放大电路。

(1) 利用二极管提供偏置电压

图 2-33(a)为利用二极管提供偏置电压消除交越失真的电路。静态时,从正电源 V_{CC} 经 R_1、D_1、D_2、R_2 到负电源 $-V_{CC}$ 形成一个直流电流,必然使 T_1 和 T_2 的两个基极之间产生电压

$$U_{B1,B2}=U_{D1}+U_{D2} \tag{2-56}$$

如果晶体管与二极管采用同一种材料,如都为硅管,就可以使 T_1 和 T_2 均处于微导通状态。两管的基极电流相等,集电极电流也相等,因此,负载 R_L 中无电流流过,输出电压 $u_o=0$。

由于二极管的动态电阻很小,可以认为 T_1 管的基极动态电位与 T_2 管的基极动态电位近似相等,且均约为 u_i,即 $u_{be1}≈u_{be2}≈u_i$。

加入正弦输入信号 u_i 后,在正弦信号的正半周,T_1 导通,T_2 截止,输出的信号也是正半周;在正弦输入信号的负半周,T_2 导通,T_1 截止,输出的信号也是负半周。由于 D_1 和 D_2 的作用,输出信号的波形不会产生交越失真。

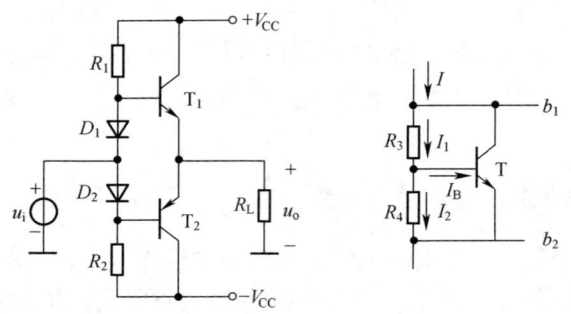

(a) 利用二极管消除交越失真　　(b) U_{BE} 的倍增电路

图 2-33　甲乙类互补对称功率放大电路

(2) 利用 U_{BE} 的倍增电路提供偏置电压

图 2-33(a)虽然克服了乙类互补功率放大电路存在的交越失真现象,但它也存在着一定的缺点。主要表现在:要使 T_1、T_2 有一合适的直流偏置,必须仔细调节流过 D_1、D_2 的静态电流,显得很不方便,为了消除交越失真,在集成电路中常采用图 2-33(b)所示的 U_{BE} 倍增电路。若 $I_2 \gg I_B$,则

$$U_{B1,B2} = U_{CE} \approx \frac{R_3 + R_4}{R_4} \cdot U_{BE} = (1 + \frac{R_3}{R_4})U_{BE} \qquad (2-57)$$

合理选择 R_3 和 R_4，可以得到 U_{BE} 任意倍数的直流电压，故称该电路为 U_{BE} 的倍增电路。同时，也可得到 PN 结任意倍数的温度系数，故可以用于温度补偿。

2. 准互补对称 OCL 功率放大电路

要让 OCL 电路获得优良的品质，保证上下两管性能的严格匹配是必备的条件之一。但由于两管类型不同，要做到这一点是很困难的，在要求输出功率较大的场合尤其困难。为了解决两管特性的不对称问题，常采用复合管代替 OCL 电路中的 T_1 和 T_2 管，从而构成准互补对称功率放大电路。

（1）复合管

复合管是指按照一定规则把多个管子像图 2-34 那样连接起来，形成一个新的三端子器件。这个新的三端器件就称为复合管（又称为达林顿管）。

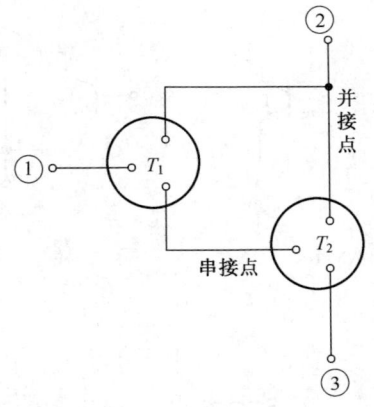

图 2-34　复合管

1）复合管的构成原则。
- 在串接点，必须保证两管电流方向的一致和连续，内部电极相连处不能造成电流流向的冲突。
- 在并接点，两管电流的方向必须保证一致，即电流必须都流入或都流出该节点，使总电流为两管电流的算术和。
- 必须保证复合管中的每个管子都工作在放大区。

2）复合管等效电极的确定。

由图 2-35 可以看出，复合管的类型是 PNP 还是 NPN，由第一个管子（驱动管）T_1 管的类型决定。

图 2-35（a）和（b）是复合 NPN 管和复合 PNP 管的一种复合方案，图 2-35

（c）（d）和（e）则是几种违反复合原则的错误连接情况。图 2-35（c）在内部电极并接点处造成电流流向的冲突；图 2-35（d）电路中 $U_{CE1}=U_{BE2}$，当 T_2 管处于放大状态时，T_1 管则饱和了；图 2-35（e）在外部电极连接的节点处，不满足外电流必须为两电极电流之和的条件，即第二只管的发射极不是单独接出。

3）复合管的等效电流放大系数。

复合管的电流放大系数，近似为组成该复合管的各三极管电流系数 β 的乘积，其值很大。

下面以图 2-35（a）说明复合管 T 的电流放大倍数 β 与 T_1、T_2 管放大倍数 β_1、β_2 的关系。

$$\beta = \frac{I_C}{I_B} = \frac{I_{C1}+I_{C2}}{I_{B1}} = \frac{\beta_1 I_{B1}+\beta_2 I_{B2}}{I_{B1}}$$

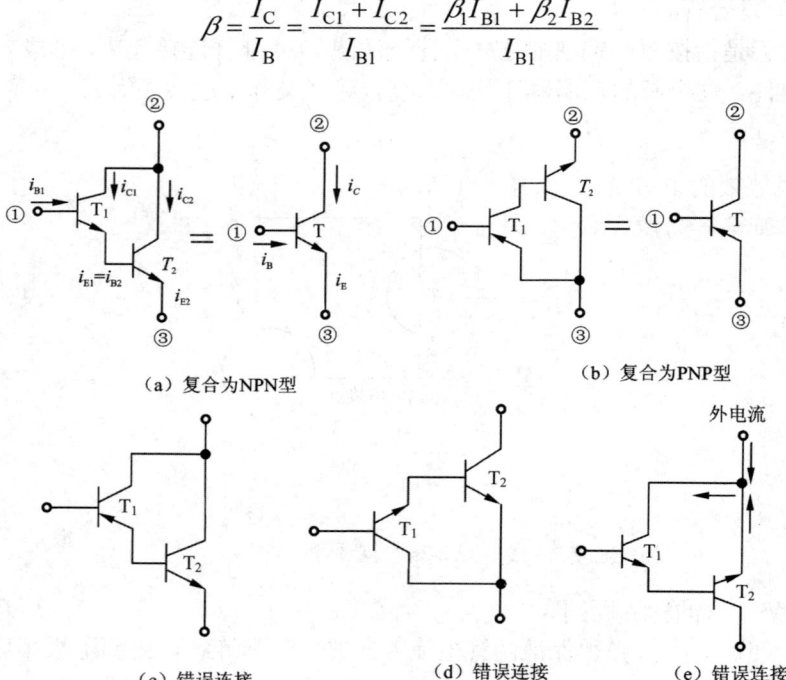

图 2-35 复合管举例

而 $I_{B2} = I_{E1} = (1+\beta_1)I_{B1}$，代入上式后，化简得

$$\beta = \beta_1 + \beta_2 + \beta_1\beta_2 \tag{2-58}$$

因为 β_1 和 β_2 至少为几十，因而 $\beta_1\beta_2 \gg \beta_1+\beta_2$，所以可以认为复合管的电流放大系数为

$$\beta \approx \beta_1\beta_2 \tag{2-59}$$

可见，等效 β 值高是复合管的优点，采用复合管可以获得很高的电流放大倍

数。T_1 与 T_2 复合后等效为一个晶体管，其特点是：①复合后电流放大倍数 $\beta \approx \beta_1\beta_2$；②输入电阻 $r_{be} \approx r_{be1} + (1+\beta_1)r_{be2}$；③复合管的管型由 T_1 决定；④T_1 和 T_2 功率不同并且 T_2 为大功率时，可组合成大功率管。

（2）准互补对称功率放大电路

甲乙类互补对称推挽功率放大电路，虽然克服了乙类互补对称功率放大电路存在的交越失真现象，但它也存在着一定的缺点。主要表现在：集成工艺要制造特性完全相同的异型管 T_1、T_2 是比较难的，因此输出波形对称性与理想情况有差别。为了克服这方面的缺点，将甲乙类互补电路改进成如图 2-36 所示的电路形式，称之为准互补对称功率放大电路。

由图 2-36 可以看出，该电路中 R_1、R_2 和 T_5 构成 U_{BE} 倍增电路。只要选择合适的电路参数 R_1 和 R_2，就可以获得 U_{BE} 任意倍数的直流偏压，从而适应不同功率放大电路对偏压的不同要求。该电路在获得符合要求的直流偏压的同时，也获得了 PN 结任意倍数的温度系数，因此，可兼作温度补偿电路。用两只异型管 T_3、T_4 复合成等效的 PNP 管，称之为 T_2（NPN 管）的准互补管，由于 T_2 和 T_4 为同型号晶体管，容易做成对称，从而解决了异型管不易对称的问题。当然两只功放管也可以同时采用复合管，这种准互补功放电路较互补功放电路性能优越，因此，在模拟集成电路中获得了较为广泛的应用。

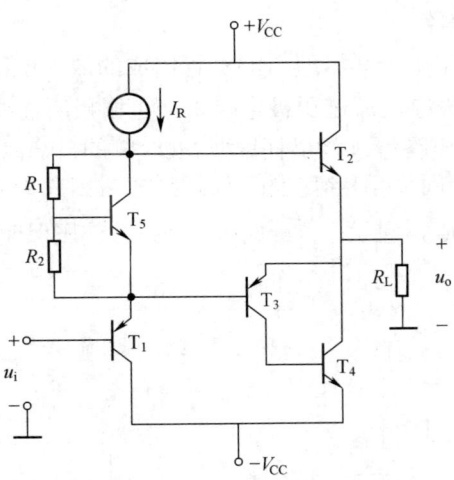

图 2-36 带前置级的准互补功率放大电路

由于甲乙类互补对称功率放大电路的静态电流很小，其工作原理与分析方法与乙类近似相同，对于甲乙类功率放大电路的功率计算，仍然可以使用乙类功率放大电路的一系列计算公式，这样做计算过程比较简明，带来的误差也不是很大。

2.7 辅修内容

2.7.1 场效应管放大电路

由于场效应晶体管具有高输入电阻的特点,所以它适用于作为多级放大器的输入级,尤其对于高内阻信号源,采用场效应管才能有效地放大。

与双极型晶体管放大电路相似,场效应管也可以接成共源极、共漏极、共栅极三种基本放大电路,分别与双极型晶体管的共射极、共集电极、共基极放大电路相对应。无论接成哪种形式的放大电路,都要保证有合适的静态偏置,使输出波形信号幅值不失真且尽可能大。下面对场效应管的静态偏置与共源放大电路的动态分析进行讨论。

1. 场效应管放大电路的静态偏置

通过对场效应管的结构及工作原理分析可知,要使场效应管工作在恒流区,不同类型的场效应管对栅源电压的要求不同。对于增强型 MOS 管,要求加入栅源电压后使衬底的多子受到排斥;对于耗尽型 MOS 管,栅源电压正偏、零偏、反偏均能工作。场效应管的直流偏置电路主要有自给偏压和分压偏置两种形式。

(1) 自给偏压电路

自给偏压偏置电路用于耗尽型 MOS 管组成的放大电路中。自给偏压就是通过场效应管自身的源极电流流过源极电阻来产生栅极所需要的偏置电压。

图 2-37(a)所示电路为 N 沟道耗尽型 MOS 管的自给偏压电路,画直流通路的原则与双极型晶体管相同,可得到它的直流通路如图 2-37(b)所示,当 I_{DQ} 流经 R_s 产生的压降 $U_{GS} = -I_D R_s$,它就是自给偏压。通过此偏压保证该管工作在放大状态。

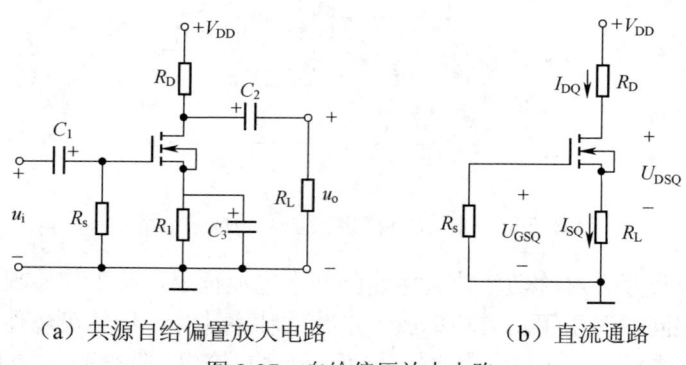

(a) 共源自给偏置放大电路　　　　(b) 直流通路

图 2-37　自给偏压放大电路

(2) 分压式偏置电路

分压式偏置电路适用各种类型的场效应管组成的放大电路。如图 2-38（a）所示电路是由增强型 NMOS 管组成的分压式偏置放大电路，其直流通路如图 2-38（b）所示，漏极电源 V_{DD}，经 R_{G1} 和 R_{G2} 分压后，通过 R_{G3} 供给栅极电压，其值为

$$V_G = \frac{R_{G1}}{R_{G1}+R_{G2}} V_{DD} \tag{2-60}$$

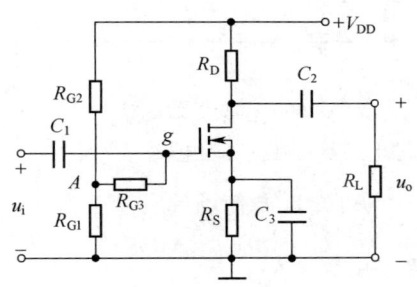 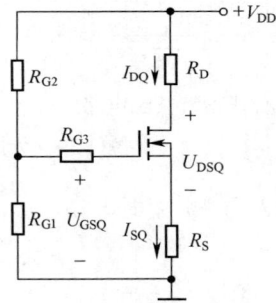

（a）共源分压式偏置放大电路　　　　（b）直流通路

图 2-38　分压偏置共源放大电路

同时漏极电流在源极电阻 R_S 上产生压降为

$$V_S = I_D R_S \tag{2-61}$$

由此，静态时加在场效应管栅源之间的偏置电压为

$$U_{GS} = V_G - V_S = \frac{R_{G1}}{R_{G1}+R_{G2}} V_{DD} - I_D R_S \tag{2-62}$$

上式表明，分压式偏置电路的栅源电压 U_{GS} 可以通过合理调节 R_{G1}、R_{G2} 来获得，因而灵活性更强。

2. 场效应管放大电路的动态分析

在低频小信号情况下，场效应管放大电路的动态分析与双极型晶体管放大电路的分析方法相同，也是采用微变等效电路法进行。下面重点对场效应管组成的共源放大电路的动态分析进行讨论。

以图 2-39（a）所示的分压偏置共源放大电路为例进行动态分析。图 2-39（b）为该电路的微变等效电路。

（1）求电压放大倍数

$$\dot{A}_u = \frac{\dot{U}_o}{\dot{U}_i} = \frac{-g_m \dot{U}_{gs}(R_D /\!/ R_L)}{\dot{U}_{gs}} = -g_m(R_D /\!/ R_L) = -g_m R'_L \quad (2\text{-}63)$$

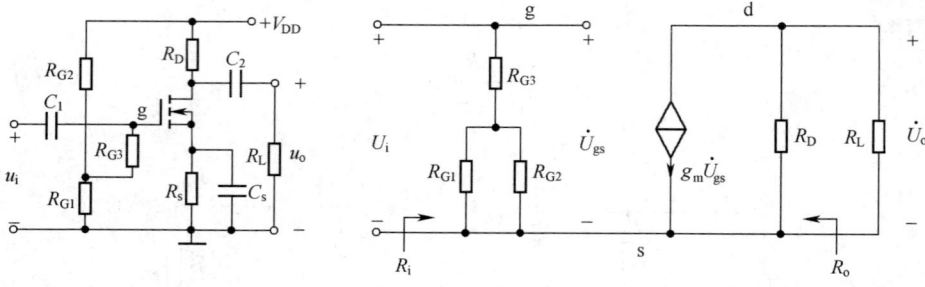

(a) 分压偏置共源电路　　　　　　(b) 微变等效电路

图 2-39　分压偏置共源电路及其微变等效电路

（2）求输入电阻

$$R_i = \frac{\dot{U}_i}{\dot{I}_i} = R_{G3} + R_{G1} /\!/ R_{G2} \quad (2\text{-}64)$$

（3）求输出电阻

将负载 R_L 开路，将输入信号源（电压源）视为短路，但保留其内阻，对输出端采用"加压求流"的方法，可得

$$R_o = R_D \quad (2\text{-}65)$$

2.7.2　共基极放大电路分析

在图 2-40（a）所示的电路中，从它的交流通路图 2-40（c）中可见，输入电压 u_i 加在发射极和基极之间，而输出电压 u_o 取自集电极和基极，基极为输入回路与输出回路的公共端，所以它是一个共基放大电路。

1．共基放大电路的静态分析

图 2-40（a）所示共基放大电路的直流通路如图 2-40（b）所示，与分压式偏置共射放大电路的直流通路相同，这里就不做详细的说明。静态工作点的计算过程如下：

$$V_B = \frac{R_{B2}}{R_{B1} + R_{B2}} \cdot V_{CC} \quad (2\text{-}66)$$

$$I_{CQ} \approx I_{EQ} = \frac{V_B - U_{BE}}{R_E} \quad (2\text{-}67)$$

$$I_{BQ} = \frac{I_{CQ}}{\beta} \quad (2\text{-}68)$$

$$U_{CEQ} = V_{CC} - I_{CQ}R_C - I_{EQ}R_E \quad (2\text{-}69)$$

2. 共基放大电路的动态分析

根据画交流通路的原则，然后按照读图习惯，输入端射极画在左边、输出端集电极画在右边、公共端基极画在下边，得到交流通路如图 2-40（c）所示。将其中的晶体管用简化 h 参数模型替换，可以得到如图 2-40（d）所示微变等效电路，由此可以求得电压放大倍数、输入电阻和输出电阻。

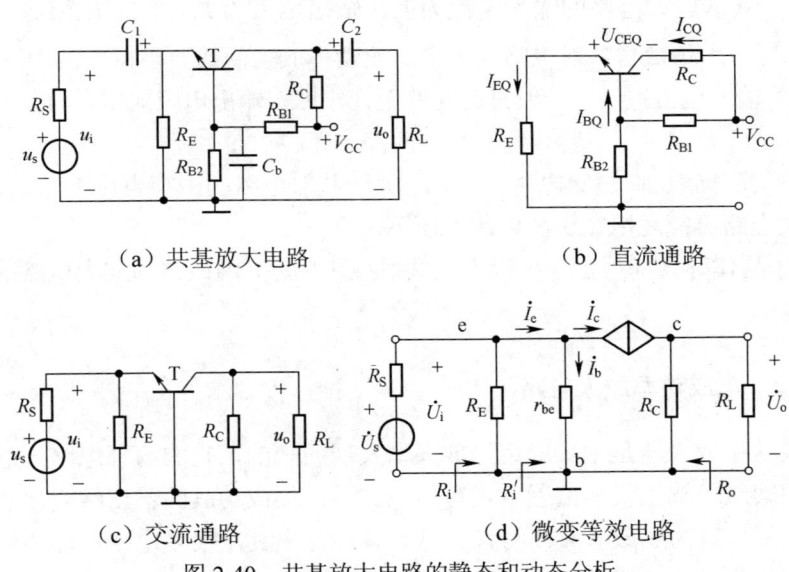

图 2-40 共基放大电路的静态和动态分析

（1）求解电压放大倍数 $\dot{A}_u$

由 $\dot{U}_i = \dot{I}_b r_{be}$

及 $\dot{U}_o = \dot{I}_c (R_C // R_L) = \beta \dot{I}_b R'_L$

又 $r_{be} = r_{bb'} + \beta \dfrac{26\text{mv}}{I_{CQ}}$

可得 $\dot{A}_u = \dfrac{\dot{U}_o}{\dot{U}_i} = \dfrac{\beta \dot{I}_b R'_L}{\dot{I}_b r_{be}} \quad (2\text{-}70)$

（2）求解输入电阻 R_i

由

$$R_i' = \frac{U_i}{I_e} = \frac{r_{be}I_b}{(1+\beta)I_b} = \frac{r_{be}}{1+\beta}$$

得

$$R_i = R_E // R_i' = R_E // \frac{r_{be}}{1+\beta} \qquad (2\text{-}71)$$

（3）求解输出电阻 R_o。

用外加电压法求输出电阻，在图 2-40（d）中：令 $u_s=0$，保留 R_s，则 $\dot{I}_b = 0$，$\dot{I}_c = \beta\dot{I}_b = 0$（即受控电流源开路），所以 R_o 与共射电路相同。

$$R_o = R_C \qquad (2\text{-}72)$$

共基放大电路具有如下特点：

（1）共基放大电路的输入电流为 $\dot{i}_e$、输出电流为 $\dot{i}_c$，因而电流放大倍数小于 1；电压放大倍数与共射电路差不多，而功率放大倍数要小得多。

（2）输入电阻很小，一般只有几欧至几十欧。输出电阻居中，与共射放大电路相当。

（3）晶体管反向击穿电压 $U_{(BR)CBO}$ 大于共射电路的击穿电压 $U_{(BR)CEO}$，因而共基放大电路可能运用在更高电源电压下。

（4）晶体管共基截止频率远大于共射截止频率，因而共基放大电路的高频特性更优越。

2.7.3 集成功率放大电路

集成功率放大器是由集成运算放大器发展而来的，它的内部电路一般也由前置级、中间级、输出级和偏置电路等组成。不过集成功放的输出级输出功率大、效率高。另外，为了改善频率特性、减小非线性失真，很多电路内部还引入了深度负反馈；为了保证器件在大功率工作状态下可靠安全工作，集成功放中还常设有过流、过压和过热保护电路等。由于集成功放的种类繁多，这里只对 LM386 集成功放的组成与使用方法进行简单介绍。

LM386 是一种低电压通用型音频集成功放。具有自身功耗低、电压增益可调整、电源电压范围大、外接元件少和总谐波失真小等优点，广泛应用于录音机和收音机电路之中。

（1）LM386 的引脚图。LM386 的外形和引脚的排列如图 2-41 所示。引脚 2 为反相输入端，引脚 3 为同相输入端；引脚 5 为输出端；引脚 6 和 4 分别为电源和地；引脚 1 和 8 为电压增益设定端；使用时在引脚 7 和地之间接旁路电容，通常取 10μF。

（2）典型应用。图 2-42 所示为 LM386 的一种基本用法，也是外接元件最少的一种用法，C_1 为输出电容。由于引脚 1 和 8 开路，集成功放的电压增益为 36dB，即电压放大倍数为 20。用 R_W 可调节扬声器的音量。R 和 C_2 串联构成校正网络用来进行相位补偿。

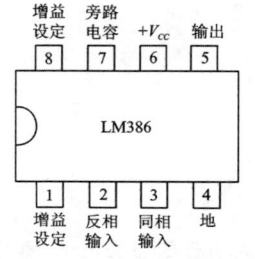

图 2-41　LM386 管脚排列图

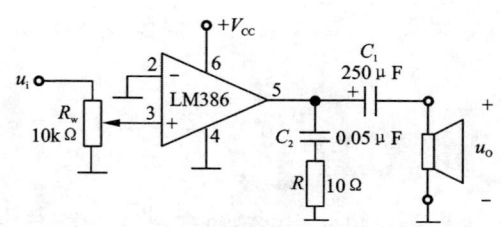

图 2-42　LM386 外接元件最少的用法

静态时输出电容上电压为 $V_{CC}/2$，LM386 的最大不失真输出电压的峰峰值约为电源电压 V_{CC}。设负载电阻为 R_L，最大输出功率表达式为

$$P_{omax} = \frac{\left(\dfrac{V_{CC}/2}{\sqrt{2}}\right)^2}{R_L} = \frac{V_{CC}^2}{8R_L} \qquad (2-73)$$

当 $V_{CC}=16\text{V}$，$R_L=32\Omega$ 时，$P_{omax}=1\text{W}$，$U_{im}=283\text{mV}$。

图 2-43 所示为 LM386 电压增益最大时的用法，C_3 使引脚 1 和 8 在交流通路中短路，使 $A_u \approx 200$；C_4 为旁路电容；C_5 为去耦电容，滤掉电源的高频交流成分。当 $V_{CC}=16\text{V}$，$R_L=32\Omega$ 时，与图 2-42 所示电路相同，P_{omax} 仍约为 1W；但是，输入电压的有效值 U_{im} 却仅需 28.3mV。

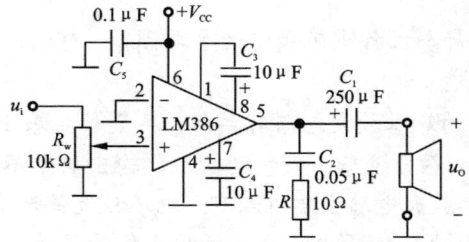

图 2-43　LM386 电压增益最大的用法

图 2-44 所示为 LM386 的一般用法，R_2 改变了 LM386 的电压增益，读者可自行分析其 A_u 和 P_{omax}，这里不赘述。

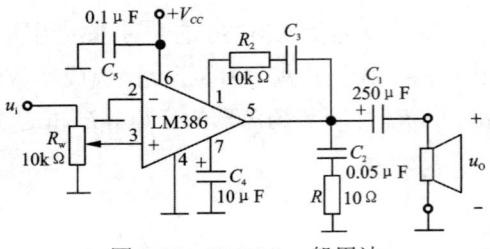

图 2-44　LM386 一般用法

本章是模拟电子电路的基础篇，学好这一章对于学习后续章节十分重要。如何正确而有效地利用晶体管的放大特性，合理构造放大电路以满足性能指标要求是本章所讨论的中心问题。

1. 本章要点

（1）放大电路的分析分静态分析与动态分析两种情况：静态分析在直流通路中进行，动态分析在交流通路及微变等效电路中进行。放大电路的分析应遵循"先静态，后动态"的原则，只有静态工作点合适，动态分析才有意义。

（2）图解法是利用放大器件的伏安特性和电路负载特性，用作图的方法来求解放大电路 Q 点的值（I_{BQ}，U_{BEQ}，I_{CQ}，U_{CEQ}）或动态性能指标，不仅适用于低频小信号，也适合大信号下工作的简单电路（如 OCL 功放电路）。

（3）微变等效电路法是在晶体管工作于放大区的前提下，晶体管的简化小信号模型将放大电路在一定范围内做线性化处理，然后用线性电路的求解方法估算动态性能指标。在直流等效电路的近似计算中常采用估算法求解静态工作点 Q（I_{BQ}，U_{BEQ}，I_{CQ}，U_{CEQ}）。

（4）温度是影响静态工作点不稳定的主要因素。可以采用分压偏置共射放大电路来稳定静态工作点。

（5）晶体管组成的基本放大电路有共射、共集和共基三种组态。它们的分析方法基本相同，但由于不同组态三极管的输入、输出端子不同，因而在性能指标上有很大的差异。共集放大电路主要特点有：电压放大倍数接近于1，有较大的电流放大倍数，输入电阻大，输出电阻小，适用于信号跟随、信号隔离以及多级放大电路的输入级、输出级等。

（6）多级放大电路常见的耦合方式有：阻容耦合、直接耦合、变压器耦合。它们都有各自的特点及适用场合。多级放大电路的电压放大倍数等于各级放大倍数的乘积，输入电阻是第一级的输入电阻，输出电阻为末级的输出电阻。估算时应注意各级间的相互影响。

（7）多级直接耦合放大电路的一个严重的问题是零点漂移。差动放大电路是解决零点漂移问题的有效方法。差动放大电路既能放大直流信号，又能放大交流信号。它对差模信号有很强的放大能力，对共模信号有很强的抑制能力。因此，集成运算放大器都使用差动放大电路作为输入级。

（8）功率放大电路属于大信号输入电路，其分析方法与性能指标与电压放大电路都不同。分析方法只能采用图解法，常见的电路是互补对称功率放大电路，其性能指标主要有输入功率、输出功率、效率与管耗。

2. 本章基本要求

（1）熟练掌握放大电路静态工作点和动态性能指标的求解方法。

（2）理解稳定静态工作点的方法。

（3）理解差动放大电路已知温漂的原理，理解双端输入差动放大电路静态工作点和放大倍数的计算方法。

（4）了解多级放大电路的耦合方式与特点，掌握两级阻容耦合与直接耦合放大电路的分析。

（5）了解功率放大电路的特点，掌握 OCL 功率放大电路的性能指标分析。

习题2

2-1 判断下列说法的正、误，在括号内画"√"表示正确，画"×"表示错误。

（1）设置合适的静态工作点的目的是为了使信号放大时不发生非线性失真。（　）

（2）多级阻容耦合放大电路，各级的静态工作点相互独立、互不影响。（　）

（3）NPN 管静态工作点设置偏高会引起截止失真。（　）

（4）PNP 管饱和失真的特征是输出电压波形的正半周产生截顶。（　）

（5）分压式偏置共射放大电路是一种应用广泛的静态工作点稳定的典型放大电路。（　）

（6）多级放大电路总的电压放大倍数为各级放大倍数的和。（　）

（7）乙类互补对称规律放大电路的两个三极管在整个周期内始终导通。（　）

（8）功率放大电路的效率是输出功率与直流电源提供的直流功率之比。（　）

（9）差动放大电路共模信号等于两个输入信号之和。（　）

2-2 填空题。

（1）共射单管放大电路的静态工作点的参数是_____、_____和_____。

（2）按三极管在电路中的连接方式不同，可以组成_____、_____和_____三种组态。

（3）场效应管也有三种组态，其中共源放大电路相当于晶体管的共_____放大电路。

（4）在晶体管放大电路中，静态工作点设置太低，容易导致_____失真；工作点太高，容易导致_____失真。

（5）多级放大电路的耦合方式主要有_____耦合、_____耦合和_____耦合。

（6）射极输出器的特点是_____。

（7）差动放大电路中的射极电阻 R_E 的主要作用是_____。

（8）双端输出时，理想差动放大电路的共模输出等于_____；共模抑制比等于_____。

（9）多级放大电路有_____、_____、_____三种耦合方式。电压放大倍数是各自电压放大倍数的_____，输入阻抗是_____级放大电路的输入阻抗，输出阻抗是_____级放大电路的输出阻抗。

2-3 选择合适答案填入空内。

（1）NPN 管放大电路出现饱和失真的原因是静态工作点设置（　　）。

  A．偏低　　　　　　B．偏高　　　　　　C．正常

（2）NPN 管共射放大电路出现截止失真时，调节 R_B，使其阻值（　　）。

  A．增大　　　　　　B．减小　　　　　　C．不变

（3）在多级放大电路的三种耦合方式中，（　　）耦合能放大缓慢变化的交流信号或直流信号。

  A．变压器　　　　　B．阻容　　　　　　C．直接

（4）一个两级电压放大电路，工作时测得 $A_{u1}=-30$，$A_{u2}=-50$，则总电压放大倍数 A_u 为（　　）。

  A．-80　　　　　　B．+80　　　　　　C．+1500　　　　　D．-1500

（5）K_{CMR} 越大，表明电路（　　）。

  A．放大倍数越稳定　　　　　　　　B．交流放大倍数越大

  C．输入信号中差模成分越大　　　　D．抑制温漂能力越强

（6）功率晶体管常处于甲乙类工作状态而不处于乙类状态，这是因乙类状态会引起功放电路的（　　）。

  A．频率失真　　　　　　　　　　　B．非线性失真

  C．交越失真　　　　　　　　　　　D．截止失真

2-4 根据放大电路的组成原则，分析如图 2-45 所示各电路能否正常放大交流信号？为什么？若不能，应如何改正？

2-5 在图 2-46 电路中，已知 $R_B=240\text{k}\Omega$，$R_C=R_L=3\text{k}\Omega$，$\beta=50$，$V_{CC}=12\text{V}$，求：（1）静态工作点 Q；（2）电压放大倍数；（3）输入电阻和输出电阻。

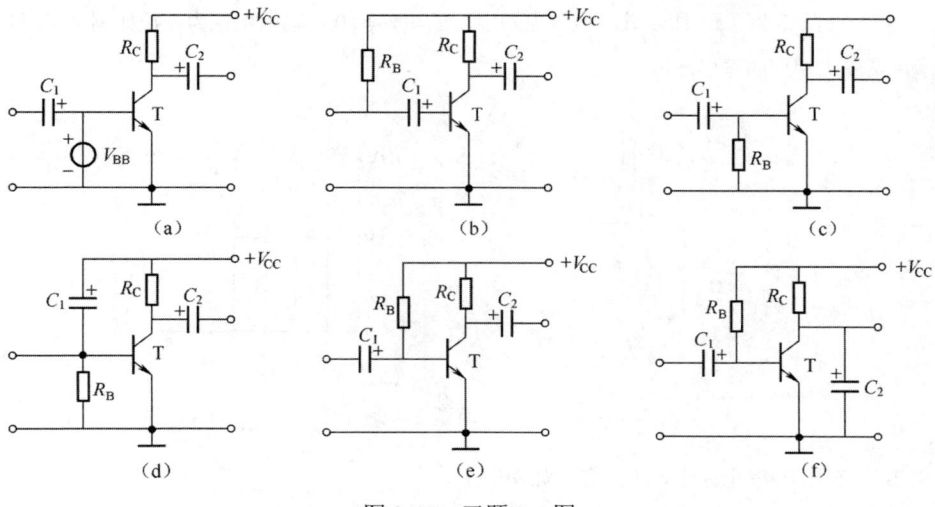

图 2-45 习题 2-4 图

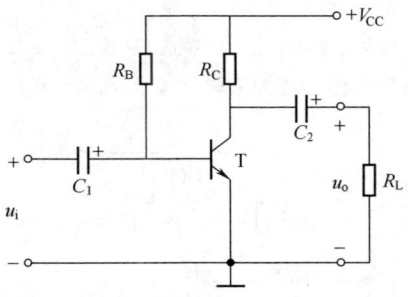

图 2-46 习题 2-5 图

2-6 在图 2-47(a)所示的放大电路中,已知 $R_B = 240\text{k}\Omega$,$R_C = 3\text{k}\Omega$,$\beta = 40$,$V_{CC} = 12\text{V}$。

(1) 试用直流通路估算静态值 I_B、I_C 和 U_{CE}。

(2) 三极管的输出特性曲线如图 2-47(b)所示,用图解法确定电路的静态值。

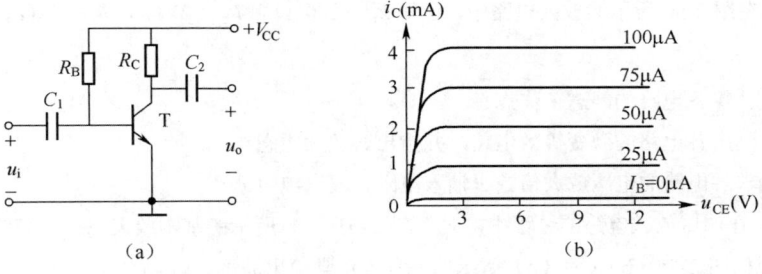

图 2-47 习题 2-6 图

2-7 在图 2-48（a）所示硅三极管电路中，已知 $\beta = 50$，输入电压为方波如图 2-48（b）所示，试画出相应的输出波形。

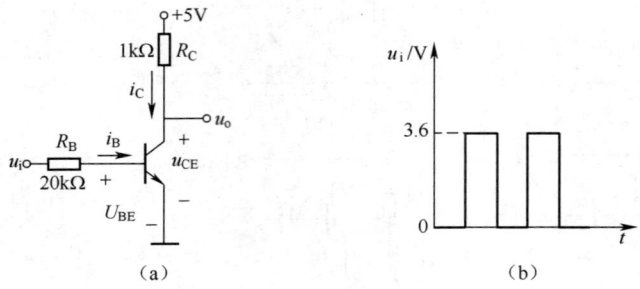

图 2-48　习题 2-7 图

2-8 在图 2-49 电路中，电路参数如图所示。

（1）求电路的静态工作点。

（2）画出微变等效电路。

（3）求电压放大倍数、输入电阻及输出电阻。

（4）分析 C_E 开路对哪些电路参数有影响？

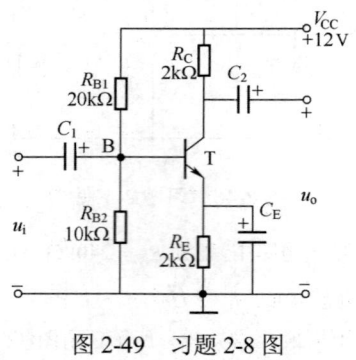

图 2-49　习题 2-8 图

2-9 在图 2-50 所示的放大电路中，已知 $R_B = 280\text{k}\Omega$，$R_E = 2\text{k}\Omega$，$R_L = 3\text{k}\Omega$，$\beta = 100$，$V_{CC} = 12\text{V}$。

（1）计算各电路的静态工作点。

（2）画出各电路的微变等效电路，并指出其放大组态。

（3）求各电路的电压放大倍数、输入电阻、输出电阻。

2-10 在调试放大电路的过程中，对于图 2-51（a）所示的基本放大电路，当输入正弦信号时，发现如图 2-51（b）（c）（d）所示的三种不正常输出波形。

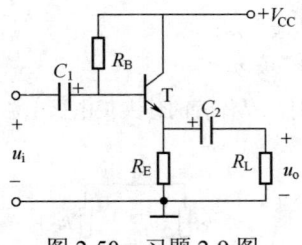

图 2-50 习题 2-9 图

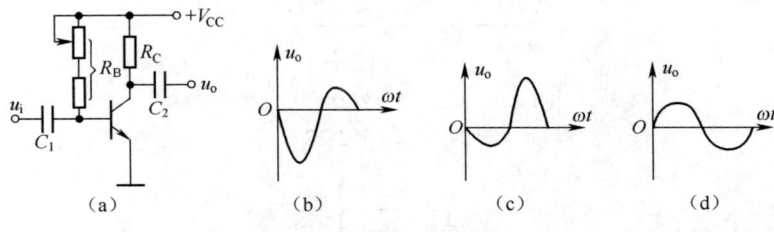

图 2-51 习题 2-10 图

(1) 试判断它们分别产生了什么失真？应如何调整 R_B 才能消除失真？

(2) 如果（a）图中的晶体管换成 PNP 结，则又各是何种失真？

2-11 电路如图 2-52 所示，晶体管的 $\beta=60$，$r_{bb'}=100\Omega$。

(1) 求解 Q 点、$\dot{A}_u$、R_i 和 R_o。

(2) 设 $U_s=10\text{mV}$（有效值），求 U_i、U_o。

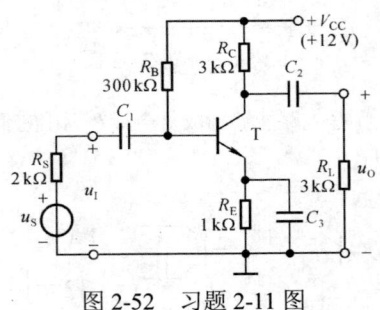

图 2-52 习题 2-11 图

2-12 在图 2-53 所示的差动放大电路中，已知 $V_{CC}=V_{EE}=12\text{V}$，$R_B=5.1\text{k}\Omega$，$R_C=R_E=10\text{k}\Omega$，$R_L=20\text{k}\Omega$，$U_{BEQ}=0.7\text{V}$，$\beta=50$，试求：(1) 电路的静态工作点；(2) A_{ud}、R_{id}、R_{od}、A_{uc}、K_{CMR} 的数值。

2-13 在图 2-54 所示电路中，已知 $V_{CC}=15\text{V}$，T_1 和 T_2 管的饱和管压降 $|U_{CES}|=2\text{V}$，输入电压足够大。求解：

(1) R_4 和 R_5 的作用。

(2) 最大不失真输出电压的有效值。

(3) 负载电阻 R_L 上电流的最大值。

(4) 最大输出功率 P_{omax} 和效率 η。

(5) 当输出因故障而短路时,晶体管的最大集电极电流和功耗各为多少?

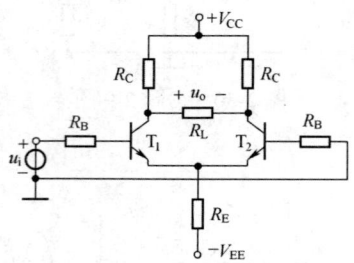

图 2-53 习题 2-12 图

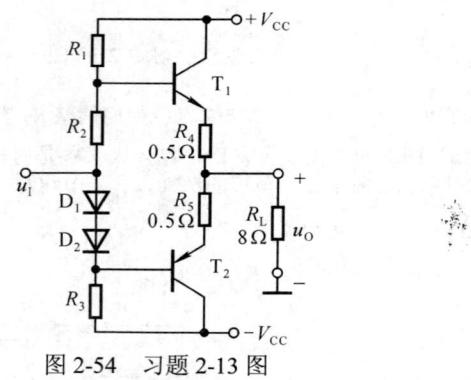

图 2-54 习题 2-13 图

2-14 图 2-55 电路中,哪些电路能够构成复合管?标出它们的等效类型及管脚,哪些电路不能构成复合管,说明原因。

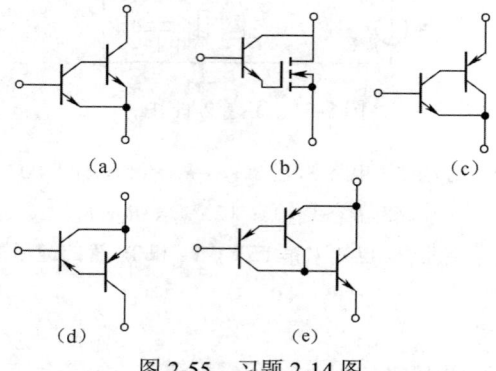

图 2-55 习题 2-14 图

2-15 设图 2-56 所示电路的静态工作点合适，画出微变等效电路，并写出 $\dot{A}_u$、R_i 和 R_o 的表达式。

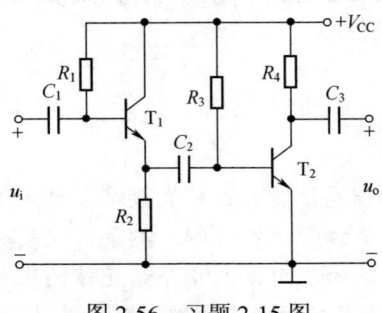

图 2-56 习题 2-15 图

第 3 章　集成运算放大器及其负反馈电路

内容提要

集成运算放大器是一种高性能的多级直接耦合放大电路，应用于信号处理、信号变换、信号发生等各个方面，在控制、测量、仪表等领域中占有重要地位。反馈在电子技术中有着广泛的应用，本章介绍反馈的基本概念、负反馈放大电路的方块图及一般表达式、负反馈对放大电路性能的影响，阐明了反馈的判断方法、深度负反馈条件下放大倍数的估算方法、根据需要正确引入负反馈的方法等内容。

3.1　集成电路概述

1947 年贝尔实验室的肖特莱等人发明了晶体管，这是微电子技术发展中第一个里程碑。1958 年仙童公司 Robert Noyce 与德仪公司基尔比间隔数月分别发明了集成电路（Integrated Circuit，缩写成 IC），开创了世界微电子学的历史。集成电路是以半导体单晶硅为芯片，采用专门的制造工艺，把晶体管、场效应管、二极管、电阻和电容等元件及它们之间的连线所组成的完整电路制作在一起，使之具有特定的功能。

集成电路按制造工艺的不同，可分为半导体集成电路，薄膜、厚膜集成电路和混合集成电路；按功能的不同，可分为数字集成电路和模拟集成电路；按集成电路中的有源元件类型不同，可分为双极型和单极型集成电路。

模拟集成电路，用来产生和处理各种模拟信号。按功能可分为：线性集成电路、非线性集成电路、功率集成电路、微波集成电路等。功率集成电路的电路耗散功率较大，我国规定耗散功率超过 1W 的集成电路称为功率集成电路。工作频率超过 300MHz 的模拟集成电路称为微波集成电路。

集成电路内部结构具有如下特点：

（1）集成电路内部各元件由于同处于一块硅片上，元件参数偏差方向一致，温度均一性好。

（2）集成工艺制造出的电阻阻值范围有一定的局限性，一般在几十欧姆到几十千欧姆之间，精度较低。当需要高阻值的电阻时，常用三极管有源元件来代替，或用外接电阻。

(3) 几十 pF 以下小电容用 PN 结电容构成，大电容要外接。

(4) 集成电路中常用晶体管连接二极管（将晶体管的集电极与基极短接），用此二极管可与同类型的晶体管进行温度补偿。

(5) 集成电路的芯片面积小、集成度高，因此各个元器件工作电流很小，一般在毫安以下；功耗很小，一般在毫瓦以下。

(6) 集成工艺不宜制造几十 pF 以上的电容器，制造电感器就更困难。因此，直接耦合方式适用于集成电路。

(7) 集成晶体管和场效应管因制作工艺不同，性能上有较大差异，所以在集成电路中常采用复合形式，以得到各方面性能俱佳的效果。

模拟集成电路的种类很多，有集成运算放大器、集成功率放大器、集成模拟乘法器、集成电压比较器、集成稳压器等。

模拟集成电路应用最为广泛是集成运算放大器，下节主要介绍集成运算放大器的基本结构、电压传输特性、主要性能指标及常用的等效模型等。

3.2 集成运算放大器

3.2.1 集成运算放大器的基本结构

集成运算放大器是一种高增益的直接耦合多级放大电路。由于最初用于数学运算，所以称为运算放大器。目前，运算放大器的用途早已不限于数学运算，它在信号的产生、变换、处理、测量等方面都起着非常重要的作用，所以获得了非常广泛的应用。集成运算放大器类型很多，电路也各不相同，但从电路的总体结构上看，它们具有共同之处。图 3-1 是一个简单的集成运算放大器的原理框图。

集成运放电路由输入级、中间级、输出级和偏置电路等四部分组成。它有两个输入端，一个输出端，图中所标 u_P、u_N、u_O 均以"地"为公共端。

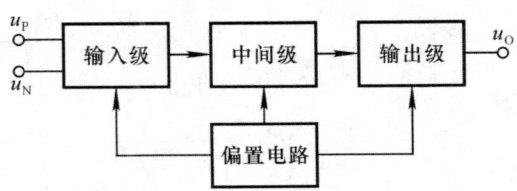

图 3-1　集成运算放大器的方框图

(1) 输入级。输入级又称前置级，它往往是一个双端输入的高性能差分放大电路。一般要求其输入电阻高，差模放大倍数大，抑制共模信号的能力强，静态电流小。输入级的好坏直接影响着集成运放的大多数性能参数，因此，在几代产品的更新过程中，输入级的变化最大。

（2）中间级。中间级是整个放大电路的主放大器，其作用是使集成运放具有较强的放大能力，多采用共射（或共源）放大电路。而且，为了提高电压放大倍数，经常采用复合管作放大管，以恒流源作集电极负载。其电压放大倍数可达千倍以上。

（3）输出级。输出级应具有输出电压线性范围宽、输出电阻小（即带负载能力强）、非线性失真小等特点。集成运放的输出级多采用互补输出电路。

（4）偏置电路。偏置电路用于设置集成运放各级放大电路的静态工作点。与分立元件不同，集成运放采用电源电路为各级提供合适的集电极（或发射极、漏极）静态工作电流，从而确定了合适的静态工作点。

3.2.2 集成运放的电压传输特性及理想运放的分析依据

1. 集成运放的电压传输特性

集成运放有同相输入端和反相输入端，这里的"同相"和"反相"是指运放的输入电压与输出电压之间的相位关系，其符号如图 3-2（a）所示。从外部看，可以认为集成运放是一个双端输入、单端输出，具有高差模放大倍数、高输入电阻、低输出电阻、能较好地抑制温漂的差分放大电路。

集成运放的输出电压 u_O 与输入电压 ($u_P - u_N$) 之间的关系曲线称为电压传输特性，即

$$u_O = f(u_P - u_N)$$

对于正、负两路电源供电的集成运放，电压传输特性如图 3-2（b）所示。从图示曲线可以看出，集成运放有线性放大区域（称为线性区）和饱和区域（称为非线性区）两部分。在线性区，曲线的斜率为电压放大倍数；在非线性区，输出电压只有两种可能的情况：$+U_{OM}$ 或 $-U_{OM}$。

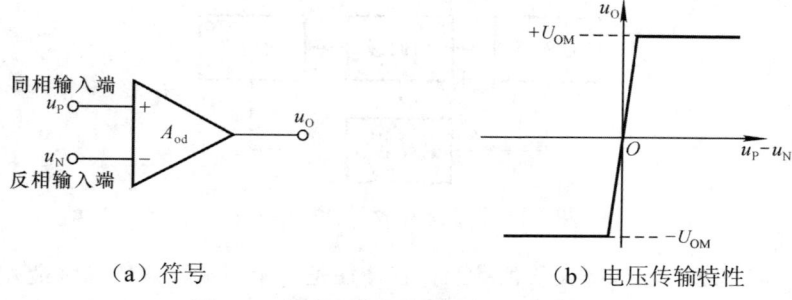

（a）符号　　　　　　　　　　（b）电压传输特性

图 3-2　集成运放的符号和电压传输特性

由于集成运放放大的差模信号，且没有通过外电路引入反馈，故称其电压放大倍数为差模开环放大倍数，记作 A_{od}，因而当集成运放工作在线性区时
$$u_O = A_{od}(u_P - u_N)$$
通常 A_{od} 非常高，可达几十万倍，因此集成运放电压传输特性中的线性区非常之窄。

2. 理想运放

由于集成电路制造技术的发展，集成运算放大器性能越来越好，使用上越来越做到模块化，且实际集成运算放大器的参数接近理想集成运算放大器的条件，所以，把集成运算放大器看成理想元件，电路分析和计算结果满足工程要求。

近似分析时，集成运放的参数理想化，即认为 A_{od}、K_{CMR}、r_{id}、f_H 等参数值均为无穷大，而 U_{IO} 及其温漂、I_{IO} 及其温漂、I_{IB}、r_o 等参数值均为零，称其为理想运放。

通常情况下，理想运放具有以下性能指标：
（1）开环差模增益（放大倍数）$A_{od}=\infty$。
（2）差模输入电阻 $r_{id}=\infty$。
（3）输出电阻 $r_o=0$。
（4）共模抑制比 $K_{CMR}=\infty$。
（5）上限截止频率 $f_H=\infty$。
（6）失调电压 U_{IO}、失调电流 I_{IO} 和它们的温漂均为零，且无任何内部噪声。

实际上，集成运放的技术指标均为有限值，理想化后必然带来分析误差。但是，在一般的工程计算中，这些误差都是允许的。而且，随着新型运放的不断出现，性能指标越来越接近理想，误差也就越来越小。因此，只有在进行误差分析时，才考虑实际运放有限的增益、带宽、共模抑制比、输入电阻和失调因素等带来的影响。

3. 理想运放的分析依据

尽管集成运放的应用电路多种多样，但就其工作区域却只有两个。在电路中，集成运放不是工作在线性区，就是工作在非线性区。

图 3-3 为理想运放的电压传输特性。

（1）理想运放在线性区的特点。设集成运放同相输入端和反相输入端的电位分别为 u_P、u_N，电流分别为 i_P、i_N。当集成运放工作在线性区时，输出电压应与输入差模电压成线性关系，即应满足
$$u_O = A_{od}(u_P - u_N)$$
由于 u_O 为有限值，$A_{od}=\infty$，因而净输入电压 $u_P - u_N = 0$，即
$$u_P = u_N$$

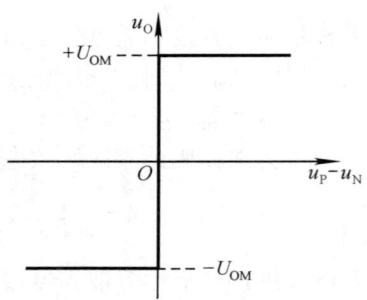

图 3-3 理想运放的电压传输特性

称两个输入端"虚短"。所谓"虚短"是指理想运放的两个输入端电位无穷接近,但又不是真正短路的特点。

因为净输入电压为零,又因为理想运放的输入电阻为无穷大,所以两个输入端的输入电流也均为零,即

$$i_P = i_N = 0$$

从集成运放输入端看进去相当于断路,称两个输入端"虚断"。所谓"虚断"是指理想运放两个输入端的电流趋于零,但又不是真正断路的特点。

集成运放工作在线性区的特征是电路引入负反馈。对于运放工作在线性区的应用电路,"虚短"和"虚断"是分析其输入信号和输出信号关系的两个基本出发点。

(2)理想运放在非线性区的特点。当集成运放处于开环状态或只引入正反馈时,集成运放工作在非线性区。对于理想运放,由于差模增益无穷大,只要同相输入端与反相输入端之间有无穷小的差值电压,输出电压就将达到正的最大值或负的最大值,即输出电压 u_O 与输入电压 $(u_P - u_N)$ 不再是线性关系。若集成运放的输出电压 u_O 的幅值为 $\pm U_{OM}$,则当 $u_P > u_N$ 时 $u_O = +U_{OM}$,当 $u_P < u_N$ 时 $u_O = -U_{OM}$。并且,由于理想运放的差模输入电阻无穷大,故净输入电流为零,即 $i_P = i_N = 0$,仍有"虚断"的概念。

3.2.3 集成运算放大器的主要技术指标

集成运放的技术指标很多,为了正确地选择和使用集成运放,必须明确这些技术指标的意义,它们是描述实际运放和理想运放接近程度的标志。

1. 集成运放的静态技术指标

(1)输入失调电压 U_{IO} 及其温漂 $\dfrac{dU_{IO}}{dT}$:U_{IO} 是使输出电压为零时在输入端所加的补偿电压。U_{IO} 越小,表明电路参数对称性越好。对于有外接调零电位器的

运放，可以通过改变电位器滑动端的位置使得输入为零时输出为零。$\dfrac{\mathrm{d}U_{\mathrm{IO}}}{\mathrm{d}T}$ 是 U_{IO} 的温度系数，是衡量运放温漂的重要参数，其值越小，表明运放的温漂越小。

（2）输入失调电流 I_{IO} 及其温漂 $\dfrac{\mathrm{d}I_{\mathrm{IO}}}{\mathrm{d}T}$：对于双极型集成运放，输入失调电流 I_{IO} 是当输出电压为零时，流入集成运放两输入端的静态基极电流之差。$\dfrac{\mathrm{d}I_{\mathrm{IO}}}{\mathrm{d}T}$ 与 $\dfrac{\mathrm{d}U_{\mathrm{IO}}}{\mathrm{d}T}$ 的含义相类似，I_{IO} 和 $\dfrac{\mathrm{d}I_{\mathrm{IO}}}{\mathrm{d}T}$ 越小，运放的质量越好。

（3）输入偏置电流 I_{IB}：I_{IB} 是输入级差放管的基极（栅极）偏置电流的平均值，一般为 10nA～1μA。

（4）最大差模输入电压 U_{Idmax}：当集成运放所加差模信号大到一定程度时，输入级至少有一个 PN 结承受反向电压，U_{Idmax} 是不至于使 PN 结反向击穿所允许的最大差模输入电压。

（5）最大共模输入电压 U_{Icmax}：U_{Icmax} 是输入级能正常放大差模信号情况下允许输入的最大共模信号。

2. 集成运放的动态技术指标

（1）开环差模增益 A_{od}：常用分贝（dB）表示，其分贝数为 $20\lg|A_{\mathrm{od}}|$。

（2）共模抑制比 K_{CMR}：共模抑制比等于差模放大倍数与共模放大倍数之比的绝对值。

（3）差模输入电阻 r_{id}：r_{id} 是集成运放对输入差模信号的输入电阻。

（4）输出电阻 r_{o}：从集成运放的输出端和地之间看进去的等效交流电阻，称为运放的输出电阻，记为 r_{o}。

（5）−3dB 带宽 f_{H}：f_{H} 是使 A_{od} 下降 3dB（即下降到约 0.707 倍）时的信号频率。

（6）单位增益带宽 f_{c}：f_{c} 是使 A_{od} 下降到零分贝（即 $A_{\mathrm{od}}=1$，失去电压放大能力）时的信号频率，与晶体管的特征频率 f_{T} 相类似。

（7）转换速率 SR：SR 是在大信号作用下输出电压在单位时间变化量的最大值。

3.3 运算放大器电路中的负反馈

3.3.1 反馈的基本概念和反馈组态

反馈在电子技术中有着非常广泛的应用，在各种电子设备、放大电路以及自动化系统中，人们通常利用反馈技术来改善电路的性能，以期达到预定的目标。

因此，掌握反馈的基本概念及判断方法是研究各种各样实用电路的基础。

1. 反馈的基本概念

在电子电路中，将输出量的一部分或全部通过一定的电路形式作用到输入回路，用来影响其输入量的措施称为反馈。

按照反馈放大电路各部分电路的主要功能可将其分为基本放大电路和反馈网络两部分，如图 3-4 所示。前者主要功能是放大信号，后者主要功能是传输反馈信号。基本放大电路的输入信号称为净输入量，它不但取决于输入量，还与反馈量有关。

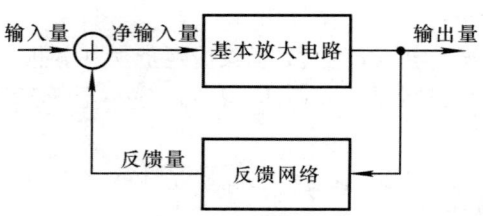

图 3-4　反馈放大电路的方框图

正确判断反馈的性质是研究反馈放大电路的基础。

（1）有无反馈的判断

若放大电路中存在将输出回路与输入回路相连接的通路，并由此影响放大电路的净输入量，则表明电路引入了反馈；否则电路中没有反馈。

在图 3-5（a）所示电路中，集成运放的输出端与同相输入端、反相输入端均无通路，故电路中没有引入反馈。在图 3-5（b）所示电路中，虽然电阻 R 跨接在集成运放的输出端与同相输入端之间，但是因为同相输入端接地，R 只不过是集成运放的负载，而不会使输出电压作用于输入回路，所以电路中没有引入反馈。在图 3-5（c）所示电路中，反馈线将输出端与反相输入端相连接，因而集成运放的净输入量不仅取决于输入信号，还与输出信号有关，所以该电路中引入了反馈。

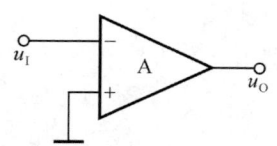 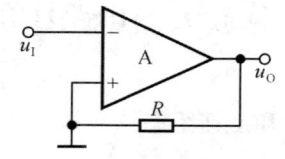 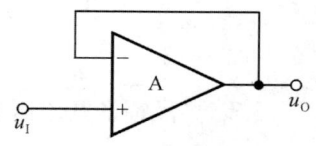

（a）没引入反馈的放大电路　　（b）R 的接入没有引入反馈　　（c）引入反馈的放大电路

图 3-5　有无反馈的判断

由以上分析可知,通过寻找电路中有无反馈通路,即可判断出电路是否引入了反馈。

(2) 反馈极性的判断

瞬时极性法是判断电路中反馈极性的基本方法。具体做法:规定电路输入信号在某一时刻对地的极性,并以此为依据,逐级判断电路中各相关点电流的流向和电位的极性,从而得到输出信号的极性;根据输出信号的极性判断出反馈信号的极性;若反馈信号使基本放大电路的净输入信号增大,则说明引入了正反馈;若反馈信号使基本放大电路的净输入信号减小,则说明引入了负反馈。

在图 3-6(a)所示电路中,设输入电压 u_I 的瞬时极性对地为正,即集成运放同相输入端电位 u_P 对地为正,因而输出电压 u_O 对地也为正;u_O 在 R_2 和 R_1 回路产生电流,方向如图中虚线所示,并且该电流在 R_1 上产生极性为上"+"下"−"的反馈电压 u_F,使反相输入端电位对地为正;由此导致集成运放的净输入电压 u_D(u_P-u_N)的数值减小,说明电路引入了负反馈。

应当特别指出,反馈量是仅仅决定于输出量的物理量,而与输入量无关。在图 3-6(a)所示电路中,反馈电压 u_F 不表示 R_1 上的实际电压,而只表示输出电压 u_O 作用的结果。因此,在分析反馈极性时,可将输出量视为作用于反馈网络的独立源。

在图 3-6(b)所示电路中,设输入电流 i_I 瞬时极性如图所示。集成运放反相输入端的电流 i_N 流入集成运放,输出电压 u_O 极性对地为负;u_O 作用于电阻 R_2,产生电流 i_F,如图中虚线所标注;i_F 对 i_I 分流,导致集成运放的净输入电流 i_N 的数值减小,故说明电路引入了负反馈。

在图 3-6(b)所示电路中,当集成运放的同相输入端和反相输入端互换时,就得到图 3-6(c)所示电路。设输入电流 i_I 瞬时极性如图所示,集成运放同相输入端的电流 i_P 流入集成运放,输出电压 u_O 极性对地为正;u_O 作用于电阻 R_2,产生电流 i_F,如图中虚线所标注;i_F 与 i_I 同时流向集成运放的同相输入端,导致集成运放的净输入电流 i_P 的数值增大,故说明电路引入了正反馈。

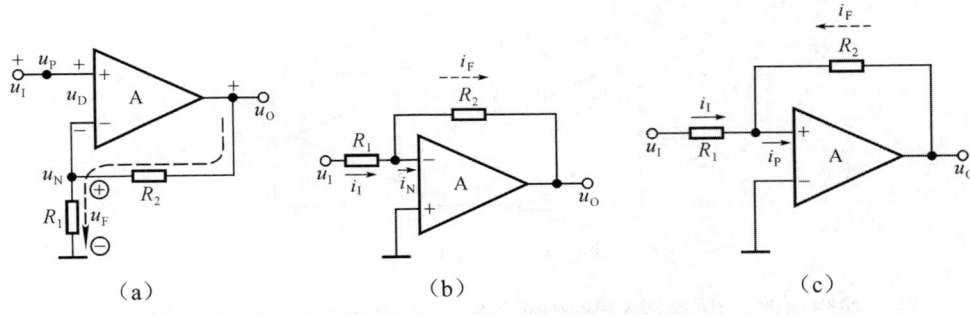

图 3-6 反馈极性的判断

以上分析说明，在集成运放组成的反馈放大电路中，可以通过分析集成运放的净输入电压 u_D，或者净输入电流 i_P（或 i_N）因反馈的引入是增大还是减小了，来判断反馈的极性。凡使净输入量增大的为正反馈，凡使净输入量减小的为负反馈。

对于单个集成运放，若反馈网络为电阻、电容等无源元件组成，则反馈引回到反相输入端的为负反馈，反之，引回到同相输入端的为正反馈。

（3）直流反馈与交流反馈的判断

仅在直流通路中存在的反馈称为直流反馈，仅在交流通路中存在的反馈称为交流反馈。在很多放大电路中，常常是交、直流反馈兼而有之。直流负反馈主要用于稳定放大电路的静态工作点，本节重点是研究交流负反馈。

在图 3-7（a）所示电路中，已知电容 C 对交流信号可视为短路，因而电路只引入直流反馈，而没有引入交流反馈。在图 3-7（b）所示电路中，电容 C 对直流信号相当于开路，对交流信号视为短路，因而电路只引入交流反馈，而没有引入直流反馈。在图 3-7（c）所示电路中，既引入了直流反馈又引入了交流反馈。

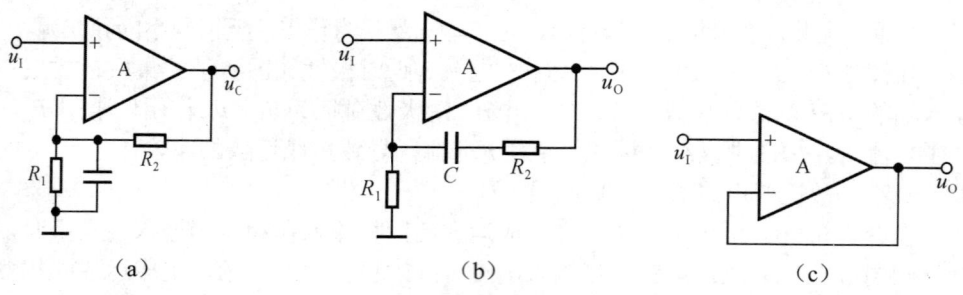

图 3-7 直流反馈与交流反馈的判断

例 3-1 判断图 3-8 所示电路中是否引入了级间反馈，若引入了反馈，则判断是直流反馈还是交流反馈，是正反馈还是负反馈。

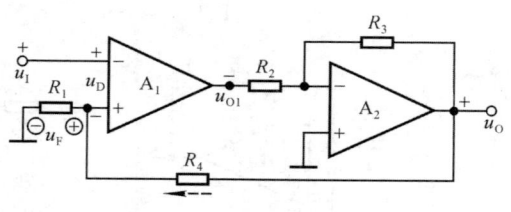

图 3-8 例 3-1 电路图

解 观察电路，电阻 R_4 将输出回路与输入回路相连接，故电路引入了反馈。

又因为无论在直流通路还是交流通路中,反馈通路均存在,所以电路中既引入了直流反馈又引入了交流反馈。

利用瞬时极性法可以判断反馈的极性。设输入电压 u_I 的极性对地为"+",集成运放 A_1 的输出电位 u_{O1} 为"-",即后级电路的输入电压对地为"-",故输出电压 u_O 对地为"+";u_O 作用于 R_4 和 R_1 回路,所产生的电流(如图中虚线箭头所示)在 R_1 上获得反馈电压 u_F,如图所示;由于 u_F 使 A_1 的净输入电压 u_D 减小,故电路中引入了负反馈。

2. 负反馈放大电路的四种基本组态

通常,引入了交流负反馈的放大电路称为负反馈放大电路。反馈量若取自输出电压,则称为电压反馈;若取自输出电流,则称为电流反馈。反馈量、输入量、净输入量三者以电压方式叠加,则称为串联反馈;以电流方式叠加,则称为并联反馈。因此,交流负反馈有四种组态:电压串联、电压并联、电流串联和电流并联。

(1) 电压串联负反馈电路

图 3-9 所示电路将输出电压的一部分作为反馈电压,电路各点电位的瞬时极性如图中所标注。由图可知,反馈量

$$u_F = \frac{R_1}{R_1 + R_2} \cdot u_O$$

表明反馈量取自于输出电压 u_O,且正比于 u_O,并将与输入电压 u_I 求差后放大,故电路引入了电压串联负反馈。

(2) 电流串联负反馈电路

在图 3-10 所示电路中相关电位及电流的瞬时极性和电流流向如图中所标注。由图可知,反馈量

$$u_F = i_O R_1$$

表明反馈量取自于输出电流 i_O,且转换为反馈电压 u_F,并将与输入电压 u_I 求差后放大,故电路引入了电流串联负反馈。

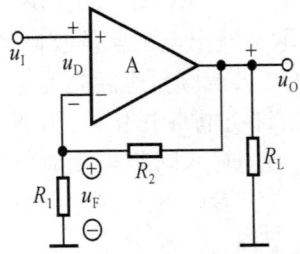

图 3-9 电压串联负反馈电路

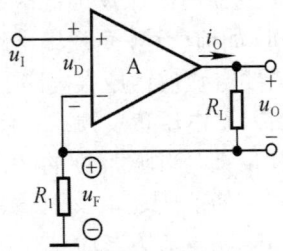

图 3-10 电流串联负反馈电路

(3) 电压并联负反馈电路

在图 3-11 所示电路中,相关电位及电流的瞬时极性和电流流向如图中所标注。由图可知,反馈量

$$i_F = -\frac{u_O}{R}$$

表明反馈量取自输出电压 u_O,且转换成反馈电流 i_F,并将与输入电流 i_I 求差后放大,因此电路引入了电压并联负反馈。

(4) 电流并联负反馈电路

在图 3-12 所示电路中,各支路电流的瞬时极性如图中所标注。由图可知,反馈量

$$i_F = -\frac{R_2}{R_1 + R_2} \cdot i_O$$

表明反馈信号取自输出电流 i_O,且转换成反馈电流 i_F,并将与输入电流 i_I 求差后放大,因而电路引入了电流并联负反馈。

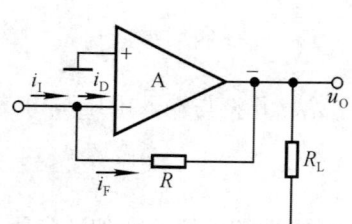

图 3-11 电流并联负反馈

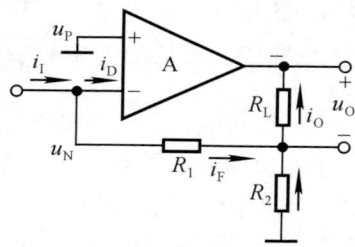

图 3-12 电流并联负反馈电路

放大电路中应引入电压负反馈还是电流负反馈,取决于负载欲得到稳定的电压还是稳定的电流;放大电路中应引入串联负反馈还是并联负反馈,取决于输入信号源是恒压源(或近似恒压源)还是恒流源(或近似恒流源)。

电压反馈与电流反馈的区别在于基本放大电路的输出回路与反馈网络的连接方式不同。如前所述,负反馈电路中的反馈量不是取自输出电压就是取自输出电流;因此,只要令负反馈放大电路的输出电压 u_O 为零,若反馈量也随之为零,则说明电路中引入了电压负反馈;若反馈量依然存在,则说明电路中引入了电流负反馈。

串联反馈与并联反馈的区别在于基本放大电路的输入回路与反馈网络的连接方式不同。如前所述,反馈量、输入量、净输入量三者以电压方式叠加,则称为串联反馈;以电流方式叠加,则称为并联反馈。

例 3-2 分析图 3-8 所示电路中引入了哪种组态的交流负反馈。

解 根据 u_I、u_F 和 u_D 的关系,说明电路引入的是串联反馈。令输出电压 $u_O=0$,

反馈电流 i_F 随之为 0，说明电路引入的是电压反馈。

可见，电路中引入了电压串联负反馈。

例 3-3 分析图 3-13 所示电路中有无引入反馈；若有反馈，则说明引入的是直流反馈还是交流反馈，是正反馈还是负反馈；若为交流负反馈，则说明反馈的组态。

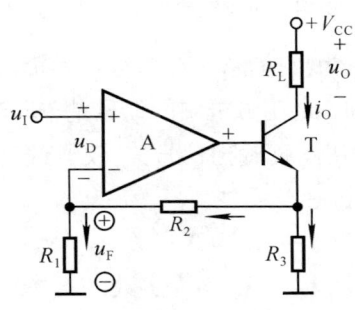

图 3-13 例 3-3 电路图

解 观察电路，R_2 将输出回路与输入回路相连接，因而电路引入了反馈。无论在直流通路中，还是在交流通路中，R_2 形成的反馈通路均存在，因而电路中既引入了直流反馈，又引入了交流反馈。

设输入电压 u_I 对地为"+"，集成运放的输出端电位为"+"，输出电流 i_O（即集电极电流）通过 R_3 和 R_2 所在支路分流，在 R_1 上获得反馈电压 u_F，u_F 的极性为上"+"下"-"，使集成运放的净输入电压 u_D 减小，故电路中引入的是负反馈。

根据 u_I、u_F 和 u_D 的关系，说明电路引入的是串联反馈。令输出电压 $u_O=0$，即将 R_L 短路，因 i_O 仅受 i_B 的控制而依然存在，u_F 和 i_O 的关系不变，故电路中引入的是电流反馈。

可见，电路中引入了电流串联负反馈。

3.3.2 负反馈放大电路的方框图及一般表达式

负反馈放大电路有四种基本组态，对于同一种组态，具体电路也各不相同，为了研究负反馈放大电路的共同规律，利用方框图来描述所有电路。

1. 负反馈放大电路的方框图表示法

图 3-14 所示为负反馈放大电路的方框图，其中 $\dot{A}$ 是负反馈放大电路的基本放大电路，$\dot{F}$ 是负反馈放大电路的反馈网络。$\dot{A}$ 是在断开反馈且考虑了反馈网络的负载效应的情况下所构成的放大电路，反馈网络是指与反馈系数 $\dot{F}$ 有关的所有元器件构成的网络。

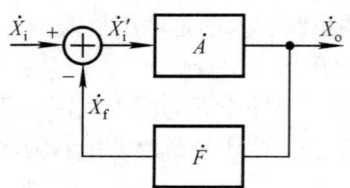

图 3-14 负反馈放大电路的方框图

图中 $\dot{X}_i$ 为输入量，$\dot{X}_f$ 为反馈量，$\dot{X}_i'$ 为净输入量，$\dot{X}_o$ 为输出量。图中连线的箭头表示信号的流通方向，说明方框中的信号是单向流通的，即输入信号 $\dot{X}_i$ 仅通过基本放大电路传递到输出，而输出信号 $\dot{X}_o$ 仅通过反馈网络传递到输入。输入端的圆圈⊕表示信号 $\dot{X}_i$ 和 $\dot{X}_f$ 在此叠加。

$$\dot{X}_i' = \dot{X}_i - \dot{X}_f$$

在信号的中频段，$\dot{X}_i'$、$\dot{X}_i$ 和 $\dot{X}_f$ 均为实数。

在方框图中定义基本放大电路的放大倍数为

$$\dot{A} = \frac{\dot{X}_o}{\dot{X}_i'} \tag{3-1}$$

反馈系数为

$$\dot{F} = \frac{\dot{X}_f}{\dot{X}_o} \tag{3-2}$$

负反馈放大电路的放大倍数（也称闭环放大倍数）为

$$\dot{A}_f = \frac{\dot{X}_o}{\dot{X}_i} \tag{3-3}$$

$\dot{A}\dot{F}$ 称为电路的环路放大倍数。

2. 负反馈放大电路的一般表达式

根据式（3-3-1）（3-3-2）（3-3-3），可得

$$\dot{A}_f = \frac{\dot{X}_o}{\dot{X}_i} = \frac{\dot{X}_o}{\dot{X}_i' + \dot{X}_f} = \frac{\dot{A}\dot{X}_i'}{\dot{X}' + \dot{A}\dot{F}\dot{X}'}$$

由此得到 $\dot{A}_f$ 的一般表达式

$$\dot{A}_f = \frac{\dot{A}}{1+\dot{A}\dot{F}} \tag{3-4}$$

在中频段，$\dot{A}_f$、$\dot{A}$ 和 $\dot{F}$ 均为实数，因此上式可写成

$$A_f = \frac{A}{1+AF} \tag{3-5}$$

当电路引入负反馈时，$AF>0$，表明引入负反馈后电路的放大倍数等于基本放大电路放大倍数的$(1+AF)$分之一，而且A、F和A_f的符号均相同。

若在分析中发现$\dot{A}\dot{F}<0$，说明电路中引入了正反馈；若$1+\dot{A}\dot{F}=0$，说明电路在输入量为零时就有输出，称电路产生了自激振荡。

若电路引入深度负反馈，即$1+AF\gg1$，则

$$A_f \approx \frac{1}{F} \tag{3-6}$$

表明放大倍数几乎仅仅决定于反馈网络，而与基本放大电路无关。由于反馈网络常为无源网络，受环境温度的影响极小，因而放大倍数获得很高的稳定性。从深度负反馈的条件可知，反馈网络的参数确定后，基本放大电路的放大能力越强，即A的数值越大，反馈越深，A_f与$1/F$的近似程度越好。

3.3.3 负反馈对放大电路性能影响及引入负反馈一般原则

1. 负反馈对放大电路性能的影响

放大电路中引入交流负反馈后，其性能会得到多方面的改善：稳定放大倍数、改变输入电阻和输出电阻、展宽频带、减小非线性失真等。

（1）稳定放大倍数

当放大电路引入深度负反馈时，$\dot{A}_f \approx \frac{1}{\dot{F}}$，$\dot{A}_f$几乎仅取决于反馈网络，而反馈网络通常由电阻、电容组成，因而可获得很好的稳定性。

在中频段，$\dot{A}_f$、$\dot{A}$和$\dot{F}$均为实数，$\dot{A}_f$的表达式可写成

$$A_f = \frac{A}{1+AF}$$

对上式求微分，得

$$\mathrm{d}A_f = \frac{\mathrm{d}A}{(1+AF)^2}$$

上面两式相除，得

$$\frac{\mathrm{d}A_f}{A_f} = \frac{1}{1+AF} \cdot \frac{\mathrm{d}A}{A}$$

上式表明，负反馈放大电路放大倍数A_f的相对变化量$\frac{\mathrm{d}A_f}{A_f}$仅为其基本放大电路放大倍数$A$的相对变化量$\frac{\mathrm{d}A}{A}$的$(1+AF)$分之一，也就是说$A_f$的稳定性是$A$的$(1+AF)$倍。

由此可知，引入交流负反馈，因环境温度的变化、电源电压的波动、元件的老化、器件的更换等原因引起的放大倍数的变化都将减小。特别是在制成产品时，因半导体器件参数的分散性所造成的放大倍数的差别也将明显减小，从而使放大能力具有很好的一致性。

应当指出，A_f 的稳定性是以损失放大倍数为代价的，即 A_f 减小到 A 的 $(1+AF)$ 分之一，才使其稳定性提高到 A 的 $(1+AF)$ 倍。

（2）改变输入电阻和输出电阻

输入电阻是从放大电路输入端看进去的等效电阻，因而负反馈对输入电阻的影响，取决于基本放大电路与反馈网络在电路输入端的连接方式，即取决于电路引入的是串联反馈还是并联反馈。

1）串联负反馈增大输入电阻。

2）并联负反馈减小输入电阻。

输出电阻是从放大电路输出端看进去的等效内阻，因而负反馈对输出电阻的影响取决于基本放大电路与反馈网络在放大电路输出端的连接方式，即取决于电路引入的是电压反馈还是电流反馈。

1）电压负反馈减小输出电阻。

2）电流负反馈增大输出电阻。

表 3-1　交流负反馈对输入电阻、输出电阻的影响

反馈组态	电压串联	电流串联	电压并联	电流并联
R_{if}	增大（∞）	增大（∞）	减小（0）	减小（0）
R_{of}	减小（0）	增大（∞）	减小（0）	增大（∞）

（3）展宽频带

由于引入负反馈后，各种原因引起的放大倍数的变化都将减小，当然也包括因信号频率变化而引起的放大倍数的变化，因此其效果是展宽了通频带。

可以证明，当设反馈网络为纯电阻网络且放大电路波特图的低频段和高频段各仅有一个拐点时，引入负反馈后使频带展宽到基本放大电路的 $(1+AF)$ 倍。

（4）减小非线性失真

放大器的非线性失真是由于放大器中的晶体管、场效应管等有源元件和无源元件的固有非线性所造成的。如果在放大电路中引入负反馈，就能显著减小非线性失真，改善输出信号波形。

如图 3-15 所示为减小非线性失真的定性分析。设在正弦波输入量 X_i 作用下，输出量 X_o 与 X_i 同相，且产生正半周幅值大、负半周幅值小的失真，反馈量 X_f 与 X_o 的失真情况相同，如图 3-15（a）所示。当电路闭环后，由于净输入量 X_i' 为 X_i

和 X_f 之差，因而其正半周幅值小而负半周幅值大，如图 3-15（b）所示。结果将使输出波形正、负半周的幅值趋于一致，从而使非线性失真减小。

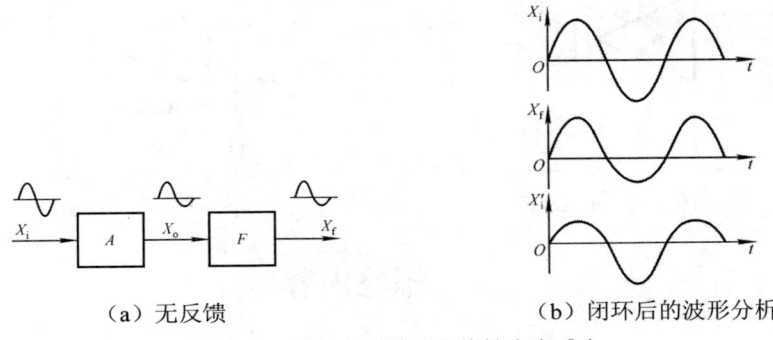

（a）无反馈　　　　　　　　　　　（b）闭环后的波形分析

图 3-15　引入负反馈使非线性失真减小

2. 放大电路中引入负反馈的一般原则

引入负反馈可以改善放大电路多方面的性能，而且反馈组态不同，所产生的影响也各不相同。因此，在设计放大电路时，应根据需要和目的，引入合适的反馈，这里提供部分一般原则。

（1）为了稳定静态工作点，应引入直流负反馈；为了改善电路的动态性能，应引入交流负反馈。

（2）根据信号源的性质决定引入串联负反馈或并联负反馈。当信号源为恒压源或内阻较小的电压源时，为增大放大电路的输入电阻，以减小信号源的输出电流和内阻上的压降，应引入串联负反馈。当信号源为恒流源或内阻很大的电压源时，为减小放大电路的输入电阻，使电路获得更大的输入电流，应引入并联负反馈。

（3）根据负载对放大电路输出量的要求，即负载对其信号源的要求，决定引入电压负反馈或电流负反馈。当负载需要稳定的电压信号时，应引入电压负反馈；当负载需要稳定的电流信号时，应引入电流负反馈。

（4）根据四种组态反馈电路的功能，在需要进行信号变换时，选择合适的组态。例如，若将电流信号转换成电压信号，则应引入电压并联负反馈；若将电压信号转换成电流信号，则应引入电流串联负反馈等。

例 3-4　电路如图 3-16 所示，为了稳定电流表中的电流，通过接入反馈电阻引入合适交流负反馈。

解　为了稳定电流表中的电流，需引入电流负反馈。由于电流表中的电流等于晶体管的发射极电流，因而应从晶体管的集电极引出反馈。设输入电压对地为"+"，则晶体管发射极电位为"+"，为使引入的反馈为负反馈，反馈电阻应接在集成运放的反相输入端，即必须引入电流串联负反馈，如图 3-17 所示。

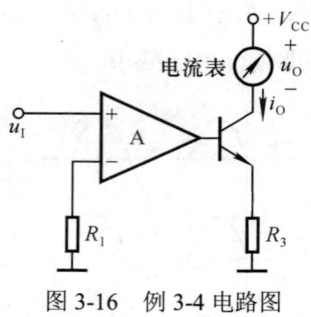
图 3-16 例 3-4 电路图

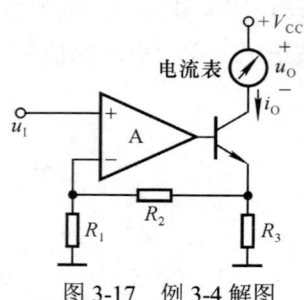
图 3-17 例 3-4 解图

3.4 辅修内容

3.4.1 集成运放 F007 简介

集成运放的类型和品种相当丰富,从 20 世纪 60 年代发展至今已经历了四代产品。从本质上看,集成运放是一种高性能的直接耦合放大电路。尽管品种繁多,内部电路结构也各不相同,但是它们的基本组成部分、结构形式和组成原则基本一致。因此,对于典型电路的分析具有普遍意义,一方面可从中理解集成运放的性能特点,另一方面可以了解复杂电路的分析方法。

本节介绍一种通用型集成运算放大器 F007(μA741),作为模拟集成电路的典型例子。F007 属于第二代集成运算放大电路产品。它的电路结构特点是:采用了有源集电极负载,可获得几十万倍的电压放大能力,并设有过载保护电路;另外,还具有输入阻抗高、共模抑制比高、耗电省、噪声低等特点,是国内最广泛应用的集成电路之一。F007 的内部电路如图 3-18 所示。

(1)偏置电路

在体积小的条件下,为了降低功耗以限制温升,必须减小各级的静态工作电流,因此 F007 采用微电流源电路作为其偏置电路。偏置电路由 I_{C10}、I_{C13}、T_8、T_9 构成,用于设置集成运放各级放大电路的静态工作点。

(2)输入级

输入级是一个输入电阻大、输入端耐压高、对共模信号抑制能力强、有较大差模放大倍数的双端输入、单端输出差分放大电路。T_1 与 T_2、T_3 与 T_4 管两两特性对称,构成共集一共基电路,从而提高电路的输入电阻,改善频率响应。T_1 与 T_2 管为纵向管,β 大;T_3 与 T_4 管为横向管,β 小但耐压高;T_5、T_6 与 T_7 管构成的电流源电路作为差分放大电路的有源负载;因此,输入级可承受较高的输入电压并具有较强的放大能力。

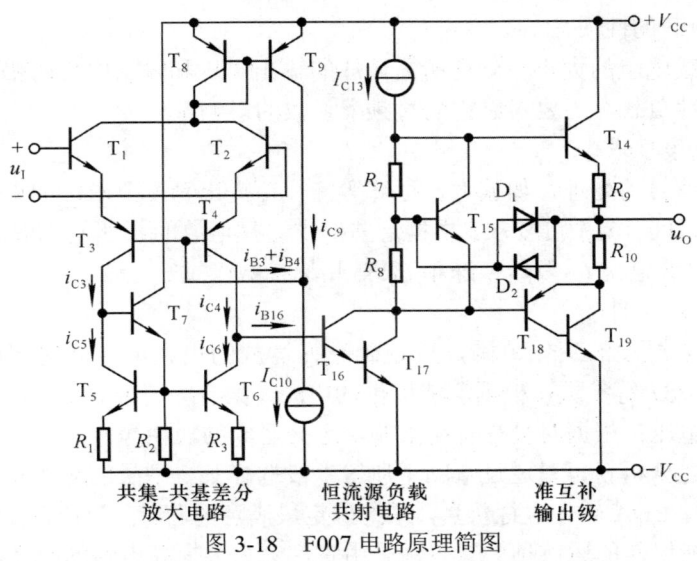

图 3-18 F007 电路原理简图

(3) 中间级

中间级是以 T_{16} 和 T_{17} 组成的复合管为放大管,以电流源为集电极负载的共射放大电路,具有很强的放大能力。

(4) 输出级

输出级是准互补形式,为了弥补它们的非对称性,在发射极加了两个阻值不同的电阻 R_9 和 R_{10}。R_7、R_8 和 T_{15} 构成 U_{BE} 的倍增电路,为输出级设置合适的静态工作点,以消除交越失真。R_9 和 R_{10} 还作为输出电流 i_O(发射极电流)的采样电阻与 D_1、D_2 共同构成过流保护电路。

F007 的电压放大倍数可达几十万倍,输入电阻可达 2MΩ 以上。

3.4.2 集成运放选择及使用

1. 集成运放的选择

通常情况下,在设计集成运放应用电路时,没有必要研究运放的内部电路,而是根据设计需求寻找具有相应性能指标的芯片。因此,了解运放的类型,理想运放主要性能指标的物理意义,是正确选择运放的前提。应根据以下几方面的要求选择运放。

(1) 信号源的性质

根据信号源是电压源还是电流源、内阻大小、输入信号的幅值及频率的变化范围等,选择运放的差模输入电阻 r_{id}、-3dB 带宽(或单位增益带宽)、转换速率 SR 等指标参数。

（2）负载的性质

根据负载电阻的大小，确定所需运放的输出电压和输出电流的幅值。对于容性负载或感性负载，还要考虑它们对频率参数的影响。

（3）精度要求

对模拟信号的处理，如放大、运算等，往往提出精度要求；如电压比较，往往提出响应时间、灵敏度要求。根据这些要求选择运放的开环差模增益 A_{od}、失调电压 U_{IO}、失调电流 I_{IO} 及转换速率 SR 等指标参数。

（4）环境条件

根据环境温度的变化范围，可正确选择运放的失调电压及失调电流的温漂 dU_{IO}/dT、dI_{IO}/dT 等参数；根据所能提供的电源（如有些情况只能用干电池）选择运放的电源电压；根据对功耗有无限制，选择运放的功耗等。

根据上述分析就可以通过查阅手册等手段选择某一型号的运放了，必要时还可能通过各种 EDA 软件进行仿真，最终确定最满意的芯片。目前，各种专用运放和多方面性能俱佳的运放种类繁多，采用它们会大大提高电路的质量。

不过，从性能价格方面考虑，应尽量采用通用型运放，只有在通用型运放不满足应用要求时才采用特殊型运放。

2. 集成运放的使用

下面将对使用集成运放时必做的工作、运放的保护措施及运放的性能扩展技术等方面作一简要的介绍。

（1）使用时必做的工作

1）集成运放的外引线（管脚）。

目前，集成运放的常见封装方式有金属壳封装和双列直插式封装，外形如图 3-19 所示，而且以后者居多。

 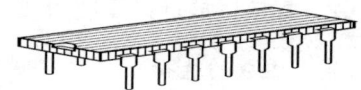

（a）圆壳式集成电路的外形　　　　　（b）双列直插式集成电路的外形

图 3-19　集成电路的外形

双列直插式有 8、10、12、14、16 管脚等种类，虽然它们的外引线排列日趋标准化，但各制造厂仍略有区别。因此，使用运放前必须查阅有关手册，辨认管脚，以便正确连线。

2）参数测量。

使用运放之前往往要用简易测试法判断其好坏，例如用万用表中间挡对照管脚测试有无短路和断路现象。必要时还可采用测试设备测量运放的主要参数。

3）调零或调整偏置电压。

由于失调电压及失调电流的存在，输入为零时输出往往不为零。对于内部无自动稳零措施的运放需外加调零电路，使之在零输入时输出为零。

对于单电源供电的运放，有时还需在输入端加直流偏置电压，设置合适的静态输出电压，以便能放大正、负两个方向的变化信号。

4）消除自激振荡。

为防止电路产生自激振荡，应在集成运放的电源端加上去耦电容。有的集成运放还需外接频率补偿电容 C，应注意接入合适容量的电容。

（2）保护措施

集成运放在使用中常因以下三种原因损坏：输入信号过大，使 PN 结击穿；电源电压极性接反或过高；输出端直接接"地"或接电源，此时，运放将因输出级功耗过大而损坏。因此，为使运放安全工作，也从这三个方面进行保护。

1）输入保护。

一般情况下，运放工作在开环状态时，易因差模电压过大而损坏；在闭环状态时，易因共模电压超出极限而损坏。图 3-20（a）所示是防止差模电压过大的保护电路，图 3-20（b）所示是防止共模电压过大的保护电路。

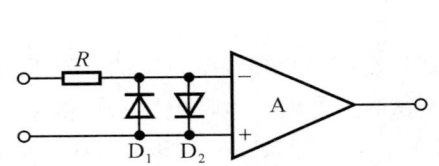
（a）防止输入差模信号幅值过大

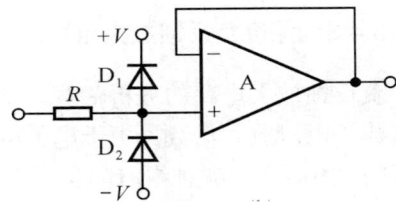
（b）防止输入共模信号幅值过大

图 3-20　输入保护措施

2）输出保护。

图 3-21 所示为输出端保护电路，限流电阻 R 与稳压管 D_Z 构成限幅电路，它一方面将负载与集成运放输出端隔离开来，限制了运放的输出电流，另一方面也限制了输出电压的幅值。当然，任何保护都是有限度的，若将输出端直接接电源，则稳压管会损坏，使电路的输出电阻大大提高，影响了电路的性能。

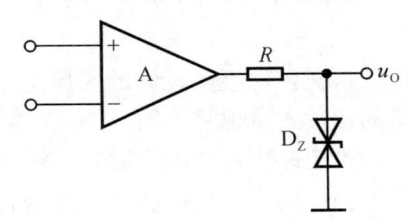

图 3-21　输出保护电路

3）电源端保护。

为了防止电源极性接反，可利用二极管单向导电性，在电源端串联二极管来实现保护，如图 3-22 所示。

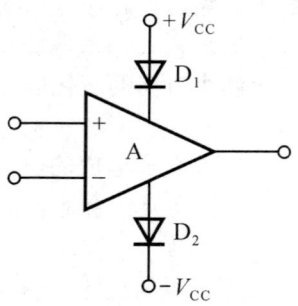

图 3-22 电源端保护

另外，集成运放选定后，其参数便确定，可以通过附加外部电路来提高它某方面的性能。为使输出电压幅值提高，势必要将运放的电源电压提高，然而集成运放的电源电压是不能任意改变的，因而电源电压的提高有一定的限度。为此，常采用在运放输出端再接一级由较高电压电源供电的电路，来提高输出电压幅值。为了使负载上获得更大的电流，可在运放的输出端加一级射极输出器或互补输出级。

3.4.3 深度负反馈放大电路的分析

负反馈放大电路的分析估算，就是求解其反馈系数和深度负反馈条件下的放大倍数、电压放大倍数。由于电子电路在测试时总是通过测量电位来获得电压和电流的，因而无论哪种组态的负反馈放大电路，通常都需要关心其电压放大倍数。

1. 深度负反馈的实质

在负反馈放大电路的一般表达式中，若 $|1+\dot{A}\dot{F}| \gg 1$，则

$$\dot{A}_\mathrm{f} \approx \frac{1}{\dot{F}}$$

根据 $\dot{A}_\mathrm{f}$ 和 $\dot{F}$ 的定义

$$\dot{X}_\mathrm{i} \approx \dot{X}_\mathrm{f}$$

可见，深度负反馈的实质是在近似分析中忽略净输入量。但不同组态，可忽略的净输入量也将不同。

当电路引入深度串联负反馈时，$\dot{U}_\mathrm{i} \approx \dot{U}_\mathrm{f}$，认为净输入电压 $\dot{U}_\mathrm{i}'$ 可忽略不计。

当电路引入深度并联负反馈时，$\dot{I}_\mathrm{i} \approx \dot{I}_\mathrm{f}$，认为净输入电流 $\dot{I}_\mathrm{i}'$ 可忽略不计。

由此，可求出四种不同组态负反馈放大电路的放大倍数。

2. 集成运放组成的负反馈放大电路的分析估算

在深度负反馈条件下,通过估算可得到电压放大倍数。在分析放大倍数时,应首先正确判断电路的反馈组态,然后求解反馈系数 $\dot{F}$,最后得到放大倍数 $\dot{A}_\mathrm{f}$ 和电压放大倍数 $\dot{A}_\mathrm{uf}$ 或 $\dot{A}_\mathrm{usf}$。

(1) 电压串联负反馈电路。图 3-23 所示为电压串联负反馈电路。

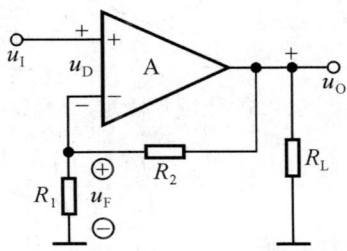

图 3-23 电压串联负反馈电路

反馈系数
$$\dot{F} = \frac{\dot{U}_\mathrm{f}}{\dot{U}_\mathrm{o}} = \frac{R_1}{R_1 + R_2}$$

深度负反馈条件下放大倍数
$$\dot{A}_\mathrm{f} \approx \frac{1}{\dot{F}} = 1 + \frac{R_2}{R_1}$$

电压放大倍数
$$\dot{A}_\mathrm{uf} = \frac{\dot{U}_\mathrm{o}}{\dot{U}_\mathrm{i}} \approx \frac{\dot{U}_\mathrm{o}}{\dot{U}_\mathrm{f}} = 1 + \frac{R_2}{R_1}$$

(2) 电流串联负反馈电路。图 3-24 所示为电流串联负反馈电路。

反馈系数
$$\dot{F} = \frac{\dot{U}_\mathrm{f}}{\dot{I}_\mathrm{o}} = R_1$$

深度负反馈条件下放大倍数
$$\dot{A}_\mathrm{f} \approx \frac{1}{\dot{F}} = \frac{1}{R_1}$$

电压放大倍数
$$\dot{A}_\mathrm{uf} = \frac{\dot{U}_\mathrm{o}}{\dot{U}_\mathrm{i}} \approx \frac{\dot{I}_\mathrm{o} \cdot R_\mathrm{L}}{\dot{U}_\mathrm{f}} = \frac{R_\mathrm{L}}{R_1}$$

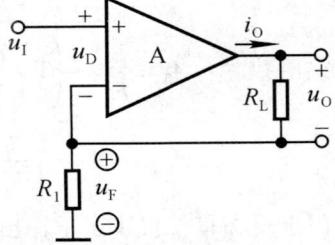

图 3-24 电流串联负反馈电路

(3)电压并联负反馈电路。图 3-25 所示为电压并联负反馈电路。

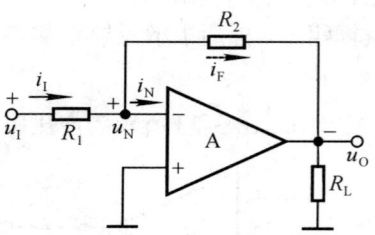

图 3-25 电压并联负反馈电路

反馈系数 $\dot{F} = \dfrac{\dot{I}_\mathrm{f}}{\dot{U}_\mathrm{o}} = -\dfrac{1}{R_2}$

深度负反馈条件下放大倍数 $\dot{A}_\mathrm{f} \approx \dfrac{1}{\dot{F}} = -R_2$

电压放大倍数 $\dot{A}_\mathrm{uf} = \dfrac{\dot{U}_\mathrm{o}}{\dot{U}_\mathrm{i}} \approx \dfrac{\dot{U}_\mathrm{o}}{\dot{I}_\mathrm{f} R_1} = -\dfrac{R_2}{R_1}$

(4)电流并联负反馈电路。图 3-26 所示为电流并联负反馈电路。

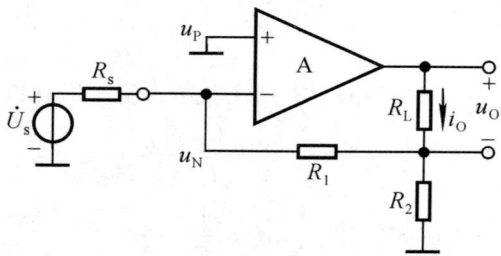

图 3-26 电流并联负反馈电路

反馈系数 $\dot{F} = \dfrac{\dot{I}_\mathrm{f}}{\dot{I}_\mathrm{o}} = -\dfrac{R_2}{R_1+R_2}$

深度负反馈条件下放大倍数 $\dot{A}_\mathrm{f} \approx \dfrac{1}{\dot{F}} = -\left(1+\dfrac{R_1}{R_2}\right)$

电压放大倍数 $\dot{A}_\mathrm{usf} = \dfrac{\dot{U}_\mathrm{o}}{\dot{U}_\mathrm{s}} \approx \dfrac{\dot{I}_\mathrm{o} R_\mathrm{L}}{\dot{I}_\mathrm{f} R_\mathrm{s}} = -\left(1+\dfrac{R_1}{R_2}\right)\cdot\dfrac{R_\mathrm{L}}{R_\mathrm{s}}$

这里再次特别指出,由于反馈量仅仅决定于输出量,因此反馈系数仅取决于反馈网络,而与放大电路的输入、输出特性及负载电阻 R_L 无关。

本章小结

本章主要讲述了集成运放的结构特点、电路组成、主要技术指标和反馈的基本概念、负反馈放大电路的方框图及一般表达式、负反馈对放大电路性能的影响等。

1. 本章要点

（1）集成运放实际上是一种高性能的直接耦合放大电路，从外部看，可等效成双端输入、单端输出的差分放大电路。通常由输入级、中间级、输出级和偏置电路四部分组成。

（2）集成运放的主要技术指标。通用型运放各方面参数均衡，适合一般应用；特殊型运放在某方面的性能指标特别优秀，适合有特殊要求的场合。

（3）阐明反馈的判断方法。有无反馈的判断，正、负反馈的判断，交、直流反馈的判断及交流负反馈的四种反馈组态的判断。

（4）阐明深度负反馈条件下放大倍数的估算方法。

（5）引入交流负反馈后可以提高放大倍数的稳定性、改变输入电阻和输出电阻、展宽频带、减小非线性失真等。引入不同组态负反馈对放大电路性能的影响不尽相同，在实用电路中应根据需求引入合适组态的负反馈。

2. 本章基本要求

（1）熟悉集成运放的组成及各部分的作用，正确理解主要指标参数的物理意义及其使用注意事项。

（2）了解F007的工作原理。

（3）能够正确判断电路中是否引入了反馈以及反馈的性质。

（4）正确理解负反馈放大电路放大倍数在不同反馈下、组态下的物理意义，并能够估算深度负反馈条件下的放大倍数。

（5）掌握负反馈四种组态对放大电路性能的影响，并能够根据需要在放大电路中引入合适的交流负反馈。

3-1 填空题。

（1）集成运放电路采用直接耦合方式是因为_____。

（2）集成运放的输入级采用差分放大电路是因为可以_____。

（3）为增大电压放大倍数，集成运放的中间级多采用_____。

（4）集成运放有两个工作区：_____和_____。

（5）工作在线性区的理想运放，具有_____和_____两个特点。

（6）直流负反馈是指_____，交流负反馈是指_____。

（7）为了稳定静态工作点，应引入_____反馈。

（8）为了稳定输出电压、减小从信号源索取的电流，应引入_____交流负反馈。

3-2 选择题。

（1）在集成运放电路中，各级放大电路之间采用了（　）耦合方式。

　　A．直接　　　　B．变压器　　　　C．阻容　　　　D．光电

（2）通用型集成运放的输入级通常采用（　）电路。

　　A．差分放大　　B．互补输出级　　C．基本共射　　D．电流源

（3）集成运放制造工艺使得同类半导体管的（　）。

　　A．指标参数准确　B．参数不受温度影响　C．参数一致性好

（4）通用型集成运放适用于放大（　）。

　　A．高频信号　　B．低频信号　　C．任何频率信号

（5）集成运放的输入失调电流是（　）。

　　A．两个输入端信号电流之差　　　　B．两个输入端电流的平均值

　　C．输入电流为零时的输出电流　　　D．两个输入端静态电流之差

（6）理想运放的开环放大倍数为（　），输入电阻为（　），输出电阻为（　）。

　　A．∞　　　　　B．0　　　　　　C．不定　　　　D．恒定

（7）为使电路输入电阻高、输出电阻低，应引入（　）。

　　A．电压串联负反馈　　　　　　　B．电压并联负反馈

　　C．电流串联负反馈　　　　　　　D．电流并联负反馈

（8）为了展宽频带，应引入（　）。

　　A．直流负反馈　　B．交流负反馈　　C．电压负反馈　　D．电流负反馈

3-3 已知一个负反馈放大电路的 $A=5\times10^5$，$F=2\times10^{-3}$。

（1）$A_f=$？

（2）若 A 的相对变化率为 10%，则 A_f 的相对变化率为多少？

3-4 电路如图 3-27 所示，已知集成运放为理想运放，$R_1=20\text{k}\Omega$，$R_2=100\text{k}\Omega$，最大输出电压幅值为±12V。

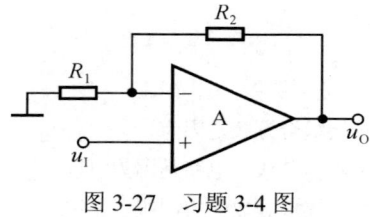

图 3-27　习题 3-4 图

电路引入了_____（填入反馈组态）交流负反馈，电路的输入电阻趋近于_____，电压

放大倍数 $A_{uf}=\Delta u_O/\Delta u_1\approx$_____。设 $u_1=1$V,则 $u_O\approx$_____ V;若 R_1 开路,则 u_O 变为_____ V;若 R_1 短路,则 u_O 变为_____ V;若 R_2 开路,则 u_O 变为_____ V;若 R_2 短路,则 u_O 变为_____ V。

3-5 电路如图 3-28 所示。
(1) 判断电路中引入了哪种组态的交流负反馈。
(2) 求出在深度负反馈条件下的电压放大倍数。

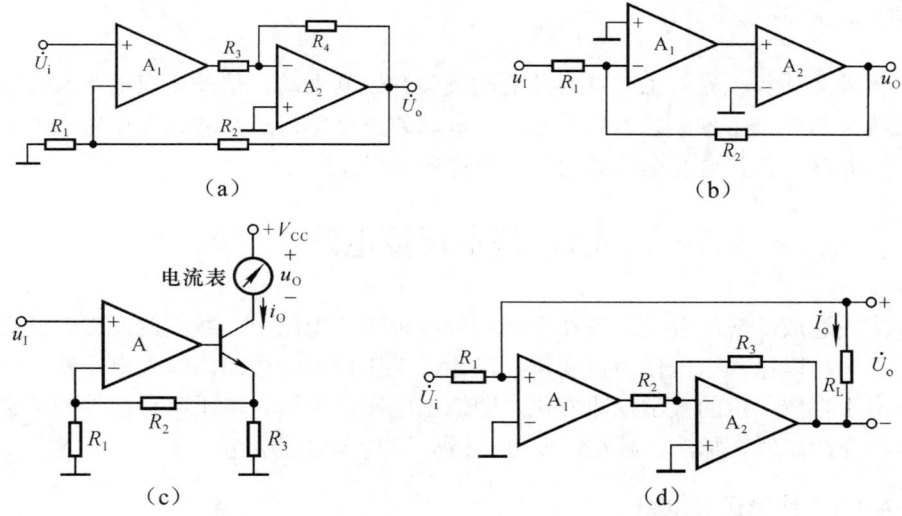

图 3-28 习题 3-5 图

3-6 电路如图 3-29 所示。
(1) 合理连线,接入信号源和反馈,使电路的输入电阻增大,输出电阻减小。
(2) 若 $|\dot{A}_u|=\left|\dfrac{\dot{U}_o}{\dot{U}_i}\right|=10$,则 R_f 应取多少千欧?

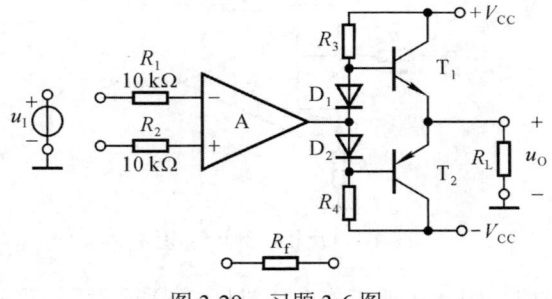

图 3-29 习题 3-6 图

3-7 利用集成运放分别构成四种组态的负反馈放大电路,并求出它们在深度负反馈条件下的闭环电压放大倍数。

第 4 章 集成运算放大器应用电路

集成运算放大器的主要应用是能构成各种运算电路、信号处理电路及信号发生电路。本章介绍各类基本运算电路、有源滤波电路、正弦波振荡电路和非正弦波发生电路,包括这些电路的构成、原理和应用。

4.1 基本运算电路

集成运放的应用首先表现在它能构成各种运算电路上,并因此而得名。在运算电路中,以输入电压作为自变量,以输出电压作为函数;当输入电压变化时,输出电压将按一定的数学规律变化,即输出电压反映输入电压某种运算的结果。本节将介绍比例、加法、减法、积分、微分等基本运算电路。

4.1.1 比例运算电路

1. 反相比例运算电路

反相比例运算电路如图 4-1 所示,引入电压并联负反馈。图中 R 是输入端电阻,R_f 是负反馈电阻,R' 是平衡电阻,目的是使输入电路对称以减小零漂。

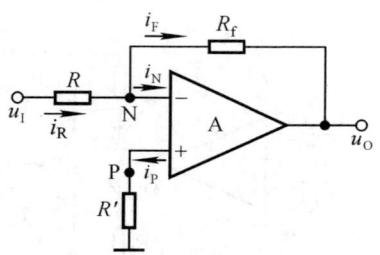

图 4-1 反相比例运算电路

电路引入负反馈,因而运放工作在线性区,根据"虚短"和"虚断"的原则

$$u_N = u_P = 0 \quad \text{"虚地"}$$
$$i_N = i_P = 0 \quad \text{"虚断"}$$

节点 N 的电流方程为

$$\frac{u_\mathrm{I}-u_\mathrm{N}}{R}=\frac{u_\mathrm{N}-u_\mathrm{O}}{R_\mathrm{f}}$$

由于 N 点为虚地，整理得

$$u_\mathrm{O}=-\frac{R_\mathrm{f}}{R}u_\mathrm{I} \qquad (4\text{-}1)$$

式（4-1）说明，u_O 与 u_I 成比例关系，比例系数为 $-R_\mathrm{f}/R$，负号表示 u_O 与 u_I 反相。比例系数的数值可以是大于、等于和小于 1 的任何值。从另一角度说，电路的电压增益与运放内部参数无关，只与外部电阻有关。调整电阻的比例，可获得不同的电压增益，并且稳定。

因为电路引入了深度电压负反馈，所以输出电阻 $R_\mathrm{o}=0$，电路带负载后运算关系不变。

因为从电路输入端和地之间看进去的等效电阻等于输入端和虚地之间看进去的等效电阻，所以电路的输入电阻 $R_\mathrm{i}=R$。可见，尽管理想运放的输入电阻为无穷大，但是由于电路引入的是并联负反馈，反相比例运算电路的输入电阻却不大。

平衡电阻 R'，其值取 $R'=R/\!/R_\mathrm{f}$，这样保证集成运放输入级差分放大电路的对称。

2. 同相比例运算电路

同相比例运算电路如图 4-2 所示，引入电压串联负反馈，故可以认为输入电阻为无穷大，输出电阻为零。

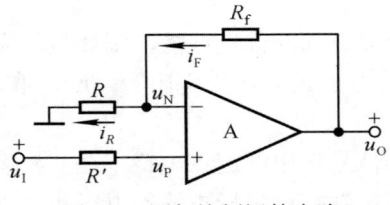

图 4-2 同相比例运算电路

根据"虚短"和"虚断"的原则

$$u_\mathrm{N}=u_\mathrm{P}=u_\mathrm{I} \qquad \text{"虚短"}$$
$$i_\mathrm{N}=i_\mathrm{P}=0 \qquad \text{"虚断"}$$

节点 N 的电流方程为

$$\frac{u_\mathrm{N}-0}{R}=\frac{u_\mathrm{O}-u_\mathrm{N}}{R_\mathrm{f}}$$

整理得

$$u_O = \left(1 + \frac{R_f}{R}\right)u_I \quad (4\text{-}2)$$

上式表明 u_O 与 u_I 同相且 u_O 大于 u_I。

应当指出，虽然同相比例运算电路具有高输入电阻、低输出电阻的优点，但因为集成运放有共模输入，所以为了提高运算精度，应当选用高共模抑制比的集成运放。从另一个角度看，在对电路进行误差分析时，应特别注意共模信号的影响。

3. 电压跟随器

在同相比例运算电路中，若输出电压全部反馈到反相输入端，就构成图 4-3 所示的电压跟随器。电路引入电压串联负反馈，且反馈系数为 1。

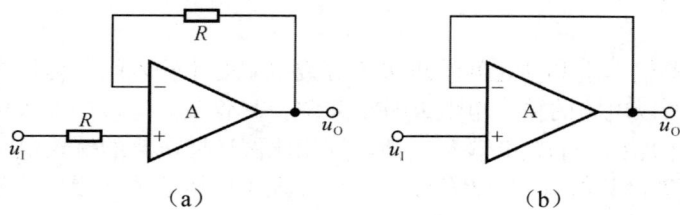

图 4-3 电压跟随器

由于 $u_O = u_N = u_P$，故输出电压与输入电压的关系为

$$u_O = u_I \quad (4\text{-}3)$$

理想运放的开环差模增益为无穷大，因而电压跟随器具有比射极输出器好得多的跟随特性。

集成电压跟随器具有多方面的优良性能，例如型号为 AD9620 的芯片，电压增益为 0.994，输入电阻为 0.8MΩ，输出电阻为 40Ω，带宽为 600MHz，转换速率为 2000V/μs。

综上所述，对于单一信号作用的运算电路，在分析运算关系时，应首先列出关键节点电流方程，所谓关键节点是指与输入电压和输出电压产生关系的节点，如 N 和 P 点；然后，根据"虚短"和"虚断"的原则，进行整理，即可得输出电压和输入电压的运算关系。

例 4-1 电路如图 4-4 所示，求解电路的输入电阻及输出电压与输入电压的运算关系式。

解 （1）输入电阻

$$R_i = R_1 = 50\text{k}\Omega$$

（2）输出电压与输入电压的运算关系

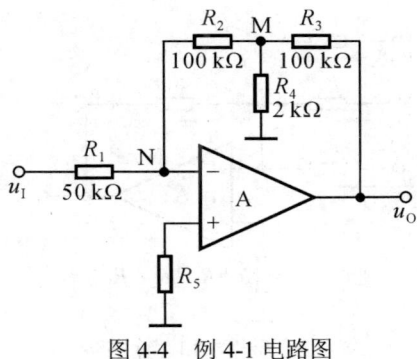

图 4-4 例 4-1 电路图

根据"虚短"和"虚断"的原则

$$u_N = u_P = 0 \qquad \text{"虚地"}$$
$$i_N = i_P = 0 \qquad \text{"虚断"}$$

节点 N 的电流方程

$$\frac{u_I - u_N}{R_1} = \frac{u_N - u_M}{R_2}$$

节点 M 的电流方程

$$\frac{u_N - u_M}{R_2} = \frac{u_M}{R_4} + \frac{u_M - u_O}{R_3}$$

整理可得

$$u_O = -104 u_I$$

此电路为 T 形网络反相比例运算电路，使用阻值较小的电阻，达到数值较大的比例系数，并且具有较大的输入电阻，符合实际应用的需要。

4.1.2 加法运算电路

实现多个输入信号按各自不同的比例求和的电路称为加法运算电路。所有输入信号均作用于集成运放的同一个输入端，实现加法运算。

1. **反相求和运算电路**

反相求和运算电路的多个输入信号均作用于集成运放的反相输入端，如图 4-5 所示。

根据"虚短"和"虚断"的原则，
节点 N 的电流方程为

$$\frac{u_{I1}}{R_1} + \frac{u_{I2}}{R_2} + \frac{u_{I3}}{R_3} = -\frac{u_O}{R_f}$$

整理可得

$$u_O = -R_f \left(\frac{u_{I1}}{R_1} + \frac{u_{I2}}{R_2} + \frac{u_{I3}}{R_3} \right) \tag{4-4}$$

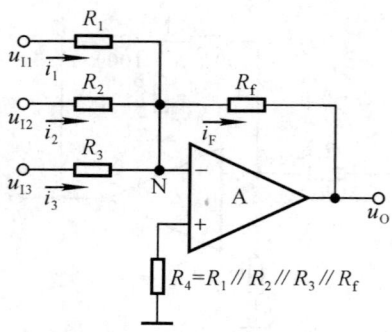

图 4-5 反相求和运算电路

对于多输入的电路除了用上述节点电流法求解运算关系外,还可利用叠加原理,首先分别求出各输入电压单独作用时的输出电压,然后将它们相加,便得到所有信号共同作用时输出电压与输入电压的运算关系。读者可自行推导。

2. 同相求和运算电路

当多个输入信号同时作用于集成运放的同相输入端时,就构成同相求和运算电路,如图 4-6 所示。

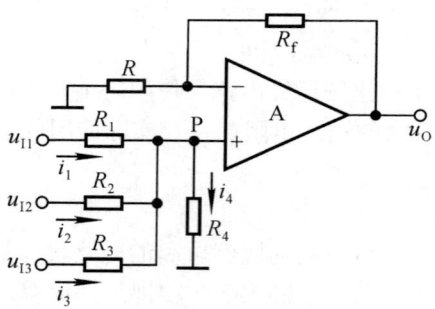

图 4-6 同相求和运算电路

根据"虚短"和"虚断"的原则

$$u_O = \left(1 + \frac{R_f}{R}\right)u_P$$

节点 P 的电流方程为

$$\frac{u_{I1} - u_P}{R_1} + \frac{u_{I2} - u_P}{R_2} + \frac{u_{I3} - u_P}{R_3} = \frac{u_P}{R_4}$$

变换

$$\left(\frac{1}{R_1} + \frac{1}{R_2} + \frac{1}{R_3} + \frac{1}{R_4}\right)u_P = \frac{u_{I1}}{R_1} + \frac{u_{I2}}{R_2} + \frac{u_{I3}}{R_3}$$

整理可得

$$u_P = R_P\left(\frac{u_{I1}}{R_1} + \frac{u_{I2}}{R_2} + \frac{u_{I3}}{R_3}\right)$$

式中 $R_P = R_1 /\!/ R_2 /\!/ R_3 /\!/ R_4$

而

$$u_O = \left(1 + \frac{R_f}{R}\right)u_P = R_f \cdot \frac{1}{R_N} \cdot u_P$$

式中 $R_N = R /\!/ R_f$

令 $R_N = R_P$，保证集成运放输入级差分放大电路的对称性，可得

$$u_O = R_f\left(\frac{u_{I1}}{R_1} + \frac{u_{I2}}{R_2} + \frac{u_{I3}}{R_3}\right) \tag{4-5}$$

与前述的反相求和运算电路相比，仅差符号。

与反相求和运算电路相同，也可用叠加原理求解同相求和运算电路的运算关系，读者可自行推导。

4.1.3 减法运算电路

当一部分输入信号作用于同相输入端，而另一部分输入信号作用于反相输入端，则实现减法运算。

图 4-7 所示为差分比例运算电路。

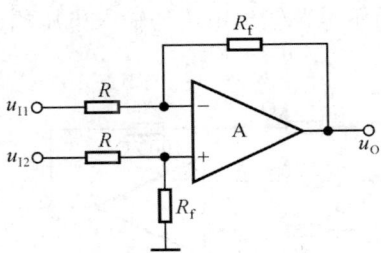

图 4-7 差分比例运算电路

电路只有两个输入，且参数对称，则

$$u_O = \frac{R_f}{R}(u_{I2} - u_{I1}) \tag{4-6}$$

电路实现了对输入差模信号的比例运算。

在使用单个集成运放构成减法运算电路时存在两个缺点，一是电阻的选取和调整不方便，二是对于每个信号源的输入电阻均较小。因此，必要时可采用两级电路。如，可用图 4-8 所示电路实现差分比例运算。

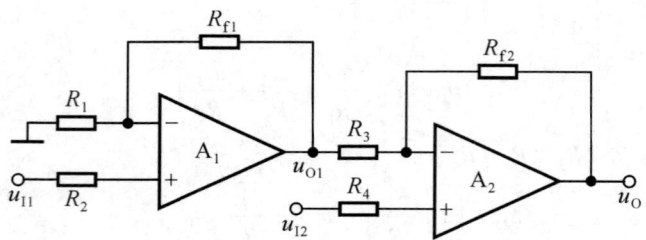

图 4-8 高输入电阻的差分比例运算电路

第一级电路为同相比例运算电路,因而

$$u_{O1} = \left(1 + \frac{R_{f1}}{R_1}\right)u_{I1}$$

利用叠加原理,第二级电路的输出

$$u_O = -\frac{R_{f2}}{R_3}u_{O1} + \left(1 + \frac{R_{f2}}{R_3}\right)u_{I2}$$

若 $R_1 = R_{f2}$, $R_3 = R_{f1}$,则

$$u_O = \left(1 + \frac{R_{f2}}{R_3}\right)(u_{I2} - u_{I1}) \quad (4-7)$$

从电路的组成可以看出,无论对于 u_{I1},还是对于 u_{I2},均可认为输入电阻为无穷大。

例 4-2 求解图 4-9 所示电路输出电压与输入电压的运算关系式。

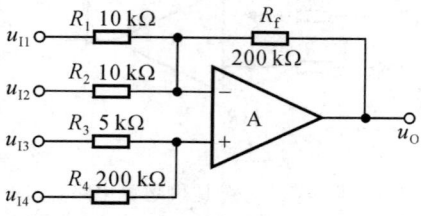

图 4-9 例 4-2 电路图

解 电路中 $R_1 // R_2 // R_f = R_3 // R_4$,可知电路参数对称,则

$$u_O = R_f\left(-\frac{u_{I1}}{R_1} - \frac{u_{I2}}{R_2} + \frac{u_{I3}}{R_3} + \frac{u_{I4}}{R_4}\right)$$

故

$$u_O = -20u_{I1} - 20u_{I2} + 40u_{I3} + u_{I4}$$

4.1.4 积分运算电路和微分运算电路

积分运算和微分运算互为逆运算。在自控系统中,常用积分电路和微分电路作为调节环节;此外,它们还广泛应用于波形的产生和变换,以及仪器仪表之中。以集成运放作为放大电路,利用电阻和电容作为反馈网络,可以实现这两种运算电路。

1. 积分运算电路

图 4-10 所示为积分运算电路。

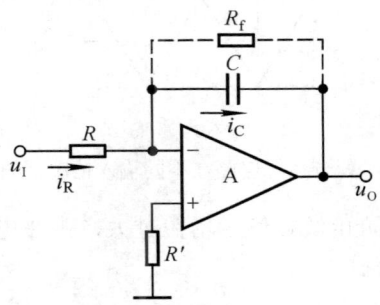

图 4-10 积分运算电路

根据"虚短"和"虚断"的原则,电容 C 中电流等于电阻 R 中电流

$$i_C = i_R = \frac{u_I}{R}$$

输出电压与电容上电压的关系为

$$u_O = -u_C$$

而电容上电压等于其电流的积分,故

$$u_O = -\frac{1}{C}\int i_C dt = -\frac{1}{RC}\int u_I dt \quad (4-8)$$

在求解 t_1 到 t_2 时间段的积分值时

$$u_O = -\frac{1}{RC}\int_{t_1}^{t_2} u_I dt + u_O(t_1) \quad (4-9)$$

式中 $u_O(t_1)$ 为积分起始时刻的输出电压,即积分运算的起始值,积分的终值是 t_2 时刻的输出电压。

当 u_I 为常量时,输出电压

$$u_O = -\frac{1}{RC}u_I(t_2 - t_1) + u_O(t_1) \quad (4-10)$$

当输入为阶跃信号时,若 $t_1 = 0$ 时刻电容上的电压为零,则输出电压波形如图 4-11(a)所示。当输入为方波和正弦波时,输出电压波形分别如图 4-11(b)和

图 4-11（c）所示。可见，利用积分运算电路可以实现方波－三角波的波形变换和正弦－余弦的移相功能。

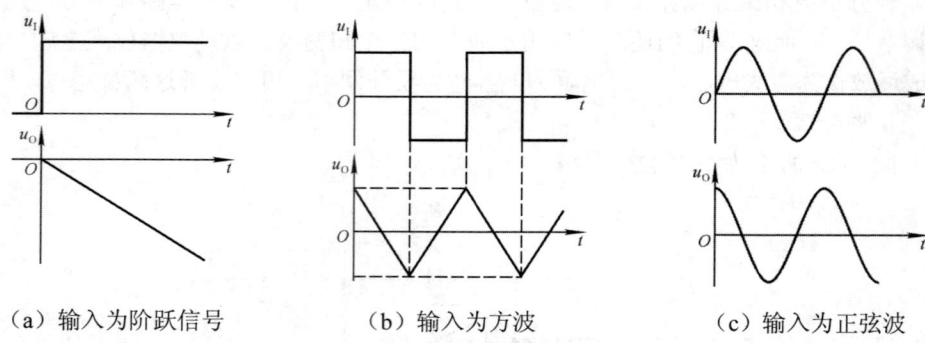

(a) 输入为阶跃信号　　　(b) 输入为方波　　　(c) 输入为正弦波

图 4-11　积分运算电路在不同输入情况下的波形

在实用电路中，为了防止低频信号增益过大，常在电容上并联一个电阻加以限制，如图 4-10 中虚线所示。

2. 微分运算电路

若将图 4-10 所示电路中电阻 R 和电容 C 的位置互换，则得到基本微分运算电路，如图 4-12 所示。

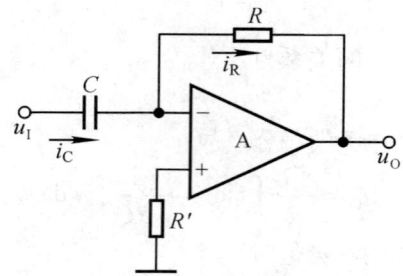

图 4-12　基本微分运算电路

根据"虚短"和"虚断"的原则，电容两端电压 $u_C = u_I$，因而

$$i_R = i_C = C\frac{du_I}{dt}$$

输出电压

$$u_O = -i_R R = -RC\frac{du_I}{dt} \tag{4-11}$$

输出电压与输入电压的变化率成比例。

4.2 有源滤波电路

对于信号的频率具有选择性的电路，称为滤波电路。其主要功能是，防干扰和鉴别有用信号，工程上常用它来作信号处理、数据传送和抑制干扰等。

4.2.1 滤波电路概述

按照信号的性质来分类，滤波电路分为模拟滤波器和数字滤波器。在这里，主要讨论模拟滤波器。按照所用元件分类，分为无源滤波器和有源滤波器，后者性能优良。早期的滤波电路主要采用无源元件，如电阻、电感和电容组成。近年来，集成运放获得了迅速发展，集成运放的一个最常见的应用就是作为有源滤波电路使用。相对于传统的 RC 滤波电路、LC 滤波电路、陶瓷滤波电路等无源滤波电路而言，有源滤波电路一般由 RC 网络和集成运放组成，具有体积小、负载能力强、滤波效果好等优点，并兼有放大作用。但集成运放的带宽有限，所以目前有源滤波电路的工作频率难以做得很高，这是它的不足之处。有源滤波电路不适于高电压大电流的负载，只适用于信号处理。通常，直流电源中整流后的滤波电路均采用无源电路；且在大电流负载时，应采用 LC 滤波电路。

1. 滤波电路的种类

通常情况下，按照滤波电路的工作频带为其命名，分为低通滤波器、高通滤波器（HPF）、带通滤波器、带阻滤波器和全通滤波器。

对于幅频响应，通常把能够通过的信号频率范围定义为通带，而把受阻或衰减的信号频率范围称为阻带。通带和阻带的界限频率，称为截止频率 f_P。

（1）低通滤波器（Low Pass Filter，简称 LPF）

是指频率低于 f_P 的信号可以通过，高于 f_P 的信号被衰减的滤波电路。可用于直流电源整流后的滤波电路，以便得到平滑的直流电压。

（2）高通滤波器（High Pass Filter，简称 HPF）

是指频率高于 f_P 的信号可以通过，低于 f_P 的信号被衰减的滤波电路。可用于交流放大电路的耦合电路，隔离直流成分，削弱低频信号，只放大频率高于 f_P 的信号。

设低频段的截止频率为 f_{PL}，高频段的截止频率为 f_{PH}。

（3）带通滤波器（Band Pass Filter，简称 BPF）

指频率为 f_{PL} 到 f_{PH} 之间的信号可以通过，低于 f_{PL} 或高于 f_{PH} 的信号被衰减的滤波电路。常用于载波通信或弱信号提取等场合，以提高信噪比。

（4）带阻滤波器（Band Elimination Filter，简称 BEF）

带阻滤波器是指频率低于 f_{PL} 和高于 f_{PH} 的信号可以通过，而频率在 f_{PL} 到 f_{PH} 之间的信号被衰减的滤波电路。常用于已知干扰或噪声频率的情况下，以阻止其通过。

（5）全通滤波器（All Pass Filter，简称 APF）

全通滤波器是指对于频率从零到无穷大的信号具有同样的比例系数，但对于不同频率的信号将产生不同的相移的滤波电路。

各种理想滤波电路的幅频特性如图 4-13 所示。

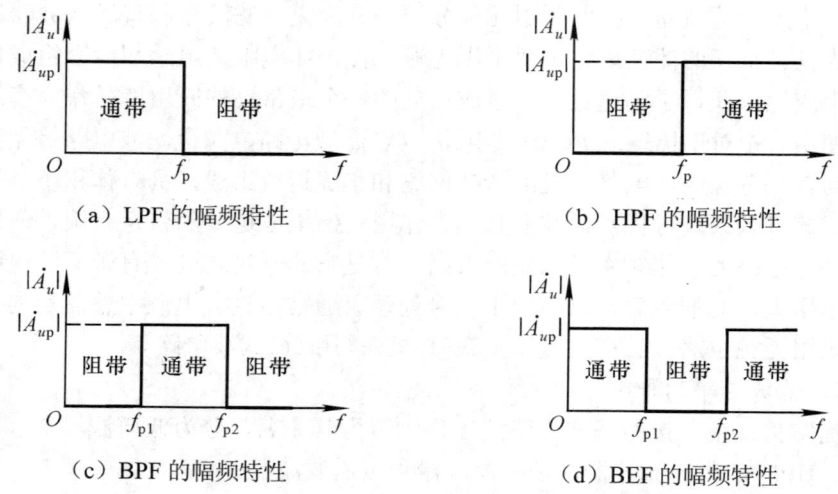

图 4-13　理想滤波电路的幅频特性

2. 滤波器的幅频特性

在实际的滤波电路中，滤波器的幅频特性曲线在通带和阻带之间存在着过渡带，即在截止频率 f_p 处，电压的下降不是绝对垂直的。规定，当输出电压的值下降到通频带内电压值的 0.707 时，所对应的频率即为截止频率 f_p，又叫转折频率。设通带中输出电压与输入电压之比 $\dot{A}_{up}$ 为通带放大倍数。

图 4-14 所示为低通滤波器的实际幅频特性，其通带放大倍数 $\dot{A}_{up}$ 是频率等于零时输出电压与输入电压之比。使 $|\dot{A}_u| \approx 0.707 |\dot{A}_{up}|$ 的频率，为通带截止频率 f_p。从 f_p 到 $|\dot{A}_u|$ 接近零的频段，称为过渡带。使 $|\dot{A}_u|$ 趋近于零的频段，称为阻带。过渡带越窄，电路的选择性越好，滤波特性越理想。

分析滤波电路，就是求解电路的频率特性。对 LPF、HPF、BPF 和 BEF，就是求解出 $\dot{A}_{up}$、f_p 和过渡带的斜率。

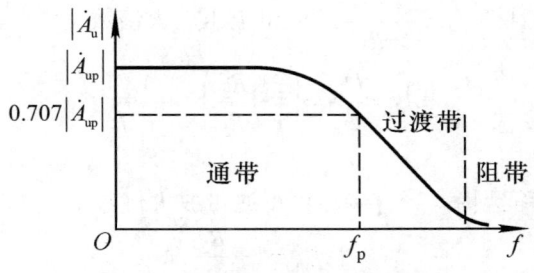

图 4-14　低通滤波器的实际幅频特性

4.2.2　低通滤波电路

本节以低通滤波器为例,阐明有源滤波电路的组成、特点及分析方法。

1. 一阶低通滤波电路

一阶低通滤波电路由简单 RC 网络和运放构成,如图 4-15 所示。电路具有滤波功能,还有放大作用,带负载能力较强。

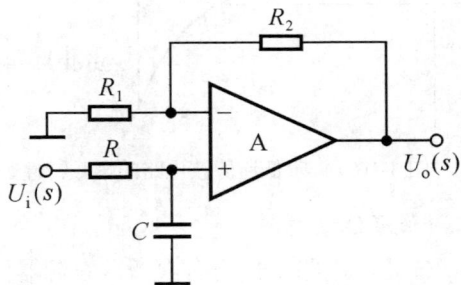

图 4-15　一阶低通滤波电路

在分析有源滤波电路时,一般都通过"拉氏变换",将电压与电流变换成"象函数" $U(s)$ 和 $I(s)$,因而电阻的 $R(s)=R$,电容的 $Z_C(s)=1/sC$,电感的 $Z_L(s)=sL$,输出量与输入量之比称为传递函数,即

$$A_u(s) = \frac{U_o(s)}{U_i(s)}$$

将 s 换成 $j\omega$,便可得到放大倍数。

图 4-15 所示一阶低通滤波电路的传递函数

$$A_u(s) = \frac{U_o(s)}{U_i(s)} = \left(1+\frac{R_2}{R_1}\right)\frac{U_p(s)}{U_i(s)} = \left(1+\frac{R_2}{R_1}\right)\frac{1}{1+sRC}$$

用 jω 取代 s，且令 $f_0 = \dfrac{1}{2\pi RC}$，得出电压放大倍数

$$\dot{A}_u = \frac{\dot{U}_o}{\dot{U}_i} = \left(1 + \frac{R_2}{R_1}\right) \cdot \frac{1}{1 + j\dfrac{f}{f_0}} \quad (4\text{-}12)$$

式中 f_0 称为特征频率。令 $f=0$，可得通带放大倍数

$$\dot{A}_{up} = 1 + \frac{R_2}{R_1} \quad (4\text{-}13)$$

当 $f=f_0$ 时，$\dot{A}_u = \dfrac{\dot{A}_{up}}{\sqrt{2}}$，故通带截止频率 $f_p = f_0$。幅频特性如图 4-16 所示，当 $f \gg f_p$ 时，曲线按 −20dB/十倍频下降。

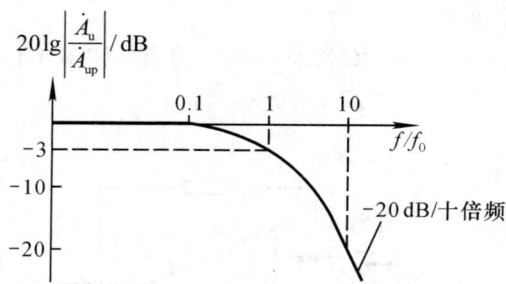

图 4-16 一阶低通滤波电路的幅频特性

2. 压控电压源二阶低通滤波电路

集成运放在有源 RC 滤波电路中作为有限增益有源器件使用时，则可组成压控电压源滤波电路（Voltage-Controlled Voltage Source，VCVS），其特点是改善特征频率 f_0 附近的幅频特性，使 f_0 附近的幅度增大而不产生自激振荡。如图 4-17 所示为压控电压源二阶低通滤波电路。

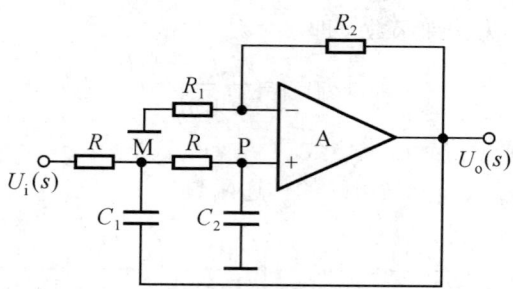

图 4-17 压控电压源二阶低通滤波电路

电路既引入了负反馈,又引入了正反馈。当信号频率趋于零时,由于 C_1 的电抗趋于无穷大,因而正反馈很弱;当信号频率趋于无穷大时,由于 C_2 的电抗趋于零,因而同相输入端电位趋于零。可以想象,只要正反馈引入得当,就既可能在 $f=f_0$ 时使电压放大倍数数值增大,又不会因正反馈过强而产生自激振荡。因为同相输入端电位控制由集成运放和 R_1、R_2 组成的电压源,故称之为压控电压源滤波电路。

压控电路能使输出电压的幅度在 $f=f_0$ 附近得到增大,故实现了改善频率特性的目的。若选择合适的 Q 值,可得到比较理想的幅频特性。Q 值取值不同,可获得不同的频率特性,如图 4-18 所示。当 $f \gg f_p$ 时,曲线按 $-40\mathrm{dB}$/十倍频下降。

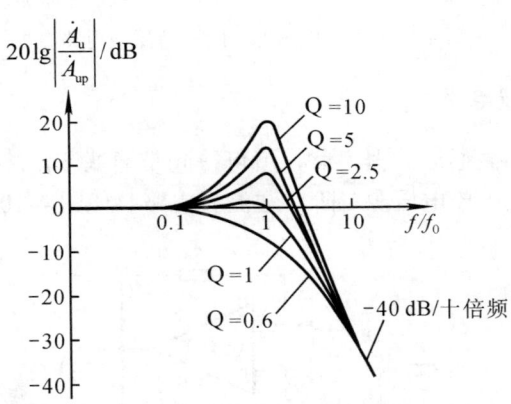

图 4-18 压控电压源二阶低通滤波电路的幅频特性

滤波器的品质因数 Q,也称为滤波器的截止特性系数,其值决定于 $f=f_0$ 附近的频率特性。

4.2.3 高通滤波电路

高通滤波电路用来让输入信号中的高频成分通过,而将低频成分阻隔掉。高通滤波电路与低通滤波电路具有对偶性,将低通滤波电路 RC 网络中的电阻和电容位置对调,就可构成高通滤波电路。图 4-19(a)所示为压控电压源二阶高通滤波电路。

根据电路的性能分析,可画出电路的幅频特性,如图 4-19(b)所示。由图可见:① $f \ll f_0$ 时,幅频特性的斜率为 $+40\mathrm{dB}$/dec;② 当 Q=1,即 $R_\mathrm{f}=R_1$ 时,滤波效果最佳。

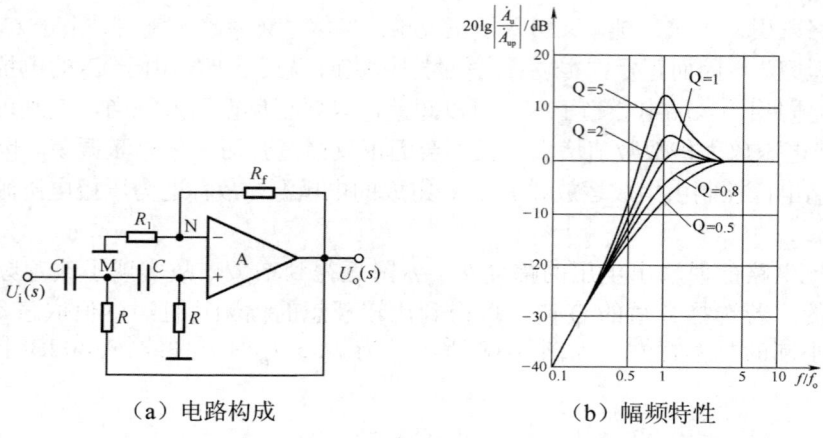

（a）电路构成   （b）幅频特性

图 4-19　压控电压源二阶高通滤波电路

4.2.4　带通滤波电路

将低通滤波器和高通滤波器串联，就可得到带通滤波器。实用电路中也常采用单个集成运放构成压控电压源二阶带通滤波电路，如图 4-20 所示。

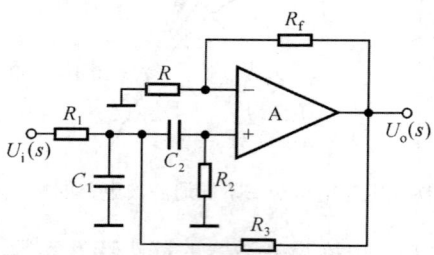

图 4-20　压控电压源二阶带通滤波电路

电路的幅频特性如图 4-21 所示。Q 值越大，通带放大倍数数值越大，频带越窄，选频特性越好。调整电路的通带放大倍数，能够改变频带宽度。

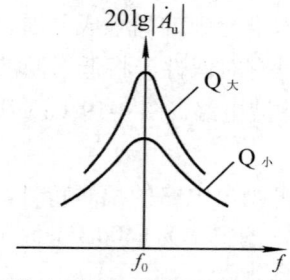

图 4-21　压控电压源二阶带通滤波电路幅频特性

4.3 正弦波振荡电路

4.3.1 正弦波振荡电路概述

信号发生电路又称信号源或振荡器,在生产实践和科技领域中有着广泛的应用。例如在通信、广播、电视系统中,都需要射频(高频)发射,这里的射频波就是载波,把音频(低频)、视频信号或脉冲信号运载出去,就需要能够产生高频信号的振荡器。在工业、农业、生物医学等领域内,如高频感应加热、熔炼、淬火、超声波焊接、超声诊断、核磁共振成像等,都需要功率或大或小、频率或高或低的振荡器。

振荡电路是用来产生一定幅度和一定额定功率输出信号的电路。根据输出波形的不同,振荡电路可分为正弦波振荡电路和非正弦波振荡电路两大类。非正弦信号(矩形波、三角波、锯齿波等)发生电路在测量设备、数字系统及自动控制系统中有着广泛应用。首先介绍正弦波振荡电路,用来产生一定频率和幅值的正弦交流信号,其频率范围很广,可以从一赫以下到几百兆以上;其输出功率可以从几毫瓦到几十千瓦;其输出的交流电能是从电源的直流电能转换而来的。

1. 产生正弦波振荡的条件

正弦波振荡电路是在没有外加输入信号的情况下,依靠电路自激振荡而产生正弦波输出电压的电路。图 4-22(a)为接成正反馈时,放大电路在输入信号为 0 时的方框图,改画一下,得图 4-22(b)。由图可知,假设在放大电路的输入端外接一定频率、一定幅值的正弦波信号 $\dot{X}'_i$,经过基本放大电路和反馈网络所构成的环路传输后,在反馈网络的输出端,得到反馈信号 $\dot{X}_f$。如果 $\dot{X}_f$ 和 $\dot{X}'_i$ 在大小和相位上都一致,那么,就可以移去外接信号 $\dot{X}'_i$,而以 $\dot{X}_f$ 信号取代之,形成闭环系统。由于电扰动(如合闸通电),电路产生一个幅值很小的输出量,它含有丰富的频率,而如果电路只对某一频率 f_0 的正弦波产生正反馈过程,则输出信号经过放大→反馈→再放大→再反馈……,循环往复,在正反馈过程中,输出信号越来越大。由于晶体管的非线性特性,当输出信号的幅值增大到一定程度时,放大倍数的数值将减小。因此,输出信号不会无限制地增大,电路将达到动态平衡。这时,输出量通过反馈网络产生反馈量作为放大电路的输入量,而输入量又通过放大电路维持着输出量,写成表达式为

$$\dot{X}_o = \dot{A}\dot{X}_f = \dot{A}\dot{F}\dot{X}_o.$$

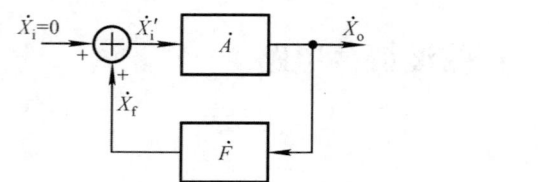

(a) 电路引入正反馈　　　　　　　(b) 反馈量作为净输入量

图 4-22　正弦波振荡电路的方框图

即正弦波振荡的平衡条件为

$$\dot{A}\dot{F} = 1 \tag{4-14}$$

写成模与相角的形式为

$$\begin{cases} |\dot{A}\dot{F}| = 1 & (4\text{-}15) \\ \varphi_A + \varphi_F = 2n\pi \quad (n \text{ 为整数}) & (4\text{-}16) \end{cases}$$

式（4-15）称为幅值平衡条件，式（4-16）称为相位平衡条件。

为了使输出量在合闸后能够有一个从小到大直至平衡在一定幅值的过程，电路的起振条件为

$$|\dot{A}\dot{F}| > 1 \tag{4-17}$$

电路把振荡频率 f_0 以外的其他频率信号均逐渐衰减至零，因此，电路的输出量为此频率 f_0 的正弦波。

2. 正弦波振荡电路的组成及分类

从以上分析可知，在正弦波振荡电路中，一要有反馈信号能够取代输入信号，电路中必须引入正反馈；二要有外加的选频网络，用以确定振荡频率。由此，正弦波振荡电路必须由以下四个部分组成：

（1）放大电路：保证电路能够有从起振到动态平衡的过程，使电路获得一定幅值的输出量，实现能量的控制。

（2）选频网络：确定电路的振荡频率，使电路产生单一频率的振荡，即保证电路产生正弦波振荡。

（3）正反馈网络：引入正反馈，使放大电路的输入信号等于反馈信号。

（4）稳幅环节：也就是非线性环节，作用是使输出信号幅值稳定。

在不少实用电路中，常将选频网络和正反馈网络合二为一；而且，对于分立元件放大电路，也不再另加稳幅环节，而依靠晶体管特性的非线性来起到稳幅作用。

正弦波振荡电路常用选频网络所用元件来命名，分为 RC 正弦波振荡电路、LC 正弦波振荡电路和石英晶体正弦波振荡电路三种类型。RC 正弦波振荡电路的振荡频率较低，一般在 1MHz 以下；LC 正弦波振荡电路的振荡频率多在 1MHz 以上；石英晶体正弦波振荡电路其振荡频率非常稳定。

3. 判断电路是否可能产生正弦波振荡的方法和步骤

（1）观察电路是否包含放大电路、选频网络、正反馈网络和稳幅环节四个组成部分。

（2）判断放大电路是否能够正常工作，即是否有合适的静态工作点且动态信号是否能够输入、输出和放大。

（3）利用瞬时极性法判断电路是否满足正弦波振荡的相位条件。

具体做法是：断开反馈，在断开处给放大电路加频率为 f_0 的输入电压 $\dot{U}_i$，并给定其瞬时极性，如图 4-23 所示；然后，以 $\dot{U}_i$ 极性为依据判断输出电压 $\dot{U}_o$ 的极性，从而得到反馈电压 $\dot{U}_f$ 的极性；若 $\dot{U}_f$ 与 $\dot{U}_i$ 极性相同，则说明满足相位条件，电路有可能产生正弦波振荡，否则表明不满足相位条件，电路不可能产生正弦波振荡。

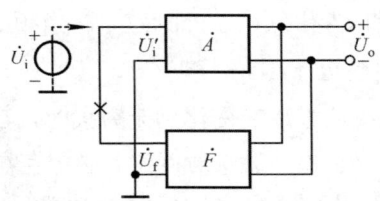

图 4-23 利用瞬时极性法判断相位条件

（4）判断电路是否满足正弦波振荡的幅值条件，即是否满足起振条件。

具体方法是：分别求解电路的 $\dot{A}$ 和 $\dot{F}$，然后判断 $|\dot{A}\dot{F}|$ 是否大于 1。只有在电路满足相位条件的情况下，判断是否满足幅值条件才有意义。

4.3.2 RC 串并联选频网络

RC 桥式正弦波振荡电路是指用 RC 电路构成选频网络的振荡电路，在文献中也称之为文氏电桥振荡电路。一般用来产生 1Hz 到数百千赫兹的低频信号，低频信号源大多采用这种电路形式。先来介绍 RC 串并联选频网络。

将电阻 R_1 与电容 C_1 串联、电阻 R_2 与电容 C_2 并联所组成的网络称为 RC 串并联选频网络，如图 4-24 所示。因为 RC 串并联选频网络在正弦波振荡电路中既为选频网络，又为正反馈网络，所以其输入电压为 $\dot{U}_o$，输出电压为 $\dot{U}_f$。

当信号频率足够低时，$\dfrac{1}{\omega C} \gg R$，因此，$R_1$ 和 C_2 的作用可以忽略。这时，电路可以近似看成由 C_1 和 R_2 串联，$\dot{U}_f$ 超前 $\dot{U}_o$，当频率趋近于零时，相位超前趋近于 $+90°$，且 $|\dot{U}_f|$ 趋近于零。

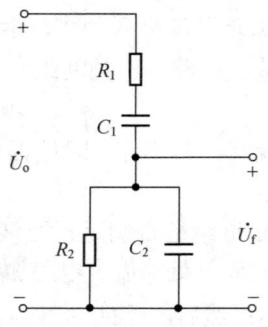

图 4-24 RC 串并联选频网络

当信号频率足够高时，$\frac{1}{\omega C} \ll R$，因此，C_1 和 R_2 的作用可以忽略。这时，电路可以近似看成由 R_1 和 C_2 串联，$\dot{U}_f$ 滞后 $\dot{U}_o$，当频率趋近于无穷大时，相位滞后趋近于$-90°$，且 $|\dot{U}_f|$ 趋近于零。

可以想象，当信号频率从零逐渐变化到无穷大时，$\dot{U}_f$ 的相位将从$+90°$ 逐渐变化到$-90°$。因此，对于 RC 串并联选频网络，必定存在一个频率 f_0，当 $f=f_0$ 时，$\dot{U}_f$ 与 $\dot{U}_o$ 同相。通常，选取 $R_1=R_2=R$，$C_1=C_2=C$。通过以下计算，可以求出 RC 串并联选频网络的频率特性和 f_0。

$$\dot{F} = \frac{\dot{U}_f}{\dot{U}_o} = \frac{R // \frac{1}{j\omega C}}{R + \frac{1}{j\omega C} + R // \frac{1}{j\omega C}}$$

整理，可得

$$\dot{F} = \frac{1}{3 + j\left(\omega RC - \frac{1}{\omega RC}\right)}$$

令 $\omega_0 = \frac{1}{RC}$，则

$$f_0 = \frac{1}{2\pi RC} \tag{4-18}$$

代入上式，得出

$$\dot{F} = \frac{1}{3 + j\left(\dfrac{f}{f_0} - \dfrac{f_0}{f}\right)} \tag{4-19}$$

幅频特性为

第 4 章 集成运算放大器应用电路

$$|\dot{F}| = \frac{1}{\sqrt{3^2 + \left(\dfrac{f}{f_0} - \dfrac{f_0}{f}\right)^2}} \quad (4\text{-}20)$$

相频特性为

$$\varphi_F = -\arctan\frac{1}{3}\left(\frac{f}{f_0} - \frac{f_0}{f}\right) \quad (4\text{-}21)$$

根据式（4-20）（4-21）画出 $\dot{F}$ 的频率特性，如图 4-25 所示。当 $f=f_0$ 时，$\dot{F} = \dfrac{1}{3}$，$\varphi_F = 0°$。

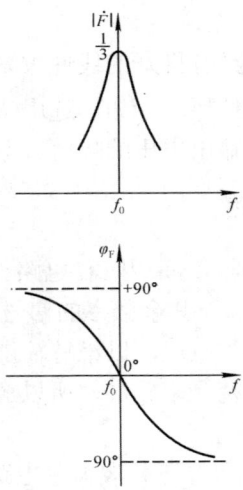

图 4-25　RC 串并联选频网络的频率特性

4.3.3　RC 正弦波振荡电路

由 RC 串并联选频网络和同相比例运算电路所构成的 RC 桥式正弦波振荡电路如图 4-26 所示。观察电路，负反馈网络的 R_1、R_f，以及正反馈网络串联的 R 和 C、并联的 R 和 C 各为一臂构成桥路，故此得名。

正反馈网络的反馈电压 $\dot{U}_f$ 是同相比例运算电路的输入电压，因而要把同相比例运算电路作为整体看成电压放大电路，其比例系数是电压放大倍数，根据起振条件和幅值平衡条件

$$\dot{A}_u = 1 + \frac{R_f}{R_1} \geqslant 3$$

$$R_f \geqslant 2R_1 \quad (4\text{-}22)$$

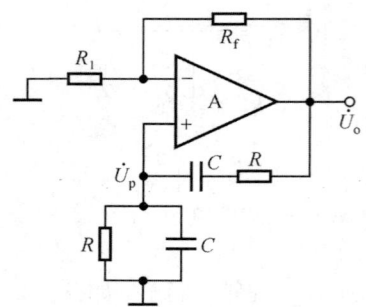

图 4-26 RC 桥式正弦波振荡电路

R_f 的取值要略大于 $2R_1$。

应当指出，由于 $\dot{U}_o$ 与 $\dot{U}_f$ 具有良好的线性关系，所以为了稳定输出电压的幅值，一般应在电路中加入非线性环节。如，选用 R_1 或 R_f 为热敏电阻，或在 R_f 回路串联二极管等措施，来稳定输出电压的幅值。

4.3.4 LC 正弦波振荡电路

LC 正弦波振荡电路的选频网络采用 LC 电路。在 LC 振荡电路中，当 $f=f_0$ 时，放大电路的放大倍数数值最大，而其余频率的信号均被衰减到零；引入正反馈后，使反馈电压作为放大电路的输入电压，以维持输出电压，从而形成正弦波振荡。由于 LC 正弦波振荡电路的振荡频率较高，所以放大电路多采用分立元件电路，必要时还采用共基电路。

根据引入反馈的方式不同，LC 正弦波振荡电路分为变压器反馈式、电感反馈式和电容反馈式三种电路；所用放大电路视振荡频率而定，可以是共射电路，也可以是共基电路。

1. 变压器反馈式振荡电路

当反馈电压取代输入电压时，就得到变压器反馈式振荡电路。为使反馈电压与输入电压同相，同名端如图 4-27 中所标注。

判断图 4-27 所示电路能否产生正弦波振荡的可能性：首先，观察电路，存在放大电路、选频网络、正反馈网络以及用晶体管的非线性特性所实现的稳幅环节四个部分。然后，判断放大电路能否正常工作，图中放大电路是典型的工作点稳定电路，可以设置合适的静态工作点；电路的交流通路合适，在交流信号传递过程中无开路或短路现象，电路可以正常放大。最后，采用瞬时极性法判断电路是否满足相位平衡条件，具体做法是：在图 4-27 所示电路中，断开 P 点，在断开处给放大电路加频率为 f_0 的输入电压 $\dot{U}_i$，给定其极性对"地"为正，因而晶体管基极动态电位至"地"为正,由于放大电路为共射接法,故集电极动态电位对"地"为负;对于交流信号,电源相当于"地",所以线圈 N_1 上电压为上"正"下"负";根据同名端,N_2 上电压也为上"正"下"负",即反馈电压对"地"为正,与输入电压假设极性相同,满足正弦波振荡的相位条件。

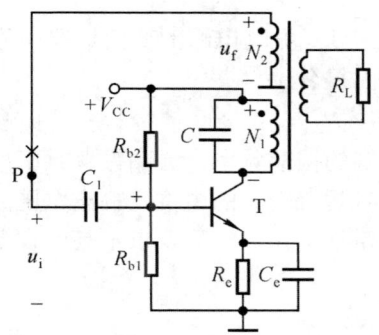

图 4-27　变压器反馈式振荡电路

图 4-27 所示电路表明,变压器反馈式振荡电路中放大电路的输出电阻是放大电路负载的一部分,因此放大电路与反馈网络相互关联。一般情况下,只要合理选择变压器原、副边线圈的匝数比以及其他电路参数,电路很容易满足幅值条件。

变压器反馈式振荡电路易于产生振荡,输出电压的波形失真不大,应用范围广泛。但是,由于输出电压与反馈电压靠磁路耦合,因而耦合不紧密,损耗较大,且振荡频率的稳定性不高。

2. 电感三点式振荡电路

利用判断电路能否产生正弦波振荡的方法来分析图 4-28 所示电路。

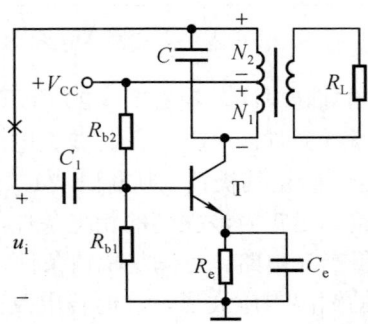

图 4-28　电感三点式振荡电路

首先观察电路,它包含了放大电路、选频网络、反馈网络和非线性元件四个部分,且放大电路能正常工作。然后,用瞬时极性法判断电路是否满足正弦波振荡的相位条件;断开反馈,加频率为 f_0 的输入电压,给定其极性,判断出从 N_2 上获得的反馈电压极性与输入电压相同,故电路满足正弦波振荡的相位条件,各点瞬时极性如图所标注。只要电路参数选择得当,电路就可满足幅值条件,而产生正弦波振荡。

因图 4-28 所示电感三点式振荡电路的交流通路中原边线圈的三个端分别接在晶体管的三个极,因此而得名。

电感三点式振荡电路中 N_2 与 N_1 之间耦合紧密,振幅大;当 C 采用可变电容时,可以获得调节范围较宽的振荡频率,最高振荡频率可达几十兆赫。由于反馈电压取自电感,对高频信号具有较大的电抗,输出电压波形中常含有高次谐波。因此,电感反馈式振荡电路常用在对波形要求不高的设备之中,如高频加热器、接收机的本机振荡器等。

3. 电容三点式振荡电路

电容三点式振荡电路如图 4-29 所示,其中两个电容的三个端分别接晶体管的三个极,因此而得名。

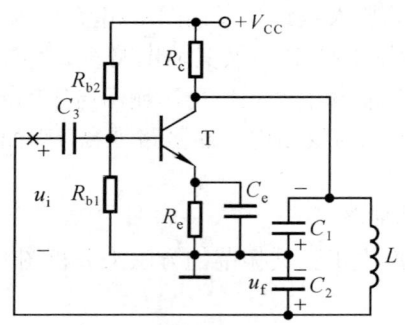

图 4-29 电容三点式振荡电路

根据正弦波振荡电路的判断方法,观察图 4-29 所示电路,包含了放大电路、选频网络、反馈网络和非线性元件四个部分,且放大电路能够正常工作。断开反馈,加频率为 f_0 的输入电压,给定其极性,判断出从 C_2 上所获得的反馈电压的极性与输入电压相同,故电路满足正弦波振荡的相位条件,各点瞬时极性如图中所标注。只要电路参数选择得当,电路就可满足幅值条件,而产生正弦波振荡。

电容三点式振荡电路的输出电压波形好,但若用改变电容的方法来调节振荡频率,则会影响电路的起振条件;而若用改变电感的方法来调节振荡频率,则比较困难;所以常常用在固定振荡频率的场合。在要求电容反馈式振荡电路的振荡频率高达 100MHz 以上时,应考虑采用共基放大电路。

4.4 电压比较器

电压比较器可将模拟信号转换成二值信号，即只有高电平和低电平两种状态的离散信号。因此，可用电压比较器作为模拟电路和数字电路的接口电路。电压比较器对输入信号进行鉴幅与比较，是组成非正弦波发生电路的基本单元电路，在测量与控制中有着相当广泛的应用。

4.4.1 电压比较器的类型和应用

1. 电压比较器的电压传输特性

电压比较器的输出电压与输入电压的函数关系 $u_O = f(u_I)$ 一般用曲线来描述，称为电压传输特性。输入电压 u_I 是模拟信号，而输出电压 u_O 只有两种可能的状态，不是高电平就是低电平，用以表示比较的结果。使输出电压 u_O 从高电平跃变为低电平，或者从低电平跃变为高电平的输入电压称为阈值电压，或转折电压，记作 U_T。

为了正确画出电压传输特性，必须求出以下三个要素：
（1）输出电压高电平和输出电压低电平。
（2）阈值电压 U_T。
（3）当输入电压 u_I 变化且经过阈值电压 U_T 时，输出电压 u_O 跃变的方向，即是从高电平跃变为低电平，还是从低电平跃变为高电平。

2. 电压比较器的种类

电压比较器常见类型有：单限比较器、滞回比较器和窗口比较器。

（1）单限比较器

电路只有一个阈值电压，输入电压 u_I 逐渐增大或减小过程中，当通过阈值电压时，输出电压 u_O 产生跃变，从高电平跃变为低电平，或者从低电平跃变为高电平。图 4-30（a）是某单限比较器的电压传输特性。

（2）滞回比较器

电路有两个阈值电压，输入电压 u_I 从小变大过程中使输出电压 u_O 产生跃变的阈值电压，不等于从大变小过程中使输出电压 u_O 产生跃变的阈值电压，电路具有滞回特性。虽然滞回比较器有两个不同的阈值电压，但是当输入电压向单一方向变化时，输出电压只跃变一次。图 4-30（b）是某滞回比较器的电压传输特性。

（3）窗口比较器

电路有两个阈值电压，输入电压 u_I 从小变大或从大变小过程中使输出电压 u_O

产生两次跃变。图 4-30（c）是某窗口比较器的电压传输特性。窗口比较器与前两种比较器的区别在于：输入电压向单一方向变化过程中，输出电压跃变两次。

电压比较器对输入信号进行鉴幅与比较，是组成非正弦波发生电路的基本单元电路，在电子测量、自动控制及波形变换等方面应用广泛。

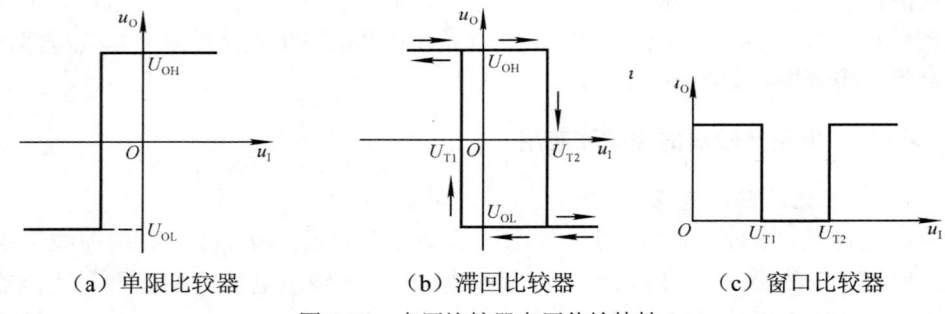

（a）单限比较器　　　　（b）滞回比较器　　　　（c）窗口比较器

图 4-30　电压比较器电压传输特性

4.4.2　单限比较器与滞回比较器

1. 单限比较器

（1）过零比较器

电路如图 4-31 所示，集成运放工作在开环状态，其输出电压为 $\pm U_{OM}$。

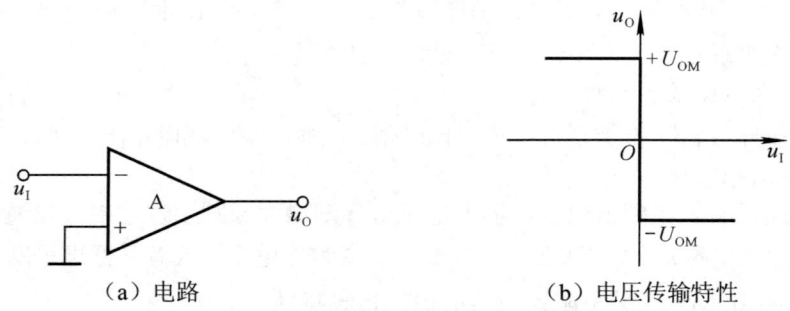

（a）电路　　　　　　　　　（b）电压传输特性

图 4-31　过零比较器及其电压传输特性

当 $u_I < 0\text{V}$，$U_O = +U_{OM}$

当 $u_I > 0\text{V}$，$U_O = -U_{OM}$

若想获得 u_O 跃变方向相反的电压传输特性，则应在图 4-31（a）所示电路中将反相输入端接地，而在同相输入端接输入电压。

为了满足负载的需求，可在集成运放的输出端用稳压管限幅电路，如图 4-32 所示。

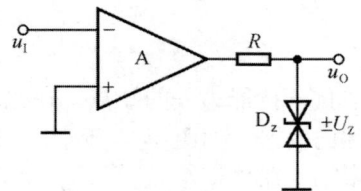

图 4-32 电压比较器的输出限幅电路

（2）一般单限比较器

图 4-33（a）所示为一般单限比较器，U_{REF} 为外加参考电压。

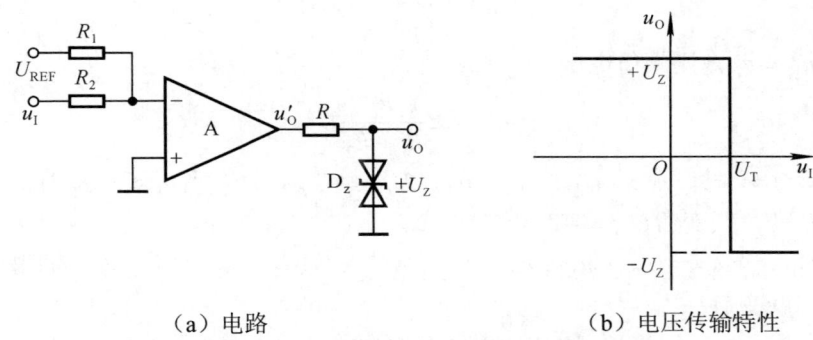

（a）电路　　　　　　　　（b）电压传输特性

图 4-33 一般单限比较器及其电压传输特性

根据叠加原理，集成运放反相输入端的电位

$$u_N = \frac{R_1}{R_1+R_2}u_I + \frac{R_2}{R_1+R_2}U_{REF}$$

令 $u_N = u_P = 0$，则求出阈值电压

$$U_T = -\frac{R_2}{R_1}U_{REF}$$

当 $u_I < U_T$ 时，$U_O = +U_Z$
当 $u_I > U_T$ 时，$U_O = -U_Z$

设电路中 $U_{REF} < 0$，则图 4-33（a）电路的电压传输特性如图 4-33（b）所示。综上所述，分析电压传输特性三个要素的方法是：

1）通过研究集成运放输出端所接的限幅电路来确定电压比较器输出高、低电平。

2）写出集成运放同、反相输入端电位 u_P 和 u_N 的表达式，令 $u_N = u_P$，解得的输入电压就是阈值电压 U_T。

3）输出电压在输入电压过阈值电压时的跃变方向决定于输入电压作用在集成

运放的哪个输入端。

2. 滞回比较器

为克服单限电压比较器抗干扰能力差的缺点,在比较器电路中引入正反馈,构成抗干扰能力较强的滞回比较器,如图 4-34 所示。

从集成运放输出端的限幅电路可知,$U_O = \pm U_Z$。

反相输入端电位

$$u_N = u_I$$

同相输入端电位

$$u_P = \pm \frac{R_1}{R_1 + R_2} U_Z$$

令 $u_N = u_P$,则阈值电压

$$\pm U_T = \pm \frac{R_1}{R_1 + R_2} U_Z$$

假设 $t=0$ 时,$u_I > +U_T$,$u_N > u_P$,$U_O = -U_Z$。只有当 $u_I \leqslant -U_T$ 时,输出电压才会跃变,跃变后 $U_O = +U_Z$。

同样,当 $u_I < -U_T$,$u_N < u_P$,$U_O = +U_Z$。只有当 $u_I \geqslant -U_T$ 时,输出电压才会跃变,跃变后 $U_O = -U_Z$。

图 4-34(a)电路的电压传输特性曲线如图 4-34(b)所示。

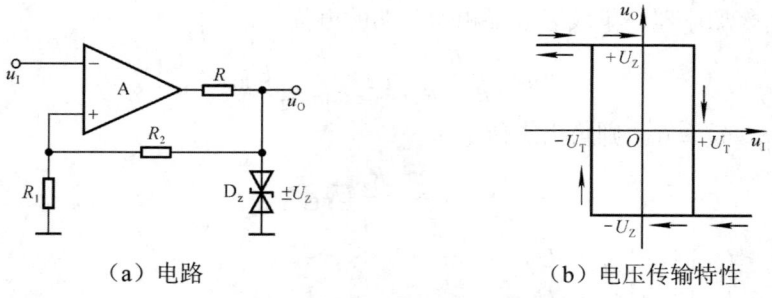

(a)电路　　　　　　　　　(b)电压传输特性

图 4-34　滞回比较器及其电压传输特性

其中,$+U_T$ 与 $-U_T$ 之差称为回差电压

$$\Delta U_T = \frac{2R_1}{R_1 + R_2} U_Z$$

改变回差电压的大小,可提高抗干扰能力。

窗口比较器的特点及电压传输特性,请读者自行阅读文献资料。

通过以上电压比较器的分析,可得出如下结论:

（1）在电压比较器中，集成运放多工作在非线性区，输出电压只有高电平和低电平两种可能的情况。

（2）通常用电压传输特性来描述输出电压与输入电压的函数关系。

（3）电压传输特性的三个要素是输出电压的高、低电平，阈值电压和输出电压的跃变方向。输出电压的高、低电平取决于限幅电路；令 $u_P=u_N$ 所求出的 u_I 就是阈值电压；输入电压 u_I 过阈值电压时输出电压 u_O 的跃变方向取决于输入电压作用于同相输入端还是反相输入端。

4.5 非正弦波产生电路

非正弦波产生电路广泛应用于电子测量系统以及数字通信、雷达、激光、计算机技术、自动控制等领域。它可用于测试视频放大器、宽带电路的振幅特性、过渡特性，逻辑元件的开关速度、数字电路研究以及示波器的检定与测试等。在模拟电子电路中，常用的除了正弦波之外，还有矩形波、三角波和锯齿波等。

矩形波产生电路是一种能够直接产生方波或矩形波的非正弦波信号发生电路，是数字系统常用的一种信号源。由于方波或矩形波中包含丰富的谐波分量，因此这种电路又称为多谐振荡器。

1. 矩形波产生电路的组成

矩形波的产生电路由 RC 电路和滞回比较器组成。如图 4-35 所示，其中：集成运放和 R_1、R_2 组成反相输入的滞回比较器，起到一个开关的作用；R_4 和 D_Z 用来对输出电压幅度双向限幅；R_3 和电容 C 组成积分电路，用来将比较器输出电压的变化反馈回集成运放的反相输入端，以控制输出矩形波的周期。

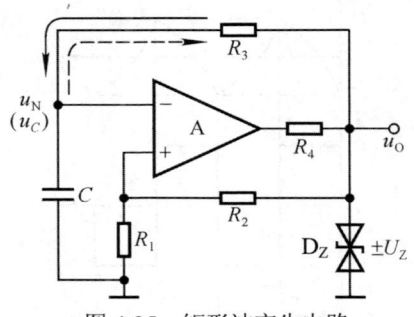

图 4-35 矩形波产生电路

2. 矩形波产生电路的工作原理

图 4-35 中滞回比较器的输出电压 $u_O = \pm U_Z$，其中阈值电压

$$\pm U_T = \pm \frac{R_1}{R_1 + R_2} U_Z \qquad (4\text{-}23)$$

因而电压传输特性如图 4-36 所示。

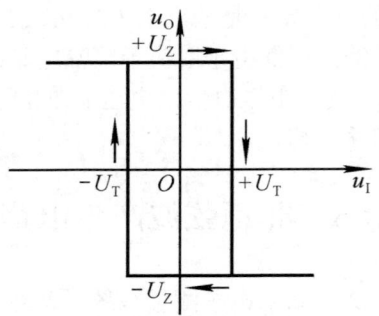

图 4-36 电压传输特性

设 $t=0$ 时,输出电压 $u_O = +U_Z$,通过 R_3 向 C 正向充电,如图中实线箭头所示,u_C 呈指数规律增加,即 u_N 增加,当 u_N 增大到 $+U_T$,再稍增大,u_O 就从 $+U_Z$ 跃变为 $-U_Z$。随后,u_O 又通过 R_3 对电容 C 反向充电,或者说放电,如图中虚线箭头所示。u_C 呈指数规律降低,即 u_N 降低,当 u_N 减小到 $-U_T$,再稍减小,u_O 就从 $-U_Z$ 跃变为 $+U_Z$,电容又开始正向充电。上述过程周而复始,电路发生自激振荡,产生矩形波。

3. 矩形波产生电路的波形分析及主要参数

由于图 4-35 所示电路中电容正向充电与反向充电的时间常数均为 RC,而且充电的总幅值也相等,因而在一个周期内输出电压高、低电平的时间相等,输出电压为对称方波,所以称该电路为方波发生电路。方波发生电路的波形图如图 4-37 所示。

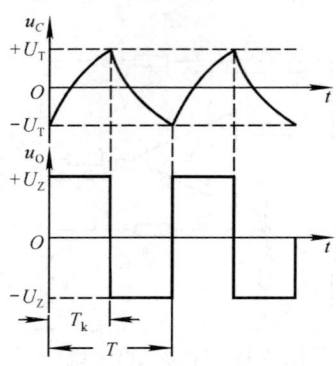

图 4-37 方波发生电路的波形图

根据电容上电压波形,利用一阶 RC 电路的三要素法列出方程

$$+U_T = (U_Z + U_T)\left(1 - e^{-\frac{T/2}{R_3 C}}\right) + (-U_T)$$

将式（4-23）代入上式，即可求出振荡周期

$$T = 2R_3 C \ln\left(1 + \frac{2R_1}{R_2}\right) \quad (4-24)$$

振荡频率
$$f = \frac{1}{T}$$

矩形波高电平持续时间与周期的比值称为占空比 q，方波的占空比为 50%。高电平持续时间与低电平持续时间的长短分别由电容的充、放电时间决定，要想改变输出电压的占空比，使电容充电和放电的时间常数不同即可。利用二极管单向导电性使方波产生电路的充放电时间常数不同而构成任意占空比的矩形波产生电路。图 4-38 所示为占空比可调的矩形波发生电路。

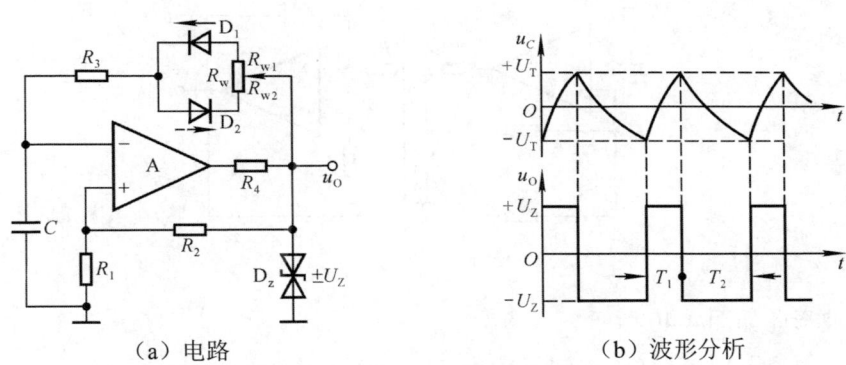

（a）电路　　　　　　　　　　　（b）波形分析

图 4-38　占空比可调的矩形波发生电路

利用一阶 RC 电路的三要素法可以解出

$$\begin{cases} T_1 \approx \tau_1 \ln\left(1 + \dfrac{2R_1}{R_2}\right) \\ T_2 \approx \tau_2 \ln\left(1 + \dfrac{2R_1}{R_2}\right) \end{cases}$$

式中 $\tau_1 \approx (R_{w1} + R_3)C$，$\tau_2 \approx (R_{w2} + R_3)C$

$$T = T_1 + T_2 \approx (R_w + 2R_3)C \ln\left(1 + \frac{2R_1}{R_2}\right) \quad (4-25)$$

$$q = \frac{T_1}{T} \approx \frac{R_{w1} + R_3}{R_2 + 2R_3} \qquad (4\text{-}26)$$

4.6 辅修内容

4.6.1 三角波产生电路

如图 4-39 所示的三角波产生电路，由滞回比较器和反相积分器构成，将方波发生电路中的 RC 充、放电回路用积分运算电路来取代，滞回比较器和积分电路的输出互为另一个电路的输入。积分器的作用是，将滞回比较器输出的方波转换为三角波，同时反馈给比较器的同相输入端，使比较器产生随三角波的变化而翻转的方波。

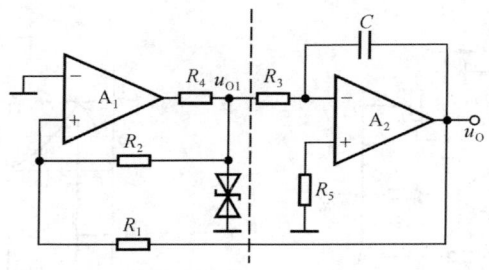

图 4-39 三角波产生电路

波形图如图 4-40 所示。

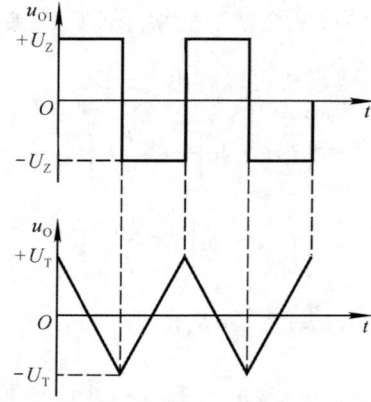

图 4-40 三角波产生电路的波形图

4.6.2 锯齿波产生电路

如果三角波波形上升和下降的速率不同,就成为锯齿波波形,所以,只要令积分器的正、负向积分常数不同,就可以得到锯齿波。利用二极管的单向导电性使积分电路两个方向的积分通路不同,就可得到锯齿波产生电路,如图 4-41 所示。

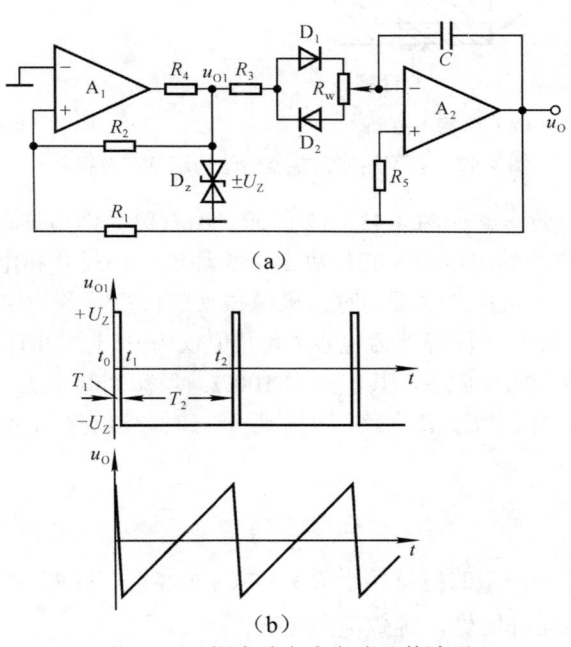

图 4-41 锯齿波产生电路及其波形

4.6.3 石英晶体正弦波振荡电路

石英晶体谐振器,简称石英晶体,具有非常稳定的固有频率。对于振荡频率的稳定性要求高的电路,应选用石英晶体作选频网络。

1. 石英晶体的特点

将二氧化硅结晶体按一定方向切割成很薄的晶片,再将晶片两个对应的表面抛光和涂敷银层,并作为两个极引出管脚,加以封装,就构成石英谐振器。其结构示意图和符号如图 4-42 所示。

在石英晶体两个管脚加交变电场时,它将会产生一定频率的机械变形,而这种机械振动又会产生交变电场,上述物理现象称为压电效应。一般情况下,无论是机械振动的振幅,还是交变电场的振幅都非常小。但是,当交变电场的频率为某一特定值时,振幅骤然增大,产生共振,称之为压电振荡。这一特定频率就是石英晶体的固有频率,也称谐振频率。

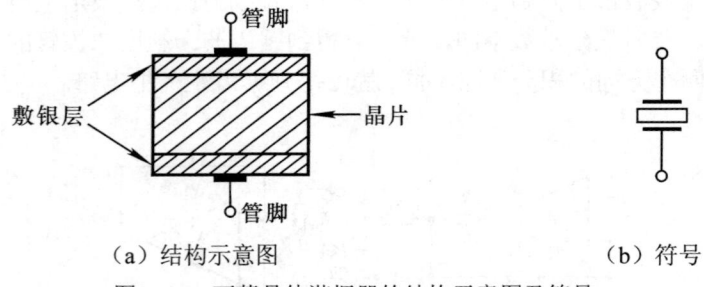

(a) 结构示意图　　　　　　　　(b) 符号

图 4-42　石英晶体谐振器的结构示意图及符号

石英晶体的等效电路如图 4-43(a)所示。当石英晶体不振动时,可等效为一个平板电容 C_0,称为静态电容;其值决定于晶片的几何尺寸和电极面积,一般约为几到几十皮法。当晶片产生振动时,机械振动的惯性等效为电感 L,其值为几毫亨到几十亨。晶片的弹性等效为电容 C,其值仅为 0.01 到 0.1pF,因此 $C \ll C_0$。晶片的摩擦损耗等效为电阻 R,其值约为 100Ω,理想情况下 $R=0$。

当等效电路中的 L、C、R 支路产生串联谐振时,该支路呈纯阻性,等效电阻为 R,谐振频率

$$f_0 = \frac{1}{2\pi\sqrt{LC}}$$

谐振频率下整个网络的电抗等于 R 并联 C_0 的容抗。因 $R \ll \omega_0 C_0$,故可以近似认为石英晶体也呈纯阻性,等效电阻为 R。

当 $f < f_s$ 时,C_0 和 C 电抗较大,起主导作用,石英晶体呈容性。

当 $f > f_s$ 时,L、C、R 支路呈感性,将与 C_0 产生并联谐振,石英晶体又呈纯阻性,谐振频率

$$f_p = \frac{1}{2\pi\sqrt{L\dfrac{CC_0}{C+C_0}}} = f_s\sqrt{1+\frac{C}{C_0}}$$

由于 $C \ll C_0$,所以 $f_p \approx f_s$。

当 $f > f_p$ 时,电抗主要决定于 C_0,石英晶体又呈容性。因此,石英晶体电抗的频率特性如图 4-43(b)所示,只有在 $f_s < f < f_p$ 的情况下,石英晶体才呈感性;并且 C 和 C_0 的容量相差越悬殊,f_s 和 f_p 越接近,石英晶体呈感性的频带越狭窄。

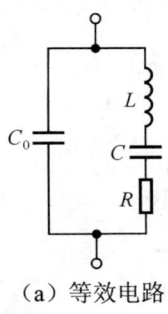 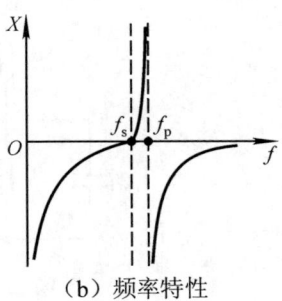

(a) 等效电路　　　　　　　　　(b) 频率特性

图 4-43　石英晶体的等效电路及其频率特性

根据品质因数的表达式

$$Q \approx \frac{1}{R}\sqrt{\frac{L}{C}}$$

由于 C 和 R 的数值都很小，L 数值很大，所以 Q 值高达 $10^4 \sim 10^6$。而且，因为振荡频率几乎仅决定于晶片的尺寸，所以其稳定度很高。而即使最好的 LC 振荡电路，Q 值也只能达到几百，振荡频率的稳定度比石英晶体要低得多。因此，石英晶体的选频特性是其他选频网络不能比拟的。

2. 石英晶体正弦波振荡电路

（1）并联型石英晶体振荡电路

图 4-44 所示为并联型石英晶体振荡电路。

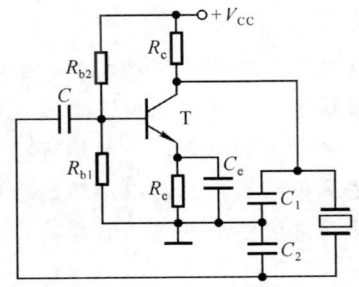

图 4-44　并联型石英晶体振荡电路

图中电容 C_1 和 C_2 与石英晶体中的 C_0 并联，总容量大于 C_0，当然远大于石英晶体中的 C，所以电路的振荡频率约等于石英晶体的并联谐振频率 f_p。

（2）串联型石英晶体振荡电路

图 4-45 所示为串联型石英晶体振荡电路。

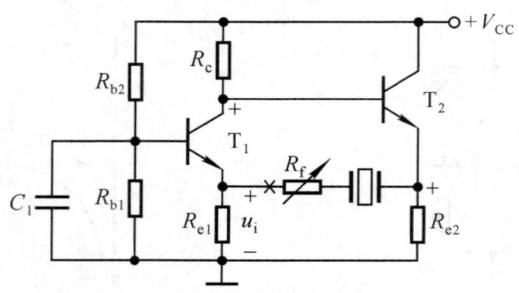

图 4-45 串联型石英晶体振荡电路

电路的第一级为共基放大电路,第二级为共集放大电路。若断开反馈,给放大电路加输入电压,极性上"+"下"−";则 T_1 管集电极动态电位为"+",T_2 管发射极动态电位也为"+"。只有在石英晶体呈纯阻性,即产生串联谐振时,反馈电压才与输入电压同相,电路才满足正弦波振荡的相位平衡条件。所以,电路的振荡频率为石英晶体的串联谐振频率 f_s。调整 R_f 的阻值,可使电路满足正弦波振荡的幅值平衡条件。

 本章小结

本章主要讲述了基本运算电路、有源滤波电路、正弦波振荡电路、电压比较器和非正弦波发生电路。

1. 本章要点

(1) 基本运算电路

集成运放引入电压负反馈后,可以实现模拟信号的比例、加减、乘除、积分和微分等各种基本运算。求解运算电路输出电压与输入电压运算关系的基本方法有节点电流法和叠加原理。对于多级电路,一般均可将前级电路看成为恒压源,故可分别求出各级电路的运算关系式,然后以前级的输出作为后级的输入,逐级代入后级的运算关系式,从而得出整个电路的运算关系式。

(2) 有源滤波电路

有源滤波电路一般由 RC 网络和集成运放组成,主要用于小信号处理。按其幅频特性可分为低通、高通、带通和带阻滤波器四种电路。应用时应根据有用信号、无用信号和干扰等所占频段来选择合理的类型。

(3) 正弦波振荡电路

正弦波振荡电路由放大电路、选频网络、正反馈网络和稳幅环节四部分组成。电路要产生正弦波振荡,必须同时满足幅值平衡条件和相位平衡条件。

按选频网络所用元件不同,正弦波振荡器主要有 RC、LC 和石英晶体振荡器几种类型。改变选频网络元件的参数,即可改变振荡器的输出频率。

RC 正弦波振荡电路的振荡频率较低,通常作为低频信号发生器。常用的 RC 桥式正弦波振荡电路由 RC 串并联网络和同相比例运算电路组成。若 RC 串并联网络中的电阻均为 R,电容均为 C,则振荡频率 $f_0 = \dfrac{1}{2\pi RC}$,反馈系数 $\dot{F} = \dfrac{1}{3}$,因而 $\dot{A}_u \geqslant 3$。LC 正弦波振荡电路通常作为高频信号发生器。石英晶体振荡电路是利用石英谐振器来选择信号的频率,主要用于频率稳定性要求高的场合。

在分析电路是否可能产生正弦波振荡时,应首先观察电路是否包含四个组成部分,并检查放大电路能否正常放大,然后利用瞬时极性法判断电路是否满足相位平衡条件,必要时再判断电路是否满足幅值平衡条件。

(4)电压比较器

电压比较器是对输入信号进行鉴幅与比较的电路,是组成非正弦波产生电路的基本单元电路,主要功能是能对两个电压进行比较,并可判断出其大小。电压比较器能够将模拟信号转换成具有数字信号特点的两值信号,即输出不是高电平,就是低电平。因此,集成运放工作在非线性区。

本章介绍了单限比较器和滞回比较器。单限比较器只有一个阈值电压;滞回比较器具有滞回特性,虽有两个阈值电压,但当输入电压向单一方向变化时输出电压仅跃变一次。

(5)非正弦波产生电路

模拟电路中的非正弦波产生电路,包括矩形波产生电路、三角波产生电路和锯齿波产生电路及函数信号发生器等。矩形波产生电路通常由滞回比较器和 RC 延时电路组成。三角波和锯齿波信号是在矩形波产生电路的基础上,再加上积分器产生的。当三角波电压的上升时间不等于下降时间时,即成为锯齿波。函数信号发生器是一种多用信号源,它的振荡级由积分电路和触发电路构成,同时产生方波和三角波,再通过函数转换器将三角波整形成正弦波。

2. 本章基本要求

(1)掌握比例、加减、积分电路的工作原理及运算关系,了解微分电路的工作原理及运算关系;并能够运用"虚短"和"虚断"的概念分析各种运算电路输出电压与输入电压的运算关系,能够根据需要合理选择电路。

(2)能够正确理解 LPF、HPF、BPF 和 BEF 的工作原理,了解它们的主要性能,并能够根据需要合理选择电路。

(3)熟练掌握电路产生正弦波振荡的幅值平衡条件和相位平衡条件,以及 RC 桥式正弦波振荡电路的组成、起振条件和振荡频率。了解变压器反馈式、电感反馈式、电容反馈式和石英晶体正弦波振荡电路的工作原理。

（4）正确理解由集成运放构成的矩形波、三角波和锯齿波发生电路的工作原理、波形分析和有关参数。

习题4

4-1 选择题。

（1）集成运算放大器构成的反相比例运算电路的一个重要特点是（　　）。
　　A．反相输入端为虚地　　　　　　　B．输入电阻大
　　C．电流并联负反馈　　　　　　　　D．电压串联负反馈

（2）由运放组成的线性运算电路是指（　　）。
　　A．运放处于线性工作状态　　　　　B．输入输出函数呈线性关系
　　C．输入端电压和电流呈线性关系　　D．输出端电压和电流呈线性关系

（3）由运放组成的积分和微分运算电路，下列说法正确的是（　　）。
　　A．是线性运算电路　　　　　　　　B．是非线性运算电路
　　C．输入输出函数呈非线性关系　　　D．以上说法都不是

（4）为了使运放工作于线性状态，应（　　）。
　　A．提高输入电压　　　　　　　　　B．提高电源电压
　　C．降低输入电压　　　　　　　　　D．引入深度负反馈

（5）某电路有用信号频率为 2kHz，可选用（　　）。
　　A．低通滤波器　　B．高通滤波器　　C．带通滤波器　　D．带阻滤波器

（6）某滤波器的通带放大倍数为 A_{up}，当信号频率趋于 0 时，电压放大倍数趋向于零；当信号频率趋于无穷大时，电压放大倍数趋于 A_{up}；那么，该滤波器具有（　　）特性。
　　A．高通　　　　　B．低通　　　　　C．带通　　　　　D．带阻

（7）在二阶高通滤波电路中，幅频特性在过渡带内的衰减速率是（　　）。
　　A．20dB/十倍频　　　　　　　　　B．−20dB/十倍频
　　C．40dB/十倍频　　　　　　　　　D．−40dB/十倍频

（8）在带通滤波电路中，品质因数较大时，电路（　　）。
　　A．较稳定　　　B．选择性较差　　C．选择性较强　　D．中心频率较高

（9）与滞回比较器相比，单限比较器抗干扰能力（　　）。
　　A．较强　　　　B．较弱　　　　　C．两者相近　　　D．无法比较

（10）自激振荡是电路在（　　）的情况下，产生了有规则的、持续存在的输出波形的现象。
　　A．外加输入激励　B．没有输入信号　C．没有反馈信号　D．没有电源电压

（11）在常用的正弦波振荡电路中，频率稳定性最好的是（　　）。

A. 石英晶体振荡器　　　　　　　　B. 电感三点式振荡器
C. 电容三点式振荡器　　　　　　　D. RC 正弦波振荡器

（12）在方波三角波振荡电路，改变（　　），可将三角波变为锯齿波。

A. 积分电路结构，使充电和放电时间常数不等　　B. 阈值电压
C. 方波幅值　　　　　　　　　　　　　　　　　D. 三角波幅值

4-2　电路如图 4-46 所示，已知 $R_2 \gg R_4$，$R_1=R_2$。试问：

（1）u_O 与 u_1 的比例系数为多少？

（2）若 R_4 开路，则 u_O 与 u_1 的比例系数为多少？

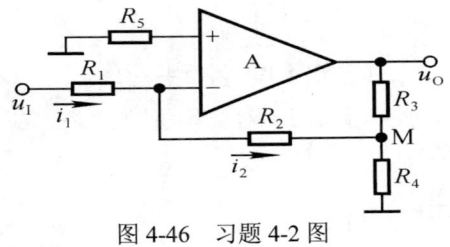

图 4-46　习题 4-2 图

4-3　电路如图 4-47 所示，已知 $u_O=-22u_1$，其余参数如图中所标注。试求出 R_5 的值；并说明若 u_1 与地接反，则输出电压与输入电压的关系将产生什么变化。

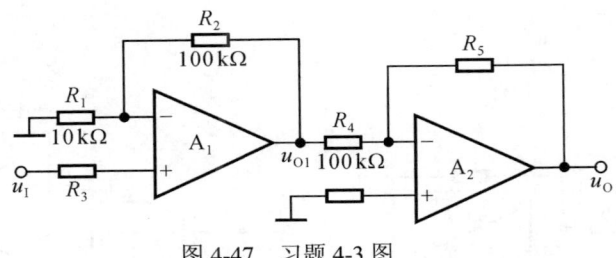

图 4-47　习题 4-3 图

4-4　电路如图 4-48 所示，已知 $R_1=R_{f2}$，$R_3=R_{f1}$，试求输出电压与输入电压的运算关系式。

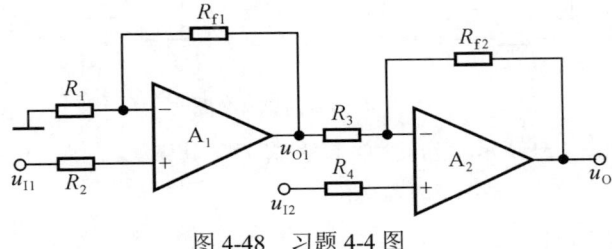

图 4-48　习题 4-4 图

4-5 设计一个运算电路，要求输出电压和输入电压的运算关系为 $u_O=2u_{I1}-10u_{I2}-5u_{I3}$。

4-6 电路如图 4-49 所示，$C_1=C_2=C$。试求出输出电压与输入电压的运算关系式。

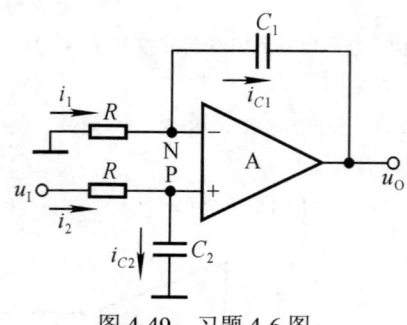

图 4-49 习题 4-6 图

4-7 试说明图 4-50 所示各电路属于哪种类型的滤波电路，是几阶滤波电路？

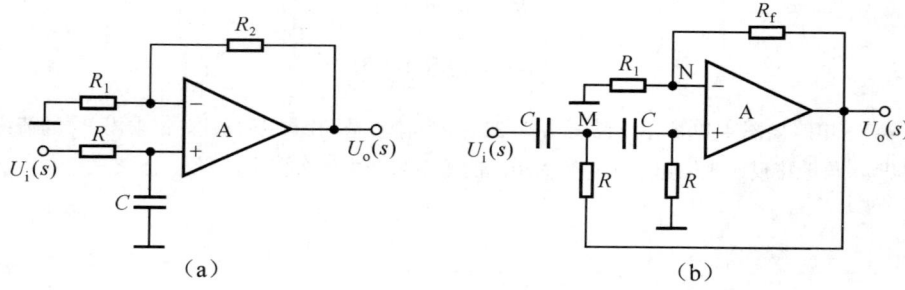

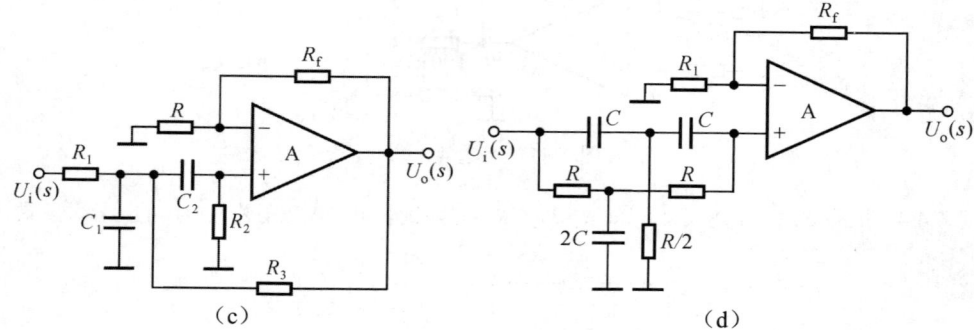

图 4-50 习题 4-7 图

4-8 电路如图 4-51 所示，稳压管 D_z 起稳幅作用，其稳定电压为 ±8V。试估算：
（1）输出电压不失真情况下的有效值。
（2）振荡频率。

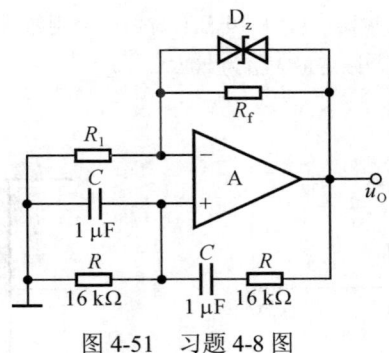

图 4-51　习题 4-8 图

4-9　电路如图 4-52 所示,图中 C_b 为旁路电容,C_1 为耦合电容,对交流信号均可视为短路。为使电路有可能产生正弦波振荡,试说明变压器原边线圈和副边线圈的同名端。

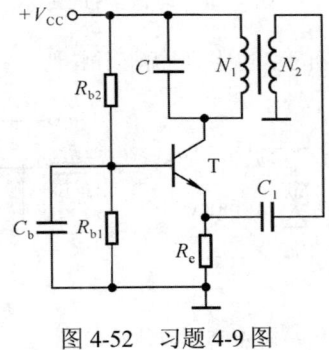

图 4-52　习题 4-9 图

4-10　改正图 4-53 所示电路中的错误,使之有可能产生正弦波振荡。要求不能改变放大电路的基本接法。

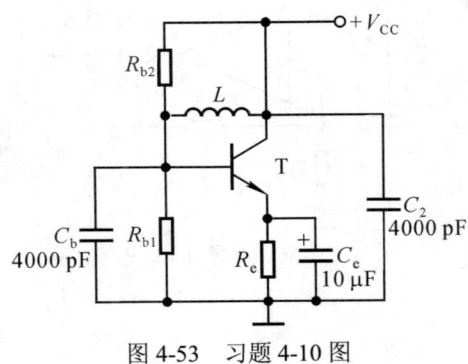

图 4-53　习题 4-10 图

4-11 设计两个电压比较器，它们的电压传输特性分别如图 4-54（a）(b）所示。要求合理选择电路中各电阻的阻值，限定最大值为 20kΩ。

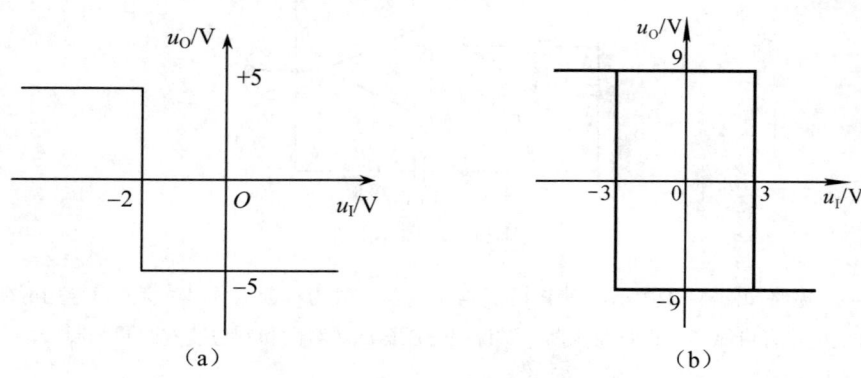

图 4-54 习题 4-11 图

4-12 试分别画出图 4-55 所示各电路的电压传输特性。

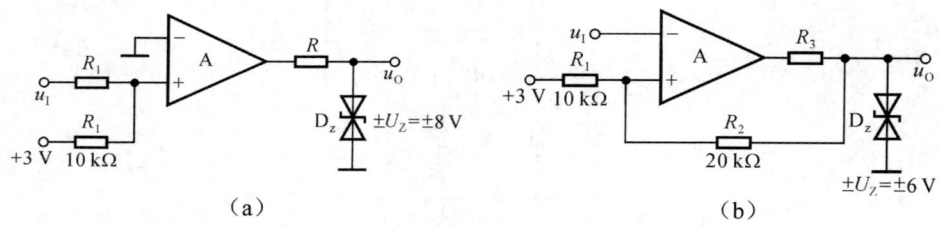

图 4-55 习题 4-12 图

4-13 分析图 4-56 所示电路的工作原理。

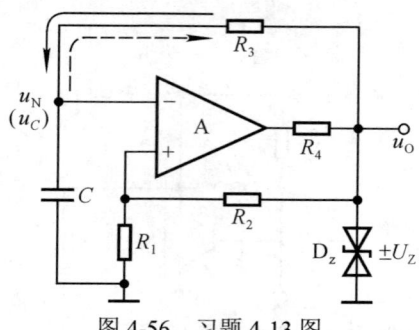

图 4-56 习题 4-13 图

第 5 章　直流稳压电源

本章介绍直流稳压电源的组成和作用，分别介绍各部分组成电路的工作原理和不同类型，具体介绍各种电路的结构及工作特点、性能指标等。

5.1　直流稳压电源概述

在电子电路及设备中，一般都需要稳定的直流电源供电。本章所介绍的直流电源为单相小功率电源，它将频率为 50Hz、有效值为 220V 的单相交流电压转换为幅值稳定、输出电流为几十安以下的直流电压。

1. 直流电源的组成

一般直流电源的组成如图 5-1 所示，主要包括电源变压器、整流电路、滤波电路、稳压电路四个基本组成部分。

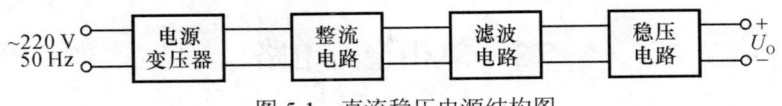

图 5-1　直流稳压电源结构图

（1）电源变压器。各种电子设备，要求直流稳压电源提供不同幅值的直流电压，而电网提供的交流电压一般为 220V（或 380V），因此电源变压器是将交流电网 220V 的电压变为所需要的电压值，再将变换后的交变电压整流、滤波和稳压，最后获得所需要的直流电压。

（2）整流电路。整流电路是利用具有单向导电性的整流器件（如整流二极管），将大小、方向均随时间变化的正弦交流电变换成单向脉动的直流电。完成交流—脉动直流的变换过程，但脉动直流还不能直接应用，需要对其中的纹波（即波动成分）进行去除。

（3）滤波电路。滤波电路的主要功能是滤除单向脉动直流电压中的纹波成分，使输出电压平滑。滤波电路通常由电容、电感等储能元件组成。对于稳定性要求不高的电子电路，经过整流、滤波后的直流电压可以直接作为供电电源使用。

（4）稳压电路。交流电压通过整流、滤波后虽然变为分量较小的直流电压，但是，当电网电压、负载和温度有所变化的时候，其平均值也将发生变化。稳压电路的作用是采取某种措施，使输出的直流电压在电网电压波动和负载电阻变化的时候，保持稳定。

2. 直流电源的主要技术指标

直流稳压电源的主要技术指标分为特性指标和质量指标两种。特性指标主要包括：电源容量的大小，电路允许的输入电流和输入电压，电路的输出电流和输出电压等；而质量指标则主要用来衡量输出直流电压的稳定程度，包括稳压系数、输出电阻、温度系数和纹波电压等。下面重点介绍质量指标。

（1）稳压系数。稳压系数是衡量稳压电源质量的重要指标。在相同的输入电压变化和负载电流变化的条件下，电路的稳压系数越小，则电路的输出电压波动越小。

（2）输出电阻。输出电阻是衡量直流稳压电源输出电压稳定性的重要指标。当输出电流变化时，输出电阻越小，则输出电压波动越小，电路稳定性越好。

（3）温度系数。温度系数是衡量直流稳压电源在环境温度变化时电源输出电压的波动程度。温度系数越小，电源的质量越高。

（4）纹波电压。经过整流、滤波和稳压过程之后，输出信号中仍会有一定的交流分量，称之为纹波电压，通过交流毫伏表或者示波器就可以看到。一般用纹波系数来衡量电路中交流成分的大小。

5.2 单相整流电路

整流电路的任务是将电网提供的、经变压器降压的交流电变换成脉动直流。利用二极管单向导电性，组成整流电路，将交流电压变换为单向脉动的直流电压。在直流电源中，经常采用的整流电路有单相半波整流电路、单相全波整流电路等。在分析整流电路时，为了突出重点，简化分析过程，一般均假定负载为纯电阻性；整流二极管作为理想二极管，即导通时正向压降为零，截止时反向电流为零；变压器无损耗，内部压降为零等。

5.2.1 单相半波整流电路

分析整流电路，就是弄清电路的工作原理，求出主要参数，并确定整流二极管的极限参数。

1. 工作原理

单相半波整流电路是最简单的一种整流电路，如图 5-2 所示是其工作原理图。

第 5 章 直流稳压电源

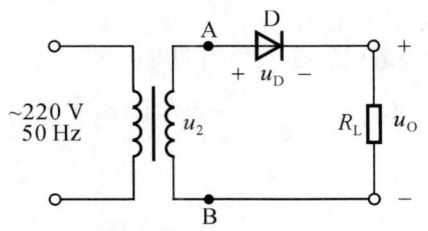

图 5-2 单相半波整流电路原理图

单相半波整流电路是最简单的一种整流电路，设变压器的副边电压有效值为 U_2，则其瞬时值 $u_2 = \sqrt{2}U_2 \sin\omega t$。

在 u_2 的正半周，A 点为正，B 点为负，二极管外加正向电压，因而处于导通状态。电流从 A 点流出，经过二极管 D 和负载电阻 R_L 流入 B 点，$u_O = u_2 = \sqrt{2}U_2 \sin\omega t$。

在 u_2 的负半周，B 点为正，A 点为负，二极管外加反向电压，因而处于截止状态，$u_O = 0$。

负载电阻 R_L 的电压和电流都具有单一方向脉动的特性。图 5-3 所示为变压器副边电压 u_2、输出电压 u_O、二极管端电压的波形。

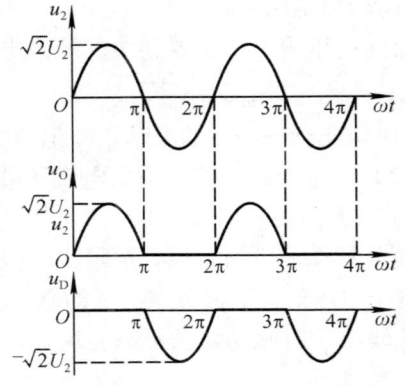

图 5-3 半波整流电路的波形图

分析整流电路工作原理时，应研究变压器副边电压极性不同时二极管的工作状态，从而得出输出电压的波形，也就弄清了整流原理。整流电路的波形分析是其定量分析的基础。

2. 主要参数

在研究整流电路时，至少应考查整流电路输出电压平均值和输出电流平均值两项指标，有时还需考虑脉动系数，以便定量反映输出波形脉动的情况。

(1) 输出电压平均值 $U_{O(AV)}$

输出电压平均值即负载电压在一个周期内的平均值,用 $U_{O(AV)}$ 表示。

$$U_{O(AV)} = \frac{1}{2\pi}\int_0^\pi \sqrt{2}U_2 \sin\omega t\, d(\omega t)$$

解得

$$U_{O(AV)} = \frac{\sqrt{2}U_2}{\pi} \approx 0.45U_2 \tag{5-1}$$

(2) 负载电流的平均值 $I_{O(AV)}$

$$I_{O(AV)} = \frac{U_{O(AV)}}{R_L} \approx \frac{0.45U_2}{R_L}$$

(3) 二极管正向平均电流 $I_{D(AV)}$

在单相半波整流电路中,二极管的正向平均电流等于负载电流平均值,即

$$I_{D(AV)} = I_{O(AV)} \approx \frac{0.45U_2}{R_L}$$

平均电流是整流电路的主要参数,因此在出厂时已将二极管允许半波整流电流的平均值确定,在器件手册中给出。在实际应用中,可以根据上式来确定整流二极管的工作定额。

(4) 二极管最大反向峰值电压 U_{Rmax}

二极管承受的最大反向电压等于变压器副边的峰值电压,即

$$U_{Rmax} = \sqrt{2}U_2$$

一般情况下,允许电网电压有±10%的波动,即电源变压器原边电压为198~242V,因此在选用二极管时,对于最大整流平均电流和最高反向工作电压应至少留有10%的余地,以保证二极管安全工作。

单相半波整流电路简单易行,所用二极管数量少。但是由于它只利用了交流电压的半个周期,所以输出电压低,交流分量大(即脉动大),效率低。因此,这种电路仅适用于整流电流较小,对脉动要求不高的场合。

5.2.2 单相桥式整流电路

为了克服单相半波整流电路的缺点,在实用电路中多采用单相全波整流电路,最常用的是单相桥式整流电路。

1. 工作原理

单相桥式整流电路由四只二极管组成,其构成原则就是保证在变压器副边电压的整个周期内,负载上的电压和电流方向始终不变。图 5-4(a)所示为习惯画法,图 5-4(b)所示为简化画法。

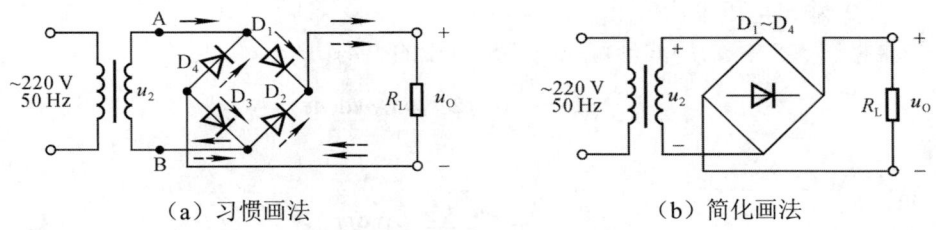

（a）习惯画法　　　　　　　　　（b）简化画法

图 5-4　单相桥式整流电路

设变压器的副边电压有效值为 U_2，则其瞬时值 $u_2 = \sqrt{2}U_2 \sin\omega t$。

当 u_2 为正半周时，电流由 A 点流出，经 D_1、R_L、D_3 流入 B 点，如图 5-4（a）实线箭头所示，因而负载电阻 R_L 上的电压等于变压器副边电压，即 $u_O = u_2$，D_2 和 D_4 管承受的反向电压为 $-u_2$。

当 u_2 为负半周时，电流由 B 点流出，经 D_2、R_L、D_4 流入 A 点，如图 5-4（a）中虚线箭头所示，因而负载电阻 R_L 上的电压等于 $-u_2$，D_1 和 D_3 管承受的反向电压为 u_2。

这样，由于 D_1、D_3 和 D_2、D_4 两对二极管交替导通，致使负载电阻 R_L 在 u_2 的整个周期内都有电流通过，而且方向不变，输出电压 $u_O = \left|\sqrt{2}U_2 \sin\omega t\right|$。图 5-5 所示为单相桥式整流电路各部分的电压和电流的波形。

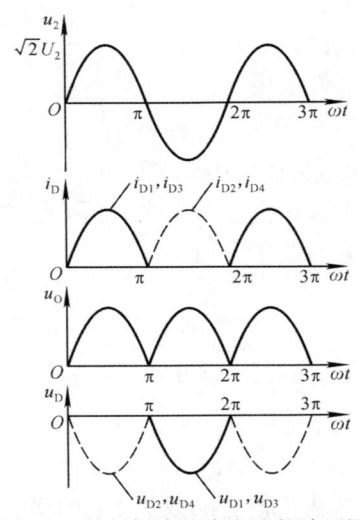

图 5-5　单相桥式整流电路的波形图

2. 主要参数

参考半波整流的参数计算方法，得到桥式整流的主要参数指标：

（1）输出电压平均值 $U_{O(AV)}$

根据图 5-5 中 u_O 的波形可知，输出电压的平均值

$$U_{O(AV)} = \frac{1}{\pi}\int_0^\pi \sqrt{2}U_2 \sin\omega t \, d(\omega t)$$

解得

$$U_{O(AV)} = \frac{2\sqrt{2}U_2}{\pi} \approx 0.9U_2 \tag{5-2}$$

由于桥式整流电路实现了全波整流电路，它将 u_2 的负半周也利用起来，所以在变压器副边电压有效值相同的情况下，输出电压的平均值是半波整流电路的两倍。

（2）输出电流平均值 $I_{O(AV)}$

$$I_{O(AV)} = \frac{U_{O(AV)}}{R_L} \approx \frac{0.9U_2}{R_L} \tag{5-3}$$

在变压器副边电压相同且负载也相同的情况下，输出电流的平均值也是半波整流电路的两倍。

（3）二极管正向平均电流 $I_{D(AV)}$

$$I_{D(AV)} = \frac{I_{O(AV)}}{2} \approx \frac{0.45U_2}{R_L} \tag{5-4}$$

与半波整流电路中二极管的平均电流相同。

（4）二极管最大反向峰值电压 U_{Rmax}

二极管承受的最大反向峰值电压

$$U_{Rmax} = \sqrt{2}U_2 \tag{5-5}$$

考虑到电网电压的波动范围为±10%，在实际选用二极管时，应至少有 10% 的余量，选择最大整流电流 I_F 和最高反向工作电压 U_{RM} 分别为

$$I_F > \frac{1.1 I_{O(AV)}}{2}$$

$$U_{RM} > 1.1\sqrt{2}U_2$$

单相桥式整流电路与半波整流电路相比，在相同的变压器副边电压下，对二极管的参数要求是一样的，并且还具有输出电压高、变压器利用率高、脉动小等优点，因此得到相当广泛的应用。目前有不同性能指标的集成电路，称之为"整流桥堆"。它的主要缺点是所需二极管的数量多，由于实际上二极管的正向电阻不为零，必然使得整流电路内阻较大，当然损耗也就较大。

例 5-1 如图 5-4 所示单相桥式整流电路，已知变压器副边电压有效值 U_2=20V，负载电阻 R_L=1kΩ，试问：

（1）输出电压与输出电流平均值各为多少？

（2）当电网电压波动范围±10%，二极管的最大整流平均电流 I_F 和反向最高工作电压 U_{RM} 应取多少？

（3）若整流桥中一个二极管开路或短路，则分别出现什么现象？

解 （1）输出电压平均值

$$U_{O(AV)} \approx 0.9 U_2 = 18\,\text{V}$$

输出电流平均值

$$I_{O(AV)} = \frac{U_{O(AV)}}{R_L} \approx 0.018\,\text{A}$$

（2）当电网电压波动范围±10%，二极管的最大整流平均电流 I_F 和反向最高工作电压 U_{RM} 应分别满足

$$I_F > \frac{1.1 I_{O(AV)}}{2} \approx 0.01\,\text{A}$$

$$U_{RM} > 1.1\sqrt{2}\,U_2 \approx 31.11\,\text{V}$$

（3）若整流桥中一个二极管开路，则电路相当于半波整流电路；若二极管短路，则其将因电流过大而烧毁变压器。

5.3 滤波电路

整流电路的输出电压虽然是单一方向的，但是含有较大的交流成分，不能适应大多数电子电路及设备的需要。因此，一般在整流后，还需利用滤波电路将脉动的直流电压变为平滑的直流电压。与用于信号处理的滤波电路相比，直流电源中滤波电路的显著特点是：均采用无源电路；理想情况下，滤去所有交流成分，而只保留直流成分；能够输出较大电流；而且，因为整流管工作在非线性状态（即导通或截止），故滤波特性的分析方法也不尽相同。

常用的滤波电路有电容滤波电路、电感滤波电路、π型滤波电路等。下面分别予以介绍。

5.3.1 电容滤波电路

电容滤波电路多用于小功率电源中，如图 5-6（a）所示为半波整流电容滤波电路。

滤波电容容量较大，因而一般均采用电解电容，在接线时要注意电解电容的正、负极。电容滤波电路利用电容的充放电作用，使输出电压趋于平滑。

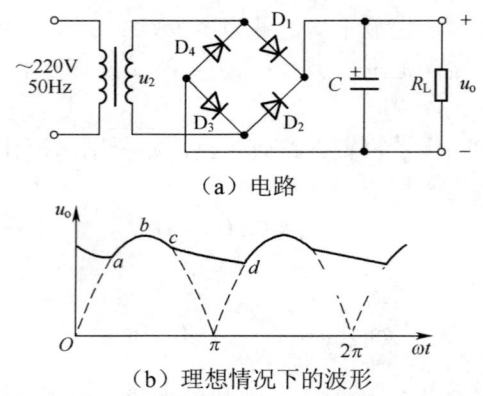

(a) 电路

(b) 理想情况下的波形

图 5-6　单相桥式整流电容滤波电路及稳态时的波形分析

1. 工作原理

图 5-6 中电容 C 称为滤波电容。电容与负载并联，其滤波工作原理如下：当变压器副边电压 u_2 处于正半周并且数值大于电容两端电压 u_C 时，二极管 D_1、D_3 导通，电流一路流经负载电阻 R_L，另一路对电容 C 充电。因为在理想情况下，变压器副边无损耗，二极管导通电压为零，所以电容两端电压 u_C 与 u_2 相等，见图 5-6（b）中曲线的 ab 段。当 u_2 上升到峰值后开始下降，电容通过负载电阻 R_L 放电，其电压 u_C 也开始下降，趋势与 u_2 基本相同，见图 5-6（b）中曲线的 bc 段。但是由于电容按指数规律放电，所以当 u_2 下降到一定数值后，u_C 的下降速度小于 u_2 的下降速度，使 u_C 大于 u_2 从而导致 D_1、D_3 反向偏置而变为截止。此后，电容 C 继续通过 R_L 放电，u_C 按指数规律缓慢下降，见图 5-6（b）cd 段。

当 u_2 的负半周幅值变化到恰好大于 u_C 时，D_2、D_4 因加正向电压变为导通状态，u_2 再次对 C 充电，u_C 上升到 u_2 的峰值后又开始下降；下降到一定数值时 D_2、D_4 变为截止，C 对 R_L 放电，u_C 按指数规律下降；放电到一定数值时 D_1、D_3 变为导通，重复上述过程。

从图 5-6（b）所示波形可以看出，经滤波后的输出电压不仅变得平滑，而且平均值也得到提高。

2. 电路特点

电容滤波电路具有如下特点：

（1）负载平均电压的直流分量被提高。从图 5-6 可看出，电容充电时，回路电阻为整流电路的内阻，即变压器内阻和二极管的导通电阻之和，其数值很小，因而时间常数很小。电容放电时，回路电阻为 R_L，放电时间常数为 $\tau=R_LC$，通常远大于充电的时间常数。因此滤波效果取决于放电时间。电容越大，负载电阻越大，滤波后输出电压越平滑，并且其平均值越大，如图 5-7 所示。换言之，当滤波电容容量一定时，若负载电阻减小，则时间常数 R_LC 减小，放电速度加快，输出电压平均值随即下降，且脉动变大。

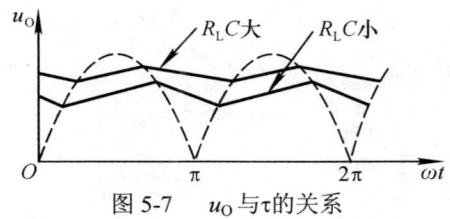

图 5-7　u_O 与 τ 的关系

为了得到比较平滑的输出电压，一般选取时间常数

$$\tau >> (3 \sim 5)T/2$$

（2）随着负载电流的增加，电容滤波电路的输出电压会随着负载电流的增加而减小。如图 5-8 所示。输出电压随负载电流下降的主要原因是负载 R_L 减小，即 $\tau = R_LC$ 减小，使电容滤波的作用下降。

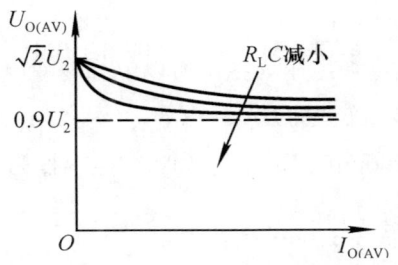

图 5-8　电容滤波电路的输出特性

一般 $U_{O(AV)}$ 与 U_2 的关系为

当负载开路，即 $R_L = \infty$ 时，$U_{O(AV)} = \sqrt{2}U_2$。

当 $R_LC >> (3 \sim 5)T/2$ 时，$U_{O(AV)} \approx 1.2U_2$。

电容量的选择要合适。若电容量选得太大，将增加整流器的成本和体积，一般容量大的电容漏电也大，漏电对滤波不利。一般取 C 的容量为几十微法到几千微法的电解电容器，且注意其耐压大于 $2\sqrt{2}U_2$。

综上所述，电容滤波电路简单易行，输出电压平均值高，适用于负载电流较小且其变化也较小的场合。

例 5-2　在图 5-6（a）单相桥式电容滤波整流电路中，已知电网电压的波动范围为 $\pm 10\%$，$U_{O(AV)} \approx 1.2U_2$。要求输出电压平均值 $U_{O(AV)} = 20\mathrm{V}$，负载电阻 $R_L = 40\Omega$。试选择合适的整流二极管及滤波电容。

解 （1）整流二极管的选用

变压器副边电压有效值为

$$U_2 = \frac{U_{O(AV)}}{1.2} = \frac{20}{1.2} = 17 \text{ V}$$

二极管承受的最大反向电压

$$U_{Rmax} = 1.1\sqrt{2}U_2 = 26.45 \text{ V}$$

二极管流过的最大平均电流

$$I_{D(AV)} = 1.1 I_{O(AV)} = 1.1 \times \frac{1}{2} \frac{U_{O(AV)}}{R_L} = 0.275 \text{ A}$$

在选用二极管时，对于最大整流平均电流 I_F 和最高反向工作电压 U_{RM} 应至少留有 10% 的余地，以保证二极管安全工作。

（2）滤波电容的选用

根据 $U_{O(AV)} \approx 1.2 U_2$ 可知，C 的取值满足 $R_L C \gg (3\sim5)T/2$ 的条件。

电容的容量为

$$C = (3 \sim 5)\frac{T}{2R_L} = 750 \sim 1250 \mu F$$

电容的耐压值为

$$U > 2\sqrt{2}U_2 \approx 48 \text{ V}$$

实际可选取容量为 1000μF、耐压为 50V 的电容作为本电路的滤波电容。

5.3.2 电感滤波电路

在整流电路与负载电阻之间串联一个电感线圈就构成电感滤波电路。桥式整流电感滤波电路如图 5-9 所示。

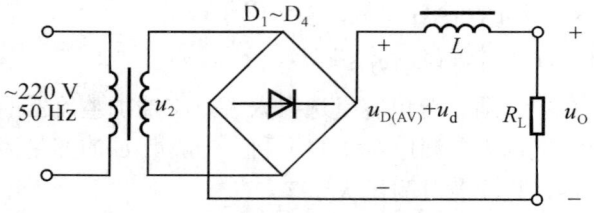

图 5-9 单相桥式整流电感滤波电路

1. 工作原理

电感线圈是储能元件，当电感中有变化的电流流过时，电感两端便产生与之方向相反的电动势来阻碍这种电流的变化。若电流增加，则反电动势会阻碍电流的增加，并将一部分电场能转换成磁场能储存起来；若电流减小，则反电动势会阻碍电流的减小，电感释放储存的能量。基于电感的这种特性，负载上就能得到较为平滑的电流。这种反电动势的存在，大大减弱了输出电流的变化，达到了滤波的目的。

下面再从电感元件的电抗性质进行讨论。依据 $Z_L = j\omega L$ 可知，电感对直流分量没有电抗作用，而对于交流分量，频率越高，其呈现的感抗越大，使负载的交流分量减少、波形平滑。负载上的直流电压，在忽略电感线圈直流电阻的情况下，与不加滤波时负载上的电压相同，即 $U_{O(AV)} = 0.9U_2$。

2. 电路特点

电感滤波具有如下特点：

（1）电感滤波的外特性较为平坦，输出电压随输出电流的增大略有下降。这是由于输出电流增大时，整流电路的内阻和电感的直流电阻产生的压降增加的缘故。

（2）脉动系数 S 随输出电流的增大而减小，纹波电压主要降落在负载两端。

（3）整流二极管的导通角为π，对整流二极管产生的电流冲击不太大。

基于以上特点，电感滤波适用于直流电压不高、输出电流较大及负载变化较大的场合。

5.3.3 复式滤波电路

当单独使用电容或电感进行滤波，效果仍不理想时，可采用复式滤波电路。电容和电感是基本的滤波元件，利用它们对直流量和交流量呈现不同电抗的特点，只要合理地接入电路都可以达到滤波的目的。图 5-10（a）所示为 LC 滤波电路，图 5-10（b）、图 5-10（c）所示为两种π型滤波电路。读者可根据上面的分析方法分析它们的工作原理。

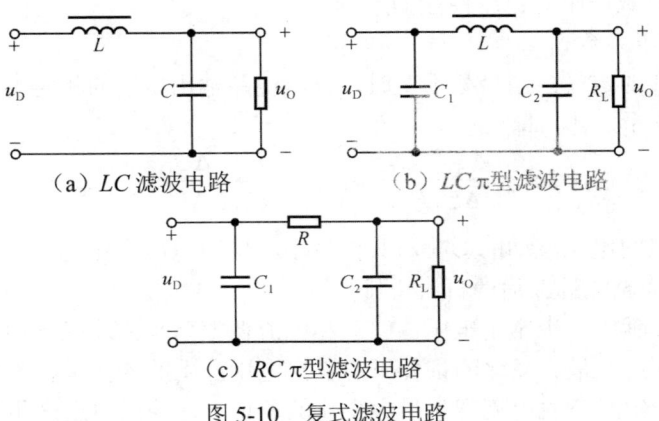

图 5-10 复式滤波电路

5.4 稳压电路

整流滤波电路输出的直流电压平滑度较好,但其稳定性比较差,其主要原因如下:

(1)当负载电流变化时,由于整流滤波电路存在内阻,因此输出直流电压将随之发生变化。

(2)当环境湿度发生变化时,引起电路元件(特别是半导体器件)参数发生变化,而使输出电压变化。

(3)当电网电压波动时,整流电压会发生变化,从而输出电压也会发生变化。为了能提供稳定的直流电源,需要在整流滤波电路的后面加上稳压电路。

稳压电路主要有两种形式:一种是稳压管稳压电路,即把硅稳压二极管与负载并联,故称并联型稳压电路;另一种是把调整元件(晶体管)与负载串联,故称为串联型稳压电路。

5.4.1 稳压电路的技术指标

对于任何稳压电路,均可用输出电阻 R_o 和稳压系数 S_r 来描述其稳压性能。

(1)输出电阻 R_o

稳压电路输出电阻的定义:经过整流滤波后输入到稳压电路的直流电压 U_I 不变时,稳压电路的输出电压变化量与输出电流变化量之比,即

$$R_o = \frac{\Delta U_O}{\Delta I_O}\bigg|_{U_I = 常数}$$

R_o 表明负载电阻对稳压性能的影响。

(2)稳压系数 S_r

稳压系数的定义:当负载不变时,稳压电路输出电压的相对变化量与输入电压的相对变化量之比,即

$$S_r = \frac{\Delta U_O / U_O}{\Delta U_I / U_I}\bigg|_{R_L = 常数} = \frac{U_I}{U_O} \cdot \frac{\Delta U_O}{\Delta U_I}\bigg|_{R_L = 常数}$$

S_r 表明电网电压波动的影响,其值越小,电网电压变化时输出电压的变化越小。式中 U_I 为整流滤波后的直流电压。

在一些文献中,也常用电压调整率和电流调整率来描述稳压性能。在额定负载且输入电压产生最大变化的条件下,输出电压产生的变化量称为电压调整率;在输入电压一定且负载电流产生最大变化的条件下,输出电压产生的变化量称为电流调整率。

5.4.2 稳压二极管稳压电路

1. 电路组成

图 5-11 所示稳压管 D_Z 与负载 R_L 是并联形式，为并联型稳压电路。其中，R 为限流电阻，整流滤波电路的输出电压 U_I 即作为稳压电路的输入，负载 R_L 上的电压 U_O 就是稳压管 D_Z 两端的电压 U_Z。

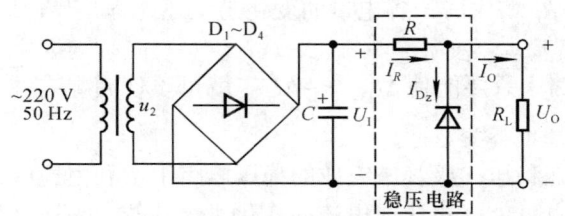

图 5-11　稳压二极管组成的稳压电路

从稳压管稳压电路可得两个基本关系式

$$U_I = U_R + U_O \tag{5-6}$$

$$I_R = I_{D_Z} + I_L \tag{5-7}$$

由稳压管的伏安特性可知，在稳压管稳压，只要能使稳压管始终工作在稳压区，即保证稳压管的电流 $I_Z \leqslant I_{D_Z} \leqslant I_{ZM}$，输出电压 U_O 就基本稳定。

2. 稳压原理

对任何稳压电路都应从两个方面考察其稳压特性，一是设电网电压波动，研究其输出电压是否稳定；二是高负载变化，研究其输出电压是否稳定。

图 5-11 所示稳压管稳压电路中，当电网电压升高时，稳压电路的输入电压 U_I 随之增大，输出电压 U_O 也随之按比例增大；但是，由于 $U_O=U_Z$，根据稳压管的伏安特性，U_Z 的增大将使 I_{D_Z} 急剧增大；根据式（5-7），I_R 必然随着 I_{D_Z} 急剧增大，U_R 会同时随 I_R 而急剧增大；根据式（5-6），U_R 的增大必将使输出电压 U_O 减小。因此，只要参数选择合适，R 上的电压增量就可以与 U_I 的增量近似相等，从而使 U_O 基本不变。上述过程可简单描述如下：

电网电压↑ → U_I↑ → U_O（U_Z）↑ → I_{D_Z}↑ → I_R↑ → U_R↑

U_O↓ ←────────────────────────

当电网电压下降时，各电量的变化与上述过程相反。

可见，当电网电压变化时，稳压电路通过限流电阻 R 上电压的变化来抵消 U_I 的变化，即 $\Delta U_R \approx \Delta U_I$，从而使 U_O 基本不变。

当负载电阻 R_L 减小即负载电流 I_L 增大时，根据式（5-7），导致 I_R 增加，U_R

也随之增大；根据式（5-6），U_O 必然下降，即 U_Z 下降；根据稳压管的伏安特性，U_Z 的下降使 I_{D_Z} 急剧减小，从而 I_R 随之急剧减小。如果参数选择恰当，就可使 $\Delta I_{D_Z} \approx -\Delta I_L$，使 I_R 基本不变，从而 U_O 也就基本不变。上述过程可简单描述如下：

$R_L\downarrow \rightarrow U_O(U_Z)\downarrow \rightarrow I_{D_Z}\downarrow \rightarrow I_R\downarrow \rightarrow \Delta I_{D_Z} \approx -\Delta I_L \rightarrow I_R$ 基本不变 $\rightarrow U_O$ 基本不变
$\qquad\qquad\qquad\qquad\quad \rightarrow I_L\uparrow \rightarrow I_R\uparrow$

相反，如果 R_L 增大时，各电量的变化与上述过程相反，同样可使 I_R 基本不变，从而保证 U_O 基本不变。

显然，在电路中只要能使 $\Delta I_{D_Z} \approx -\Delta I_L$，就可以使 I_R 基本不变，从而保证负载变化时输出电压基本不变。

综上所述，在稳压二极管所组成的稳压电路中，利用稳压管所起的电流调节作用，通过限流电阻 R 上电压或电流的变化进行补偿，来达到稳压的目的。限流电阻 R 是必不可少的元件，它既限制稳压管中的电流使其正常工作，又与稳压管相配合以达到稳压的目的。一般情况下，在电路中如果有稳压管存在，就必然有与之匹配的限流电阻。

3. 电路参数的选择

设计一个稳压管稳压电路，就是合理地选择电路元件的有关参数。在选择元件时，应首先知道负载所要求的输出电压 U_O，负载电流 I_L 的最小值 I_{Lmin} 和最大值 I_{Lmax}，输入电压 U_I 的波动范围（一般为±10%）。

（1）稳压电路输入电压 U_I 的选择。根据经验，一般选取

$$U_I = (2\sim 3)U_O$$

U_I 确定后，就可根据此值选择整流滤波电路的元件参数。

（2）稳压管的选择。在稳压管稳压电路中 $U_O=U_Z$；当负载电流 I_L 变化时，稳压管的电流将产生一个与之相反的变化，即 $\Delta I_{D_Z} \approx -\Delta I_L$，所以稳压管工作在稳压区所允许的电流变化范围应大于负载电流的变化范围。选择稳压管时应满足

$$\begin{cases} U_Z = U_O \\ I_{Zmax} - I_{Zmin} > I_{Lmax} - I_{Lmin} \end{cases}$$

若考虑到空载时稳压管流过的电流 I_{D_Z} 将与 R 上电流 I_R 相等，满载时 I_{D_Z} 应大于 I_{Zmin}，稳压管的最大稳定电流 I_{ZM} 的选取应留有充分的余量，则还应满足

$$I_{ZM} \geq I_{Lmax} + I_{Zmin}$$

（3）限流电阻 R 的选择。R 的选择必须满足两个条件：一是稳压管流过的最小电流 I_{D_Zmin} 应大于稳压管的最小稳定电流 I_{Lmin}（即手册中的 I_Z）；二是稳压管流

过的最大电流 I_{D_Zmax} 应小于稳压管的最大稳定电流 I_{Lmax}。即

$$I_{Zmin} \leqslant I_{D_Z} \leqslant I_{Zmax}$$

由图 5-11 所示电路可知

$$I_{D_Z} = I_R - I_L = \frac{U_I - U_Z}{R} - I_L$$

当电网电压最低且负载电流最大时,流过稳压管的电流最小

$$I_{D_Zmin} = \frac{U_{Imin} - U_Z}{R} - I_{Lmax} \geqslant I_{Zmin}$$

由此得出限流电阻的上限值为

$$R_{max} = \frac{U_{Imin} - U_Z}{I_{Zmin} + I_{Lmax}} \tag{5-8}$$

当电网电压最高且负载电流最小时,流过稳压管的电流最大

$$I_{D_Zmax} = \frac{U_{Imax} - U_Z}{R} - I_{Lmin} \leqslant I_{Zmax}$$

由此得出限流电阻的下限值为

$$R_{min} = \frac{U_{Imax} - U_Z}{I_{Zmax} + I_{Lmin}} \tag{5-9}$$

R 的阻值一旦确定,根据它的电流即可算出其功率。

例 5-3 在图 5-11 所示稳压管稳压电路中,已知输入电压 U_I 为 15V,波动范围为±10%;稳压管的稳定电压 U_Z 为 6V,稳定电流 I_Z 为 5mA,最大耗散功率 P_{ZM} 为 180mW;限流电阻 R 为 250Ω;输出电流 I_O 为 20mA。回答下列问题:

(1) 当 U_I 变化时,稳压管中电流的变化范围为多少?

(2) 负载电阻开路,则将发生什么现象?

解 (1) 由图 5-11 电路可知

$$I_{D_Z} = \frac{U_I - U_Z}{R} - I_L$$

当 U_I 变化时,稳压管中电流的变化范围为

$$I_{D_Zmin} = \frac{U_{Imin} - U_Z}{R} - I_L = \frac{0.9 \times 15 - 6}{0.25} - 20 = 10 \,\text{mA}$$

$$I_{D_Zmax} = \frac{U_{Imax} - U_Z}{R} - I_L = \frac{1.1 \times 15 - 6}{0.25} - 20 = 22 \,\text{mA}$$

电路中稳压管的最大稳定电流为

$$I_{ZM} = \frac{P_{ZM}}{U_Z} = 30 \,\text{mA}$$

（2）若负载电阻开路，则稳压管的电流等于限流电阻中的电流。当输入电压最高时

$$I_{D_Z\max} = \frac{U_{I\max} - U_Z}{R} = 42\,\text{mA} > I_{ZM}$$

稳压管将因电流过大而损坏。

稳压管稳压电路的优点是电路简单，所用元件数量少；但是，因为受稳压管自身参数的限制，其输出电流较小，输出电压不可调节，因此只适用于负载电流较小，负载电压不变的场合。

5.4.3 串联型稳压电路

稳压管稳压电路输出电流较小，输出电压不可调，不能满足很多场合下的应用。串联型稳压电路以稳压电路为基础，利用晶体管的电流放大作用，增大负载电流；在电路中引入深度电压负反馈使输出电压稳定；并且，通过改变反馈网络参数使输出电压可调。

1. 电路组成

图 5-12 所示是串联型稳压电路。

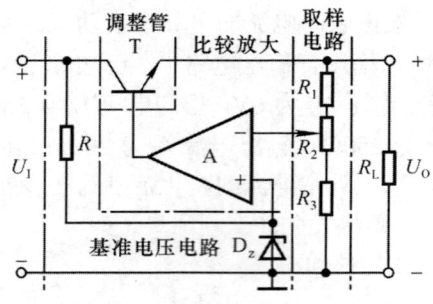

图 5-12　串联型稳压电路

晶体管 T 为调整管，电阻 R 与稳压管 D_Z 构成基准电压电路，电阻 R_1、R_2 和 R_3 为输出电压的采样电路，集成运放作为比较放大电路，如图中所标注。调整管、基准电压电路、采样电路和比较放大电路是串联型稳压电路的基本组成部分。

2. 稳压原理

当由于某种原因（如电网电压波动或负载电阻的变化等）使输出电压 U_O 升高（降低）时，采样电阻将这一变化趋势送到 A 的反相输入端，并与同相输入端电位 U_Z 进行比较放大；A 的输出电压，即调整管的基极电位降低（升高）；因为电路采用射极输出形式，所以输出电压 U_O 必然降低（升高），从而使 U_O 得到稳

定。可简述如下:

$$U_O\uparrow \to U_N\uparrow \to U_B\downarrow \to U_O\downarrow$$

或

$$U_O\downarrow \to U_N\downarrow \to U_B\uparrow \to U_O\uparrow$$

可见,电路是靠引入深度电压负反馈来稳定输出电压的。

3. 输出电压的可调范围

在理想运放条件下,$U_N = U_P = U_Z$。所以,当电位器 R_2 的滑动端在最上端时,输出电压最小,为

$$U_{Omin} = \frac{R_1 + R_2 + R_3}{R_2 + R_3} \cdot U_Z$$

当电位器 R_2 的滑动端在最下端时,输出电压最大,为

$$U_{Omax} = \frac{R_1 + R_2 + R_3}{R_3} \cdot U_Z$$

例 5-4 电路如图 5-12 所示,已知输入电压 U_I 的波动范围为±10%,调整管的饱和管压降 U_{CES}=3V,输出电压 U_O 的调节范围为 8~24V,R_1=R_3=100Ω。试问:

(1) 稳压管的稳定电压 U_Z 和 R_2 的取值各为多少?

(2) 为使调整管正常工作,U_I 的值至少应取多少?

解 (1) 输出电压的表达式为

$$\frac{R_1 + R_2 + R_3}{R_2 + R_3} \cdot U_Z \leqslant \frac{R_1 + R_2 + R_3}{R_3} \cdot U_Z$$

解得,R_2=200Ω,U_Z=6V

(2) 所谓调整管正常工作,是指在输入电压波动和输出电压改变时调整管应始终工作在放大状态。研究电路的工作情况可知,在输入电压最低且输出电压最高时管压降最小,若此时管压降大于饱和管压降,则在其他情况下管子一定会工作在放大区。

$$U_{CEmin} = U_{Imin} - U_{Omax} > U_{CES}$$

代入数据

$$0.9U_I > 24 + 3$$

得出

$$U_I > 30\text{V}$$

5.4.4 三端集成稳压器——W7800 系列集成稳压器

随着集成工艺技术的迅速发展,现在已经完全能做到将稳压电路的全部或绝大部分元件制作在一块硅基片上,形成一个固定组件——单片集成稳压电源。它具有体积小、可靠性高、安装调试方便、成本低、使用灵活等优点。目前,在小

功率稳压电源中多采用三端集成稳压器。

集成稳压电路的类型和产品很多，其中大多数是串联调整型，少数为并联型或开关型。在串联型集成稳压电路的产品中，以输出电压固定的三端集成稳压器使用最为方便。它是将稳压电路所有器件集成在一块芯片内，而外部只有输入、输出和公共端 3 个端子的集成器件。

W7800 三端稳压器的符号及外型结构如图 5-13 所示。其外形与普通功率三极管相同，引脚"1"为输入端，"2"为输出端，"3"为公共接地端。它的安装和使用非常方便。W7800 系列稳压器为三端固定正输出电压集成稳压器，即正电压输入、正电压输出。常用的输出电压有 5V、6V、9V、12V、15V、18V、24V 等七个档次。例如 W7815 的输出电压为 15V，最高输入电压为 35V，最大输出电流为 1.5A，输出电阻为 0.03～0.15Ω。上述七个档次的稳压器，其命名可对应表示为 W7805～W7824，末两位数码表示输出电压的特征。这种稳压器在使用时可不加任何外接元件，直接连接在整流滤波电路之后。为增加负载能力，该系列产品一般装有散热片。

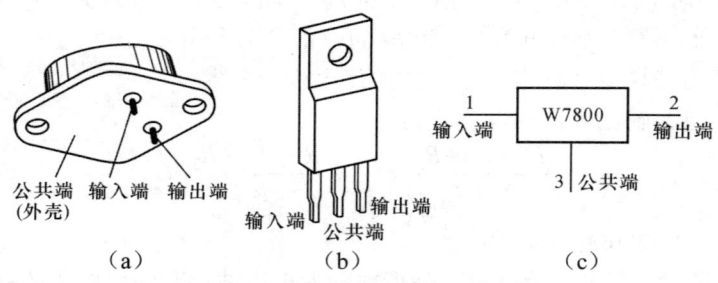

图 5-13　W7800 三端稳压器的外形和符号

W7805 表示输出电压为 5V、最大输出电流为 1.5A。W7800 系列因性能稳定、价格低廉而得到广泛的应用。

W7900 系列芯片是一种输出负电压的固定式三端稳压器，输出电压有 –5V、–6V、–9V、–12V、–15V、–18V 和 –24V 七个档次，并且也有 1.5A、0.5A 和 0.1A 三个电流档次，使用方法与 W7800 系列稳压器相同，只是要特别注意输入电压和输出电压的极性。W7900 与 W7800 相配合，可以得到正、负输出的稳压电路，如图 5-14 所示。

图中两只二极管起保护作用，正常工作时均处于截止状态。若 W7900 的输入端未接入输入电压，W7800 的输出电压将通过负载电阻接到 W7900 的输出端，使 D_2 导通，从而将 W7900 的输出端箝位在 0.7V 左右，保护其不至于损坏；同理，D_1 可在 W7800 的输入端未接入输入电压时保护其不至于损坏。

第 5 章 直流稳压电源

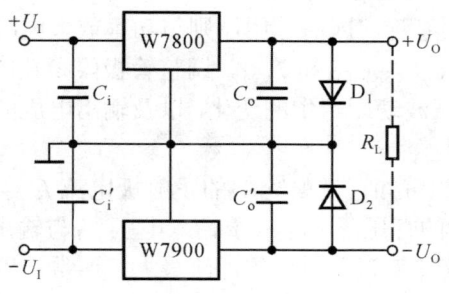

图 5-14 正、负输出稳压电路

5.5 辅修内容

5.5.1 W317 系列集成稳压器

W317 系列三端集成稳压器是国产较为新型的单片集成电路产品，它既保持了三端式电路结构的优点，又能使输出电压在 1.2V～37V 之间连续可调，同时提供 1.5A 的输出电流。它具有稳压精度高、输出纹波小、使用方便、安全可靠等特点。W317 系列稳压器和外围元件一起可构成各种电源电路，它属于第二代三端式稳压器。

W317 系列的内部也是采用串联型稳压电路，其基本环节与 W7800 系列相同。图 5-15 所示为 W317 外形图和符号。

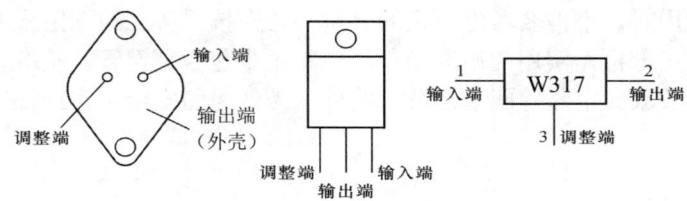

图 5-15 W317 外形图和符号

与 W7800 系列产品一样，W117、W217 和 W317 在电网电压波动和负载电阻变化时，输出电压非常稳定。W137/W237/W337 与 W7900 相类似，能够提供负的基准电压，可以构成负输出电压稳压电路，也可与 W117/W217/W317 一起组成正、负输出电压的稳压电路，这里不赘述。

5.5.2 调整管的选择

在串联型稳压电路中，调整管是核心元件，它的安全工作是电路正常工作的保证。调整管常为大功率管,因而选用原则与功率放大电路中的功放管相同,主要考虑其极限参数 I_{CM}、$U_{(BR)CEO}$ 和 P_{CM}。调整管极限参数的确定,必须考虑到输入电压 U_I 由于电网电压波动而产生的变化,以及输出电压的调节和负载电流的变化所产生的影响。

从图 5-12 所示电路可知,调整管 T 的发射极电流 I_E 等于采样电阻 R_1 中电流和负载电流 I_L 之和;T 的管压降 U_{CE} 等于输入电压 U_I 与输出电压 U_O 之差。显然,当负载电流最大时,流过 T 管发射极的电流最大。通常,R_1 上电流可忽略,调整管的最大集电极电流为

$$I_{Cmax} \approx I_{Emax} \approx I_{Lmax}$$

当电网电压最高(即输入电压最高),同时输出电压又最低时,调整管承受的管压降最大,即

$$U_{CEmax} = U_{Imax} - U_{Omin}$$

当晶体管的集电极(发射极)电流最大(即满载),且管压降最大时,调整管的功率损耗最大,即

$$P_{Cmax} = I_{Cmax} U_{CEmax}$$

在选择调整管 T 时,应保证其最大集电极电流、集电极与发射极之间的反向击穿电压和集电极最大耗散功率满足

$$\begin{cases} I_{CM} > I_{Lmax} \\ U_{(BR)CEO} > U_{Imax} - U_{Omin} \\ P_{CM} > I_{Lmax}(U_{Imax} - U_{Omin}) \end{cases}$$

实际选用时,不但要考虑一定的余量,还应按手册上的规定采取散热措施。

根据上述分析,实用的串联型稳压电路至少包含调整管、基准电压电路、采样电路和比较放大电路等四个部分。此外,为使电路安全工作,还常在电路中加保护电路。

本章小结

本章介绍了直流稳压电源的组成,各部分电路的工作原理和各种不同类型电路的结构及工作特点、性能指标等。直流稳压电源由整流电路、滤波电路和稳压电路组成。

1. 本章要点

(1)整流电路将交流电压变为脉动的直流电压,有半波和全波两种,最常用的是单相桥式整流电路。分析整流电路时,应分别判断在变压器副边电压正、负半周两种情况下二极管的工作状态,从而得到负载两端电压、二极管端电压及其

电流波形,并由此得到输出电压和电流的平均值,以及二极管的最大整流平均电流和所承受的最高反向电压。

(2)滤波电路可减小脉动使直流电压平滑,常有电容滤波、电感滤波和复式滤波。

(3)稳压管稳压电路结构简单,但输出电压不可调,仅适用于负载电流较小且其变化范围也较小的情况。电路依靠稳压管的电流调节作用和限流电阻的补偿作用,使得输出电压稳定。

(4)在串联型线性稳压电源中,调整管、基准电压电路、输出电压取样电路、比较放大电路是基本组成部分。电路中引入了深度电压负反馈,从而使输出电压稳定。

2. 本章基本要求

(1)正确理解直流稳压电源的组成及各部分的作用。

(2)能够分析整流电路的工作原理,估算输出电压及电流的平均值。

(3)了解滤波电路工作原理,能够估算电容滤波电路输出电压平均值。

(4)掌握稳压管稳压电路的工作原理,能够合理选择限流电阻。

(5)正确理解串联型稳压电路的工作原理,能够估算输出电压的调节范围。

(6)了解集成稳压器的工作原理及使用方法。

习题5

5-1 选择题。

(1)单向桥式整流输出信号有效值为输入有效值的(　　)。

　　A. 0.45 倍　　　　B. 0.9 倍　　　　C. 1 倍　　　　D. 1.2 倍

(2)具有放大环节的串联型稳压电路在正常工作时,调整管所处的工作状态是(　　)。

　　A. 开关　　　　B. 放大　　　　C. 饱和　　　　D. 不能确定

(3)若要组成输出电压可调、最大输出电流为3A的直流稳压电源,则应采用(　　)。

　　A. 电容滤波稳压管稳压电路　　　　B. 电感滤波稳压管稳压电路

　　C. 电容滤波串联型稳压电路　　　　D. 电感滤波串联型稳压电路

(4)串联型稳压电路中的放大环节所放大的对象是(　　)。

　　A. 基准电压　　　　　　　　　　　B. 采样电压

　　C. 调整管管压降　　　　　　　　　D. 基准电压与采样电压之差

(5)整流的目的是(　　)。

　　A. 将交流变为直流　　　　　　　　B. 将高频变为低频

　　C. 将正弦波变为方波　　　　　　　D. 将方波变为正弦波

5-2 电路如图 5-16 所示,已知变压器副边电压有效值 U_2 为 20V,$R_L C \geq \dfrac{3T}{2}$ (T 为电网电压的周期)。下列几种情况中,分别测得输出电压平均值 $U_{O(AV)}$ 可能的数值为多少?

(1)正常情况。

（2）电容虚焊时。
（3）负载电阻开路时。
（4）一只整流管和滤波电容同时开路。

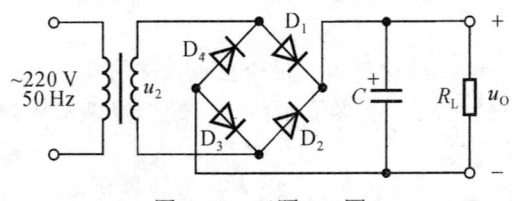

图 5-16　习题 5-2 图

5-3　在如图 5-17 所示稳压管稳压电路中，已知输入电压 U_I 为 15V，波动范围为±10%；稳压管的稳定电压 U_Z 为 6V，稳定电流 I_Z 为 5mA，最大耗散功率 P_{ZM} 为 210mW；限流电阻 R 为 200Ω；输出电流 I_L 为 20mA。回答下列问题：

（1）当 U_I 变化时，稳压管中电流的变化范围为多少？
（2）若负载电阻开路，则将发生什么现象？

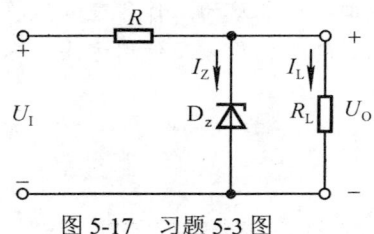

图 5-17　习题 5-3 图

5-4　电路如图 5-18 所示，变压器副边电压有效值 U_{21}=60V，U_{22}=U_{23}=30V。试问：

（1）输出电压平均值 $U_{O1(AV)}$ 和 $U_{O2(AV)}$ 各为多少？
（2）若考虑电网电压波动范围是±10%，则各二极管承受的最大反向电压为多少？
（3）若在 R_{L2} 并联一个电容 C，且满足 $R_{L2}C=2T$（T 为电网电压的周期）的条件，则 u_{O2} 的平均值 U_{O2}≈？

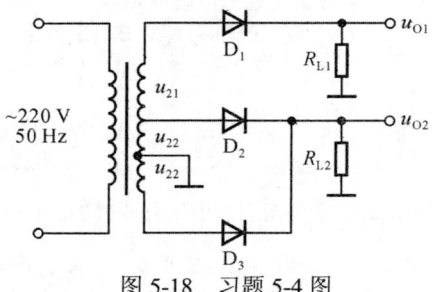

图 5-18　习题 5-4 图

5-5 电路如图 5-19 所示，稳压管的稳定电压 U_Z=4.3V，晶体管的 U_{BE}=0.7V，R_1=R_2=R_3=300Ω，R_o=5Ω。试估算：

（1）指出稳压电路的几个组成部分各由哪些元件组成。

（2）输出电压的可调范围。

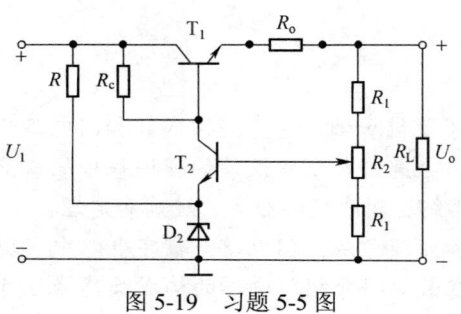

图 5-19　习题 5-5 图

5-6 已知串联型稳压电源如图 5-20 所示，输出电压 U_O 的可调范围为 5～15V，最大负载电流 I_{Omax}=800mA，R_1=R_3=1kΩ，电网电压波动范围为±10%。试问：

（1）稳压管 D_Z 的稳定电压 U_Z=?　R_2=?

（2）若 T_1 饱和管压降 U_{CES}=3V，则为使电路正常工作，在电网电压为 220V 时，滤波电容上的电压 U_C 至少应为多少？

（3）若集成运放输出的最大电流为 0.8mA，则调整管的电流放大系数至少应为多少？

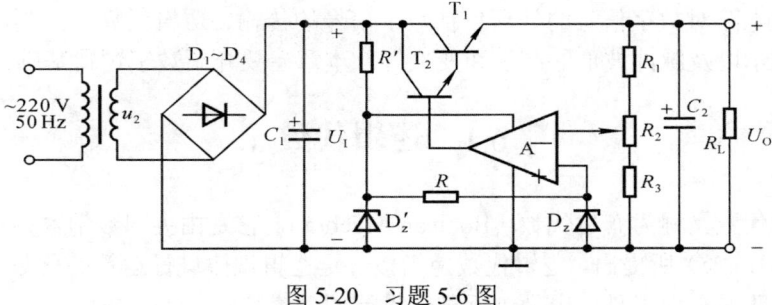

图 5-20　习题 5-6 图

第 6 章 数字逻辑基础

 内容提要

本章主要介绍数字逻辑基础，包含逻辑代数和门电路。逻辑代数是分析数字逻辑电路的数学工具，也是进行逻辑设计的理论基础。本章从逻辑变量和逻辑运算的概念出发，主要介绍逻辑代数的公式、规则和定理，逻辑函数及其表示方法，逻辑函数的化简方法和变换方法；门电路是数字电路中实现各种逻辑运算关系的基本单元电路，本章在最后将介绍门电路的构成及其外部特性。

自然界中存在着形形色色的物理量，如时间、距离、温度、流量等，我们可以把这些物理量分为模拟量和数字量两大类。所谓模拟量是指某一类物理量的变化在时间上或数值上都是连续的；而另一类物理量的变化在时间上和数量上都是离散的，它们的数值大小和每次的增减变化都是某个最小数量单位的整数倍，小于这个最小数量单位的数值没有任何意义，这一类物理量称为数字量。

表示模拟量的信号称为模拟信号，处理模拟信号的电路称为模拟电路。表示数字量的信号称为数字信号，处理数字信号的电路称为数字电路。

数字电路对数字信号的处理包括数字信号的传输、逻辑运算、控制、计数、寄存、显示以及脉冲波形的产生和变换等。本章主要介绍数字逻辑基础。

6.1 逻辑代数

逻辑代数又称为布尔代数（Boolean Algebra），它是由英国数学家乔治·布尔（George Boole）所提出。逻辑代数是指按一定逻辑规律进行运算的代数，它是分析逻辑电路的有力工具，也是进行逻辑设计的理论基础。

逻辑代数中用字母表示变量，这种变量称为逻辑变量。一般用大写字母 A、B、C、…表示。在二值逻辑中，每个逻辑变量的取值只有 0 和 1 两种可能，这里 0 和 1 已不再表示数量的大小，只代表两种不同的逻辑状态。

6.1.1 逻辑代数中的逻辑运算

逻辑代数中有三种最基本的逻辑运算：与、或、非，也称为逻辑与、逻辑或

和逻辑非，它们可以由相应的逻辑电路来实现。

1. 与运算

逻辑与（逻辑乘）表示这样一种逻辑关系：只有决定事物结果的全部条件同时具备时，结果才发生。例如图 6-1（a）所示的电路是一个简单的与逻辑关系，灯 Y 受两个串联开关 A、B 的控制，仅当开关 A 与 B 同时闭合时，灯 Y 才亮，否则灯灭。

现用"1"表示开关"闭合"及灯"亮"；用"0"表示开关"断开"及灯"灭"。那么可以列出表 6-1 所示的逻辑真值表。所谓逻辑真值表是指把逻辑变量所有可能的取值组合及其对应结果列成的一种表格，可简称为真值表。

表 6-1　与逻辑运算真值表

A	B	Y
0	0	0
0	1	0
1	0	0
1	1	1

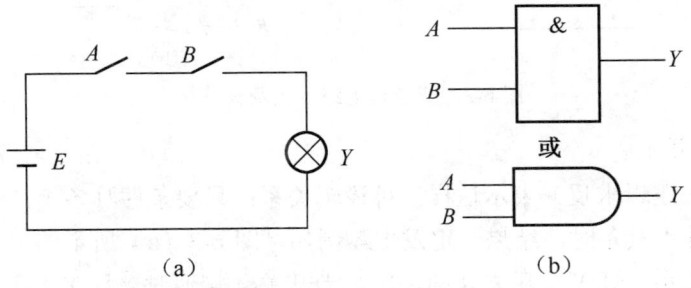

图 6-1　与逻辑电路示例及其符号

上述与逻辑关系还可以表示成如下的逻辑函数式：$Y = A \cdot B$，式中"·"为与的逻辑运算符号。

在逻辑电路中，能实现与运算逻辑功能的电路称为与门，图 6-1（b）为与门的逻辑符号。

2. 或运算

逻辑或（逻辑加）表示这样一种逻辑关系：在决定事物结果的诸条件中只要任何一个满足，结果就会发生。例如图 6-2（a）所示的电路是一个简单的或逻辑关系，灯 Y 受两个并联开关 A、B 的控制，只要 A、B 中任何一个开关闭合时，灯 Y 便亮。

对图 6-2 所示的电路可以列出表 6-2 所示的或逻辑运算真值表,也可以写出如下的或逻辑函数式:$Y = A + B$,式中"+"为或的逻辑运算符号。

在逻辑电路中,能实现或运算逻辑功能的电路称为或门,图 6-2(b)为或门的逻辑符号。

表 6-2 或逻辑运算真值表

A	B	Y
0	0	0
0	1	1
1	0	1
1	1	1

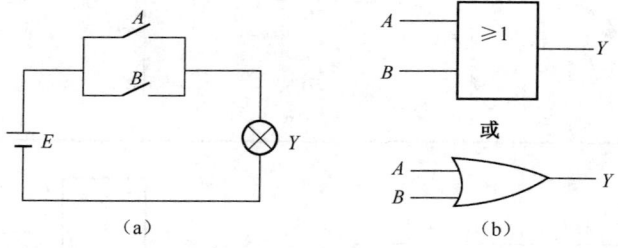

图 6-2 或逻辑电路示例及其符号

3. 非运算

逻辑非(逻辑求反)表示这样一种逻辑关系:只要条件具备了,结果便不会发生;而条件不具备时,结果一定发生。例如,图 6-3(a)所示的电路是一个简单的非逻辑关系,灯 Y 受开关 A 的控制,当开关 A 接通时,灯 Y 不亮;当开关 A 断开时,灯 Y 反而亮。

对图 6-3 所示的电路可以列出表 6-3 所示的非逻辑运算真值表,也可以写出如下的非逻辑函数式:$Y = \overline{A}$。通常 A 称为原变量,$\overline{A}$ 称为反变量。

在逻辑电路中,能实现非运算逻辑功能的电路称为非门(也叫反相器),图 6-3(b)为非门的逻辑符号。

表 6-3 非逻辑运算真值表

A	Y
0	1
1	0

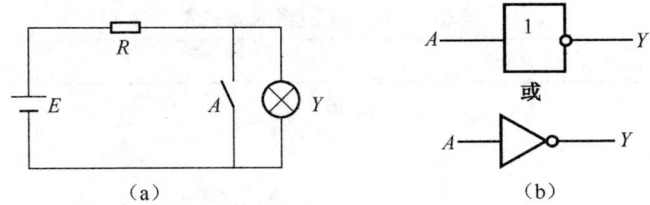

图 6-3 非逻辑电路示例及其符号

4. 复合逻辑运算

实际的逻辑问题往往比与、或、非复杂得多，不过它们都可以用与、或、非的组合来实现。常见的复合逻辑运算有与非、或非、与或非、异或、同或等。图 6-4 给出了这些复合逻辑运算的逻辑符号，表 6-4 至表 6-8 是它们的真值表。

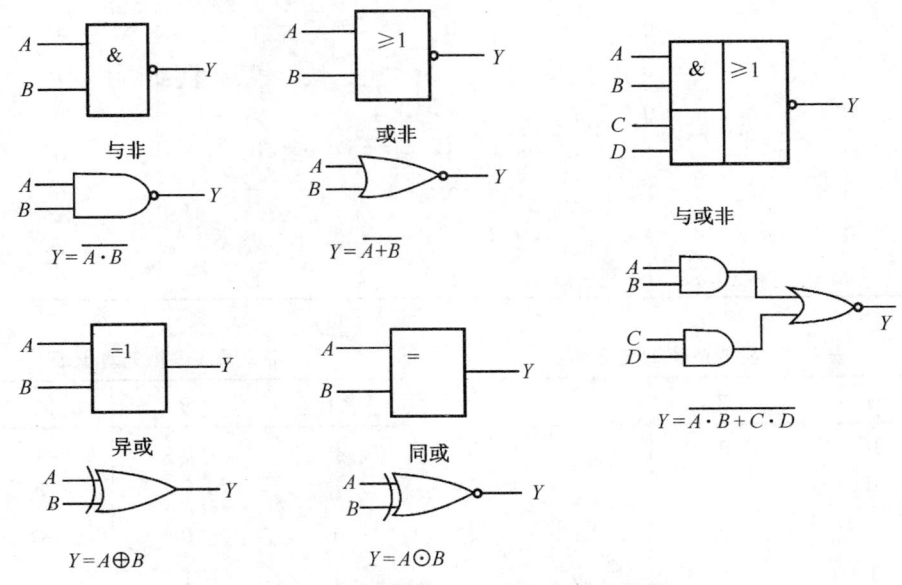

图 6-4 复合逻辑的图形符号和运算符号

表 6-4 与非逻辑的真值表				表 6-5 或非逻辑的真值表		
A	B	Y		A	B	Y
0	0	1		0	0	1
0	1	1		0	1	0
1	0	1		1	0	0
1	1	0		1	1	0

表 6-6 与或非逻辑的真值表

A	B	C	D	Y
0	0	0	0	1
0	0	0	1	1
0	0	1	0	1
0	0	1	1	0
0	1	0	0	1
0	1	0	1	1
0	1	1	0	1
0	1	1	1	0
1	0	0	0	1
1	0	0	1	1
1	0	1	0	1
1	0	1	1	0
1	1	0	0	0
1	1	0	1	0
1	1	1	0	0
1	1	1	1	0

表 6-7 异或逻辑的真值表

A	B	Y
0	0	0
0	1	1
1	0	1
1	1	0

表 6-8 同或逻辑的真值表

A	B	Y
0	0	1
0	1	0
1	0	0
1	1	1

在与非逻辑中，将 A、B 先进行与运算，然后将结果求反，最后得到的即 A、B 的与非运算结果，因此与非运算看做是与运算和非运算的组合。图 6-4 中图形符号上的小圆圈表示非运算。

在或非逻辑中，将 A、B 先进行或运算，然后将结果求反，最后得到的即 A、B 的或非运算结果，因此或非运算看做是或运算和非运算的组合。

异或是这样一种逻辑关系：当 A、B 不同时，输出 Y 为 1；当 A、B 相同时，输出 Y 为 0。异或也可以用与、或、非的组合表示。

$$A \oplus B = A \cdot \overline{B} + \overline{A} \cdot B$$

同或与异或相反，当 A、B 相同时，输出 Y 等于 1；当 A、B 不同时，输出 Y 等于 0。同或也可以写成与、或、非的组合形式

$$A \odot B = A \cdot B + \overline{A} \cdot \overline{B}$$

而且，由表 6-7 和表 6-8 可知，异或和同或互为反运算，即

$$A \odot B = \overline{A \oplus B}; \quad \overline{A \odot B} = A \oplus B$$

6.1.2 逻辑代数的公式和定理

1. 逻辑代数的基本公式和定律

逻辑代数的基本公式也叫布尔恒等式，它们反映了逻辑代数运算的基本规律，其正确性都可以用列逻辑真值表的方法加以验证。

（1）常量与变量关系公式

$$A \cdot 1 = A, \quad A \cdot 0 = 0, \quad A + 1 = 1, \quad A + 0 = A, \quad A \cdot \overline{A} = 0$$

（2）变量之间关系公式

交换律：$A \cdot B = B \cdot A, \quad A + B = B + A$

结合律：$(A \cdot B) \cdot C = A \cdot (B \cdot C), \quad (A + B) + C = A + (B + C)$

分配律：$A \cdot (B + C) = A \cdot B + A \cdot C, \quad A + B \cdot C = (A + B) \cdot (A + C)$

互补律：$A + \overline{A} = 1, \quad A \cdot \overline{A} = 0$

重叠律：$A + A = A, \quad A \cdot A = A$

还原律：$\overline{\overline{A}} = A$

反演律（德·摩根定律）：$\overline{A \cdot B} = \overline{A} + \overline{B}, \quad \overline{A + B} = \overline{A} \cdot \overline{B}$

例 6-1 用真值表证明反演律的正确性。

解 已知反演律的公式为

$$\overline{A \cdot B} = \overline{A} + \overline{B}, \quad \overline{A + B} = \overline{A} \cdot \overline{B}$$

将 A、B 所有可能的取值组合逐一代入上式的两边，算出相应的结果，即得到表 6-9 的真值表。可见，等式两边对应的真值表相同，故等式成立。

表 6-9 证明反演律的真值表

A	B	$\overline{A \cdot B}$	$\overline{A} + \overline{B}$	$\overline{A + B}$	$\overline{A} \cdot \overline{B}$
0	0	1	1	1	1
0	1	1	1	0	0
1	0	1	1	0	0
1	1	0	0	0	0

2. 逻辑代数的基本定理

（1）代入定理。在任何一个含有变量 A 的等式中，如果将所有出现 A 的位置都代之以一个逻辑函数式，则等式仍然成立，这就是所谓的代入定理。

例 6-2 已知 $A(B+C)=AB+AC$，若将函数式 $Y=D+E$ 代入已知等式中任一变量（假定为 C）后，此等式仍然成立，试证明之。

证明 等式左边 $=A(B+(D+E))=AB+A(D+E)=AB+AD+AE$

等式右边 $=AB+A(D+E)=AB+AD+AE$

故等式左边=等式右边

为了简化书写，除了乘法运算的"·"可以省略外，对一个乘积项或逻辑项求反时，乘积项或逻辑项外边的括号也可以省略。

例 6-3 用代入定理证明德·摩根定理的多变量情况。

解 已知二变量的德·摩根定理为

$$\overline{A \cdot B} = \overline{A} + \overline{B}, \quad \overline{A+B} = \overline{A} \cdot \overline{B}$$

现以 $(B \cdot C)$ 代入左边等式中 B 的位置，同时以 $(B+C)$ 代入右边等式中 B 的位置，可得到

$$\overline{A \cdot (B \cdot C)} = \overline{A} + \overline{(B \cdot C)} = \overline{A} + \overline{B} + \overline{C}$$

$$\overline{A + (B + C)} = \overline{A} \cdot \overline{(B + C)} = \overline{A} \cdot \overline{B} \cdot \overline{C}$$

（2）反演定理

对于任意一个逻辑式 Y，若将其中所有的"·"换成"+"，"+"换成"·"，0 换成 1，1 换成 0，原变量换成反变量，反变量换成原变量，则得到的结果就是 $\overline{Y}$，这就是所谓的反演定理。

反演定理为求取已知逻辑式的反逻辑式提供了方便。在使用反演定理时还需注意遵循以下两个规则：

1）仍需遵守原逻辑式"先括号、然后乘、最后加"的运算优先次序。

2）不属于单个变量上的非号应保留不变。

例 6-4 已知 $Y_1 = A \cdot \overline{B} + \overline{C} \cdot D$，$Y_2 = AB + \overline{C + \overline{DB} + \overline{BC}}$，求 $\overline{Y_1}$ 和 $\overline{Y_2}$。

解 根据反演定理可写出：

$$\overline{Y_1} = (\overline{A} + B) \cdot (C + \overline{D})$$

$$\overline{Y_2} = (\overline{A} + \overline{B}) \cdot \overline{\overline{C} \cdot (D + \overline{B}) \cdot \overline{B} + \overline{C}}$$

（3）对偶定理

若两逻辑式相等，则它们的对偶式也相等，这就是对偶定理。

所谓对偶式是这样定义的：对于任何一个逻辑式 Y，若将其中的"·"换成"+"，"+"换成"·"，0 换成 1，1 换成 0，则得到一个新的逻辑式 Y'，这个 Y' 就叫做

Y 的对偶式，或者说 Y 和 Y' 互为对偶式。

利用对偶定理，有时可简化证明：为了证明两个逻辑式相等，可以通过证明它们的对偶式相等来完成。

例 6-5 试证明 $A + BC = (A+B)(A+C)$ 。

解 首先写出等式两边的对偶式，得到 $A(B+C)$ 和 $AB + AC$ 。根据基本公式中的分配律可知，这两个对偶式是相等的，亦即 $A(B+C) = AB + AC$ 。由对偶定理即可以确定原来的等式也成立。

3. 若干常用公式

运用上述基本公式和定理可以导出下列常用公式。

（1）$A + A \cdot B = A$，$A \cdot (A + B) = A$

证　$A + A \cdot B = A(1 + B) = A$

可见，在两个乘积项相加时，若其中一项以另一项为因子，则该项是多余的，可以删去。

（2）$A + \overline{A} \cdot B = A + B$

证　$A + \overline{A} \cdot B = (A + \overline{A}) \cdot (A + B) = A + B$

可见，在两个乘积项相加时，若一项取反后是另一项的因子，则此因子是多余的，可以消去。

（3）$A \cdot B + A \cdot \overline{B} = A$

证　$A \cdot B + A \cdot \overline{B} = A(B + \overline{B}) = A \cdot 1 = A$

可见，当两个乘积项相加时，若它们分别含有 B 和 $\overline{B}$ 两个因子而其他因子相同，则两项定能合并，且可将 B 和 $\overline{B}$ 两个因子消去。

（4）$A \cdot (A + B) = A$

证　$A \cdot (A + B) = A \cdot A + A \cdot B = A + A \cdot B = A \cdot (1 + B) = A \cdot 1 = A$

可见，变量 A 与包含变量 A 的或式相乘时，其结果等于 A，即可以将或式消去。

（5）$A \cdot B + \overline{A} \cdot C + B \cdot C = A \cdot B + \overline{A} \cdot C$

证　$A \cdot B + \overline{A} \cdot C + B \cdot C = A \cdot B + \overline{A} \cdot C + (A + \overline{A}) B \cdot C$
$\qquad = A \cdot B + \overline{A} \cdot C + A \cdot B \cdot C + \overline{A} \cdot B \cdot C$
$\qquad = A \cdot B(1 + C) + \overline{A} \cdot C(1 + B)$
$\qquad = A \cdot B + \overline{A} \cdot C$

可见，若两个乘积项中分别包含有因子 A 和 $\overline{A}$，而这两个乘积项的其他因子都是第三个乘积项（可含其他因子）的因子时，则第三个乘积项是多余的，可以消去。

（6）$A \cdot \overline{A \cdot B} = A \cdot \overline{B}$；$\overline{A} \cdot \overline{A \cdot B} = \overline{A}$

证 1) $A \cdot \overline{A \cdot B} = A \cdot (\overline{A} + \overline{B}) = A \cdot \overline{A} + A \cdot \overline{B} = A \cdot \overline{B}$

上式说明，当 A 和一个乘积项的非相乘，且 A 为该乘积项的因子时，则 A 这个因子可以消去。

2) $\overline{A} \cdot \overline{A \cdot B} = \overline{A} \cdot (\overline{A} + \overline{B}) = \overline{A} + \overline{A} \cdot \overline{B} = \overline{A}$

上式说明，当 $\overline{A}$ 和一个乘积项的非相乘，且 A 为该乘积项的因子时，其结果就等于 $\overline{A}$。

6.2 逻辑函数及其表示方法

6.2.1 逻辑函数的概念

在实际问题中，往往是用与、或、非这三种逻辑运算符号把有关的逻辑变量连接起来，以构成一定的逻辑关系。例如图 6-5 是楼上楼下都可控制的楼梯照明灯电路。

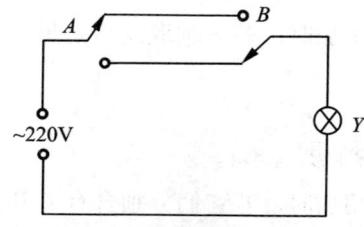

图 6-5 楼梯照明灯电路

图中，单刀双掷开关 A 装在楼上，B 装在楼下。设开关向上合为 1，向下合为 0；灯 Y 亮为 1，灯灭为 0。显然，灯 Y 的状态（亮与灭）是开关 A、B 状态（向上合与向下合）的函数，Y 与 A、B 之间的逻辑函数关系可表示成下式

$$Y = AB + \overline{A}\overline{B}$$

在 A、B 都为 1，或者 A、B 都为 0 时，Y 为 1，即灯亮，否则灯灭。这里，A、B 叫做输入逻辑变量（自变量），Y 叫做输出逻辑变量（因变量）。当 A、B 取值确定后，Y 的值也被确定了，因此 Y 是 A、B 的二值逻辑函数。

由于变量和输出的取值只有 0、1 两种状态，所以我们所讨论的都是二值逻辑函数。

一般，若输入逻辑变量 A、B、C、…的值确定后，其输出变量的值也就被唯一地确定了，则称 Y 为 A、B、C、…的逻辑函数，记做 $Y=F(A、B、C、…)$，即用一个逻辑函数表达式来表示。

6.2.2 逻辑函数的表示方法及其相互转换

常用的逻辑函数表示方法有逻辑真值表（简称真值表）、逻辑函数式、逻辑图和卡诺图等。这一节只介绍前面三种方法。

1. 逻辑函数式

把输出与输入之间的逻辑关系写成与、或、非等运算的组合式，即逻辑代数式，就得到了所需的逻辑函数式。

在图 6-5 电路中，根据对电路功能的要求和与、或、非的逻辑定义，"A 和 B 同时向上合，或 A 和 B 同时向下合时，灯 Y 亮；否则灯 Y 灭"，因此得到的输出逻辑函数式为

$$Y = AB + \overline{A}\,\overline{B}$$

2. 逻辑真值表

将输入变量所有的取值对应的输出值找出来，列成表格，即可得到真值表。

仍以图 6-5 为例，根据电路的工作原理不难知道，只有 A、B 同时为 1 或同时为 0 时，Y 才等于 1；否则 Y 等于 0。于是可以列出电路的真值表，如表 6-10 所示。

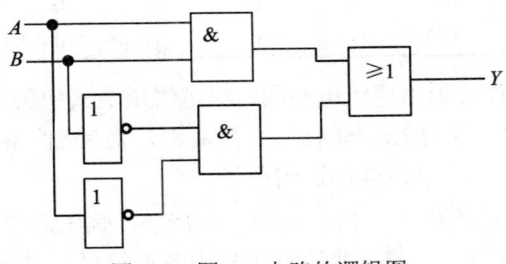

图 6-6　图 6-5 电路的逻辑图

表 6-10　图 6-5 电路的真值表

A	B	Y
0	0	1
0	1	0
1	0	0
1	1	1

3. 逻辑图

将逻辑函数中各变量之间的与、或、非关系用图形符号表示出来，就可以画出表示函数关系的逻辑图。

为了画出图 6-5 所示电路的逻辑图，只要用逻辑运算的图形符号代替逻辑函

数式中的代数运算符号便可得到图 6-6 所示的逻辑图。

4. 各种表示方法间的相互转换

（1）从逻辑函数式列出真值表。将输入变量取值的所有组合状态逐一代入逻辑式求出函数值，列成表，即可得到真值表。

例 6-6 已知逻辑函数式 $Y = \overline{ABC} + AC + \overline{B}C$，求出它对应的真值表。

解 将 A、B、C 的各种取值逐一代入函数式中计算 Y 的值，将计算的结果列表，即得表 6-11 的真值表。

表 6-11　例 6-6 的真值表

A	B	C	$\overline{ABC}$	AC	$\overline{B}C$	Y
0	0	0	0	0	0	0
0	0	1	0	0	1	1
0	1	0	0	0	0	0
0	1	1	1	0	0	1
1	0	0	0	0	0	0
1	0	1	0	1	1	1
1	1	0	0	0	0	0
1	1	1	0	0	0	1

（2）从逻辑函数式画出逻辑电路图。将逻辑函数式中所有的与、或、非运算符号用图形符号代替，并依据"先括号，然后乘，最后加"的运算优先顺序把这些图形符号连接起来，就可以画出逻辑图了。

例 6-7 已知逻辑函数 $Y = \overline{ABC} + A\overline{B}C + AB\overline{C}$，画出对应的逻辑电路图。

解 将式中所有的与、或、非运算符号用图形符号代替，并依据运算的优先顺序把这些图形符号连接起来，就得到了图 6-7 的逻辑图。

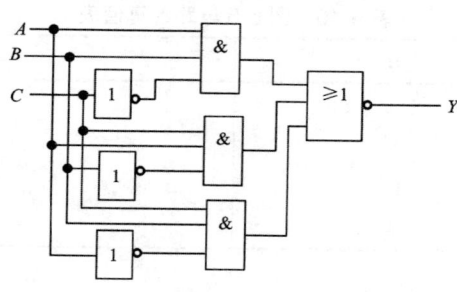

图 6-7　例 6-7 的逻辑图

（3）从逻辑图写出逻辑函数式。从输入端到输出端逐级写出每个图形符号对应的逻辑式，就可以得到最后的逻辑函数式了。

例 6-8 已知函数的逻辑图如图 6-8 所示。试写出它的逻辑函数式。

解 从输入端 A、B 开始逐个写出每个图形符号输出端的逻辑式，即得到

$$Y = \overline{\overline{A+B} + \overline{\overline{A}+\overline{B}}}$$

将该式变换后可得

$$Y = \overline{\overline{A+B} + \overline{\overline{A}+\overline{B}}} = (A+B)(\overline{A}+\overline{B}) = \overline{A}B + A\overline{B} = A \oplus B$$

可见，输出 Y 和输入 A、B 之间是异或逻辑关系。

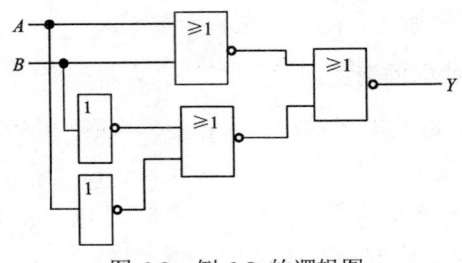

图 6-8　例 6-8 的逻辑图

（4）从真值表写出逻辑函数式。

例 6-9 已知一个奇偶判别函数的真值表如表 6-12 所示，试写出它的逻辑函数式。

表 6-12　例 6-9 的函数真值表

A	B	C	Y
0	0	0	0
0	0	1	0
0	1	0	0
0	1	1	1…→ $\overline{A}BC$
1	0	0	0
1	0	1	1…→ $A\overline{B}C$
1	1	0	1…→ $AB\overline{C}$
1	1	1	0

解 由真值表可见，只有当 A、B、C 三个输入变量中两个同时为 1 时，Y 才为 1。因此，在输入变量取值为以下 3 种情况时，Y 将等于 1

$A=0$，$B=1$，$C=1$

$A=1$，$B=0$，$C=1$

$A=1$，$B=1$，$C=0$

而当 $A=0$、$B=1$、$C=1$ 时，必然使乘积项 $\overline{A}BC=1$；当 $A=1$、$B=0$、$C=1$ 时，

必然使乘积项 $\overline{A}BC$=1；而当 A=1、B=1、C=0 时，必然使乘积项 $AB\overline{C}$=1，因此 Y 的逻辑函数式应当等于这 3 个乘积项之和，即

$$Y = \overline{A}\overline{B}C + \overline{A}BC + AB\overline{C}$$

通过例 6-9 可以总结出从真值表写出逻辑函数式的一般方法如下：

1）找出真值表中使逻辑函数 Y=1 的那些输入变量取值的组合。

2）每组输入变量取值的组合对应一个乘积项，其中取值为 1 的写成原变量，取值为 0 的写成反变量。

3）将这些乘积项相加，即得 Y 的逻辑函数式。

6.2.3 逻辑函数的标准形式

在讲述逻辑函数的标准形式之前，先介绍一下最小项的概念及其性质。

1. 最小项的概念及其性质

（1）最小项。在 n 变量的逻辑函数中，若 m 是包含 n 个因子的乘积项，这 n 个变量均以原变量或反变量的形式在 m 中出现一次，且仅出现一次，则称 m 为这组变量的最小项。

在最小项中，变量可以是原变量的形式，也可以是反变量的形式，因此 n 个变量就有 2^n 个最小项。例如 A、B、C 三个变量的最小项有 $\overline{A}\overline{B}\overline{C}$、$\overline{A}\overline{B}C$、$\overline{A}B\overline{C}$、$\overline{A}BC$、$A\overline{B}\overline{C}$、$A\overline{B}C$、$AB\overline{C}$、$ABC$，共 8（$2^3$）个最小项。

输入变量的每一组取值都使对应的一个最小项逻辑值等于 1。例如在 3 变量 A、B、C 的最小项中，当 A=1，B=1，C=0 时，使 $AB\overline{C}$=1。如果把 $AB\overline{C}$ 的取值 110 看做一个二进制数，那么它所对应的十进制数就是 6。为了今后使用的方便，将 $AB\overline{C}$ 这个最小项记做 m_6。按照这一约定，依次类推，可列出三变量最小项编号表，如表 6-13 所示。

表 6-13 三变量最小项的编号表

最小项	使最小项为 1 的变量取值			对应的十进制数	编号
	A	B	C		
$\overline{A}\overline{B}\overline{C}$	0	0	0	0	m_0
$\overline{A}\overline{B}C$	0	0	1	1	m_1
$\overline{A}B\overline{C}$	0	1	0	2	m_2
$\overline{A}BC$	0	1	1	3	m_3
$A\overline{B}\overline{C}$	1	0	0	4	m_4
$A\overline{B}C$	1	0	1	5	m_5
$AB\overline{C}$	1	1	0	6	m_6
ABC	1	1	1	7	m_7

（2）最小项的性质。从最小项的定义出发，可以证明最小项具有如下重要性质：
1）在输入变量的任何取值下必有一个最小项，而且仅有一个最小项的值为 1。
2）全体最小项之和为 1。
3）任意两个最小项的乘积为 0。
4）具有逻辑相邻性的两个最小项之和可以合并成一项并消去一对因子。

若两个最小项只有一个因子不同，则称这两个最小项具有逻辑相邻性。例如 $AB\bar{C}$ 和 $\bar{A}B\bar{C}$ 两个最小项仅第一个因子不同，所以它们具有逻辑相邻性。将这两个最小项相加时，定能合并成一项并将那一对不同的因子消去。

$$AB\bar{C} + \bar{A}B\bar{C} = (A + \bar{A})B\bar{C} = B\bar{C}$$

2. 逻辑函数的标准形式

利用 $A + \bar{A} = 1$ 可以把任何一个逻辑函数化为最小项之和的标准形式。这种标准形式在计算机辅助分析和设计中得到了广泛的应用。

例 6-10 将下列逻辑函数展开为最小项之和的标准形式。

（1）$Y_1 = AB + B\bar{C}$

（2）$Y_2 = \bar{A}BC + AB\bar{C}\bar{D} + CD$

解 $Y_1 = AB + B\bar{C} = AB(\bar{C} + C) + (\bar{A} + A)B\bar{C}$
$= ABC + AB\bar{C} + AB\bar{C} + \bar{A}B\bar{C} = \sum_i m_i \quad (i = 2, 6, 7)$

$Y_2 = \bar{A}BC + AB\bar{C}\bar{D} + CD = \bar{A}BC(\bar{D} + D) + AB\bar{C}\bar{D} + (\bar{A} + A)(\bar{B} + B)CD$
$= \bar{A}BC\bar{D} + \bar{A}BCD + AB\bar{C}\bar{D} + ABCD + \bar{A}BCD + A\bar{B}CD + \bar{A}\bar{B}CD$
$= m_7 + m_6 + m_{12} + m_{15} + m_{11} + m_3 = \sum_i m_i \quad (i = 3, 6, 7, 11, 12, 15)$

6.3　逻辑函数的化简

6.3.1　逻辑函数最简的概念

一个具体的问题经过逻辑抽象得到的逻辑函数表达式，不一定是最简单的逻辑表达式。在进行逻辑运算时往往会看到，同一个逻辑函数可以写成不同的逻辑表达式，而这些逻辑表达式的简繁程度往往相差甚远。逻辑表达式越是简单，它所表示的逻辑关系越明显，同时也有利于用最少的电子器件实现这个逻辑函数。因此，通常需要通过化简的手段找出逻辑函数的最简形式。

例如，有两个逻辑函数

$$Y = \overline{A}B\overline{C} + \overline{A}BC + ABC \qquad (6\text{-}1)$$
$$Y = \overline{A}B + BC \qquad (6\text{-}2)$$

将它们的真值表列出后可知，它们是同一个逻辑函数。显然式（6-2）比（6-1）式简单得多。式（6-1）和（6-2）都是由几个乘积项相加组成的，我们把这种形式的逻辑式称为与或逻辑式，或叫做逻辑函数的"积之和"形式。

在与或逻辑式中，若其中包含的乘积项已经最少，而且每个乘积项里的因子也不能再减少时，则称此逻辑函数式为最简形式。

化简逻辑函数的目的就是要消去多余的乘积项和每个乘积项中多余的因子，以得到逻辑函数的最简形式。一个逻辑函数的乘积项少，表明电路所需元器件少；而每个乘积项中的因子少，表明电路的连线少。这样不但降低了电路的成本，又提高了设备的可靠性。所以，简化逻辑函数是逻辑设计中的重要步骤。

在用门电路实现式（6-2）的逻辑函数时，需要使用与门和或门两种类型的器件。实际应用中，有时只能使用一种门实现电路。例如，只有与非门一种器件，这时就必须将式（6-2）变换成全部由与非运算组成的逻辑式，才能使用与非门实现这个逻辑函数。为此，可利用摩根定理将式（6-2）变换成

$$Y = \overline{\overline{\overline{A}B + BC}} = \overline{\overline{\overline{A}B} \cdot \overline{BC}} \qquad (6\text{-}3)$$

式（6-3）的形式称为与非—与非逻辑式。事实上，前面对与或逻辑式最简形式的定义，对其他形式的逻辑式同样也适用，即函数式中相加的乘积项不能再减少，而且每项中相乘的因子不能再减少时，则此函数式为最简形式。

由于逻辑代数的基本公式和常用公式多以与或形式给出，用于化简与或逻辑函数比较方便，所以下面主要讨论与或逻辑函数式的化简。有了最简与或式以后，再通过公式变换就可以得到其他类型的函数式了。究竟应该将函数式变换成什么形式，要视所用的门电路而定。

例 6-11 将逻辑函数 $Y = \overline{(A+\overline{B})(\overline{A}+D)AC + BC}$ 化为与非与非形式。

解 首先将 Y 化成标准的最简与或式

$$Y = \overline{(A+\overline{B})(\overline{A}+D)AC + BC}$$
$$= (\overline{A+\overline{B}} + \overline{\overline{A}+D})AC + BC$$
$$= (\overline{A}B + A\overline{D})AC + BC$$
$$= AC\overline{D} + BC$$

再根据 $Y = \overline{\overline{Y}}$，并利用摩根定理即得到 Y 的与非与非式

$$Y = \overline{\overline{AC\overline{D} + BC}} = \overline{\overline{AC\overline{D}} \cdot \overline{BC}}$$

6.3.2 逻辑函数的代数化简法

逻辑函数的代数化简法，就是利用逻辑代数的基本公式和常用公式反复消去函数式中多余的乘积项和多余的因子，以求得函数式的最简形式。

代数化简法没有固定的步骤。现将经常使用的方法归纳如下。

1. 并项法

利用公式 $AB + A\bar{B} = A$，可以将两项合并为一项，并消去 B 和 $\bar{B}$ 这一对因子。而且，根据代入定理可知，A 和 B 都可以是任何复杂的逻辑式。

例 6-12 试用并项法化简下列逻辑函数。

$$Y_1 = \overline{A}BC + AC + \bar{B}C$$

$$Y_2 = \overline{ABCD} + \overline{\overline{ABCD}}$$

解 $Y_1 = \overline{A}BC + AC + \bar{B}C = \overline{A}BC + (A + \bar{B})C = \overline{A}BC + \overline{\overline{A}BC} = C$

$Y_2 = \overline{ABCD} + \overline{\overline{ABCD}} = (\overline{ABC} + \overline{\overline{ABC}})D = D$

2. 吸收法

利用公式 $A + AB = A$ 可以将 AB 消去，A 和 B 同样也可以是任何一个复杂的逻辑式。

例 6-13 试用吸收法化简下列逻辑函数。

$$Y_1 = A\bar{B} + A\bar{B}D + A\bar{B}\overline{C}D$$

$$Y_2 = \overline{AB} + \overline{A}CD + \bar{B}CD + \bar{B}CDEF$$

解 $Y_1 = A\bar{B} + A\bar{B}D + A\bar{B}\overline{C}D = A\bar{B}(1 + D + \overline{C}D) = A\bar{B}$

$Y_2 = \overline{AB} + \overline{A}CD + \bar{B}CD + \bar{B}CDEF = \bar{A} + \bar{B} + \overline{A}CD + \bar{B}CD = \bar{A} + \bar{B}$

3. 消项法

利用 $AB + \overline{A}C + BC = AB + \overline{A}C$ 及 $AB + \overline{A}C + BCD = AB + \overline{A}C$ 将项 BC 及 BCD 消去。其中 A、B、C、D 都可以是任何复杂的逻辑式。

例 6-14 用消项法化简下列逻辑函数。

$$Y_1 = \overline{A}BC + \overline{\overline{A}BD} + CDEF$$

$$Y_2 = ABC + \overline{ABC} + A\bar{B}D + \bar{A}BD + \overline{A}BCD + BCD\bar{E}$$

解 $Y_1 = \overline{A}BC + \overline{\overline{A}BD} + CDEF = \overline{A}BC + \overline{\overline{A}BD}$
$= \overline{A}BC + (A + \bar{B})D = \overline{A}BC + AD + \bar{B}D$

$Y_2 = ABC + \overline{ABC} + A\bar{B}D + \bar{A}BD + \overline{A}BCD + BCD\bar{E}$
$= (AB + \overline{AB})C + (A\bar{B} + \bar{A}B)D + BCD(\bar{A} + \bar{E})$

$$= \overline{(A \oplus B)}C + (A \oplus B)D + CD(B\overline{AE})$$
$$= \overline{(A \oplus B)}C + (A \oplus B)D$$

4. 配项法

利用公式 $A + A = A$ 可以在逻辑函数式中重复写入某一项，有时能获得更加简单的结果；利用公式 $A + \overline{A} = 1$ 可以在函数式中的某一项乘以 $(A + \overline{A})$，然后拆成两项分别与其他项合并，有时能得到更加简单的化简结果。

例 6-15 试化简下列逻辑函数。
$$Y_1 = AB\overline{C} + \overline{A}BC + ABC$$
$$Y_2 = \overline{A}\overline{B} + \overline{B}\overline{C} + BC + AB$$

解 $Y_1 = AB\overline{C} + \overline{A}BC + ABC = (AB\overline{C} + ABC) + (\overline{A}BC + ABC) = AB + BC$

$Y_2 = \overline{A}\overline{B} + \overline{B}\overline{C} + BC + AB$
$= \overline{A}\overline{B}(C + \overline{C}) + \overline{B}\overline{C} + (A + \overline{A})BC + AB$
$= \overline{A}\overline{B}C + \overline{A}\overline{B}\overline{C} + \overline{B}\overline{C} + ABC + \overline{A}BC + AB$
$= AB + \overline{B}\overline{C} + \overline{A}C(B + \overline{B})$
$= AB + \overline{B}\overline{C} + \overline{A}C$

5. 消去因子法

利用公式 $A + \overline{A}B = A + B$ 可将 $\overline{A}B$ 中的 $\overline{A}$ 消去。A、B 均可以是任何复杂的逻辑式。

例 6-16 试用消因子法化简下列逻辑函数。
$$Y_1 = \overline{A} + ABC$$
$$Y_2 = AB + \overline{A}C + \overline{B}C$$

解 $Y_1 = \overline{A} + ABC = \overline{A} + BC$

$Y_2 = AB + \overline{A}C + \overline{B}C = AB + (\overline{A} + \overline{B})C = AB + \overline{AB}C = AB + C$

在化简复杂的逻辑函数时，往往需要灵活、交替地综合运用上述方法，才能得到最后的化简结果。

例 6-17 化简逻辑函数。
$$Y = B\overline{C} + AB\overline{C}E + \overline{B}(\overline{\overline{A}D + AD}) + B(\overline{A}D + A\overline{D})$$

解 $Y = B\overline{C} + AB\overline{C}E + \overline{B}(\overline{\overline{\overline{A}D + AD}}) + B(\overline{A}D + A\overline{D})$
$= B\overline{C}(1 + AE) + \overline{B}(\overline{A \oplus D}) + B(A \oplus D)$
$= B\overline{C} + A \oplus D$

6.3.3 逻辑函数的卡诺图化简法

用代数法化简逻辑函数时，往往要依靠经验技巧，规律性不强，当变量较少时，采用卡诺图法化简逻辑函数则比较直观。

1. 卡诺图的构成

将 n 变量逻辑函数的全部最小项各用一个小方块表示，并使具有逻辑相邻性的最小项在几何位置上也相邻地排列起来，所得到的图形称为 n 变量的卡诺图。它的得名来自于它的提出者——美国工程师卡诺（Karnaugh）。卡诺图也是逻辑函数的一种表示方法。

图 6-9（a）（b）（c）（d）分别为二到五变量的卡诺图。相应的最小项可用变量的标准积来标出，也可以用最小项 m_i 来标出。

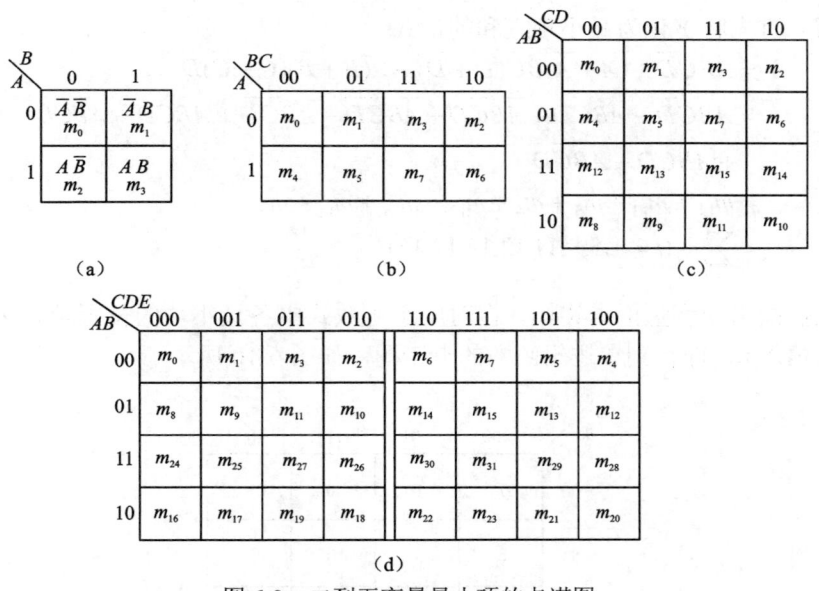

图 6-9 二到五变量最小项的卡诺图

图形两侧标注的 0 和 1 表示使对应小方格内的最小项为 1 的变量取值。同时，这些 0 和 1 组成的二进制所对应的十进制数大小也就是对应最小项的编号。

为了保证图中几何位置相邻的最小项在逻辑上也具有相邻性，在制作卡诺图时要特别注意变量组合值的排列规则。其原则是，每行（列）与相邻行（列）之间的变量组合值中，仅有一个变量发生变化（0→1 或 1→0）。相邻行（列）是指上下及左右相邻，也包括紧靠上下两边及紧靠左右两边的行、列相邻。因此，从几何位置上应当把卡诺图看成是上下、左右闭合的图形。

综上所述，卡诺图的特点是：n 个变量的卡诺图具有 2^n 个小方块，它们分别与 2^n 个最小项相对应。相邻两个小方块中变量仅有一个发生变化，其他的都相同；反过来，仅有一个变量发生变化的小方块是相邻的小方块。

2. 逻辑函数的卡诺图表示

既然任何一个逻辑函数都能表示为若干最小项之和的形式，那么自然也就可以设法用卡诺图来表示任意一个逻辑函数。具体方法是首先把逻辑函数化为最小项之和的形式，然后在卡诺图上与这些最小项对应的位置填入 1，其余位置上填入 0，就得到了表示该逻辑函数的卡诺图。也就是说，任何一个逻辑函数都等于它的卡诺图中填入 1 的那些最小项之和。

例 6-18 用卡诺图表示下列逻辑函数。

$$Y = ABC\overline{D} + B\overline{C} + AD$$

解 首先将 Y 化为最小项之和的形式

$$\begin{aligned}
Y &= ABC\overline{D} + (A + \overline{A})B\overline{C}(D + \overline{D}) + A(B + \overline{B})(C + \overline{C})D \\
&= ABC\overline{D} + AB\overline{C}D + \overline{A}B\overline{C}D + AB\overline{C}\overline{D} + \overline{A}B\overline{C}\overline{D} + ABCD + A\overline{B}CD \\
&\quad + AB\overline{C}D + A\overline{B}\overline{C}D \\
&= m_{14} + m_{13} + m_5 + m_4 + m_{12} + m_{15} + m_{11} + m_9 \\
&= \sum_i m_i \, (i = 4, 5, 9, 11, 12, 13, 14, 15)
\end{aligned}$$

然后画出四变量的卡诺图，在对应于函数式中各最小项的位置填入 1，其余位置上填入 0，即得到该逻辑函数的卡诺图，如图 6-10 所示。

A\\C B\\D	00	01	11	10
00	0	0	0	0
01	1	1	0	0
11	1	1	1	1
10	0	1	1	0

图 6-10 例 6-18 的卡诺图

3. 用卡诺图化简逻辑函数

利用卡诺图化简逻辑函数的方法称为卡诺图化简法或图形化简法。化简的基本方法是合并相邻最小项，并消去不同的因子。从卡诺图的结构可知，由于在卡诺图中几何位置的相邻性与逻辑上的相邻性是一致的,因而相邻小方块所对应的最小项只有一个变量发生变化,其余取值相同。因此,利用公式 $AB + A\bar{B} = A$ 可把卡诺图上相邻小方块所对应的最小项合并为一个乘积项,并消去互补的变量因子。

(1) 合并最小项的规则

1) 若两个最小项相邻,则可合并为一项并消去一对因子。合并后的结果中只剩下公共因子。

2) 若四个最小项相邻并排列成一个矩形(或正方形)组,则可合并为一项并消去两对因子。合并后的结果中只包含公共因子。

3) 若八个最小项相邻并排列成一个矩形(或正方形)组,则可合并为一项并消去三对因子。合并后的结果中只包含公共因子。

例如,已知某四变量的卡诺图如图 6-11 所示。由图可见,m_2 和 m_{10} 是两个逻辑值为 1 的上下相邻最小项,这两个最小项 $\overline{A}B\overline{C}\overline{D}$ 及 $A\overline{B}C\overline{D}$ 之间只有 A 变量发生变化(互补),可将其圈起来,作为一方格圈,合并后将 A 和 $\bar{A}$ 这一对因子消去,只剩下公共因子 $\overline{B}C\overline{D}$。

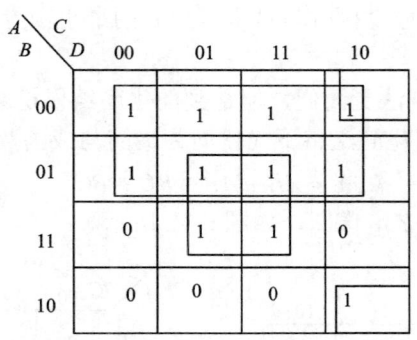

图 6-11 相邻最小项合并举例

m_5、m_7、m_{13} 和 m_{15} 是 4 个逻辑值为 1 的相邻最小项,合并后得到
$$\overline{A}B\overline{C}D + \overline{A}BCD + AB\overline{C}D + ABCD = \overline{A}BD(\overline{C}+C) + ABD(C+\overline{C})$$
$$= (A+\overline{A})BD = BD$$

可见,合并后消去了 A 和 $\bar{A}$、C 和 $\bar{C}$ 两对因子,只剩下公共因子 B 和 D。

同理,$m_0 \sim m_7$ 是八个逻辑值为 1 的相邻最小项,合并后得到结果为 $\bar{A}$。

至此,可以归纳出合并最小项的一般规则是:如果有 2^n 个最小项相邻 ($n = 1, 2, \cdots$) 并排列成一个矩形组,则它们可以合并为一项,并消去 n 对因子,合并后的结果中仅包含这些最小项的公共因子。

（2）卡诺图化简法的步骤

用卡诺图化简逻辑函数可以按照如下步骤进行：

1）将函数化为最小项之和的形式。
2）画出表示该逻辑函数的卡诺图。
3）找出可以合并的最小项（画方格圈）。
4）得到化简后的乘积项及其逻辑或的结果。

方格圈的选取原则是：

1）用卡诺图化简逻辑函数时，每一个最小项（也就是填有 1 的小方块）必须被圈，不能遗漏。

2）某一个最小项可以多次被圈，但每次被圈时，圈内至少包含一个新的最小项。

3）圈越大，则消去的变量越多，合并项越简单。圈内小方块的个数应是 $N=2^i$ ($i = 0, 1, 2, \cdots$)。

4）合并时应检查是否最简。即在保证乘积项最少的前提下，各乘积项变量的因子应最少。在卡诺图上乘积项最少也就是可合并的最小项组成的方格圈数目最少，而各乘积项的因子最少也就是每个可合并的最小项方格圈中应包含尽可能多的最小项。

5）有时用圈 0 的方法更简便，但得到的化简结果是原函数的反函数。

例 6-19 用卡诺图化简法将下式化简为最简与或函数式。

$$Y = \overline{A}B + A\overline{B} + B\overline{C} + \overline{B}C$$

解 首先画出函数 Y 卡诺图，如图 6-12 所示。

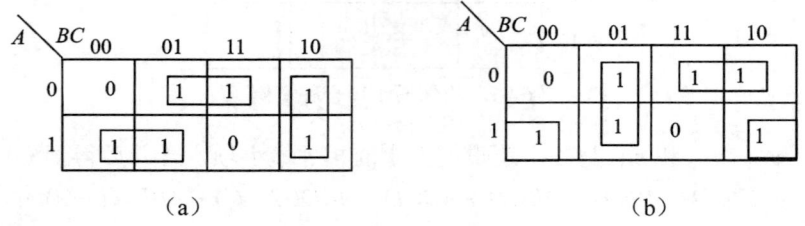

图 6-12 例 6-19 的卡诺图

其次，需要找出可以合并的最小项。将可以合并的最小项圈出，由图 6-12（a）和（b）可见，有两种合并最小项的方案。如果按图 6-12（a）合并最小项得到

$$Y = A\overline{B} + \overline{A}C + B\overline{C}$$

而按图 6-12（b）合并最小项则得到

$$Y = A\overline{C} + \overline{A}B + \overline{B}C$$

两个化简结果都符合最简与或式的标准。因此有时一个逻辑函数化简结果不是唯一的。

例 6-20 用卡诺图化简法将下式化简为最简与或函数式。

$$Y = \overline{A}\overline{B}\overline{C}D + BCD + \overline{A}D + \overline{A}\overline{B}\overline{C}$$

解 首先画出函数 Y 卡诺图，如图 6-13 所示。事实上，在填写 Y 的卡诺图时，并不一定要将 Y 化为最小项之和的形式。例如式中 $\overline{A}D$ 项，在填写 Y 的卡诺图时可以直接在卡诺图上对应 $A = 0$，$D = 1$ 的空格里填入 1。按照这种方法，就可以省去将 Y 化为最小项之和这一步骤了。

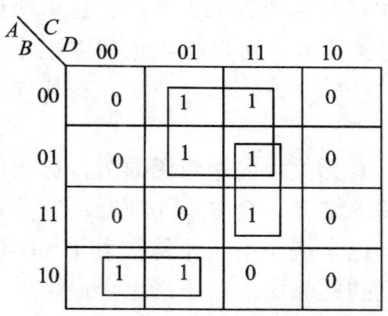

图 6-13 例 6-20 的卡诺图

然后，把可以合并的最小项圈出，并得到最简与或函数式如下

$$Y = \overline{A}D + BCD + A\overline{B}\overline{C}$$

4. 具有无关项的逻辑函数及其化简

前面讨论的逻辑函数，对应任意一组输入变量值，函数都有确定的输出：或为 1，或为 0。若有 n 个输入变量，则其共有 2^n 个输入变量的组合值，然而，在实际情况中会遇到这样的逻辑函数：它有 n 个输入变量，但函数值仅取决于其中的 K 个组合值，而与 $(2^n - K)$ 个组合值无关。有两种情况可使这 $(2^n - K)$ 个组合值（最小项）不能给函数的输出以确定值。其一是作为输入变量的这 $(2^n - K)$ 个组合值（最小项）在该逻辑函数中不会出现或不允许出现；其二是这 $(2^n - K)$ 个组合值（最小项）出现时，对函数的输出值没有影响。

例如，用 8421BCD 码表示十进制的 10 个数字符号时，只有 0000，0001，…，1001 等 10 种组合有效，而 1010～1111 这 6 种组合是不会出现的。如用 $ABCD$ 表示此 8421BCD 码，则 $\overline{A}B\overline{C}\overline{D}$、$\overline{A}BCD$、$AB\overline{C}\overline{D}$、$AB\overline{C}D$、$ABC\overline{D}$ 和 $ABCD$ 是与这种编码无关的组合。再如计算器的加法、减法、乘法三种运算（分别用 A、B、C 表示），任何时候只允许进行一种操作，不允许两种或三种操作同时进行，即只能是 000、001、010、100 四种情况之一，而 $\overline{A}BC$、$A\overline{B}C$、$AB\overline{C}$ 和 ABC 是被禁

止的,这就是说 A、B、C 是一组具有约束的变量。

一般把逻辑函数的输出值中不会出现或不允许出现的最小项称为约束项。

有时还会遇到在输入变量的某些取值下逻辑函数的输出值是 0 还是 1 皆可,并不影响电路的功能。在这些变量取值下,其值等于 1 的那些最小项称为任意项。

在存在约束项的情况下,由于约束项的值始终等于 0,所以既可以把约束项写进逻辑函数式中,也可以把约束项从逻辑函数中删除而不影响函数值。同样,既可以把任意项写入函数式,也可以不写进去。因为输入变量的取值使这些任意项为 1 时,函数值是 1 还是 0 无所谓。

因此,又把约束项和任意项统称为无关项。这里所说的无关是指是否把这些最小项写入逻辑函数式无关紧要,可以写入也可以删除。

在填卡诺图时,无关项的小方块用×表示。在化简逻辑函数时既可以认为它是 1,也可以认为它是 0。

在利用卡诺图化简具有无关项的逻辑函数时,如果能合理利用这些无关项,一般都可以得到更加简单的结果。合并最小项时,究竟是把卡诺图上的×作为 1(即认为函数式中包含了这个最小项)还是作为 0(即认为函数式中不包含这个最小项)对待,应以得到的相邻最小项矩形组合最大、而且矩形组合的数目最少为原则。

例 6-21 化简具有约束项的逻辑函数。
$$Y = \overline{A}\overline{B}\overline{C}D + \overline{A}\overline{B}C\overline{D} + \overline{A}BCD + \overline{A}BC\overline{D} + A\overline{B}\overline{C}D + A\overline{B}CD + ABC\overline{D} + ABCD$$
约束条件为:
$$\overline{A}\overline{B}\overline{C}D + \overline{A}\overline{B}CD + A\overline{B}\overline{C}\overline{D} = 0$$

解 画出函数 Y 的卡诺图,如图 6-14 所示。

由图可见,若将其中的约束项 m_3、m_7 看成 1,而 m_8 看成 0,则可将 m_2、m_3、m_6、m_7、m_{10}、m_{11}、m_{14} 和 m_{15} 合并为 C,将 m_1、m_3、m_5 和 m_7 合并为 $\overline{A}D$,于是得到
$$Y = C + \overline{A}D$$

例 6-22 试化简逻辑函数。
$$Y = \sum_i m_i \, (i = 0, 2, 4, 6, 8, 9, 10, 11, 12, 13, 14, 15)$$

已知约束条件为:
$$m_1 + m_5 = 0$$

解 首先画出函数 Y 的卡诺图,如图 6-15 所示。

由图可见,将×作为 0 处理,用圈 0 较方便,但化简结果得到的是 $\overline{Y}$,化简结果如下:

则

$$\overline{Y} = \overline{A}D$$
$$Y = A + \overline{D}$$

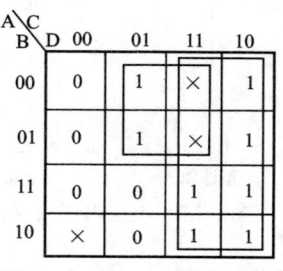

图 6-14 例 6-21 的卡诺图　　图 6-15 例 6-22 的卡诺图

6.4 门电路

门电路是数字电路中最基本的逻辑单元。实现 6.1.1 节所述的基本逻辑运算和复合逻辑运算的单元电路统称为门电路。常用的门电路在逻辑功能上有与门、或门、非门、或非门、与或非门等。本节主要介绍门电路的内部构成和外部特性。

6.4.1 门电路的逻辑状态表示

在数字电路中所谓的门，是指一种开关作用，在一定的输入条件下，它允许信号通过；条件不满足，信号就不能通过。

在数字电路中，往往用高、低电位来表示二值逻辑的 1 和 0 两种逻辑状态，即高电平和低电平。获得高、低输出电平的电路原理可以用图 6-16 来表示。当开关 S 断开时，输出电压 V_O 为高电平；而当 S 接通后，输出便为低电平。

在电子电路中，开关 S 往往是利用控制半导体器件，如半导体二极管、三极管或金属氧化物半导体场效应管（MOS 管）的导通和截止状态来实现。表现在输出上，可以分为高电平和低电平两种状态，即高电位输出和低电位输出两种情况，因此门电路的输入信号和输出信号之间存在二值逻辑关系。既然是二值逻辑，就可用 1 和 0 来表示。若用高电平表示逻辑 1，低电平表示逻辑 0，则称为正逻辑；反之若规定高电平为 0，低电平为 1，则称为负逻辑，如图 6-17 所示。本书中除非特殊说明，一律采用正逻辑。

因为在实际工作时只要能区分出高、低电平就可以知道它所表示的逻辑状态，所以高、低电平都有一个允许的范围。正因为如此，在数字电路中无论是对元器件参数精度的要求，还是对供电电源稳定度的要求，都比模拟电路要低一些。

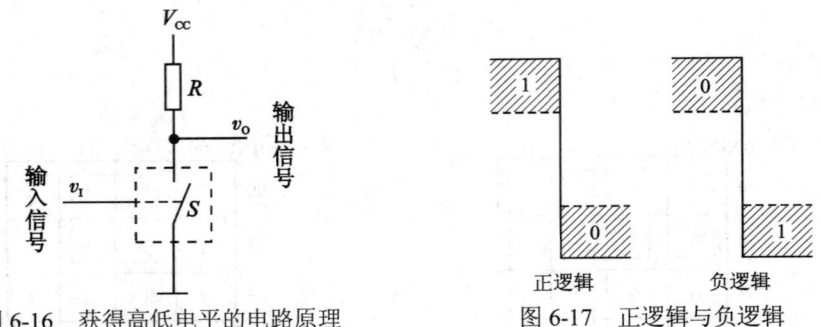

图 6-16 获得高低电平的电路原理　　图 6-17 正逻辑与负逻辑

6.4.2 TTL 集成门电路

数字逻辑系统中，门电路分为分立元件门电路和集成门电路，最常用的是集成门电路。

集成电路（Integrated Circuit，简称 IC）将数字电路中的元器件和连线制作在同一硅片上，因而较之分立元件具有高可靠性和微型化的优点。它是由美国德克萨斯仪器公司率先制作，之后由于应用领域广泛而得到迅速发展，目前已能将数以千万计的半导体三极管集成在一片面积只有几十平方毫米的硅片上。

按照集成度（即每一片硅片中所含的元器件数）的高低，将集成电路分为小规模集成电路（Small Scale Integration，简称 SSI）、中规模集成电路（Medium Scale Integration，简称 MSI）、大规模集成电路（Large Scale Integration，简称 LSI）和超大规模集成电路（Very Large Scale Integration，简称 VLSI）。

根据制造工艺的不同，集成电路又分成双极型和单极型两大类。TTL 电路是目前双极型数字集成电路中用得最多的一种。

1. TTL 反相器（非门）的电路结构和工作原理

反相器（非门）是 TTL 门电路中电路结构最简单的一种。图 6-18 中给出了 74 系列 TTL 反相器的典型电路及芯片管脚图。因为这种类型电路的输入端和输出端均为三极管结构，所以称作三极管—三极管逻辑电路（Transistor-Transistor Logic），简称 TTL 电路。

图 6-18（a）电路由 3 部分组成：T_1、R_1 和 D_1 组成的输入级，T_2、R_2 和 R_3 组成的倒相级，T_4、T_5、D_2 和 R_4 组成的输出级。

设电源电压 $V_{CC}=5V$，输入信号的高、低电平分别为 $V_{IH}=3.4V$，$V_{IL}=0.2V$。PN 结的开启电压 V_{ON} 为 $0.7V$。

由图可见，当 $V_I=V_{IL}$ 时，T_1 的发射结必然导通，导通后 T_1 的基极电位被钳在 $V_{B1}=V_{IL}+V_{ON}=0.9V$。因此，$T_2$ 的发射结不会导通。由于 T_1 的集成极回路电阻是

R_2 和 T_2 的 b-c 结反向电阻之和，阻值非常大，因而 T_1 工作在深度饱和状态，使 $V_{CE(sat)} \approx 0$。这时 T_1 的集电极电流极小，在定量计算时可略去不计。T_2 截至后 V_{C2} 为高电平，而 V_{E2} 为低电平，从而使 T_4 导通、T_5 截止，输出为高电平 V_{OH}。

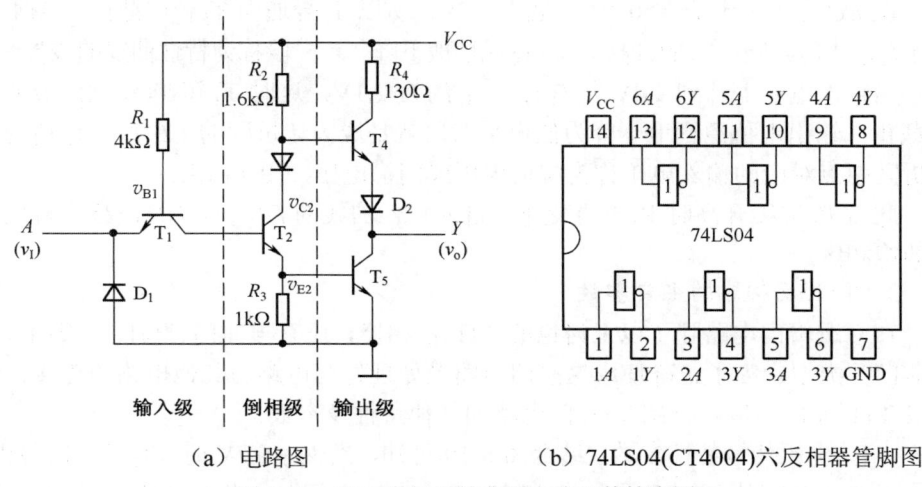

（a）电路图　　　　　　　　　　（b）74LS04(CT4004)六反相器管脚图

图 6-18　TTL 反相器的典型电路及其管脚图

当 $V_I = V_{IH}$ 时，如果不考虑 T_2 的存在，则应有 $V_{B1} = V_{IH} + V_{ON} = 4.1V$。显然，在存在 T_2 和 T_5 的情况下，T_2 和 T_5 的发射结必然同时导通。而一旦 T_2 和 T_5 导通之后，V_{B1} 便被钳在了 2.1V，所以 V_{B1} 实际上不可能等于 4.1V，只能是 2.1V 左右。T_2 导通使 V_{C2} 降低而 V_{E2} 升高，导致 T_4 截止、T_5 导通，输出变为低电平 V_{OL}。

可见输出和输入之间是反向关系，即 $Y = \overline{A}$。

由于 T_2 集电极输出的电压信号和发射极输出的电压信号变化方向相反，所以把这一级叫做倒相级。输出级的工作特点是在稳定状态下 T_4 和 T_5 总是一个导通而另一个截止，这就有效地降低了输出级的静态功耗并提高了驱动负载的能力。通常把这种形式的电路称为推拉式（Push-pull）电路或图腾柱（Totem-pole）输出电路。

D_1 是输入端钳位二极管，它既可以抑制输入端可能出现的负极型干扰脉冲，又可以防止输入电压为负时 T_1 的发射极电流过大，起到保护作用。这个二极管允许通过的最大电流为 20mA。D_2 的作用是确保 T_5 饱和导通时 T_4 能可靠地截止。

2. TTL 反相器的电压传输特性

从使用角度出发，了解集成电路的外部特性是很重要的。如果把图 6-18 反相器电路输出电压随输入电压的变化用曲线描绘出来，就得到了图 6-19 所示的电压传输特性。

在曲线的 AB 段，因为 $V_I<0.6V$，所以 $V_{B1}<1.3V$，T_2 和 T_5 截止而 T_4 导通，故输出为高电平。

$V_{OH} = V_{CC} - v_{R2} - v_{BE4} - v_{D2} \approx 3.4V$，我们把这一段称为特性曲线的截止区。

在 BC 段里，由于 $v_I>0.7V$ 但低于 1.3V，所以 T_2 导通而 T_5 依旧截止。这时 T_2 工作在放大区，随着 v_I 的升高 v_{c2} 和 v_O 线性地下降。这一段称为特性曲线的线形区。

当输入电压上升到 1.4V 左右时，v_{B1} 约为 2.1V，这时 T_2 和 T_5 将同时导通，T_4 截止，输出电位急剧地下降为低电平，这就是成为转折区的 CD 段工作情况。转折区中点对应的输入电压称为阈值电压或门槛电压，用 V_{TH} 表示。

此后 V_I 继续升高时 V_O 不再变化，进入特性曲线的 DE 段。DE 段称为特性曲线的饱和区。

3. TTL 反相器的主要参数

TTL 逻辑门电路除了以上讨论的 TTL 反相器，还有与非门、与门、或门、与或非门等类型。为了正确使用这些门电路及处理好门电路与其他电路的连接，这里以 TTL 非门为例，介绍 TTL 门电路的其他特性及参数。

（1）电压传输特性参数。结合图 6-19 可知，当 $V_I<0.7V$ 时，T_2、T_5 均截止，电压 $V_O \approx 3.4V$ 即图中 AB 段；当 V_I 在 0.7～1.3V 之间时，此时 T_2 导通而 T_5 依然截止，V_O 随 V_I 的增大而线性减小，即 BC 段；当 V_I 增至 1.4V 左右，T_5 开始导通，输出迅速转为低电平，$V_O \approx 0.2V$，即 CD 段；当 $V_I>1.4V$ 时，V_O 不再变化，保持输出为低电平，即 DE 段。

从 TTL 与非门的电压传输特性曲线上，我们可以定义几个重要参数：

1）输出高电平电压 V_{OH}——指电路处于截止状态，即代表逻辑"1"的输出电压。其理论值为 3.4V，$V_{OH(min)}=2.4V$。

2）输出低电平电压 V_{OL}——指电路处于导通状态，即代表逻辑"0"的输出电压。其理论值为 0.2V，$V_{OL(max)}=0.4V$。

3）输入低电平电压上限 $V_{IL(max)}$，关门电平电压 V_{OFF}——指输出电压为 $V_{OH(min)}$ 时对应的输入电压。所以它是输入低电压的最大值，图示约为 1.3V，产品规定为 0.8V。

4）输入高电平电压下限 $V_{IH(min)}$，开门电平电压 V_{ON}——指输出电压为 $V_{OL(max)}$ 时对应的输入电压。所以它是输入高电压的最小值，图示约为 1.4V，产品规定为 2V。

5）阈值电压 V_{TH}——指电压传输特性曲线 CD 段是输出电位从高电平急剧地下降为低电平的转折区，转折区中点对应的输入电压称为阈值电压或门槛电压。V_{TH} 是一个重要参数，估算时认为，$V_I \geqslant V_{TH}$，与非门输出低电平；$V_I \leqslant V_{TH}$，与非门输出高电平。

（2）噪声容限电压。噪声容限电压用来衡量 TTL 门电路的抗干扰能力。前面提到 TTL 门电路的输出高低电平电压不是一个值，而是一个范围。同样，它的输入高低电平电压也有一个范围，即它的输入信号允许一定的容差，称为噪声容限。

在实际应用中总是由若干个门电路组成一个数字系统，前一个门电路的输出电压就是后一个门电路的输入电压。如图 6-20 所示，若前一个门 G_1 输出为低电压，则后一个门 G_2 输入也为低电压，输出为高电压。这时，把 $V_{IL(max)}$ 与 $V_{OL(max)}$ 之差称为低电平噪声容限，用 V_{NL} 来表示，即

低电平噪声容限 $V_{NL}=V_{IL(max)}-V_{OL(max)}=0.8V-0.4V=0.4V$

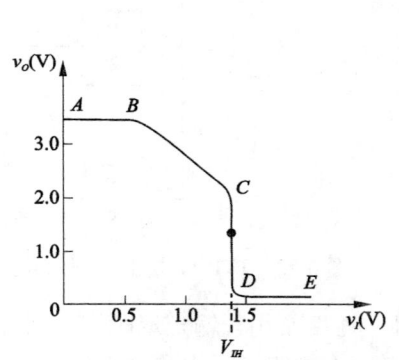

图 6-19　TTL 反相器的电压传输特性

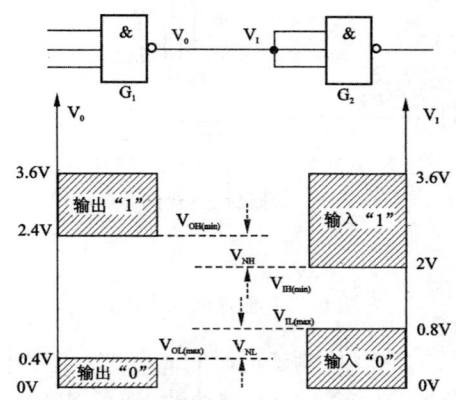

图 6-20　噪声容限图解

若前一个门 G_1 输出为高电压，则后一个门 G_2 输入也为高电压，输出低电压。这时，把 $V_{OH(min)}$ 与 $V_{IH(min)}$ 之差称为高电平噪声容限，用 V_{NH} 来表示，即

高电平噪声容限 $V_{NH}=V_{OH(min)}-V_{IH(min)}=2.4V-2.0V=0.4V$

噪声容限表示门电路的抗干扰能力。V_{NL} 是输入低电平最大允许的干扰电压，V_{NH} 是输入高电平最大允许的干扰电压。显然，噪声容限越大，电路的抗干扰能力越强。通过这一讨论，也可看出二值数字逻辑中的"0"和"1"都允许有一定的容差，这也是数字电路的一个突出的特点。

（3）输入电流与输出电流。输入高电平电流 I_{IH}，指门电路某一输入端接高电平，其余输入端接低电平时，流入该输入端的电流。这个电流是多发射极管基射极的反向漏电流，其值很小，规定最大值为 40μA。

输入低电平电流 I_{IL}：指门电路某一输入端接低电平，其余输入端接高电平时，从该输入端流出的电流。例如从图 6-21 可算出 $I_{IL}=1mA$，产品规定 $I_{IL}\leqslant 1.6mA$。

输出高电平电流 I_{OH}：指门电路输出端为高电平时，从门电路输出端流出的电流。对应于 $V_{OH}\geqslant V_{OH(min)}=2.4V$，产品规定 $I_{OH}\leqslant 0.4mA$。

输出低电平电流 I_{OL}：指门电路输出端为低电平时，从外部流入门电路的电流。

对应于 $V_{OL} \leqslant V_{OL(max)} = 0.4V$,产品规定 $I_{OL} \leqslant 16mA$。

(4) 扇出系数。逻辑门的负载能力用扇出系数表示。扇出系数 N_0 指一个门电路能驱动同类门的最大数目。如图 6-22 为一个 TTL 与非门驱动 N_0 个同类负载门的电路,通过电路的输入输出特性我们可计算出 $N_0 = 10$。即 TTL 电路的扇出系数 N_0 为 10。

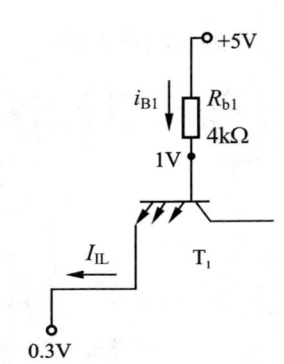

图 6-21 输入低电平电流 I_{IL}

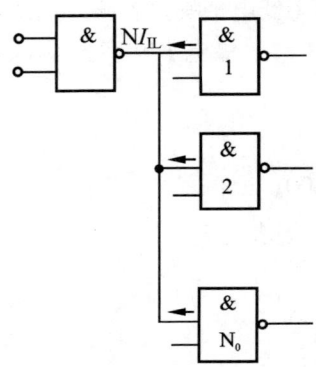

图 6-22 TTL 与非门驱动同类门

(5) 传输延迟时间 t_{pd}。TTL 逻辑门的开关速度常用传输延迟时间 t_{pd} 来表示。当与非门输入一个脉冲波形时,其输出波形有一定的延迟,如图 6-23 所示。设定以下两个延迟时间:

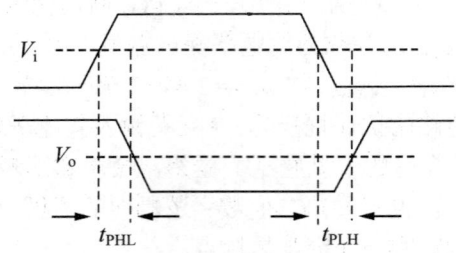

图 6-23 TTL 与非门的传输时间

导通延迟时间 t_{PHL}——从输入波形上升沿的中点到输出波形下降沿的中点所经历的时间。

截止延迟时间 t_{PLH}——从输入波形下降沿的中点到输出波形上升沿的中点所经历的时间。

与非门的传输延迟时间 t_{pd} 是 t_{PHL} 和 t_{PLH} 的平均值,即

$$t_{pd} = \frac{t_{PLH} + t_{PHL}}{2}$$

一般 TTL 与非门传输延迟时间 t_{pd} 的值为几纳秒至十几纳秒。

4. TTL 的特殊门电路

在 TTL 与非门的基本结构上作适当修改可以得到一些特殊的 TTL 逻辑门。本节主要介绍集电极开路门（简称 OC 门）和三态门。

（1）集电极开路门电路

集电极开路门电路，简称 OC 门，图 6-24 是集电极开路的与非门图形符号。与普通 TTL 与非门相比较，该电路少了 T_4，并将输出管 T_5 的集电极开路。工作时，外接上拉电阻 R_L 及电源 V_{CC}，并连接至输出端（即 T_5 的集电极），成为 OC 门的有源负载，则 Y 和 A、B 间符合与非逻辑关系。

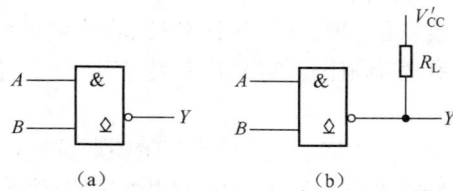

图 6-24 OC 与非门图形符号和使用方法

OC 门在应用中的主要特点是：

1）实现线与功能。工程实践中，有时需要将几个与非门的输出端并联使用，以实现与逻辑，称为线与。TTL 门电路的输出结构决定了它不能线与。将几个 OC 门的输出端相连再接电源 V_{CC} 和上拉电阻 R_L，实现线与功能，如图 6-25（a）所示，它将多个 OC 门输出信号按与逻辑输出，或写为：

$$Y = Y_1 \cdot Y_2 = \overline{A_1 B_1} \cdot \overline{A_2 B_2} = \overline{A_1 B_1 + A_2 B_2}$$

所以两个 OC 门线与连接可得到与或非逻辑输出。

图 6-25（a）中 R_L 的选择很重要，它要保证 OC 门线与后带 TTL 负载时，仍能满足正确输出高电平和低电平的要求。在两种极端情况下，即所有 OC 门都截止和只有一个 OC 门导通时，输出应分别为高电平和低电平，据此，求出 R_{Lmax}、R_{Lmin}，在其中选择 R_L，一般 R_L 为 1kΩ 左右。

2）实现电平转换。在数字系统接口部分需要电平转换的时候，常用 OC 门来完成。如图 6-25（b）所示，把上拉电阻接到 10V 电源上，OC 门输入普通 TTL 电平，输出的高电平就可以变为 10V。

3）用作驱动器。OC 门的输出管设计一般可承受较大电流和较高电压，因而可直接驱动负载，如继电器、指示灯等，如图 6-25（c）所示。而普通 TTL 与非门不能直接驱动电压高于 5V 的负载以免损坏与非门。

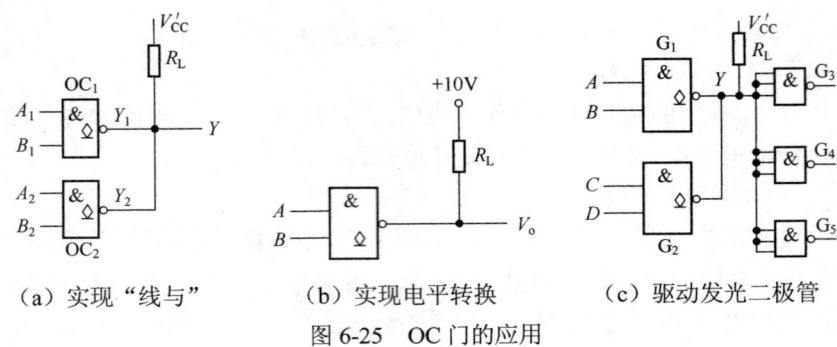

(a) 实现"线与"　　(b) 实现电平转换　　(c) 驱动发光二极管

图 6-25　OC 门的应用

(2) 三态输出门（三态门）

1) 三态门的结构及工作原理。三态门的输出端除可出现高、低电平两种状态外，还可出现第三态，称为高阻态。它是在普通 TTL 与非门电路的基础上附加控制电路而成的。

如图 6-26（a）所示是一种 TTL 三态输出门的图形符号，其中 A、B 是输入端，$\overline{EN}$ 是控制端或称为使能端。当 $\overline{EN}$ 端为低电平时，它同于普通与非门，满足 $Y = \overline{AB}$；当 $\overline{EN}$ 端为高电平时，输出出现高阻态。其逻辑状态如表 6-14 所示。

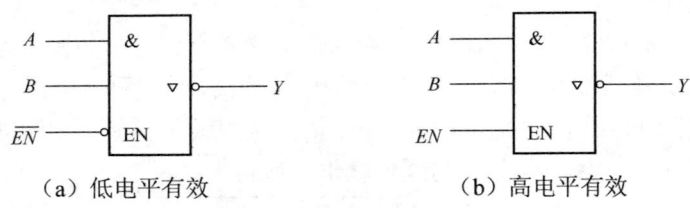

(a) 低电平有效　　(b) 高电平有效

图 6-26　TTL 三态与非门符号

表 6-14　三态与非门的逻辑功能表状态

$\overline{EN}$	A	B	Y
0	0	0	1
0	0	1	1
0	1	0	1
0	1	1	0
1	×	×	高阻

这种使能端等于 0 时为正常工作状态的三态门称低电平有效三态门；反之，使能端等于 1 时为正常工作状态的三态门称高电平有效三态门，其符号如图 6-26 (b) 所示。

2) 三态门的应用。三态门最重要的一个用途是可以用一根导线轮流传送几个门电路的输出信号（例如微型计算机中的总线），例如图 6-27（a）所示的连接方式。图中 $G_1 \sim G_n$ 均为三态门，只要在工作时控制各个门的 $\overline{EN}$ 端轮流等于 0，而且任何时候仅有一个等于 0，就可以把各个门的输出信号轮流送到公共的传输线——总线上而互不干扰。这种连接方式称为总线结构。

此外，利用三态门还能实现数据的双向传输。图 6-27（b）中的三态门 G_1 是高电平有效，当 $EN=1$ 时 G_1 工作而 G_2 为高阻态，数据 D_0 经 G_1 反向后送到总线；当 $EN=0$ 时 G_2 工作 G_1 为高阻态，来自总线的数据经 G_2 反向后由 $\overline{D_1}$ 送出。

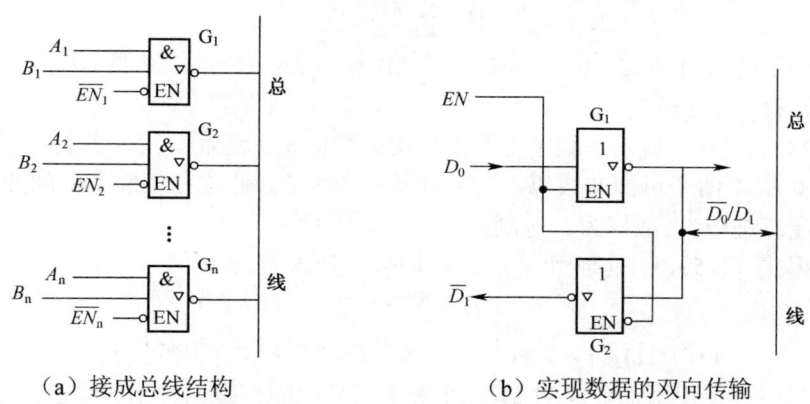

（a）接成总线结构　　　　　　　（b）实现数据的双向传输

图 6-27　三态门的应用

6.5　辅修内容

6.5.1　数制和码制

1. 数制

用数字量表示物理量的大小，仅用一位数码往往不够，因此经常需要用进位计数的方法组成多位数码使用。我们把多位数码中每一位的构成方法以及从低位到高位的进位规则称为数制。

在数字电路中经常使用的计数进制除了十进制以外，还经常使用二进制和十六进制。

（1）十进制。十进制是日常生活和工作中最常使用的进位计数制，在十进制中，每一位有 0～9 十个数码，所以计数的基数是 10。超过 9 的数必须用多位表示，其中低位和高位之间的关系是"逢十进一"，故称为十进制。例如：

$$143.75 = 1 \times 10^2 + 4 \times 10^1 + 3 \times 10^0 + 7 \times 10^{-1} + 5 \times 10^{-2}$$

所以任意一个十进制数 D 均可展开为

$$D = \sum k_i \times 10^i \qquad (6\text{-}4)$$

其中 k_i 是第 i 位的系数，它可以是 0～9 这十个数码中的任何一个。若整数部分的位数是 n，小数部分的位数为 m，则 i 包含从 $n-1$ 到 0 的所有正整数和从 -1 到 $-m$ 的所有负整数。

若以 N 取代式（6-4）中的 10，即可得到任意进制（N 进制）数展开式的普遍形式

$$D = \sum k_i \times N^i \qquad (6\text{-}5)$$

式中 i 的取值与式（6-4）中的规定相同。N 称为计数的基数，k_i 为第 i 位的系数，N^i 称为第 i 位的权。

（2）二进制。目前在数字电路中应用最广的是二进制。在二进制数中，每一位仅有 0 和 1 两个可能的数码，所以计数基数为 2。低位和相邻高位间的进位关系是"逢二进一"，故称为二进制。

根据式（6-5），任何一个二进制数均可展开为

$$D = \sum k_i \times 2^i \qquad (6\text{-}6)$$

$(101.11)_2 = 1 \times 2^2 + 0 \times 2^1 + 1 \times 2^0 + 1 \times 2^{-1} + 1 \times 2^{-2} = (5.75)_{10}$

上式中分别使用下脚注的 2 和 10 表示括号中的数是二进制和十进制数。有时也用 B（Binary）和 D（Decimal）代替 2 和 10 这两个脚注。

（3）十六进制。十六进制数的每一位有十六个不同的数码，分别用 0～9、A（10）、B（11）、C（12）、D（13）、E（14）、F（15）表示。因此，任意一个十六进制数均可展开为

$$D = \sum k_i \times 16^i \qquad (6\text{-}7)$$

$(2A.7F)_{16} = 2 \times 16^1 + 10 \times 16^0 + 7 \times 16^{-1} + 15 \times 16^{-2} = (42.4960937)_{10}$

式中的下脚注 16 表示括号里的数是十六进制，有时也用 H（Hexadecimal）代替这个脚注。

由于目前在微型计算机中普遍采用 8 位、16 位和 32 位二进制并行计算，而 8 位、16 位和 32 位的二进制数可以用 2 位、4 位和 8 位的十六进制数表示，因而用十六进制符号书写程序十分方便。

2. 码制

不同的数码不仅可以表示数量的大小不同，而且还能用来表示不同的事物。在后一种情况下，这些数码已没有表示数量大小的含意，只是表示不同事物的代号而已。这些数码称为代码。

为便于记忆和处理，在编制代码时总要遵循一定的规则，这些规则就叫做码制。

例如在用 4 位二进制数码表示 1 位十进制数的 0～9 这十个状态时，就有多种不同的码制。通常将这些代码称为二—十进制代码，简称 BCD（Binary Coded Decimal）代码。

表 6-15 中列出了几种常见的 BCD 代码，它们的编码规则各不相同。

8421 码是 BCD 代码中最常用的一种。在这种编码方式中每一位二值代码的 1 都代表一个固定数值，把每一位的 1 代表的十进制数加起来，得到的结果就是它所代表的十进制数码。由于代码中从左到右每一位的 1 分别表示 8、4、2、1，所以把这种代码叫做 8421 码。每一位的 1 代表的十进制数称为这一位的权。

8421 码中每一位的权是固定不变的，它属于恒权代码。

余 3 码的编码规则与 8421 码不同，如果把每一个余 3 码看作 4 位二进制数，则它的数值要比它所表示的十进制数码多 3，故而将这种代码叫做余 3 码。

如果将两个余 3 码相加，所得的和将比十进制数和所对应的二进制数多 6。因此，在用余 3 码做十进制加法运算时，若两数之和为十，正好等于二进制数的 16，于是便从高位自动产生进位信号。

此外，从表 6-15 中还可以看出，0 和 9、1 和 8、2 和 7、3 和 6、4 和 5 的余 3 码互为反码，这对于求取对 10 的补码是很方便的。

表 6-15　几种常见的 BCD 码

编码种类 十进制数	8421 码	余 3 码	2421 码	5211 码	余 3 循环码
0	0000	0011	0000	0000	0010
1	0001	0100	0001	0001	0110
2	0010	0101	0010	0100	0111
3	0011	0110	0011	0101	0101
4	0100	0111	0100	0111	0100
5	0101	1000	1011	1000	1100
6	0110	1001	1100	1001	1101
7	0111	1010	1101	1100	1111
8	1000	1011	1110	1101	1110
9	1001	1100	1111	1111	1010
权	8421		2421	5211	

余 3 码不是恒权代码。如果试图把每个代码视为二进制数，并使它等效的十进制数与所表示的代码相等，那么代码中每一位的 1 所代表的十进制数在各个代码中不能是固定的。

2421 码是一种恒权代码，它的 0 和 9、1 和 8、2 和 7、3 和 6、4 和 5 也互为反码，这个特点与余 3 码相仿。

5211 码是另一种恒权代码。待学了第 8 章中计数器的分频作用后可以发现，如果按 8421 码接成十进制计数器，则连续输入几束脉冲时 4 个触发器输出脉冲对于计数脉冲的分频比从低位到高位依次为 5:2:1:1。可见，5211 码每一位的权正好与 8421 码十进制计数器 4 个触发器输出脉冲的分频比相对应。这种对应关系在构成某些数字系统时很有用。

余 3 循环码是一种变权码，每一位的 1 在不同代码中并不代表固定的数值。它的主要特点是相邻的两个代码之间仅有一位的状态不同。因此，按余 3 循环码接成计数器时，每次状态转换过程中只有一个触发器翻转，译码时不会发生竞争—冒险现象。

6.5.2 逻辑函数的另一种标准形式——最大项之积形式

1. 最大项的概念及其性质

（1）最大项。在 n 变量的逻辑函数中，若 M 为 n 个变量之和，而且这 n 个变量均以原变量或反变量的形式在 M 中出现一次，且仅出现一次，则称 M 为这组变量的最大项。

例如 A、B、C 三个变量的最大项有 $\overline{A}+\overline{B}+\overline{C}$、$\overline{A}+\overline{B}+C$、$\overline{A}+B+\overline{C}$、$\overline{A}+B+C$、$A+\overline{B}+\overline{C}$、$A+\overline{B}+C$、$A+B+\overline{C}$、$A+B+C$，共 8（$2^3$）个最大项。对于 n 个变量则有 2^n 个最大项。可见，n 变量的最大项数目和最小项数目是相等的。

输入变量的每一组取值都使对应的一个最大项的逻辑值等于 0。例如在三变量 A、B、C 的最大项中，当 $A=1$，$B=0$，$C=1$ 时，使 $\overline{A}+B+\overline{C}=0$。若将使最大项为 0 的 ABC 取值看做一个二进制数，并以其对应的十进制数给最大项编号，则 $(\overline{A}+B+\overline{C})$ 可记做 M_5。由此得到的三变量最大项编号表，如表 6-16 所示。

表 6-16 三变量最大项的编号表

最大项	使最大项为 0 的变量取值			对应的十进制数	编号
	A	B	C		
$A+B+C$	0	0	0	0	M_0
$A+B+\overline{C}$	0	0	1	1	M_1
$A+\overline{B}+C$	0	1	0	2	M_2
$A+\overline{B}+\overline{C}$	0	1	1	3	M_3
$\overline{A}+B+C$	1	0	0	4	M_4
$\overline{A}+B+\overline{C}$	1	0	1	5	M_5
$\overline{A}+\overline{B}+C$	1	1	0	6	M_6
$\overline{A}+\overline{B}+\overline{C}$	1	1	1	7	M_7

(2) 最大项的性质。根据最大项的定义同样也可以得到它的主要性质,这就是:
1) 在输入变量的任一取值下必有一个最大项,而且仅有一个最大项的值为 0。
2) 全体最大项之积为 0。
3) 任意两个最大项之和为 1。
4) 只有一个变量不同的两个最大项的乘积等于各相同变量之和。

如果将表 6-16 和表 6-13 加以对比则可发现,最大项和最小项之间存在如下关系

$$M_i = \overline{m_i} \tag{6-8}$$

2. 逻辑函数的最大项之积形式

可以证明,任何一个逻辑函数都可以化为最大项之积的标准形式。

前面已经证明,任何一个逻辑函数皆可化为最小项之和的形式。同时,从最小项的性质又知道全部最小项之和为 1。由此可见,若给定逻辑函数为 $Y = \sum m_i$,则 $\sum m_i$ 以外的那些最小项之和必为 $\overline{Y}$,即

$$\overline{Y} = \sum_{k \neq i} m_k \tag{6-9}$$

故得到

$$Y = \overline{\sum_{k \neq i} m_k} \tag{6-10}$$

利用反演定理可将上式变换为最大项乘积的形式

$$Y = \prod_{k \neq i} \overline{m_k} = \prod_{k \neq i} M_k \tag{6-11}$$

这就是说,如果已知逻辑函数为 $Y = \sum m_i$ 时,定能将 Y 化成编号为 i 以外的那些最大项的乘积。

例 6-23 将逻辑函数 $Y = AB + B\overline{C}$ 化为最大项之积的标准形式。

解 前面在例 6-10 中,已经得到了它的最小项之和形式为

$$Y = \sum_i m_i \quad (i=2,6,7)$$

根据式(6-11)可得

$$Y = \prod_{k \neq i} M_k = M_0 \cdot M_1 \cdot M_3 \cdot M_4 \cdot M_5$$
$$= (A+B+C) \cdot (A+B+\overline{C}) \cdot (A+\overline{B}+\overline{C}) \cdot (\overline{A}+B+C) \cdot (\overline{A}+B+\overline{C})$$

6.5.3 CMOS 集成门电路

1. CMOS 反相器的电路结构和工作原理

CMOS 反相器电路如图 6-28 所示(其芯片管脚同 TTL 电路,这里不再画出)。其中 T_1 是 P 沟道增强型 MOS 管,T_2 是 N 沟道增强型 MOS 管,这种由两种不同

类型的 MOS 管形成的电路结构，称为互补对称 MOS（Complementary Symmetry MOS），简称 CMOS。

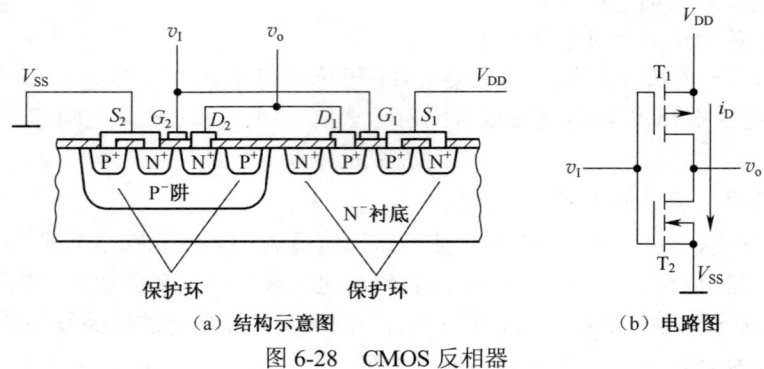

图 6-28 CMOS 反相器

如果 T_1 和 T_2 的开启电压分别为 $V_{GS(th)P}$ 和 $V_{GS(th)N}$，同时令 $V_{DD}>V_{GS(th)N}+|V_{GS(th)P}|$，那么当 $V_I=V_{IL}=0$ 时，有

$$\begin{cases} |v_{GS1}| = V_{DD} > |V_{GS(th)P}| \quad \text{（且}v_{GS1}\text{为负）} \\ v_{GS2} = 0 < V_{GS(th)N} \end{cases}$$

故 T_1 导通，而且导通内阻很低（在 $|v_{GS}|$ 足够大时可小于 $1k\Omega$）；而 T_2 截止，内阻很高（可达 $10^8 \sim 10^9 \Omega$）。因此，输出为高电平 V_{OH}，且 $V_{OH} \approx V_{DD}$。

当 $v_I=V_{OH}=V_{DD}$ 时，则有

$$\begin{cases} v_{GS1} = 0 < |V_{GS(th)P}| \\ v_{GS2} = V_{DD} > V_{GS(th)N} \end{cases}$$

故 T_1 截止而 T_2 导通，输出为低电平 V_{OL}，且 $V_{OL} \approx 0$。

可见，输出和输入之间为逻辑非的关系。

由于静态下无论 v_I 是高电平还是低电平，T_1 和 T_2 总有一个是截止的，而且截止内阻又极高，流过 T_1 和 T_2 的静态电流极小，因而 CMOS 反相器的静态功耗极小。这是 CMOS 电路最突出的一大优点。

2. CMOS 反相器的电压传输特性

在图 6-28 的 CMOS 反相器电路中，设 $V_{DD} > V_{GS(th)N} + |V_{GS(th)P}|$，且 $V_{GS(th)N} = |V_{GS(th)P}|$，$T_1$ 和 T_2 具有同样的导通内阻 R_{ON} 和截止内阻 R_{OFF}，则输出电压随输入电压变化的曲线，亦即电压传输特性如图 6-29 所示。

当反相器工作于电压传输特性的 AB 段时，由于 $v_I < V_{GS(th)N}$，而 $|V_{GS1}| > |V_{GS(th)P}|$，故 T_1 导通并工作在低内阻的电阻区，T_2 截止，分压的结果使 $v_O=V_{OH} \approx V_{DD}$。

在特性曲线的 CD 段，由于 $v_I>V_{DD}-|V_{GS(th)P}|$，使 $|V_{GS1}|<|V_{GS(th)P}|$，故 T_1 截止。

而 $V_{GS2}>V_{GS(th)N}$，T_2 导通。因此 $v_O = V_{OL} \approx 0$。

在 BC 段，即 $V_{GS(th)N}<v_I<V_{DD}-|V_{GS(th)P}|$ 的区间里，$V_{GS2}>V_{GS(th)N}$、$V_{GS1}>|V_{GS(th)P}|$，T_1 和 T_2 同时导通。如果 T_1 和 T_2 的参数完全对称，则 $v_I = \frac{1}{2}V_{DD}$ 时两管的导通内阻相等，$v_O = \frac{1}{2}V_{DD}$，即工作于电压传输特性转折区的中点。因此，CMOS 反相器的阈值电压为 $v_{TH} = \frac{1}{2}V_{DD}$。

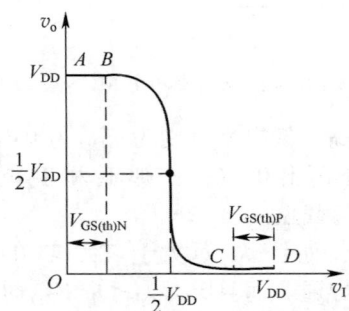

图 6-29 CMOS 反相器的电压传输特性

从图 6-29 的曲线上还可以看到，CMOS 反相器的电压传输特性上不仅 $V_{TH} = 1/2V_{DD}$，而且转折区的变化率很大。因此它更接近于理想的开关特性。

3. CMOS 传输门（TG 门）

（1）CMOS 传输门的电路结构和工作原理

利用 P 沟道 MOS 管和 N 沟道 MOS 管的互补性可以接成如图 6-30 所示的 CMOS 传输门。CMOS 传输门如同 CMOS 反相器一样，也是构成各种逻辑电路的一种基本单元电路。

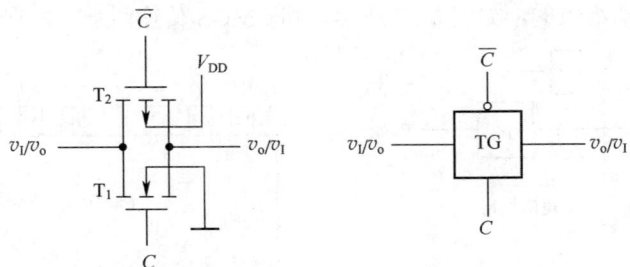

图 6-30 CMOS 传输门的电路结构和逻辑符号

图中的 T_1 是 N 沟道增强型 MOS 管，T_2 是 P 沟道增强型 MOS 管。因为 T_1 和 T_2 的源极和漏极分别相连作为传输门的输入端和输出端，C 和 $\overline{C}$ 是一对互补的控制信号。

如果传输门的一端接正电压 v_I，另一端接负载电阻 R_L，则 T_1 和 T_2 的工作状态如图 6-31 所示。

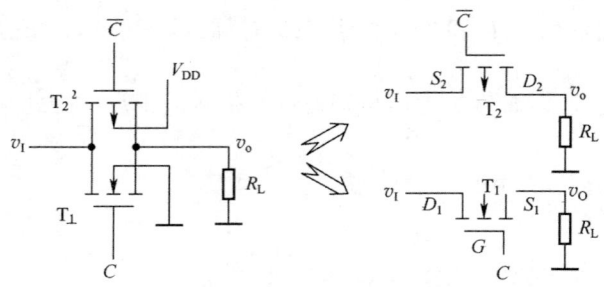

图 6-31　CMOS 传输门中两个 MOS 管的工作状态

设控制信号 C 和 $\overline{C}$ 的高、低电平分别为 V_{DD} 为 0V，那么当 $C=0$、$\overline{C}=1$ 时，只要输入信号的变化范围不超出 $0\sim V_{DD}$，则 T_1 和 T_2 同时截止，输入和输出之间呈高阻态（$>10^9\Omega$），传输门截止。

反之，若 $C=1$、$\overline{C}=0$，而且 R_L 远大于 T_1、T_2 的导通电阻的情况下，则当 $0<v_I<V_{DD}-V_{GS(th)N}$ 时 T_1 将导通。而且 $|V_{GS(th)P}|<v_I<V_{DD}$ 时 T_2 导通。因此，v_I 在 $0\sim V_{DD}$ 之间变化时，T_1 和 T_2 至少有一个是导通的，使 v_I 与 v_O 两端之间呈低阻态（小于 1kΩ），传输门导通。

由于 T_1、T_2 管的结构形式是对称的，即漏极和源极可互易使用，因而 CMOS 传输门属于双向器件，它的输入端和输出端也可以互易使用。

（2）CMOS 传输门的主要用途

利用 CMOS 传输门和 CMOS 反相器可以组合成各种复杂的逻辑电路，如数据选择器、寄存器、计数器等。

传输门的另一个重要用途是作模拟开关，用来传输连续变化的模拟电压信号。这一点是无法用一般的逻辑门实现的。模拟开关的基本电路是由 CMOS 传输门和一个 CMOS 反相器组成的，如图 6-32 所示。和 CMOS 传输门一样，它也是双向器件。

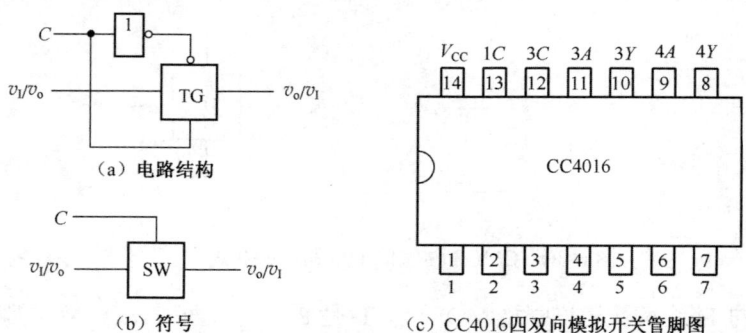

图 6-32　CMOS 双向模拟开关的电路结构及其符号管脚图

本章主要讲述逻辑代数的运算关系、逻辑代数的公式和定理、逻辑函数的表示方法和化简以及门电路。

1. 本章要点

（1）逻辑代数的基本运算有与、或、非三种。实际逻辑问题往往比与、或、非运算复杂得多，不过它们都可以用与、或、非的组合来实现。常见的复合逻辑运算有与非、或非、与或非、异或、同或等。

（2）逻辑函数的表示方法有逻辑函数式、真值表、逻辑图和卡诺图4种。这4种方法之间可以任意地互相转换。根据具体情况，可以选择最适当的一种方法表示所研究的逻辑函数。此外，逻辑函数还有最小项之和的标准形式。

（3）逻辑函数的化简方法有公式化简法和卡诺图化简法。逻辑代数的公式化简法是利用基本公式和常用公式反复消去逻辑函数式中多余的乘积项和多余的因子，以求得逻辑函数的最简形式。公式化简法没有固定的步骤可循，规律性不强，需要一定的经验和技巧。卡诺图化简法的优点是简单、直观，而且有一定的化简步骤可循。初学者容易掌握，而且化简过程中也易于避免差错。

（4）门电路是构成数字电路的基本逻辑单元，它可由半导体分立元件构成，也可由半导体集成电路构成，本章主要介绍TTL集成门电路的原理和外部特性，包含输入输出特性、电压传输特性等。此外，本章还讲述了集电极开路（OC）门、三态（TS）门等这些特殊门的构成和应用。

2. 本章基本要求

（1）掌握各种逻辑运算的逻辑功能、逻辑规律和逻辑符号。
（2）掌握逻辑代数的基本公式和常用公式。
（3）掌握逻辑函数的四种表示方法和标准形式。
（4）掌握逻辑函数的两种化简方法。
（5）了解门电路的构成和基本原理，为了正确使用门电路，应该掌握门电路的外部特性。此外，还应掌握特殊门的功能和使用方法。

习题6

6-1 逻辑代数中的三种最基本的逻辑运算是什么？

6-2 什么叫真值表？它有什么用处？你能根据给定的逻辑问题列出真值表吗？

6-3 逻辑函数的表示方法共有几种？试分别说出它们之间相互转换的方法。

6-4 已知逻辑函数的真值表如表6-17（a）(b）所示，试写出对应的逻辑函数式。

表 6-17 逻辑函数真值表（a）

A	B	C	Y
0	0	0	0
0	0	1	1
0	1	0	1
0	1	1	0
1	0	0	1
1	0	1	0
1	1	0	0
1	1	1	0

表 6-17 逻辑函数真值表（b）

A	B	C	Y_1	Y_2
0	0	0	0	0
0	0	1	1	0
0	1	0	1	0
0	1	1	0	1
1	0	0	1	0
1	0	1	0	1
1	1	0	0	1
1	1	1	1	1

6-5 用真值表证明下列等式。

（1）$(A \oplus B) \oplus C = A \oplus (B \oplus C)$ （2）$\overline{A \cdot B} = A \oplus B$

（3）$AB + \overline{A}C + \overline{B}C = AB + C$ （4）$A + \overline{AB + C} = A + \overline{BC}$

6-6 用"与非"门实现以下逻辑关系，画出逻辑图。

（1）$Y = AB + \overline{A}C$ （2）$Y = A + B + \overline{C}$ （3）$Y = \overline{AB} + (\overline{A} + B)\overline{C}$

6-7 证明图6-33（a）和（b）两电路具有相同的逻辑功能。

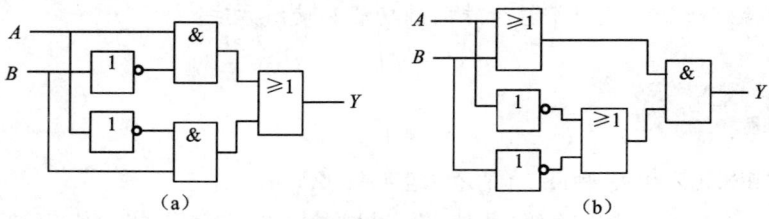

图 6-33 习题 6-7 图

6-8 用代数法化简下列各式。

(1) $(A+B)A\overline{B}$ (2) $A + ABC + A\overline{BC} + CB + C\overline{B}$

(3) $\overline{\overline{AB} + \overline{AB}}$ (4) $\overline{A\overline{B}C} + \overline{A} + B + \overline{C}$

(5) $A\overline{B}(\overline{ACD} + \overline{AD + \overline{BC}})(\overline{A} + B)$ (6) $A + (\overline{B+\overline{C}})(A+\overline{B}+C)(A+B+C)$

6-9 将下列各函数化为最小项之和的形式。

(1) $Y = \overline{A}BC + BC + A\overline{B}$

(2) $Y = A + \overline{CD} + \overline{A}BCD$

(3) $Y = \overline{AB} + ABD + C \cdot (B + \overline{C}D)$

6-10 写出图 6-34 中各逻辑图的逻辑函数式，并化简为最简与或形式。

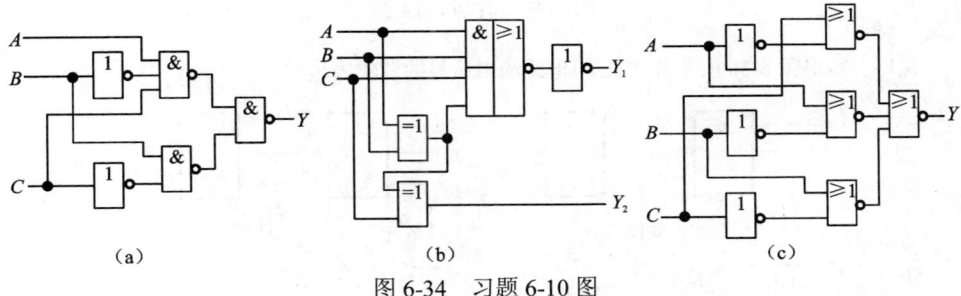

图 6-34 习题 6-10 图

6-11 用卡诺图化简法将下列函数化为最简与或形式。

(1) $Y = \overline{A}BCD + AB\overline{C}D + A\overline{B} + A\overline{D} + A\overline{B}C$

(2) $Y(A,B,C) = \sum(m_1, m_4, m_7)$

(3) $Y = \overline{A}BCD + D(\overline{BCD}) + (A+C)B\overline{D} + \overline{A}(\overline{B+C})$

(4) $Y(A,B,C) = \sum(m_0, m_1, m_2, m_5, m_6, m_7)$

(5) $Y(A,B,C,D) = \sum(m_0, m_1, m_2, m_5, m_8, m_9, m_{10}, m_{12}, m_{14})$

6-12 将下列各式化简为最简与或函数式。

(1) $Y = \overline{A + C + D} + \overline{ABCD} + \overline{ABCD}$，

给定约束条件为 $\overline{ABC}D + A\overline{BC}D + AB\overline{CD} + A\overline{BCD} + AB\overline{CD} + ABC\overline{D} + ABCD = 0$

(2) $Y(A,B,C) = \sum(m_0, m_1, m_2, m_4)$，给定约束条件为 $m_3+m_5=0$

(3) $Y(A,B,C,D) = \sum(m_0, m_1, m_5, m_7, m_8, m_{11}, m_{14})$，给定约束条件为 $m_3+m_9+m_{15}=0$

(4) $Y = \overline{ABC} + ABC + \overline{ABCD}$，给定约束条件为 $A\overline{B} + \overline{A}B = 0$

6-13 写出下列函数的对偶函数 Y 及反函数 $\overline{Y}$。

(1) $Y = (\overline{A}+B) \cdot (A+\overline{B}) \cdot (B+C) \cdot (\overline{A}+C)$ (2) $Y = \overline{\overline{A} + \overline{\overline{B}+C}}$

(3) $Y = AB + \overline{AB}$ (4) $Y = A[(B+C\overline{D}) + \overline{E}]$

6-14 说明图 6-35 所示的各 TTL 门电路输出是什么状态（高电平、低电平还是高阻态）？已知是 74 系列 TTL 电路。

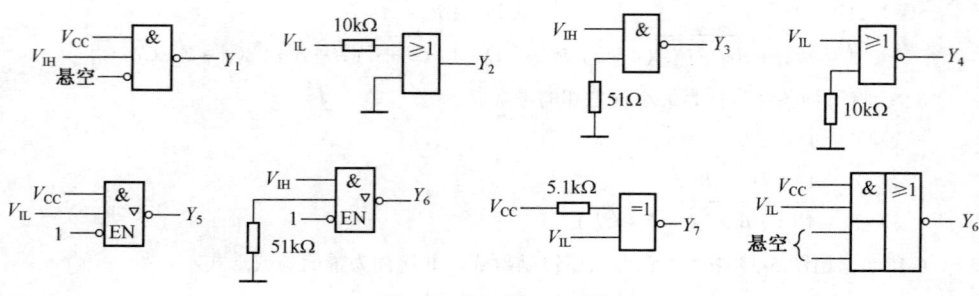

图 6-35 习题 6-14 图

6-15 写出图 6-36 所示各 TTL 门电路输出信号的逻辑表达式。

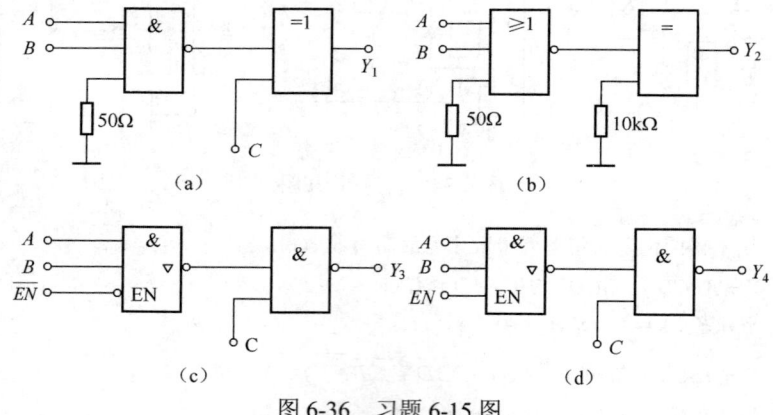

图 6-36 习题 6-15 图

第 7 章 组合逻辑电路

组合逻辑电路是数字电路中的一大类型，它能完成某些特定的逻辑功能。本章将介绍组合逻辑电路的特点，组合逻辑电路的分析方法和设计方法，最后介绍若干常用的中规模组合逻辑电路芯片，如编码器、译码器、数据选择器、加法器等的功能和应用。

7.1 组合逻辑电路的特点

1. 组合逻辑电路的定义和特点

将各种门电路经过一定的连接可以构成组合逻辑电路，它是数字电路的一种类型。组合逻辑电路的特点是：在任一时刻的输出状态只决定于该时刻输入信号的状态，而与输入信号作用前电路原来所处的状态无关。

2. 组合逻辑电路功能的描述

组合逻辑电路的一般结构如图 7-1 所示。

图 7-1 组合逻辑电路结构示意图

图中 $x_1,x_2,\cdots,x_n$ 表示输入逻辑变量，$y_1,y_2,\cdots,y_m$ 表示输出逻辑变量，从输入变量到输出变量之间，信号的流向是单向的。输出变量与输入变量之间的逻辑关系可以用一组函数表示：

$$\begin{aligned} y_1 &= f_1(x_1,x_2,\cdots,x_n) \\ y_2 &= f_2(x_1,x_2,\cdots,x_n) \\ &\vdots \\ y_m &= f_n(x_1,x_2,\cdots,x_n) \end{aligned} \quad (7\text{-}1)$$

写成向量形式为：
$$Y = F(X)$$

上式表示，任一时刻电路的稳定输出，仅取决于该时刻的输入。式（7-1）构成的输出与输入之间的函数关系称作组合逻辑函数，而把组合逻辑电路看做是这种逻辑函数的电路实现。

7.2 组合逻辑电路的分析和设计

围绕组合逻辑电路，能对其进行分析和设计，是最重要的问题。

7.2.1 组合逻辑电路的分析

对给定的组合逻辑电路进行分析，实质上就是要找出电路的逻辑功能。

1. 组合逻辑电路的分析方法

尽管各种组合逻辑电路在功能上千差万别，但是它们的分析方法有共同之处。掌握了分析方法，就可以识别任何一个给定的组合逻辑电路的逻辑功能。

组合逻辑电路的分析方法可归纳为以下步骤：

（1）根据给定组合逻辑电路，设变量标记各级门的输出端。

（2）从输入到输出逐级写出每个门的输出逻辑函数表达式。或由输出向输入逐级反推，最后得到以输入变量表示的输出逻辑函数表达式。

（3）用公式化简法或卡诺图化简法，化简输出函数表达式，得到简单明了的逻辑关系。

（4）列出输入输出变量的真值表。

（5）说明给定电路的逻辑功能。

2. 分析过程举例

例 7-1 试分析图 7-2 所示逻辑电路，写出输出 Y 的逻辑函数表达式，列出真值表，指出电路能完成的逻辑功能。

解 （1）在每个门的输出分别标以 $P_1 \sim P_9$。

（2）从输入到输出逐级写出每个门的逻辑函数表达式：

$P_1 = A\overline{B} + \overline{A}B$，$P_2 = C\overline{D} + \overline{C}D$，

$P_3 = \overline{C}$，$P_4 = \overline{D}$，$P_5 = \overline{A}$，$P_6 = \overline{B}$，

$P_7 = \overline{P_1 \cdot P_2} = \overline{(A\overline{B} + \overline{A}B)(C\overline{D} + \overline{C}D)}$

$\quad = \overline{A\overline{B}C\overline{D} + A\overline{B}\,\overline{C}D + \overline{A}BC\overline{D} + \overline{A}B\overline{C}D}$

$P_8 = \overline{A}\,\overline{B}\,\overline{C}\,\overline{D}$，$P_9 = \overline{ABCD}$

第 7 章 组合逻辑电路

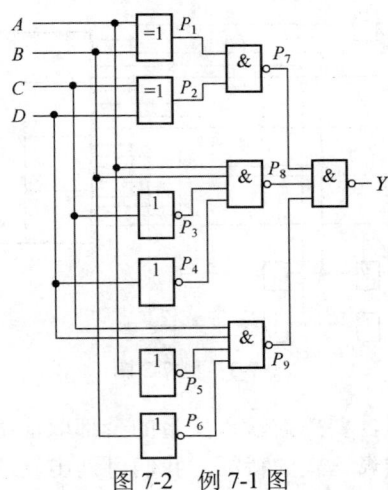

图 7-2 例 7-1 图

则输出 Y 的逻辑函数表达式为：

$$Y = \overline{\overline{A\overline{B}\overline{C}\overline{D} + \overline{A}\overline{B}CD} + \overline{\overline{A}B\overline{C}\overline{D} + \overline{A}BCD} \cdot \overline{AB\overline{C}\overline{D} \cdot \overline{A}\overline{B}CD}}$$

$$= \overline{A}\overline{B}CD + \overline{A}B\overline{C}D + \overline{A}BC\overline{D} + A\overline{B}\overline{C}D + A\overline{B}C\overline{D} + AB\overline{C}\overline{D}$$

（3）根据写出的输出逻辑函数表达式 Y，列出真值表，如表 7-1 所示。

表 7-1 图 7-2 电路的逻辑真值表

A	B	C	D	Y	A	B	C	D	Y
0	0	0	0	0	1	0	0	0	0
0	0	0	1	0	1	0	0	1	1
0	0	1	0	0	1	0	1	0	1
0	0	1	1	1	1	0	1	1	0
0	1	0	0	0	1	1	0	0	1
0	1	0	1	1	1	1	0	1	0
0	1	1	0	1	1	1	1	0	0
0	1	1	1	0	1	1	1	1	0

（4）从表 7-1 可以看出，图 7-2 所示电路的逻辑功能是：在输入变量 A、B、C、D 的二进制码中，当逻辑变量为 1 的个数等于逻辑变量为 0 的个数时，Y 输出为 1，否则 Y 输出为 0。

例 7-2 试分析图 7-3 所示逻辑电路的逻辑功能。

解 根据电路写出其逻辑函数表达式是

$$Y = [D_0(\overline{A_1}\,\overline{A_0}) + D_1(\overline{A_1}A_0) + D_2(A_1\overline{A_0}) + D_3(A_1A_0)] \cdot G \qquad (7\text{-}2)$$

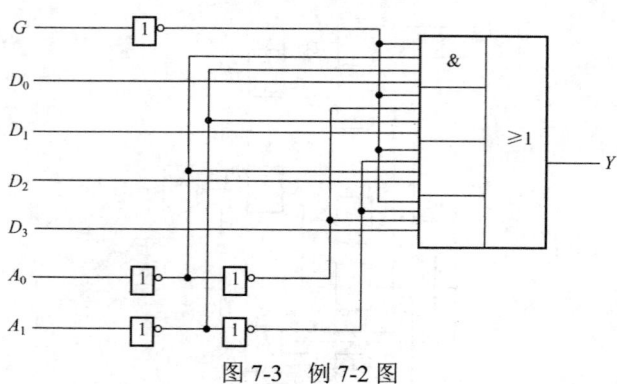

图 7-3 例 7-2 图

它有很多的输入变量,要想把输入变量的全部取值组合用真值表的形式表达出来是非常困难的,根据表达式的特征,我们可列出表达电路功能的简化真值表格,即功能表。如表 7-2 所示。

表 7-2 图 7-3 电路功能表

G	A_1	A_2	Y
1	×	×	0
0	0	0	D0
0	0	1	D1
0	1	0	D2
0	1	1	D3

由功能表可以看出,G 是一个控制变量,只有当 $G=0$ 时,电路才会正常工作。A_1A_0 是选择控制信号,也称为地址输入端,A_1A_0 的不同取值组合决定了 Y 端输出的数据依次是 $D_0 \sim D_3$。

因此,该电路的逻辑功能是:根据 A_1A_0 的不同地址代码,从 4 个数据输入中选出需要的一个作为输出。

7.2.2 组合逻辑电路的设计

设计是分析的逆过程,对组合逻辑电路进行设计就是要根据给定的逻辑问题,设计满足要求的最简单的逻辑电路。

1. 组合逻辑电路设计的一般方法

本节我们只讨论用小规模集成电路(SSI)进行组合逻辑电路设计的问题。

组合逻辑电路的设计过程可归纳为:

(1)根据给定问题进行逻辑抽象。

1)分析事件的因果关系,把引起事件的原因定为输入变量,而把事件的结果作为输出变量。

2）给输入变量和输出变量的逻辑状态赋值，即以二值逻辑的 0、1 两种状态分别代表输入变量和输出变量的两种不同状态。

3）列真值表，将输入变量的各种取值组合和相应的输出变量取值，以表格形式一一列出。

（2）写出逻辑函数。由于第一步已将一个实际的逻辑问题抽象成了一个逻辑函数，并以真值表的形式给出，所以就可以根据第 6 章所述方法写出其逻辑函数表达式。

（3）对逻辑函数表达式进行化简或变换。在使用小规模集成门电路进行设计时，若对所用器件的种类没有附加限制，就应将函数化简成最简形式；若限制所用器件为某单一类型，如与非门等，就应将函数式变换成要求形式的组合。

（4）画出逻辑电路图。

画出实现功能的逻辑电路图。若使用中规模集成电路模块进行组合逻辑电路设计，将在后面小节说明。

2. 设计过程举例

例 7-3 试设计一个三人表决器，每人有一按键，按键按下表示赞成，按键不按下表示不赞成。表决结果由指示灯指示，若多数人赞成，则指示灯亮，反之则不亮。

解 （1）进行逻辑抽象，列真值表。

设表决器的三个输入端分别用 A、B、C 表示，并规定，键按下为 "1"，不按下为 "0"；表决结果灯亮为 "1"，灯不亮为 "0"。

根据题意，输入三个变量共有 8 种组合，列出逻辑真值表如表 7-3 所示。

表 7-3 例 7-3 的真值表

A	B	C	Y	A	B	C	Y
0	0	0	0	1	0	0	0
0	0	1	0	1	0	1	1
0	1	0	0	1	1	0	1
0	1	1	1	1	1	1	1

（2）由真值表写出逻辑函数式

$$Y = \overline{A}BC + A\overline{B}C + AB\overline{C} + ABC$$

（3）变换和化简逻辑式。对上式应用逻辑代数运算法则进行变换和化简

$$Y = \overline{A}BC + A\overline{B}C + AB\overline{C} + ABC$$
$$= AB(C + \overline{C}) + BC(A + \overline{A}) + CA(B + \overline{B})$$
$$= AB + BC + CA = AB + C(A + B)$$

（4）由逻辑式画出逻辑图。根据以上逻辑式画出的逻辑图如图 7-4 所示。

另解 将以上逻辑表达式化简为与非逻辑形式

$$Y = AB + BC + CA$$
$$= \overline{\overline{AB + BC + CA}}$$
$$= \overline{\overline{AB} \cdot \overline{BC} \cdot \overline{CA}}$$

根据该逻辑表达式可画出由与非门构成的逻辑图，如图 7-5 所示。

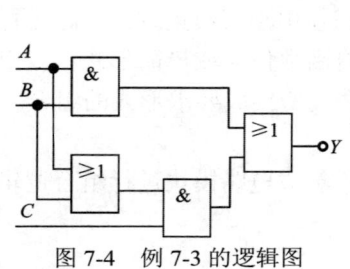 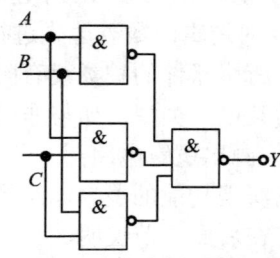

图 7-4 例 7-3 的逻辑图　　　　图 7-5 例 7-3 的与非门构成逻辑图

例 7-4 设计一个将 BCD 余 3 码变换成 8421 码的组合逻辑电路。

解 （1）参考第 6 章的辅修材料，以 4 位的 BCD 余 3 码 A_3、A_2、A_1、A_0 作为输入，8421BCD 码 Y_3、Y_2、Y_1、Y_0 作输出变量，列出真值表如表 7-4 所示。

表 7-4 余 3 码变换成 8421BCD 码的真值表

输入（余3码）				输出（8421码）			
A_3	A_2	A_1	A_0	Y_3	Y_2	Y_1	Y_0
0	0	1	1	0	0	0	0
0	1	0	0	0	0	0	1
0	1	0	1	0	0	1	0
0	1	1	0	0	0	1	1
0	1	1	1	0	1	0	0
1	0	0	0	0	1	0	1
1	0	0	1	0	1	1	0
1	0	1	0	0	1	1	1
1	0	1	1	1	0	0	0
1	1	0	0	1	0	0	1

（2）用卡诺图进行化简。本题为 4 个输入量、4 个输出量，故分别画出 4 个 4 变量卡诺图，如图 7-6 所示。注意余 3 码中有 6 个无关项，应充分利用，使其逻辑函数尽量简单。

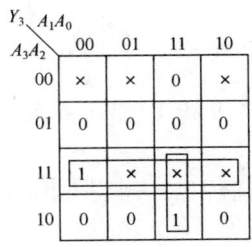

图 7-6 余 3 码变换成 8421BCD 码的卡诺图

化简后得到的逻辑表达式为

$$Y_0 = \overline{A_0}$$

$$Y_1 = A_1\overline{A_0} + A_0\overline{A_1} = A_1 \oplus A_0$$

$$Y_2 = \overline{A_2}\,\overline{A_0} + A_2A_1A_0 + A_3\overline{A_1}\,\overline{A_0} = \overline{\overline{A_2}\,\overline{A_0} \cdot \overline{A_2A_1A_0} \cdot \overline{A_3\overline{A_1}\,\overline{A_0}}}$$

$$Y_3 = A_3A_2 + A_3A_1A_0 = \overline{\overline{A_3A_2} \cdot \overline{A_3A_1A_0}}$$

（3）由逻辑表达式画出逻辑图如图 7-7 所示。

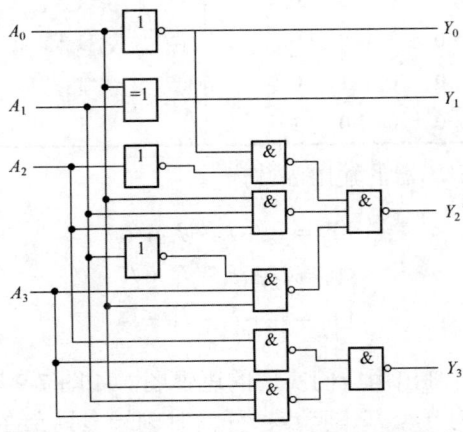

图 7-7 余 3 码变换成 8421BCD 码的逻辑图

7.3 编码器

在数字电路中,所谓编码就是用二进制代码(0和1)表示给定的信息。而编码器是用来完成编码功能的数字电路。

常见的编码器类型有普通编码器、优先编码器和二－十进制编码器。

7.3.1 普通编码器

用 N 位二进制代码对 2^N 个信号进行编码的电路,叫做二进制编码器。例如 $N=3$,可以对 8 个信号进行编码。图 7-8 是三位二进制编码器的功能框图,它的输入是 $I_0 \sim I_7$ 共 8 个信号,输出是三位二进制代码 Y_2、Y_1、Y_0,分别对这 8 个输入信号进行编码,也称之为 8 线－3 线编码器。若输入高电平有效,则其输出与输入的对应关系如表 7-5 所示。

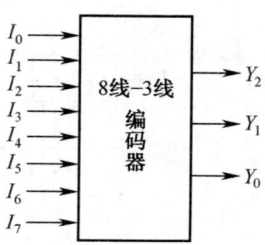

图 7-8 三位二进制编码器的功能框图

表 7-5 8 线–3 线编码器编码表

I_0	I_1	I_2	I_3	I_4	I_5	I_6	I_7	Y_2	Y_1	Y_0
1	0	0	0	0	0	0	0	0	0	0
0	1	0	0	0	0	0	0	0	0	1
0	0	1	0	0	0	0	0	0	1	0
0	0	0	1	0	0	0	0	0	1	1
0	0	0	0	1	0	0	0	1	0	0
0	0	0	0	0	1	0	0	1	0	1
0	0	0	0	0	0	1	0	1	1	0
0	0	0	0	0	0	0	1	1	1	1

由表 7-5 可得到编码器的输出函数为

$$\begin{cases} Y_2 = I_4 + I_5 + I_6 + I_7 \\ Y_1 = I_2 + I_3 + I_6 + I_7 \\ Y_0 = I_1 + I_3 + I_5 + I_7 \end{cases} \quad (7\text{-}3)$$

根据式(7-3),可画出用或门实现的逻辑图,如图 7-9 所示。

这种普通编码器有一个基本特点:任何时刻最多只允许输入一个有效信号,而不允许同时出现两个或两个以上的有效信号。

第 7 章　组合逻辑电路

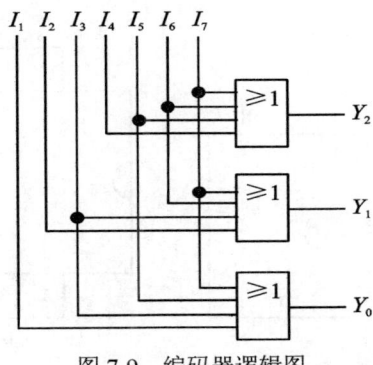

图 7-9　编码器逻辑图

7.3.2　优先编码器

优先编码器常用于优先中断系统和键盘编码。与普通编码器不同，优先编码器允许多个输入信号同时有效，但它只对其中优先级别最高的那一个有效输入信号进行编码，而对级别较低的其余输入信号均"置之不理"。常用的中规模集成（MSI）优先编码器有 8 线－3 线优先编码器 74LS148、10 线－4 线优先编码器 74LS147 等。

8 线－3 线优先编码器 74LS148 的功能表如表 7-6 所示，逻辑符号和引脚如图 7-10 所示。

表 7-6　74LS148 的功能表

$\bar{S}$	输入								输出				
	$\bar{I}_0$	$\bar{I}_1$	$\bar{I}_2$	$\bar{I}_3$	$\bar{I}_4$	$\bar{I}_5$	$\bar{I}_6$	$\bar{I}_7$	$\bar{Y}_2$	$\bar{Y}_1$	$\bar{Y}_0$	$\bar{Y}_S$	$\bar{Y}_{EX}$
1	×	×	×	×	×	×	×	×	1	1	1	1	1
0	1	1	1	1	1	1	1	1	1	1	1	0	1
0	×	×	×	×	×	×	×	0	0	0	0	1	0
0	×	×	×	×	×	×	0	1	0	0	1	1	0
0	×	×	×	×	×	0	1	1	0	1	0	1	0
0	×	×	×	×	0	1	1	1	0	1	1	1	0
0	×	×	×	0	1	1	1	1	1	0	0	1	0
0	×	×	0	1	1	1	1	1	1	0	1	1	0
0	×	0	1	1	1	1	1	1	1	1	0	1	0
0	0	1	1	1	1	1	1	1	1	1	1	1	0

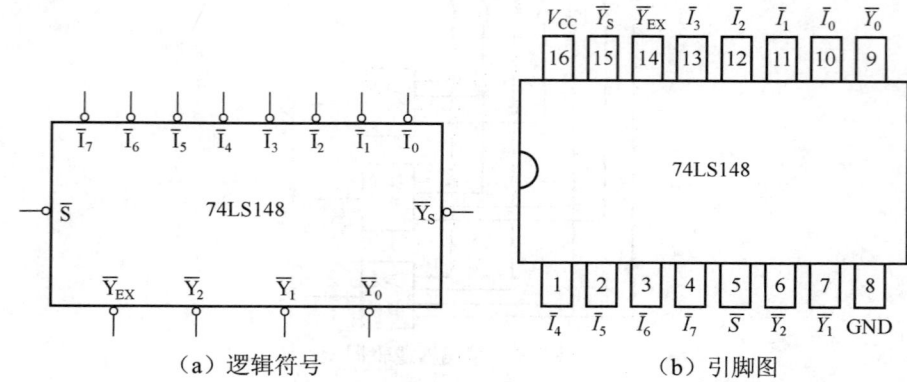

图 7-10　8 线－3 线优先编码器 74LS148 的逻辑符号和引脚图

图 7-10 中，各引出端的小圆圈表示低电平有效。功能如下：

(1) $\overline{I_0} \sim \overline{I_7}$ 为输入信号，低电平有效，规定 $\overline{I_7}$ 的优先级别最高，$\overline{I_0}$ 的优先级别最低。

(2) $\overline{Y_2}$、$\overline{Y_1}$、$\overline{Y_0}$ 为反码输出端，其中 Y_2 为最高位。

(3) $\overline{S}$ 为使能（允许）输入端，低电平有效，当 $\overline{S}=0$ 时，电路允许编码。当 $\overline{S}=1$ 时，电路禁止编码，输出 Y_2、Y_1、Y_0 和 $\overline{Y_S}$、$\overline{Y_{EX}}$ 均被封锁在高电平。

(4) $\overline{Y_S}$ 为选通输出端，$\overline{Y_S}=0$ 表示电路正常工作，但无输入信号。通常接在低位芯片的 $\overline{S}$ 端。$\overline{S}$ 和 $\overline{Y_S}$ 的配合可以实现多级编码器之间的优先级别控制。

(5) $\overline{Y_{EX}}$ 为扩展输出端。$\overline{Y_{EX}}=0$ 表示是编码输出，$\overline{Y_{EX}}=1$ 表示不是编码输出。

从功能表可以看出，当 $\overline{S}=1$ 时，表示电路禁止编码，即无论 $\overline{I_0} \sim \overline{I_7}$ 中有无有效信号，输出 $\overline{Y_2}$、$\overline{Y_1}$、$\overline{Y_0}$ 均为 1，$\overline{Y_S}=\overline{Y_{EX}}=1$；当 $\overline{S}=0$ 时，表示电路允许编码，如果 $\overline{I_0} \sim \overline{I_7}$ 中有低电平（有效信号）输入，则输出 $\overline{Y_2}$、$\overline{Y_1}$、$\overline{Y_0}$ 对编码请求中级别最高的编码输出（注意是反码形式），并且 $\overline{Y_S}=1$，$\overline{Y_{EX}}=0$；如果 $\overline{I_0} \sim \overline{I_7}$ 中无有效信号输入，则 $\overline{Y_2}$、$\overline{Y_1}$、$\overline{Y_0}$ 输出均为高电平，且 $\overline{Y_S}=0$，$\overline{Y_{EX}}=1$。

所以，功能表中出现的三种 $\overline{Y_2}\,\overline{Y_1}\,\overline{Y_0}=111$ 的情况可以通过 $\overline{Y_S}$ 和 $\overline{Y_{EX}}$ 的不同状态加以区分。

7.3.3　二－十进制编码器

将十进制数 0、1、2、3、4、5、6、7、8、9，10 个字符编成相应的二进制代码的电路叫做二－十进制编码器。其输入是代表 0～9 这十个字符的状态信号，输出是相应的 BCD 码，因此也称为 10 线－4 线编码器、BCD 编码器。它和二进制编码器的特点相同，任何时刻只对其中一个输入编码。目前，常用的二－十进制优先编码器有 74LS147，其逻辑符号和引脚图如图 7-11 所示，功能表如表 7-7 所示。

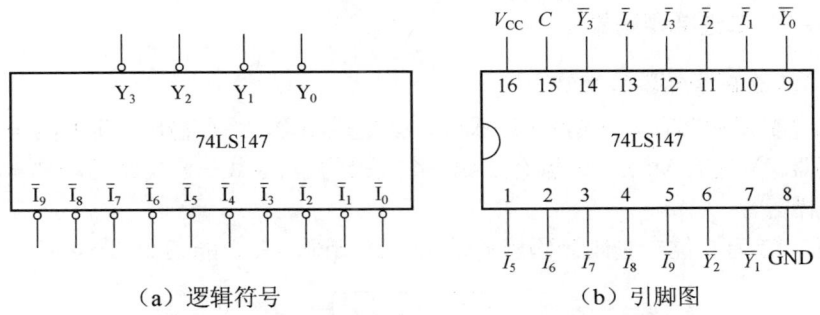

（a）逻辑符号　　　　　　　　　　（b）引脚图

图 7-11　二－十进制优先编码器 74LS147 逻辑符号和引脚图

表 7-7　二－十进制编码器 74LS147 的功能表

输入									输出			
$\overline{I_1}$	$\overline{I_2}$	$\overline{I_3}$	$\overline{I_4}$	$\overline{I_5}$	$\overline{I_6}$	$\overline{I_7}$	$\overline{I_8}$	$\overline{I_9}$	$\overline{Y_3}$	$\overline{Y_2}$	$\overline{Y_1}$	$\overline{Y_0}$
1	1	1	1	1	1	1	1	1	1	1	1	1
×	×	×	×	×	×	×	×	0	0	1	1	0
×	×	×	×	×	×	×	0	1	0	1	1	1
×	×	×	×	×	×	0	1	1	1	0	0	0
×	×	×	×	×	0	1	1	1	1	0	0	1
×	×	×	×	0	1	1	1	1	1	0	1	0
×	×	×	0	1	1	1	1	1	1	0	1	1
×	×	0	1	1	1	1	1	1	1	1	0	0
×	0	1	1	1	1	1	1	1	1	1	0	1
0	1	1	1	1	1	1	1	1	1	1	1	0

74LS147 有 9 个输入端 $\overline{I_1} \sim \overline{I_9}$，没有 $\overline{I_0}$ 输入，其实，当所有 9 个输入端都无效时即是对 $\overline{I_0}$ 的编码。除了设 3 个控制端外，其他特点和 74LS148 大致相同。

7.4　译码器

译码即翻译代码。译码是编码的逆过程。它是将输入的二进制代码按其编码时所赋予的含义译成相应的特定信号输出。信号可以是脉冲,也可以是高、低电平。

译码器同样有二进制译码器和二—十进制译码器之分。此外,译码器还包含显示译码器。

7.4.1 二进制译码器

1. 二进制译码器的功能

二进制译码器有 n 个输入端(即 n 位二进制码),2^n 个输出,也称为 n 位二进制译码器。常见的 MSI 译码器有 2 线—4 线译码器、3 线—8 线译码器和 4 线—16 线译码器等。

图 7-12 为 3 位二进制译码器的逻辑电路相同,其功能表如表 7-8 所示。

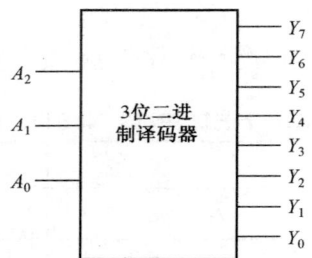

图 7-12 3 位二进制译码器框图

图 7-12 中 A_2、A_1、A_0 为 3 位二进制代码输入,对应于 8 种不同的代码输入,译码器将每一个代码输入翻译为 $Y_0 \sim Y_7$ 中的一个高或低电平信号。表 7-8 给出了译码器将输入代码译成一个高电平有效的输出信号的真值表。

表 7-8 3 位二进制译码器的真值表

输入			输出							
A_2	A_1	A_0	Y_7	Y_6	Y_5	Y_4	Y_3	Y_2	Y_1	Y_0
0	0	0	0	0	0	0	0	0	0	1
0	0	1	0	0	0	0	0	0	1	0
0	1	0	0	0	0	0	0	1	0	0
0	1	1	0	0	0	0	1	0	0	0
1	0	0	0	0	0	1	0	0	0	0
1	0	1	0	0	1	0	0	0	0	0
1	1	0	0	1	0	0	0	0	0	0
1	1	1	1	0	0	0	0	0	0	0

74LS138 是二进制译码器中应用最广泛的三位二进制译码器芯片，也就是 3 线－8 线译码器，如图 7-13 所示，功能表如表 7-9 所示。图中，A_2、A_1、A_0 为代码输入端，A_2 为高位，$\overline{Y_7}$、$\overline{Y_6} \cdots \overline{Y_0}$ 为信号输出端，低电平有效。即电路正常工作时，只要输入一个三位二进制代码，输出将翻译成对应唯一端的低电平。

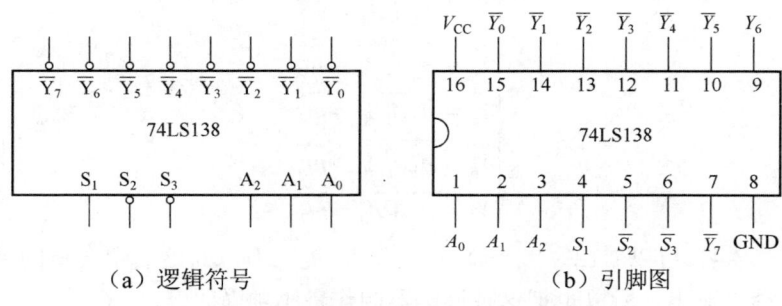

（a）逻辑符号　　　　　　　　（b）引脚图

图 7-13　74LS138 的逻辑符号及管脚图

74LS138 有 3 个附加的控制端 S_1、$\overline{S_2}$、$\overline{S_3}$。当 $S_1=1$、$\overline{S_2}+\overline{S_3}=0$ 时，译码器处于工作状态。否则，译码器被禁止，所有的输出端被封锁在高电平，如表 7-9 所示。这 3 个控制端也叫做"片选"输入端，利用片选的作用可以将多片连接起来以扩展译码器的功能。

表 7-9　3 线－8 线译码器 74LS138 的功能表

输入					输出							
S_1	$\overline{S_2}+\overline{S_3}$	A_2	A_1	A_0	$\overline{Y_0}$	$\overline{Y_1}$	$\overline{Y_2}$	$\overline{Y_3}$	$\overline{Y_4}$	$\overline{Y_5}$	$\overline{Y_6}$	$\overline{Y_7}$
0	×	×	×	×	1	1	1	1	1	1	1	1
×	1	×	×	×	1	1	1	1	1	1	1	1
1	0	0	0	0	0	1	1	1	1	1	1	1
1	0	0	0	1	1	0	1	1	1	1	1	1
1	0	0	1	0	1	1	0	1	1	1	1	1
1	0	0	1	1	1	1	1	0	1	1	1	1
1	0	1	0	0	1	1	1	1	0	1	1	1
1	0	1	0	1	1	1	1	1	1	0	1	1
1	0	1	1	0	1	1	1	1	1	1	0	1
1	0	1	1	1	1	1	1	1	1	1	1	0

当电路正常工作时，输出与输入代码之间的关系满足下式

$$\begin{cases} \overline{Y_0} = \overline{\overline{A_2}\,\overline{A_1}\,\overline{A_0}} = \overline{m_0} \\ \overline{Y_1} = \overline{\overline{A_2}\,\overline{A_1}\,A_0} = \overline{m_1} \\ \overline{Y_2} = \overline{\overline{A_2}\,A_1\,\overline{A_0}} = \overline{m_2} \\ \overline{Y_3} = \overline{\overline{A_2}\,A_1\,A_0} = \overline{m_3} \\ \overline{Y_4} = \overline{A_2\,\overline{A_1}\,\overline{A_0}} = \overline{m_4} \\ \overline{Y_5} = \overline{A_2\,\overline{A_1}\,A_0} = \overline{m_5} \\ \overline{Y_6} = \overline{A_2\,A_1\,\overline{A_0}} = \overline{m_6} \\ \overline{Y_7} = \overline{A_2\,A_1\,A_0} = \overline{m_7} \end{cases} \quad (7\text{-}4)$$

由式（7-4）可以看出，$\overline{Y_0} \sim \overline{Y_7}$ 同时又是 A_2、A_1、A_0 这三个变量的全部最小项取反的译码输出，所以也把这种译码器叫作最小项译码器。

2. 二进制译码器的应用

由于译码器的输出为最小项取反，而逻辑函数可以写成最小项之和的形式，故可以利用译码器和附加的门电路实现逻辑函数。

例 7-5 试用 3 线－8 线 74LS138 译码器实现逻辑函数：
$$F(A,B,C) = AB + C$$

解 先将要输出的逻辑函数化成最小项之和的形式，再将该最小项之和的形式两次取反，后运用摩根定律。即

$$F(A,B,C) = AB + C$$
$$= \sum m(1,3,5,6,7)$$
$$= m_1 + m_3 + m_5 + m_6 + m_7$$
$$= \overline{\overline{m_1 + m_3 + m_5 + m_6 + m_7}}$$
$$= \overline{\overline{m_1} \cdot \overline{m_3} \cdot \overline{m_5} \cdot \overline{m_6} \cdot \overline{m_7}}$$
$$= \overline{\overline{Y_1} \cdot \overline{Y_3} \cdot \overline{Y_5} \cdot \overline{Y_6} \cdot \overline{Y_7}}$$

则用 74LS138 附加一个与非门即可实现，如图 7-14 所示。

7.4.2 二－十进制译码器

二－十进制译码器的功能就是将 10 个 BCD 代码译成对应 10 个高或低电平的输出信号的电路，而对 BCD 码以外的伪码（1010～1111）输入，均无有效输出电平。74LS42 即为常用的二

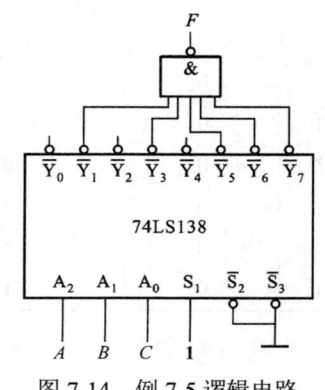

图 7-14 例 7-5 逻辑电路

一十进制译码器,其逻辑符号和引脚如图 7-15 所示,该译码器有 4 个输入端 $A_3 \sim A_0$,10 个输出端 $\overline{Y_0} \sim \overline{Y_9}$,又称 4 线－10 线译码器,或 BCD 码译码器。其逻辑功能如表 7-10 所示。

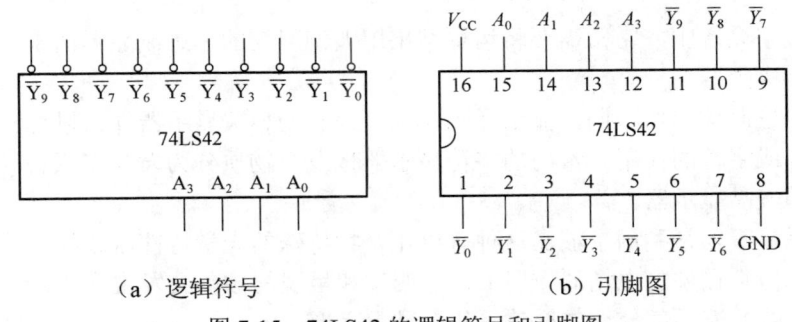

（a）逻辑符号　　　　　　　（b）引脚图

图 7-15　74LS42 的逻辑符号和引脚图

表 7-10　二－十进制译码器 74LS42 的真值表

序号	输入				输出									
	A_3	A_2	A_1	A_0	$\overline{Y_0}$	$\overline{Y_1}$	$\overline{Y_2}$	$\overline{Y_3}$	$\overline{Y_4}$	$\overline{Y_5}$	$\overline{Y_6}$	$\overline{Y_7}$	$\overline{Y_8}$	$\overline{Y_9}$
0	0	0	0	0	0	1	1	1	1	1	1	1	1	1
1	0	0	0	1	1	0	1	1	1	1	1	1	1	1
2	0	0	1	0	1	1	0	1	1	1	1	1	1	1
3	0	0	1	1	1	1	1	0	1	1	1	1	1	1
4	0	1	0	0	1	1	1	1	0	1	1	1	1	1
5	0	1	0	1	1	1	1	1	1	0	1	1	1	1
6	0	1	1	0	1	1	1	1	1	1	0	1	1	1
7	0	1	1	1	1	1	1	1	1	1	1	0	1	1
8	1	0	0	0	1	1	1	1	1	1	1	1	0	1
9	1	0	0	1	1	1	1	1	1	1	1	1	1	0
伪码	1	0	1	0	1	1	1	1	1	1	1	1	1	1
	1	0	1	1	1	1	1	1	1	1	1	1	1	1
	1	1	0	0	1	1	1	1	1	1	1	1	1	1
	1	1	0	1	1	1	1	1	1	1	1	1	1	1
	1	1	1	0	1	1	1	1	1	1	1	1	1	1
	1	1	1	1	1	1	1	1	1	1	1	1	1	1

由功能表可知,$\overline{Y_0} = \overline{\overline{A_3}\overline{A_2}\overline{A_1}\overline{A_0}}$,当 $A_3 A_2 A_1 A_0 = 0000$ 时,输出只有 $\overline{Y_0} = 0$,其他输出都是高电平,它对应着十进制的 0。其余依此类推。对于 BCD 代码以外的

伪码（即 1010～1111 六个代码）$\overline{Y_0} \sim \overline{Y_9}$ 均无低电平信号产生，译码器拒绝"翻译"，所以这个电路结构具有拒绝伪码的功能。

7.4.3 显示译码器

在数字系统中，常常需要将运算结果用人们习惯的十进制显示出来，这就要用到显示译码器。

与二进制译码器不同，显示译码器是用来驱动相关显示器件，以达到显示数字、文字或字符的作用。常用的字符显示器按发光物质分为发光二极管（LED）显示器和液晶显示器。

液晶显示器是利用了液晶这种有机化合物特殊的光学特性制成的。液晶本身不发光，但它在外加电场的作用下，透明度和呈现的颜色会发生变化，与周围未受电场影响的液晶部分形成反差，从而显示字形。

这里主要介绍常用的发光二极管构成的半导体七段字符显示器及相应的显示译码器。

1. 半导体七段字符显示器

发光二极管是由掺入特殊的物质（如砷化镓、磷砷化镓等）的半导体材料制成的 PN 结构成，当施加正向电压时二极管导通，管子发出清晰的光，其优点是亮度高，响应时间短，但是工作电流大。材料不同，LED 发出光线的波长不同，其发光的颜色也不一样，有红、黄、绿等颜色。可以单独使用，也可以组装成分段式或点阵式 LED 显示器件。

分段式显示器（也称 LED 半导体数码管）由七条线段围成"日"字型，每一段含有一个发光二极管，它分为共阴极和共阳极两类。半导体数码管 BS201A 属于共阴极类型，其外形示意图及内部等效电路如图 7-16 所示。

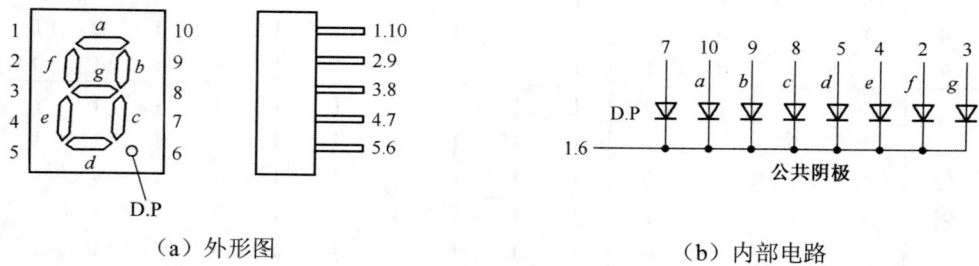

(a) 外形图　　　　　　　　　　(b) 内部电路

图 7-16　半导体数码管 BS201A

使用时，公共阴极接地，当外加高电平时，发光二极管亮，故高电平有效。而共阳极内部电路各发光二极管的阳极是接在一起的，故低电平有效。只要按相应规则控制各发光段的亮、灭，就可以显示各种字形或符号。

2. 显示译码器

七段数码管需要驱动电路使其点亮。驱动电路可以是 TTL 电路或者 CMOS 电路，其作用是将 BCD 代码转换成数码管所需要的驱动信号，共阳极数码管需要低电平驱动，共阴极数码管则需要高电平驱动。

显示译码器 7448 是一种与共阴极七段字符显示器 BS201A 配合使用的集成译码器。它的功能是将输入端的 4 位二进制代码 $A_3A_2A_1A_0$（BCD 码）转换成显示器所需要的七段的驱动信号 $Y_a \sim Y_g$，以便显示器显示十进制形式的数字。

图 7-17 是 7448 芯片逻辑符号，其中 $A_3A_2A_1A_0$ 为译码器的输入端，$Y_a \sim Y_g$ 为译码器的输出端，若用它驱动共阴极 LED 数码管，则输出应为高电平有效，即输出为高电平时，相应显示段发光。例如，当输入 8421 码 $A_3A_2A_1A_0$ =0100 时，应显示"4"，即要求同时点亮 b、c、f、g 段，熄灭 a、d、e 段，故译码器的输出应为 $Y_a \sim Y_g$ =011011，这便是一组代码，常称之为段码，也叫字符信息。同理，根据组成 0～9 这 10 个字形的要求，可以列出 8421 BCD 七段译码器的功能表，见表 7-11。

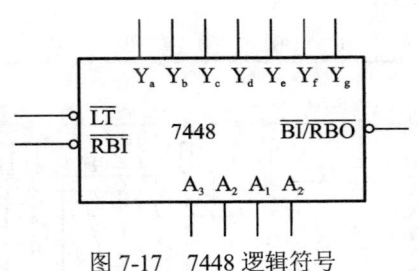

图 7-17 7448 逻辑符号

3 个控制端分别是：试灯输入端 $\overline{LT}$，当 $\overline{LT}=0$ 时，$Y_a \sim Y_g$ 全部置为 1，使得数码管显示"8"；灭零输入端 $\overline{RBI}$，当 $A_3A_2A_1A_0$ =0000 时，若 $\overline{RBI}=0$，则 $Y_a \sim Y_g$ 全部置为 0，灭灯；灭灯输入/灭零输出 $\overline{BI}/\overline{RBO}$，当作为输入端时，若 $\overline{BI}/\overline{RBO}=0$，无论输入 $A_3A_2A_1A_0$ 为何种状态，数码管熄灭，称灭灯输入控制端；当作为输出端时，只有当 $A_3A_2A_1A_0=0000$，且灭零输入信号 $\overline{RBI}=0$ 时，$\overline{BI}/\overline{RBO}=0$，称灭零输出端，因此 $\overline{BI}/\overline{RBO}=0$ 表示译码器将本来应该显示的零熄灭了。图 7-18 为 7448 驱动共阴极半导体数码管 BS201A 的工作电路。图中，电阻为上拉电阻，也称作限流电阻。

表 7-11 BCD—七段显示译码器的真值表

数字	输入				输出							字形
	A_3	A_2	A_1	A_0	Y_a	Y_b	Y_c	Y_d	Y_e	Y_f	Y_g	
0	0	0	0	0	1	1	1	1	1	1	0	0
1	0	0	0	1	0	1	1	0	0	0	0	1
2	0	0	1	0	1	1	0	1	1	0	1	2
3	0	0	1	1	1	1	1	1	0	0	1	3
4	0	1	0	0	0	1	1	0	0	1	1	4
5	0	1	0	1	1	0	1	1	0	1	1	5
6	0	1	1	0	0	0	1	1	1	1	1	6
7	0	1	1	1	1	1	1	0	0	0	0	7
8	1	0	0	0	1	1	1	1	1	1	1	8
9	1	0	0	1	1	1	1	0	0	1	1	9
10	1	0	1	0	0	0	0	1	1	0	1	c
11	1	0	1	1	0	0	1	1	0	0	1	⊃
12	1	1	0	0	0	1	0	0	0	1	1	υ
13	1	1	0	1	1	0	0	1	0	1	1	⊑
14	1	1	1	0	0	0	0	1	1	1	1	t
15	1	1	1	1	0	0	0	0	0	0	0	

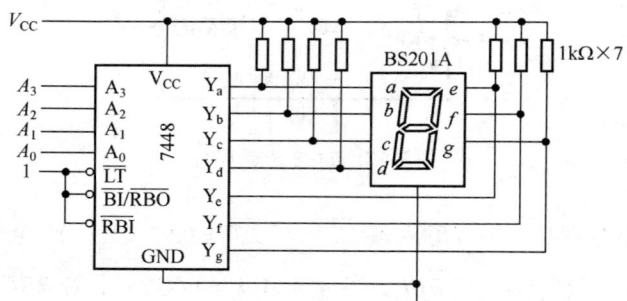

图 7-18 用 7448 驱动 BS201A 的连接方法

7.5 数据选择器

数据选择器又称为多路选择器、多路开关（Multiplexer，简称 MUX），其功能就是从多个数据中选择一个作为输出。它有 n 位地址输入、2^n 位数据输入和 1 位输出。在地址输入的控制下，每一时刻可从多路输入数据中选择一路输出，其功能相当于一个单刀多掷开关。

7.5.1 数据选择器类型和功能

常用的数据选择器有 4 选 1、8 选 1 和 16 选 1 等类型。

1. 4 选 1 数据选择器

图 7-19 是双 4 选 1 数据选择器 74LS153 的逻辑符号,其中 $D_0 \sim D_3$ 是数据输入端,也称为数据通道;A_1、A_0 是地址输入端;Y 是输出端;$\overline{S}$ 是使能端,低电平有效。当 $\overline{S}=1$ 时,输出 $Y=0$,禁止选择,当 $\overline{S}=0$ 时,数据选择器正常工作,在地址输入 A_1、A_0 的控制下,从 $D_0 \sim D_3$ 中选择一路输出,其功能见表 7-12。

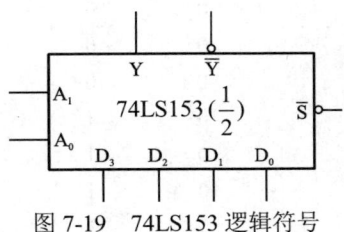

图 7-19 74LS153 逻辑符号

表 7-12 74LS153 功能表

$\overline{S}$	A_1	A_0	Y
1	×	×	0
0	0	0	D_0
0	0	1	D_1
0	1	0	D_2
0	1	1	D_3

当 $\overline{S}=0$ 时,74LS153 数据选择器的逻辑功能表达式是

$$Y = D_0(\overline{A_1}\,\overline{A_0}) + D_1(\overline{A_1}A_0) + D_2(A_1\overline{A_0}) + D_3(A_1A_0) \tag{7-5}$$

2. 8 选 1 数据选择器

图 7-20 是 8 选 1 数据选择器 74LS151 的逻辑符号和引脚图,它有 8 个数据输入端 $D_0 \sim D_7$,3 个地址输入端 $A_0 \sim A_2$,2 个互补输出端 Y 和 $\overline{Y}$,一个控制端 $\overline{S}$。其功能表如表 7-13 所示。

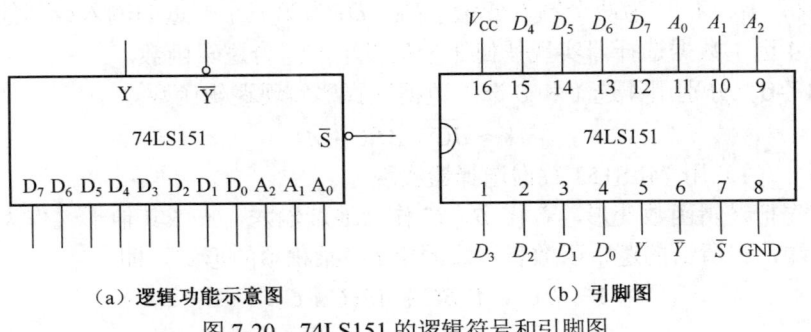

(a) 逻辑功能示意图　　　　　　(b) 引脚图

图 7-20 74LS151 的逻辑符号和引脚图

表 7-13　74LS151 的功能表

$\overline{S}$	A_2	A_1	A_0	Y
1	×	×	×	0
0	0	0	0	D_0
0	0	0	1	D_1
0	0	1	0	D_2
0	0	1	1	D_3
0	1	0	0	D_4
0	1	0	1	D_5
0	1	1	0	D_6
0	1	1	1	D_7

从表中可知，当 $\overline{S}=1$ 时，输出 $Y=0$ 而与地址输入状态无关，只有当 $\overline{S}=0$ 才能实现数据选择器的正常逻辑功能。

当 $\overline{S}=0$ 时，输出表达式为

$$Y = D_0(\overline{A_2}\,\overline{A_1}\,\overline{A_0}) + D_1(\overline{A_2}\,\overline{A_1}A_0) + D_2(\overline{A_2}A_1\overline{A_0}) + D_3(\overline{A_2}A_1A_0)$$
$$+ D_4(A_2\overline{A_1}\,\overline{A_0}) + D_5(A_2\overline{A_1}A_0) + D_6(A_2A_1\overline{A_0}) + D_7(A_2A_1A_0) \quad (7\text{-}6)$$
$$= \sum_{i=0}^{7} D_i m_i$$

式中，m_i 是地址变量 A_2、A_1、A_0 所对应的最小项，或称地址最小项。

7.5.2　数据选择器的应用

数据选择器的应用很广，典型的应用主要用来设计实现组合逻辑函数。

对于 4 选 1 数据选择器，在 $\overline{S}=0$ 时，输出与输入的逻辑式为

$$Y = D_0(\overline{A_1}\,\overline{A_0}) + D_1(\overline{A_1}A_0) + D_2(A_1\overline{A_0}) + D_3(A_1A_0)$$

若将 A_1、A_0 作为两个输入变量，$D_0 \sim D_7$ 为第三个变量的输入或其他形式，则可由 4 选 1 数据选择器实现任何 3 变量以下的组合逻辑函数。

例 7-6　分别用 4 选 1 和 8 选 1 数据选择器实现逻辑函数。

$$Y = \overline{B}C + A\overline{B}C + AB$$

解　（1）用 74LS153 数据选择器实现

首先把逻辑函数变形，若将 B、C 作为地址输入，A 或其他形式作为各数据的输入端，将所给的逻辑函数表示成固定 BC 乘积项的形式，即

$$Y = \overline{B}\,\overline{C} + A \cdot \overline{B}C + AB(\overline{C}+C)$$
$$= 1 \cdot \overline{B}\,\overline{C} + A \cdot \overline{B}C + A \cdot B\overline{C} + A \cdot BC$$

而 74LS153 的一个 4 选 1 数据选择器的输出端逻辑函数为

$$Y_1 = D_0(\overline{A_1}\,\overline{A_0}) + D_1(\overline{A_1}A_0) + D_2(A_1\overline{A_0}) + D_3(A_1A_0)$$

和所给函数相比较后

令 $A_1=B$，$A_0=C$，$D_0=1$，$D_1=D_2=D_3=A$

其电路连线图如图 7-21 所示。

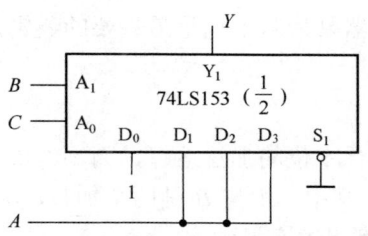

图 7-21　例 7-6 实现电路方法（1）图

（2）用 8 选 1 数据选择器 74LS151 实现

8 选 1 数据选择器有 3 位地址输入端，故先将所给逻辑函数写成最小项之和形式，即

$$Y = \overline{B}C + A\overline{B}C + AB$$
$$= (\overline{A}+A)\overline{B}C + A\overline{B}C + AB(\overline{C}+C)$$
$$= \overline{A}\,\overline{B}C + A\overline{B}\,\overline{C} + A\overline{B}C + AB\overline{C} + ABC = \sum_i m_i (i=0,4,5,6,7)$$

根据 8 选 1 数据选择器 74LS151 的输出端逻辑式为

$$Y = D_0(\overline{A_2}\,\overline{A_1}\,\overline{A_0}) + D_1(\overline{A_2}\,\overline{A_1}A_0) + D_2(\overline{A_2}A_1\overline{A_0}) + D_3(\overline{A_2}A_1A_0)$$
$$+ D_4(A_2\overline{A_1}\,\overline{A_0}) + D_5(A_2\overline{A_1}A_0) + D_6(A_2A_1\overline{A_0}) + D_7(A_2A_1A_0)$$

比较上面两式，令：$A_2=A$，$A_1=B$，$A_0=C$，$D_1=D_2=D_3=0$，$D_0=D_4=D_5=D_6=D_7=1$

其外部接线图如图 7-22 所示。

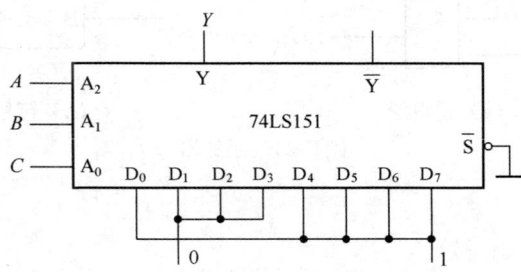

图 7-22　例 7-6 实现电路方法（2）图

显然,用 n 位地址输入的数据选择器,可以产生任何一种输入变量数不大于 $n+1$ 的组合逻辑函数。设计时可以采用函数式比较法,n 位地址端可以接入 n 个输入变量,2^n 数据输入端可以综合接入一个输入变量或高低电平。

7.6 加法器

在数字电路中,加法器是最基本也是最重要的逻辑部件之一。

7.6.1 半加器

所谓半加,就是只执行本位的加法运算,而不考虑次低位送来的进位信号,其真值表如表 7-14 所示。其中,A 与 B 是两个加数,S 是半加的和,CO 是向较高位的进位。由真值表得输出逻辑表达式

$$\begin{cases} S = \overline{A}B + A\overline{B} = A \oplus B \\ CO = AB \end{cases}$$

表 7-14 半加器真值表

A	B	S	CO
0	0	0	0
0	1	1	0
1	0	1	0
1	1	0	1

半加器的逻辑电路如图 7-23 所示。

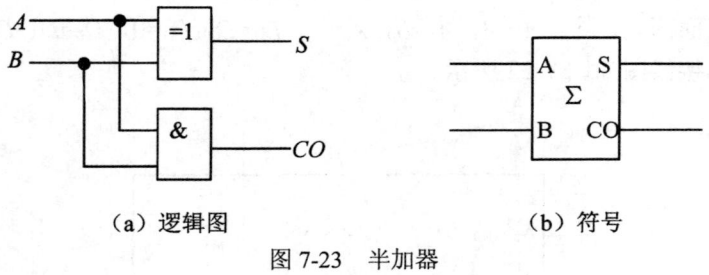

(a) 逻辑图　　　　　　　　　　(b) 符号

图 7-23　半加器

7.6.2 全加器

在进行多位二进制数加法运算时,除最低位外,其他各位都需要考虑除了本

位两数进行相加外的来自次低位的进位信号，全加器能将本位两数的加数和来自次低位的进位共 3 个数相加。1 位全加器的真值表如表 7-15 所示。

表 7-15　全加器的真值表

CI	A	B	S	CO
0	0	0	0	0
0	0	1	1	0
0	1	0	1	0
0	1	1	0	1
1	0	0	1	0
1	0	1	0	1
1	1	0	0	1
1	1	1	1	1

由真值表可得逻辑函数表达式

$$\begin{cases} S = A\overline{B} \cdot \overline{CI} + \overline{A}B\overline{CI} + \overline{AB}CI + ABCI = A \oplus B \oplus CI \\ CO = AB + \overline{A}BCI + A\overline{B}CI = AB + (A \oplus B)CI = \overline{\overline{AB} \cdot \overline{(A \oplus B)CI}} \end{cases}$$

全加器逻辑电路和逻辑符号如图 7-24 所示。双全加器 74LS183 的内部电路是按该电路构建的。

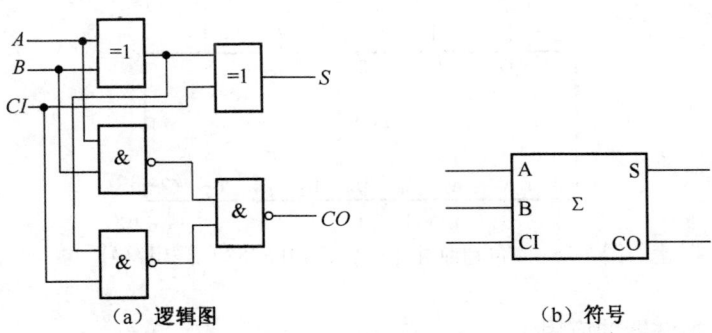

（a）逻辑图　　　　　　　　　　　（b）符号

图 7-24　全加器逻辑电路和符号

其中 A 与 B 是本位的两个加数，S 是本位的和数。CI 是来自次低位的进位数，CO 则是向较高位的进位数。

7.6.3　多位加法器

串行进位加法器是指两个多位二进制数相加时，利用多个全加器构成，将低位全加器的进位输出接到高位全加器的进位输入即可。1 位二进制数相加用 1 个全加器，n 位二进制数相加用 n 个全加器。图 7-25 所示电路为 4 个全加器，由于低位的进位输出接到高位的进位输入，故构成 4 位串行进位加法器。

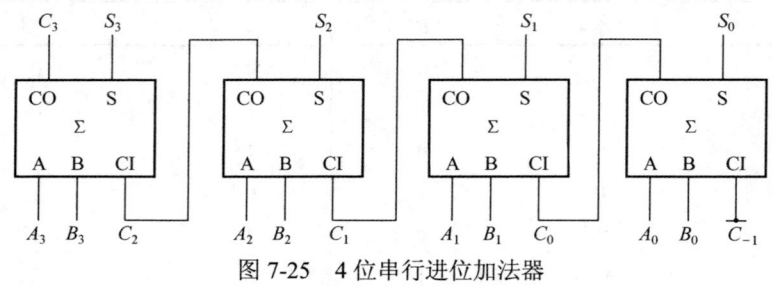

图 7-25　4 位串行进位加法器

串行进位加法器最大的缺点是运算速度慢。为了提高速度，若使进位信号不逐级传递，而是运算开始时，即可得到各位的进位信号，采用这个原理构成的加法器，就是超前进位（Carry Look-Ahead）加法器，也称快速进位（Fast Carry）加法器。

74LS283 就是采用这种超前进位原理构成的 4 位超前进位加法器，其逻辑符号如图 7-26 所示。其中：$A_3 \sim A_0$ 为一个四位二进制数的输入；$B_3 \sim B_0$ 为另一个二进制数的输入；CI 为最低位的进位；CO 是最高位的进位；$S_3 \sim S_0$ 为各位相加后的和。

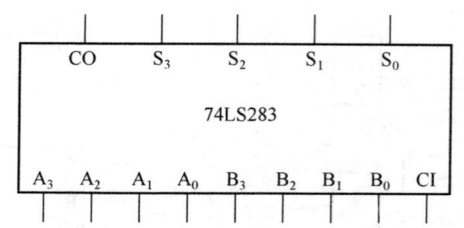

图 7-26　4 位超前进位加法器 74LS283 的逻辑符号

7.6.4　加法器的应用

利用加法器也可以设计组合逻辑电路。如果要产生的逻辑函数能化成输入变量和输入变量或者输入变量与常数在数值上相加的形式，这时用加法器来设计这个组合逻辑电路往往会非常简单。

例 7-7　设计一个代码转换电路，将 BCD 代码的 8421 码转换成余 3 码。

解　以 8421 码为输入，余 3 码为输出，即可列出代码转换电路的逻辑真值表，如表 7-16 所示。

表 7-16 例 7-7 的逻辑真值表

输入				输出			
D	C	B	A	Y_3	Y_2	Y_1	Y_0
0	0	0	0	0	0	1	1
0	0	0	1	0	1	0	0
0	0	1	0	0	1	0	1
0	0	1	1	0	1	1	0
0	1	0	0	0	1	1	1
0	1	0	1	1	0	0	0
0	1	1	0	1	0	0	1
0	1	1	1	1	0	1	0
1	0	0	0	1	0	1	1
1	0	0	1	1	1	0	0

仔细观察一下表 7-16 不难发现，$Y_3Y_2Y_1Y_0$ 和 $DCBA$ 所代表的二进制数始终相差 0011，即十进制数的 3。故可得

$$Y_3Y_2Y_1Y_0 = DCBA + 0011 \qquad (7\text{-}7)$$

其实这也正是余 3 码的特征。根据式（7-7），用一片 4 位加法器 74LS283 便可接成要求的代码转换电路，如图 7-27 所示。

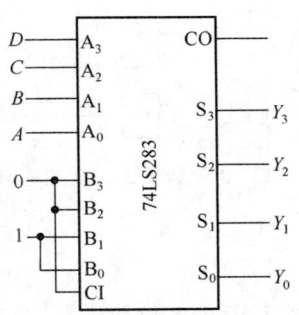

图 7-27 例 7-7 的代码转换电路

7.7 数值比较器

数值比较器是一种运算电路，它可以对两个二进制数或二—十进制编码的数进行比较，得出大于、小于和相等的结果。

7.7.1 1位数值比较器

1位数值比较器可以对两个1位二进制数 A 和 B 进行比较,比较结果分别由 $Y_{(A>B)}$、$Y_{(A<B)}$、$Y_{(A=B)}$ 给出。其真值表如表7-17所示。

表7-17 1位数值比较器真值表

输入		输出		
A	B	$Y_{(A>B)}$	$Y_{(A=B)}$	$Y_{(A<B)}$
0	0	0	1	0
0	1	0	0	1
1	0	1	0	0
1	1	0	1	0

由真值表写出逻辑表达式:

$$\begin{cases} Y_{(A>B)} = A\overline{B} \\ Y_{(A<B)} = \overline{A}B \\ Y_{(A=B)} = \overline{A}\,\overline{B} + AB = \overline{\overline{A}B + A\overline{B}} \end{cases} \tag{7-8}$$

画出逻辑图,即得如图7-28所示的1位数值比较器电路。

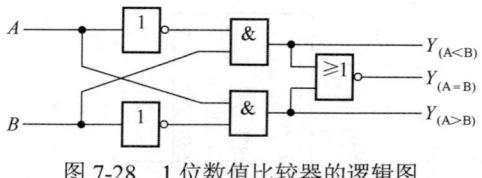

图7-28 1位数值比较器的逻辑图

7.7.2 多位数值比较器

根据数值的运算规律,在对两个多位数进行比较时,必须是由高至低逐位进行的,而且只有在高位相等时,才需要比较低位。

例如 A、B 是两个4位二进制数 $A_3A_2A_1A_0$ 和 $B_3B_2B_1B_0$,进行比较时应首先比较 A_3 和 B_3。如果 $A_3>B_3$,那么不管其他几位数码为何值,肯定是 $A>B$。反之,若 $A_3<B_3$,则不管其他几位数码为何值,肯定是 $A<B$。如果 $A_3=B_3$,这就必须通过比较下一位 A_2 和 B_2 来判断 A 和 B 的大小了。以此类推,定能比出结果。

图7-29是4位数值比较器CC14585的逻辑符号和管脚图。图中的 $Y_{(A<B)}$、$Y_{(A=B)}$ 和 $Y_{(A>B)}$ 是总的比较结果,$A_3A_2A_1A_0$ 和 $B_3B_2B_1B_0$ 是两个相比较的4位数的输入端。

$I_{(A<B)}$、$I_{(A=B)}$ 和 $I_{(A>B)}$ 是扩展端，供片间连接时使用。

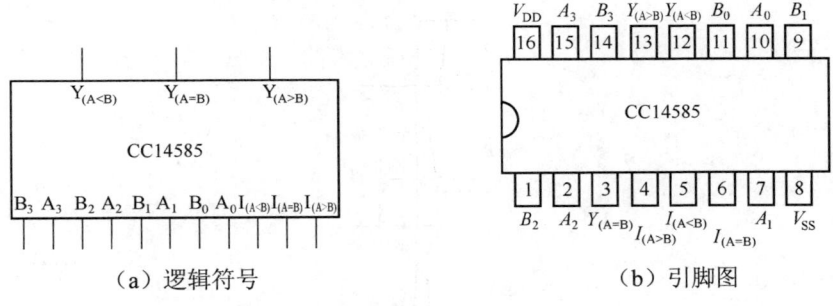

(a) 逻辑符号　　　　　　　　　　　(b) 引脚图

图 7-29　4 位数值比较器 CC14585

只比较两个 4 位数时，将扩展端 $I_{(A<B)}$ 接低电平，同时将 $I_{(A>B)}$ 和 $I_{(A=B)}$ 接高电平，即 $I_{(A<B)} = 0$、$I_{(A>B)} = I_{(A=B)} = 1$。

目前生产的数值比较器中，也有采用其他电路结构形式的。因为电路结构不同，扩展输入端的用法也不完全一样，使用时应注意加以区别。

7.8　辅修内容

7.8.1　组合逻辑电路中的竞争冒险

1. 竞争冒险现象及产生的原因

前面分析和设计组合逻辑电路，都没有考虑门电路延迟时间对电路的影响。实际上，当输入一个门的几个输入端信号分别经过不同的路径到达时，由于延迟时间的存在，会导致到达会合点的时间有先后之分，从而产生瞬间的尖峰脉冲，出现错误输出。这种现象称为竞争冒险。

下面以最简单的与门为例，说明竞争冒险现象产生的原因。如图 7-30 所示的与门电路中，因与逻辑 $Y = A \cdot B$，所以稳态下，当 AB 取值为 01 或 10 时，Y 的值应恒为 0。但当输入信号 A 由 1 跳变为 0，B 从 0 跳变为 1 时，输出 Y 却不恒为 0，而出现了干扰脉冲，产生了竞争冒险现象。

从图中分析原因可以看出，由于延迟时间的存在，输入信号 A、B 都不可能突变，且 A、B 信号因各自的传输路径不同，不会同时改变状态，因而当 B 首先从 0 电平上升至 $V_{IL(max)}$ 时，信号 A 尚未从 1 下降至 $V_{IL(max)}$，于是 A、B 两信号在这短暂的 Δt 时间内同时高于 $V_{IL(max)}$，即同时为高电平，于是与门电路的输出端出现了极窄的 $Y=1$ 的尖峰脉冲。

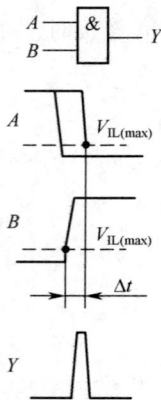

图 7-30 由于竞争而产生的尖峰脉冲

2. 竞争冒险现象的识别

若每次只有一个输入变量改变状态的简单情况下,可以通过逻辑函数式判断组合电路中是否存在竞争冒险现象。

首先写出组合逻辑电路的逻辑表达式,当某些逻辑变量取特定值(0 或 1)时,如果表达式能转换为

$$Y = \overline{A} \cdot A \quad 或 \quad Y = A + \overline{A}$$

时,则存在冒险。

例 7-8 判断如图 7-31(a)所示电路是否存在冒险,并画出输出波形。

解 写出逻辑表达式:$Y = A\overline{C} + BC$

若输入变量 $A=B=1$,则 $Y = C + \overline{C}$

所以,该电路存在竞争冒险。

在稳态下,无论 C 取何值,Y 恒为 1,但当 C 变化时,由于信号的各传输路径延时不同,所以会出现负向窄脉冲,波形如图 7-31(b)所示。

3. 竞争冒险现象的消除

(1)修改逻辑设计。

1)增加冗余项。在例 7-8 的电路中,存在冒险现象。如在其逻辑表达式中增加乘积项 AB,使其变为 $Y = A\overline{C} + BC + AB$,则在原来产生冒险的条件 $A=B=1$ 时,$Y=1$,不会产生冒险。这个函数增加了乘积项 AB 后,已不是"最简",故这种乘积项称为冗余项。

2)变换逻辑式,消去互补变量。

(2)增加选通信号。在电路中增加一个选通脉冲,接到可能产生冒险的门电路的输入端。当输入信号转换完成,进入稳态后,才引入选通脉冲,将门打开。这样,输出就不会出现冒险脉冲。

第 7 章 组合逻辑电路

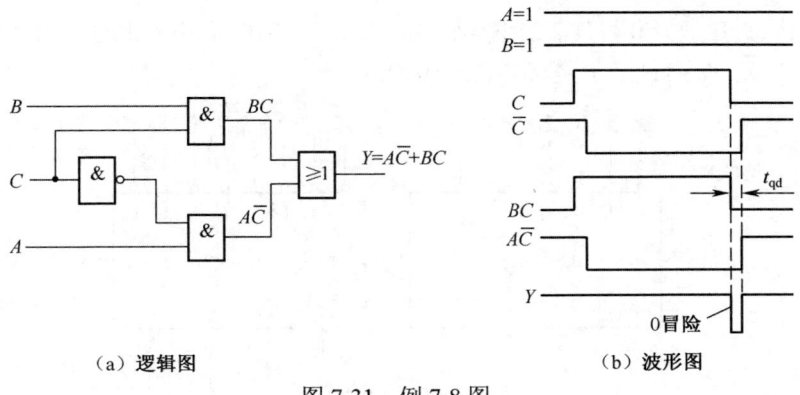

(a) 逻辑图　　　　　　　　　　　　(b) 波形图

图 7-31　例 7-8 图

（3）增加输出滤波电容。由于竞争冒险产生的干扰脉冲的宽度一般都很窄，在可能产生冒险的门电路输出端并接一个滤波电容（一般为 4~20pF），利用电容两端的电压不能突变的特性，使输出波形上升沿和下降沿都变得比较缓慢，从而起到消除冒险现象的作用。

7.8.2　组合逻辑电路的功能扩展

在数字电路的应用中，当一块芯片满足不了输入输出位数的需求时，需要多块芯片级联进行扩展。

1. 编码器的扩展

例 7-9　试用两片 74LS148 接成 16 线－4 线优先编码器，将 $\overline{X}_0 \sim \overline{X}_{15}$ 这 16 个低电平信号编为 0000~1111 共 16 个 4 位二进制代码，其中 $\overline{X}_{15}$ 的优先权最高，$\overline{X}_0$ 的优先权最低。

解　由于每片 74LS148 只有 8 个输入，所以需将 16 个输入信号分别接在两片上。如图 7-32 所示，以 $Z_0 \sim Z_3$ 作为 16 线－4 线优先编码器输出；片 2 作低位片，片 1 的输入端 $\overline{I}_0 \sim \overline{I}_7$ 作为总输入的 $\overline{X}_8 \sim \overline{X}_{15}$。两片的输出端 $\overline{Y}_0$、$\overline{Y}_1$、$\overline{Y}_2$ 分别相与非作为总输出 Z_0、Z_1、Z_2；片 1 的 $\overline{Y}_{EX}$ 端作为总输出端 Z_3；片 1 的输入使能端 $\overline{S}$ 作为电路总的输入使能端；片 2 的输出使能端 $\overline{Y}_S$ 作为电路总的输出使能端。

按照优先顺序要求，只有 $\overline{X}_{15} \sim \overline{X}_8$ 均无输入信号时，才允许对 $\overline{X}_7 \sim \overline{X}_0$ 的输入编码。因此，将片 1 的"无编码信号输入"信号 $\overline{Y}_S$ 作为片 2 的输入使能信号 $\overline{S}$。

此外，当片 1 有编码信号输入时其 $\overline{Y}_{EX}=0$，无编码信号输入时 $\overline{Y}_{EX}=1$，正好利用它作为输出编码的第四位 Z_3。

具体分析图 7-32 的输出。设输入信号 $\overline{X}_{15} \sim \overline{X}_8$ 全部为 1，$\overline{X}_7 \sim \overline{X}_0$ 中只有 $\overline{X}_5=0$。那么片 1 的 $\overline{Y}_{EX}=1$、$\overline{Y}_S=0$（因没有编码输入），进而片 2 的 $\overline{S}=0$，片 2 处

于工作状态,由 $\overline{X}_5=0$ 得片 2 的编码输出 $\overline{Y}_2\,\overline{Y}_1\,\overline{Y}_0=010$,而由片 1 的 $\overline{Y}_{EX}=1$ 和 $Z_3=0$,片 1 的 $\overline{Y}_2\,\overline{Y}_1\,\overline{Y}_0=111$,于是 $Z_3Z_2Z_1Z_0=0101$。

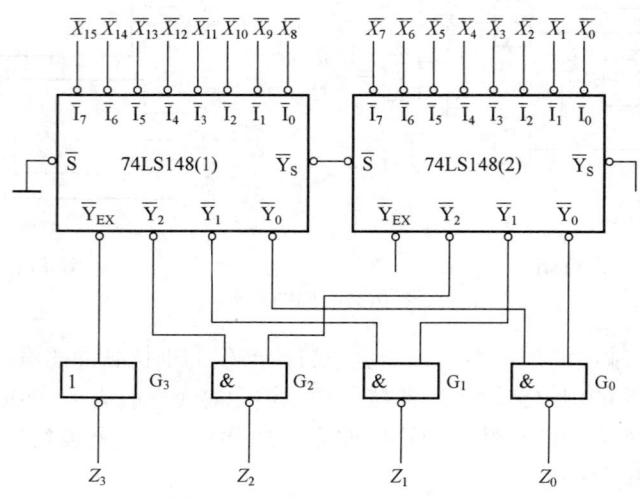

图 7-32 例 7-9 的逻辑电路图

若设输入信号中 $\overline{X}_{15}\sim\overline{X}_8$ 任一为低电平,如 $\overline{X}_{11}=0$,$\overline{X}_7\sim\overline{X}_0$ 全为 1,则片 1 的 $\overline{Y}_{EX}=0$,因而 $Z_3=1$,$\overline{Y}_2\,\overline{Y}_1\,\overline{Y}_0=100$。同时片 1 的 $\overline{Y}_S=1$,将片 2 封锁,使它的输出 $\overline{Y}_2\,\overline{Y}_1\,\overline{Y}_0=111$。于是最终的输出为 $Z_3Z_2Z_1Z_0=1011$。

如果 $\overline{X}_{15}\sim\overline{X}_0$ 中同时有几个输入端为低电平,则只对其中优先权最高的一个信号编码。

2. 译码器的扩展

例 7-10 试用两片 3 线-8 线译码器 74LS138 组成 4 线-16 线译码器,将输入的 4 位二进制代码 $D_3D_2D_1D_0$ 译成 16 个独立的低电平信号 $\overline{z_0}\sim\overline{z_{15}}$。

解 由于 74LS138 为 3 线-8 线译码器,要构成 4 线-16 线译码器,需要 4 个输入地址线,故除了 74LS138 的 3 个输入端外,还要利用 74LS138 功能表中的附加控制端,即 S_1 和 $\overline{S_2}$ 及 $\overline{S_3}$。$D_3=0$ 时片 1 工作,片 2 不工作,$\overline{z_0}\sim\overline{z_7}$ 有译码输出。$D_3=1$ 时片 1 不工作,片 2 工作,$\overline{z_8}\sim\overline{z_{15}}$ 有译码输出。连接如图 7-33 所示。

3. 数据选择器的扩展

例 7-11 试用双四选一数据选择器 74LS153 组成八选一数据选择器。

解 "四选一"只有 2 位地址输入,从四个数据输入中选中一个;"八选一"的八个数据需要 3 位地址代码指定其中任何一个,故利用控制端 S 作为第 3 位地址输入端,其实现电路如图 7-34 所示。

第 7 章 组合逻辑电路 257

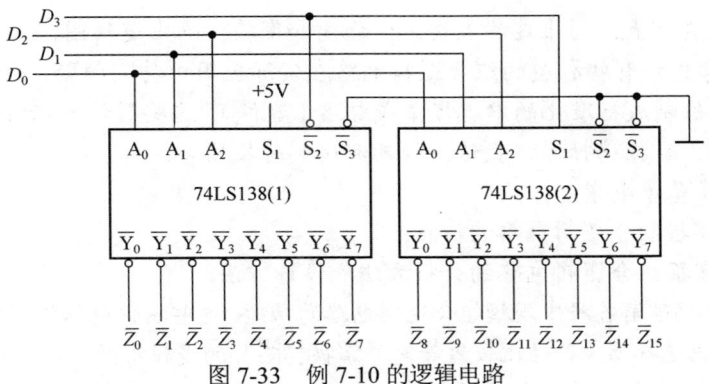

图 7-33 例 7-10 的逻辑电路

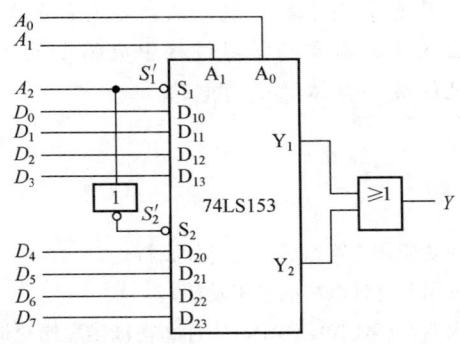

图 7-34 例 7-11 实现电路图

其输出端的逻辑式为：
$$Y = D_0(\overline{A_2}\,\overline{A_1}\,\overline{A_0}) + D_1(\overline{A_2}\,\overline{A_1}A_0) + D_2(\overline{A_2}A_1\overline{A_0}) + D_3(\overline{A_2}A_1A_0)$$
$$+ D_4(A_2\overline{A_1}\,\overline{A_0}) + D_5(A_2\overline{A_1}A_0) + D_6(A_2A_1\overline{A_0}) + D_7(A_2A_1A_0)$$

本章重点讨论组合逻辑电路，包括组合逻辑电路的特点、分析方法和设计方法以及若干常见组合逻辑电路的功能和应用。

1. 本章要点

（1）组合逻辑电路由门电路组合而成。组合逻辑电路的特点是：任一时刻的输出状态只决定于该时刻各输入状态的组合，而与电路的原状态无关。

（2）组合逻辑电路的分析步骤是：写出组合逻辑电路的逻辑表达式；化简或变换表达式；列出真值表；确定逻辑功能。组合逻辑电路的设计步骤是：进行逻辑抽象；列真值表；写出逻辑表达式；化简和变换；画出逻辑图。

（3）考虑到有些种类的组合逻辑电路在实际应用中特别频繁，为便于用户使用，它们已被制成标准化的中规模集成电路（器件）。这些器件包括编码器、译码器、加法器、数据选择器、数值比较器和码制转换器等。

2. 本章基本要求

（1）掌握组合逻辑电路的特点。

（2）掌握组合逻辑电路的分析方法和设计方法。

（3）正确理解各种中规模组合逻辑电路的功能，这些器件包括编码器、译码器、加法器、数据选择器、数值比较器等，并掌握其芯片的逻辑符号、功能和应用。

尽管在功能上各种组合逻辑电路千差万别，但它们的分析方法和设计思想与基本步骤则是共同的。只要掌握了其一般方法，就可以根据给定的设计要求设计出相应的逻辑电路。因此，在本章的学习过程中应将重点放在分析方法和设计方法上，而不必去刻意记住某个具体的逻辑电路。

习题7

7-1 组合逻辑电路在功能和电路组成上各有什么特点？

7-2 什么叫编码？编码器有什么样的逻辑功能？

7-3 什么叫优先编码器？在优先编码中，为什么在被排斥的变量处打"×"？

7-4 什么叫译码器？译码器有哪些功能和用途？

7-5 什么叫数据选择器？数据选择器有什么功能和用途？

7-6 分析图7-35中电路的逻辑功能，写出 Y_1、Y_2 的函数表达式，列出真值表，指出电路完成什么功能。

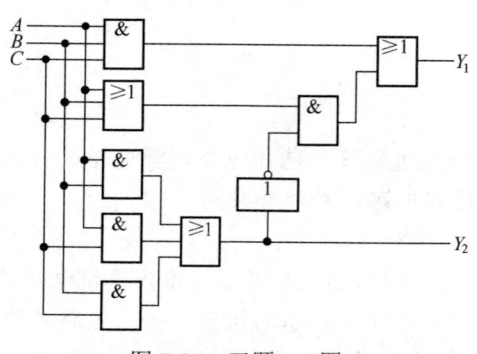

图7-35 习题7-6图

7-7 旅客列车分特快、直快和普快，并依此为优先通行次序。某站在同一时间只能有一趟列车从车站开出，即只能给出一个开车信号，试画出满足上述要求的逻辑电路。设 A, B, C 分别代表特快、直快、普快，开车信号分别为 Y_A, Y_B, Y_C。

7-8 甲、乙两校举行联欢会，入场券分红、黄两种，甲校学生持红票入场，乙校学生持黄票入场。会场入口处如设一自动检票机：符合条件者可放行，否则不准入场。试画出此检票机的放行逻辑电路。

7-9 设 A, B, C, D 是一个 8421 码的四个输入，若此码表示的数字 x 符合 $x<4$ 或 $x>8$ 时，则输出为 1，否则为 0。试用与非门组成逻辑图。

7-10 试用 8 线－3 线优先编码器 CT74148 组成二－十进制（BCD 码）优先编码器，且输入低电平有效，输出为原码。

7-11 写出图 7-36 所示电路中 Y_1、Y_2 的最简表达式。

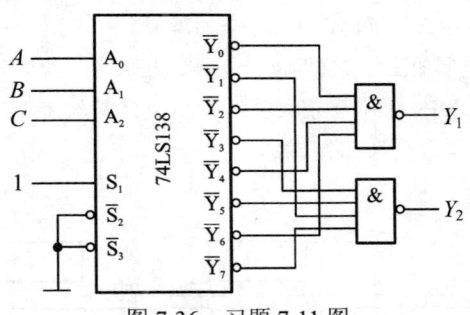

图 7-36 习题 7-11 图

7-12 试用 3 线－8 线译码器 74LS138 和适当的门电路产生下列多输出逻辑函数图。
$$Y_1 = AC$$
$$Y_2 = A\overline{B}C + A\overline{BC} + BC$$
$$Y_3 = \overline{BC} + AB\overline{C}$$

7-13 图 7-37 是用两个 4 选 1 数据选择器组成的逻辑电路，试写出输出 Z 与输入 M、N、P、Q 之间的逻辑函数式。

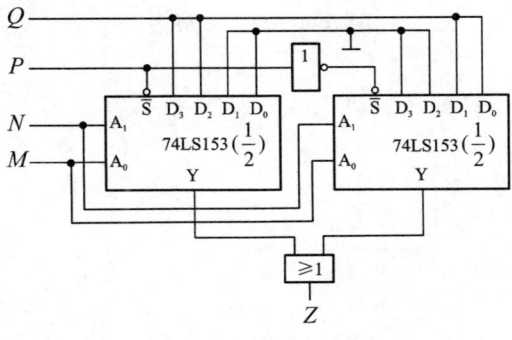

图 7-37 习题 7-13 图

7-14 用 4 选 1 数据选择器和 8 选 1 数据选择器实现逻辑函数：$Y = \overline{ABC} + \overline{AC} + BC$。

7-15 使用七段集成显示译码器 7448 和发光二极管显示器组成一个 7 位数字的译码显示电路，要求将 0099.120 显示成 99.12，各片的控制端应如何处理？画出外部接线圈（不考虑小数点的显示）。

7-16 试用 8 选 1 数据选择器 74151 和门电路设计一个四位二进制码奇偶检验器。要求当输入的四位二进制码中有奇数个 1 时，输出为 1，否则为 0。

7-17 用 MSI 组合电路芯片构成一位二进制全减器。输入为被减数、减数和来自低位的借位，输出为差和向高位的借位信号。

（1）用 3—8 译码器和与非门实现。

（2）用双 4 选 1 数据选择器实现。

7-18 用译码器 74138 和与非门设计一个全加器。

7-19 试用四位二进制加法器实现四位二进制减法器。

7-20 图 7-38 中 COMP 为四位数值比较器 CC14585。输入 $X=X_3X_2X_1X_0$ 为一个四位二进制数，F_3、F_2、F_1 为输出。试分析该电路功能。

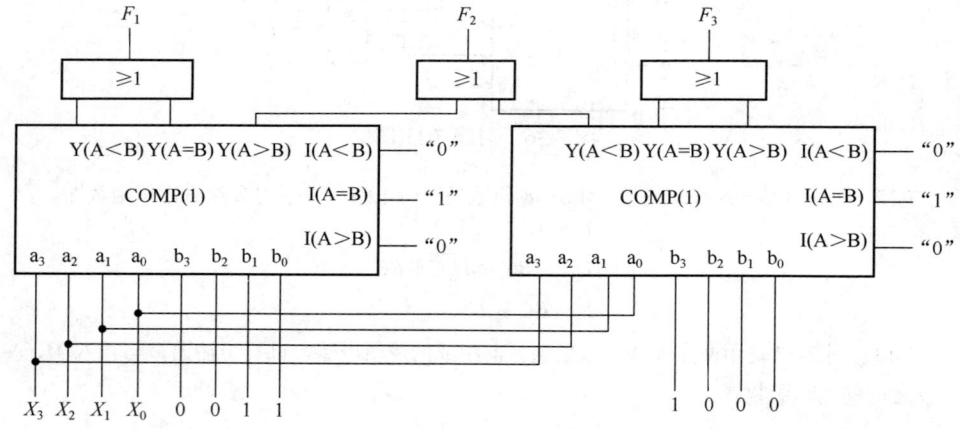

图 7-38 习题 7-20 图

第 8 章 时序逻辑电路

时序逻辑电路是数字系统中的重要逻辑电路类型,而触发器是构成时序逻辑电路的基本逻辑单元电路。本章将先介绍各种触发器的电路结构和逻辑功能,然后介绍时序逻辑电路的分析方法和设计方法,最后介绍若干常用的中规模时序逻辑电路的功能及其应用。

8.1 时序逻辑电路的特点和分类

就完成逻辑功能的基本特点而言,我们可以将逻辑电路分为两大类:一类是已在第 7 章做过详细讨论的组合逻辑电路,另一类则是本章将要讨论的时序逻辑电路。组合逻辑电路的基本特点是:任一时刻的输出只与当前的输入有关,而与此前的输入状态无关;但在时序逻辑电路中,任一时刻的输出不仅与当前时刻的输入有关,而且与电路此前的原状态,即与电路过去的输入状态有关。

1. 时序逻辑电路的特点

图 8-1 是时序逻辑电路的结构框图,它有两个特点:

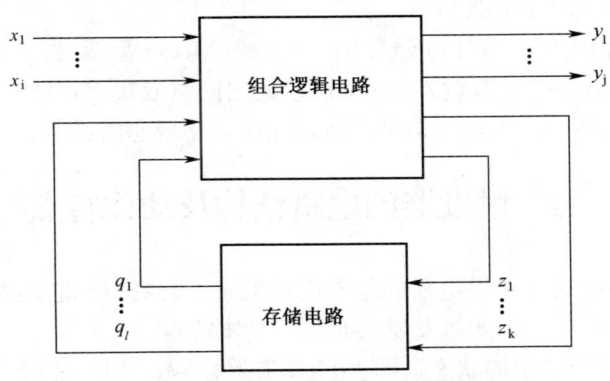

图 8-1 时序逻辑电路的结构框图

第一,时序逻辑电路包含组合逻辑电路和存储电路两部分,存储电路具有记忆功能,通常由触发器组成,对于一个时序电路,它可以没有组合逻辑电路部分,但绝对不可以没有存储电路部分。

第二，存储电路的输出状态必须反馈到组合逻辑电路的输入端，与输入信号一起决定组合逻辑电路的新输出。

2. 时序逻辑电路逻辑功能的表示方法

在图 8-1 时序逻辑电路的结构框图中，时序电路各种信号之间的逻辑关系可用三组方程来表示，具体如下：

$$Y^n = F(X^n, Q^n)$$
$$Z^n = G(X^n, Q^n) \quad (8-1)$$
$$Q^{n+1} = H(Z^n, Q^n)$$

其中，第一个方程组称为输出方程，第二个方程组称为驱动方程（或激励方程），第三个方程组称为状态方程（也称次态方程）。

式中，X^n 和 Y^n 分别表示 t_n 时刻电路的外部输入信号和外部输出信号，Z^n 表示 t_n 时刻由组合电路内部输出给存储电路的激励信号，Q^n 和 Q^{n+1} 分别表示 t_n 时刻存储电路的当前状态（即现态）和经过一个 CP 脉冲作用后的下一个状态（即次态）。

3. 时序逻辑电路的分类

（1）按其时钟接入方式可分为：同步时序电路和异步时序电路两种。

在同步时序电路中，所有触发器状态的变化都是在同一时钟信号 CP 的控制下同时发生的，而异步时序电路中，各触发器状态的变化不是同时发生的，某些触发器的时钟输入端与 CP 连在一起，这些触发器状态的更新与 CP 同步，而其他触发器的更新则滞后于这些触发器。因此，异步时序电路的速度比同步时序电路慢，但结构比同步时序电路简单。

（2）按其输出信号特性可分为 Mealy 型和 Moore 型两种。

在 Mealy 型电路中，有输入信号，所以输出同时取决于存储电路状态和输入。而在 Moore 型电路中，无输入信号，所以输出只是现态的函数。

8.2 触发器的电路结构及动作特点

触发器是构成时序逻辑电路的基本逻辑单元，它具有记忆功能，用来存储 1 位二值信号（0 或 1）。因此触发器具有以下基本特点：

（1）具有两个稳定的状态，即"0"态和"1"态，故一般触发器也称双稳态触发器。

（2）具有触发翻转的特性。即在外加输入信号的作用（触发）下可以置成 1 或 0 态。

（3）在输入信号撤销后能保持该稳态不变，即具有"自行保持"或"记忆"功能。

8.2.1 基本 RS 触发器

1. 电路组成及逻辑符号

图 8-2 所示是基本 RS 触发器的逻辑图和逻辑符号。电路由两个与非门交叉耦合构成。$\overline{R_D}$、$\overline{S_D}$ 是信号输入端，$\overline{S_D}$ 称为置位端或置 1 输入端，$\overline{R_D}$ 称为复位端或置 0 输入端，均为低电平有效（在逻辑符号中用小圆圈表示），Q、$\overline{Q}$ 称为触发器的输出端。当 $Q=0$、$\overline{Q}=1$ 时，称触发器处于 0 状态；当 $Q=1$、$\overline{Q}=0$ 时，称触发器处于 1 状态。

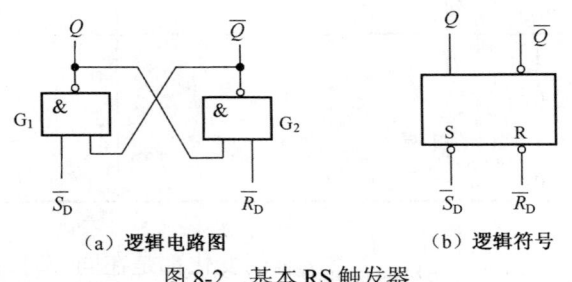

图 8-2 基本 RS 触发器

2. 工作原理

（1）当 $\overline{S_D}=1$，$\overline{R_D}=0$ 时，触发器将置成 0 状态，即将有 $Q=0$、$\overline{Q}=1$。

当 $\overline{S_D}=1$，$\overline{R_D}=0$ 时，设触发器的初始状态为 1 状态，这时与非门 G_2 有一个输入端为 0，其输出端 $\overline{Q}$ 变为 1；而与非门 G_1 的两个输入端全为 1，其输出端 Q 变为 0。触发器被置成 0 状态。如果它的初始状态为 0 状态，则触发器仍保持 0 状态不变。

（2）当 $\overline{S_D}=0$，$\overline{R_D}=1$ 时，触发器将置成 1 状态，即将有 $Q=1$、$\overline{Q}=0$。

当 $\overline{S_D}=0$，$\overline{R_D}=1$ 时，设触发器的初始状态为 0 状态，这时与非门 G_1 有一个输入端为 0，其输出端 Q 变为 1；而与非门 G_2 的两个输入端全为 1，其输出端 $\overline{Q}$ 变为 0。触发器被置成 1 状态。如果它的初始状态为 1 状态，则触发器仍保持 1 状态不变。

（3）当 $\overline{S_D}=1$，$\overline{R_D}=1$ 时，触发器将保持原状态不变。

当 $\overline{S_D}=1$，$\overline{R_D}=1$ 时，若触发器的初始状态为 0 状态，即 $Q=0$、$\overline{Q}=1$，则由于与非门 G_1 的两个输入端全为 1，使其输出端 Q 维持 0，而与非门 G_2 有一个输入端为 0，使其输出端 $\overline{Q}$ 维持 1；若触发器的初始状态为 1 状态，即 $Q=1$、$\overline{Q}=0$，

则由于与非门 G_1 有一个输入端为 0，使其输出端 Q 维持 1，与非门 G_2 的两个输入端全为 1，使其输出端 $\overline{Q}$ 维持 0。故触发器将保持原状态不变。

（4）当 $\overline{S_D}=0$，$\overline{R_D}=0$ 时，触发器的状态不定。

当 $\overline{S_D}=0$，$\overline{R_D}=0$ 时，两个与非门的输出端 Q、$\overline{Q}$ 都为 1，这就达不到 Q 与 $\overline{Q}$ 的状态应该相反的逻辑要求。当 $\overline{S_D}$、$\overline{R_D}$ 同时由 0 变为 1 时，触发器将由各种偶然因素决定其最终状态。因此这种情况在使用中应禁止出现。

上述逻辑关系可用表 8-1 表示。表中 Q^n 指触发器的目前状态，简称初态或现态，Q^{n+1} 指触发器被触发后的下一个状态，简称次态。

表 8-1 基本 RS 触发器的功能表

$\overline{S_D}$	$\overline{R_D}$	Q^{n+1}	功能说明
1	1	Q^n	保持不变
1	0	0	置 0
0	1	1	置 1
0	0	1*	状态不定

3. 动作特点

由图 8-2 可见，在基本 RS 触发器中，输入信号直接加在输出门上，所以输入信号在全部作用时间里（即 $\overline{S_D}$ 或 $\overline{R_D}$ 为 0 的全部时间里），都能直接改变输出端 Q 和 $\overline{Q}$ 的状态，这就是基本 RS 触发器的动作特点。

图 8-3 是基本 RS 触发器的工作波形。

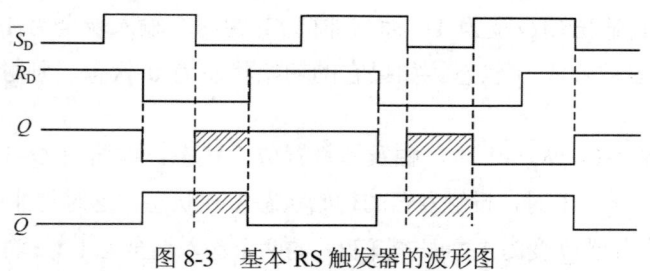

图 8-3 基本 RS 触发器的波形图

8.2.2 同步 RS 触发器

1. 电路组成及逻辑符号

图 8-4 所示是同步 RS 触发器的逻辑图和逻辑符号。与非门 G_1、G_2 构成基本 RS 触发器，与非门 G_3、G_4 是控制门，输入信号 R、S 通过控制门进行传送，CP

叫时钟脉冲，是输入控制信号。

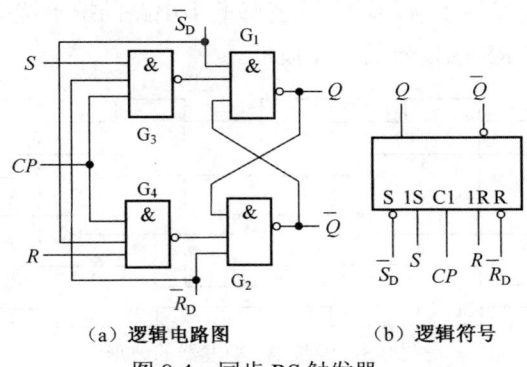

(a) 逻辑电路图　　(b) 逻辑符号

图 8-4　同步 RS 触发器

2. 工作原理

从图 8-4（a）所示电路可以明显看出，$CP=0$ 时控制门 G_3、G_4 被封锁，基本触发器保持原来状态不变，只有当 $CP=1$ 时控制门被打开后，输入信号才会被接收，而且工作情况与图 8-2（a）所示电路没有什么区别。因此，可列出如表 8-2 所示的特性表。

表 8-2　同步 RS 触发器的特性表

S	R	Q^{n+1}	功能说明
0	0	Q^n	保持不变
0	1	0	置 0
1	0	1	置 1
1	1	1*	状态不定

由表 8-2 所示的特性表又可推出 RS 触发器的特性方程

$$\begin{cases} Q^{n+1} = S + \overline{R}Q^n \\ SR = 0 \text{（约束条件）} \end{cases} \quad (CP=1 \text{ 期间有效})$$

在图 8-4（a）中，$\overline{S_D}$ 和 $\overline{R_D}$ 是异步置位端和异步复位端，它们不经过时钟脉冲 CP 的控制就可以直接对触发器置 0 或置 1。一般用在工作之初，预先使触发器处于某一给定状态，在工作过程中不用它们。不用时让它们为 1（即接高电平）。

3. 动作特点

在 $CP=1$ 的全部时间里 S 和 R 的变化都将引起触发器输出端状态的变化。这就是同步 RS 触发器的动作特点。

根据这一动作特点可知，如果在 $CP=1$ 的期间内输入信号多次发生变化，则触发器的状态也会发生多次翻转，这就降低了电路的抗干扰能力。

图 8-5 是同步 RS 触发器的工作波形。

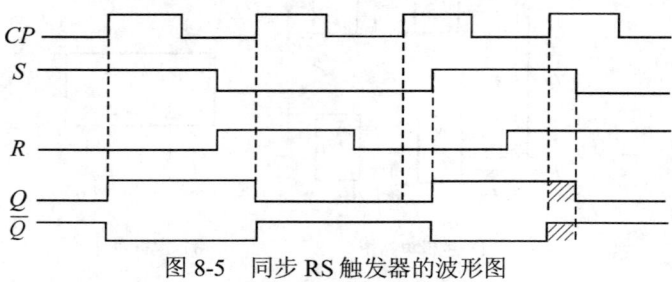

图 8-5 同步 RS 触发器的波形图

8.2.3 主从 JK 触发器

1. 电路组成及逻辑符号

JK 触发器的结构有多种，国内生产的主要是主从型 JK 触发器，它的电路内部是由主从 RS 触发器演变构成。图 8-6 所示的是主从 JK 触发器的演变构成图，其中图 8-6（a）为主从 RS 触发器的结构和逻辑符号，它由两个同步 RS 触发器组成，分别称为主触发器和从触发器。此外，还通过一个非门将两个触发器联系起来。这种就是触发器的主从型结构。在此基础上，增加两个与门的连接引入 JK 输入，构成主从 JK 触发器，如图 8-6（b）所示。输入时钟脉冲 CP 先使主触发器翻转，而后使从触发器翻转，主从之名由此而来。

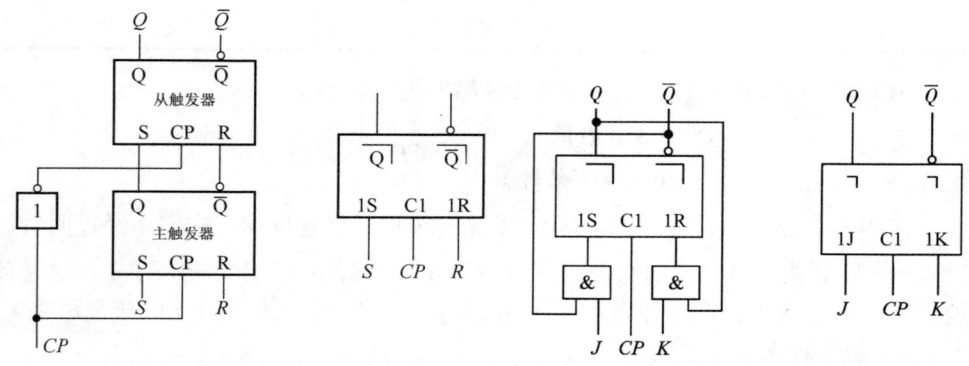

（a）主从 RS 触发器的结构和逻辑符号　　（b）主从 JK 触发器的结构和逻辑符号

图 8-6 主从型 JK 触发器的演变构成图

2. 工作原理

当时钟脉冲 $CP=1$ 时，主触发器工作，从触发器被封锁住状态不变。至于这时主触发器如何翻转，要看它的状态以及 J、K 输入端所处状态而定。当 CP 从"1"跳变为"0"时，主触发器被封锁住状态不变，从触发器工作，将主触发器状态送到从触发器，使两者状态一致。例如主触发器为"1"态，当 CP 从"1"跳变为"0"时，由于从触发器的 $S=1$ 和 $R=0$，故使它也处于"1"态。

还可见到，这种触发器不会"空翻"。因为 $CP=1$ 期间，从触发器的状态不会改变；而等到 CP 下跳为"0"时，从触发器或翻转或保持原态，而主触发器的状态也不会改变。

下面分四种情况来分析主从型 JK 触发器的逻辑功能。

（1）$J=1$，$K=1$。设时钟脉冲来到之前，即 $CP=0$ 时，触发器的初始状态为"0"态，这时主触发器的 $S=J$，$\overline{Q}=1$，$R=K$，$Q=0$。当时钟脉冲来到后，即 $CP=1$ 时，由于主触发器的 $S=1$ 和 $R=0$，故翻转为"1"态，当 CP 从"1"下跳为"0"时，由于这时从触发器的 $S=1$ 和 $R=0$，它也就翻转为"1"态。反之，设初始状态为"1"态，这里主触发器的 $S=0$ 和 $R=1$，当 $CP=1$ 时，它翻转为"0"态；当 CP 下跳变为"0"时，从触发器也翻转为"0"态。

可见 JK 触发器在 $J=K=1$ 的情况下，来一个时钟脉冲，就使它翻转一次。这表明，在这种情况下，触发器具有计数功能。

（2）$J=0$，$K=0$。设触发器的初始状态为"0"态，当 $CP=1$ 时，由于主触发器的 $S=0$ 和 $R=0$，它的状态保持不变。当 CP 下跳时，由于从触发器的 $S=0$，$R=1$，也保持原态不变。如果初始状态为"1"态，也保持原态不变。

（3）$J=1$，$K=0$。设触发器的初始状态为"0"态。当 $CP=1$ 时，由于主触发器的 $S=1$ 和 $R=0$，故翻转为"1"态。当 CP 下跳时，由于从触发器的 $S=1$ 和 $R=0$，它也就翻转为"1"态。反之，设初始状态为"1"态，当 $CP=1$ 时，主触发器由于 $S=0$ 和 $R=0$，保持原态不变，当 CP 下跳时从触发器也保持"1"态不变。

（4）$J=0$，$K=1$。不论触发器原来处于什么状态，下一个状态一定是"0"态。请读者自行分析。

综上所述，主从型触发器在 $CP=1$ 时，把输入信号暂时存储在主触发器中，为从触发器翻转或保持原态做好准备；到 CP 下跳为"0"时，存储的信号起作用，或者使从触发器翻转，或者使之保持原态。因此，在 CP 的一个变化周期中，触发器输出端的状态只可能改变一次。

主从 JK 触发器的逻辑符号如图 8-6（b）所示，逻辑符号中的"¬"表示延迟输出，即 CP 跳回 0 以后，输出状态才改变。因此，输出状态的变化发生在 CP 信号的下降沿。

将上述的逻辑关系列成表，即为主从 JK 触发器的特性表，如表 8-3 所示。

表 8-3 主从 JK 触发器的特性表

CP	J	K	Q^n	Q^{n+1}	功能说明
⎴⌐	0	0	0	0	保持原状态
⎴⌐	0	0	1	1	
⎴⌐	0	1	0	0	清零
⎴⌐	0	1	1	0	
⎴⌐	1	0	0	1	置位
⎴⌐	1	0	1	1	
⎴⌐	1	1	0	1	翻转
⎴⌐	1	1	1	0	

由表 8-3 又可推出 JK 触发器的特性方程

$$Q^{n+1} = J\overline{Q^n} + \overline{K}Q^n$$

3. 动作特点

主从结构触发器状态在一个 CP 周期内，只在 CP 下降沿发生一次变化。如果 CP = 1 期间，输入信号不发生变化，触发器的状态在 CP 下降沿按特性表发生变化；如果 CP = 1 期间，输入信号发生变化，触发器的状态在 CP 下降沿，按主触发器状态发生变化。主从 JK 触发器的工作波形如图 8-7 所示。

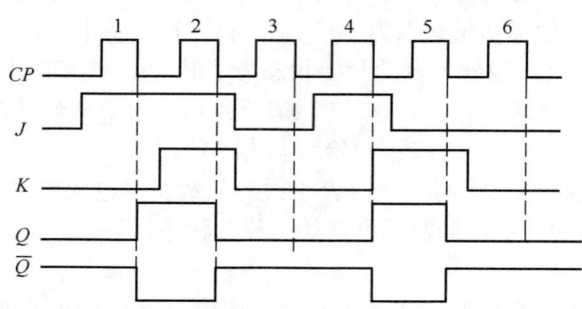

图 8-7 主从 JK 触发器的工作波形

8.2.4 边沿 D 触发器

边沿触发器不仅将触发器的触发翻转控制在 CP 触发沿到来的一瞬间，而且将接收输入信号的时间，也控制在 CP 触发沿到来的前一瞬间。因此，边沿触发器既没有空翻现象，也没有一次翻转现象，从而大大提高了触发器工作的可靠性和抗干扰能力。

1. 电路组成及逻辑符号

目前已用于数字集成电路产品的边沿触发器有维持阻塞触发器、利用CMOS传输门的边沿触发器、利用门电路传输延迟时间的边沿触发器等几种。这里主要讨论维持阻塞触发器的特性。

图8-8所示是边沿触发器中维持-阻塞D触发器的逻辑图和逻辑符号。

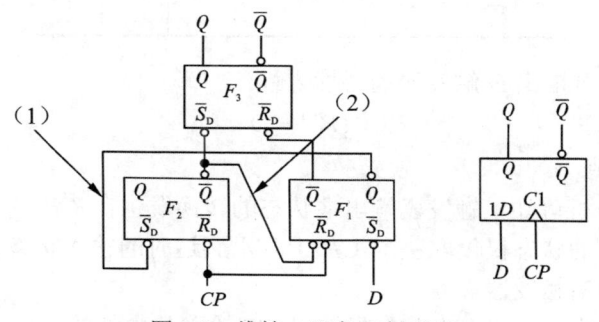

图8-8 维持一阻塞D触发器

电路由三个基本RS触发器$F_1 \sim F_3$组成。图中（1）线称为置1阻塞线，（2）线称为置0阻塞线。

2. 工作原理

从图8-8所示电路可以看出：

（1）CP=0时，基本RS触发器F_1、F_2输出为：$Q_1 = Q_2 = 0$或$\overline{Q}_1 = \overline{Q}_2 = 1$，因此触发器的状态不变。

（2）当CP由0变为1时，这时触发器的状态由D决定。

1）若D=1，CP上升沿到达前$Q_1 = 0$，当CP上升沿到达后Q_1保持为0，通过F_2的作用（$\overline{Q}_2 = 0$），使触发器的输出为1，因此称F_2为维持置1触发器。

2）若D=0，CP上升沿到达前$Q_1 = 0$，CP上升沿到达后，F_1被置1，通过F_1的作用（$\overline{Q}_1 = 0$），使触发器的输出为0，因此称F_1为维持置0触发器。

（3）当CP=1时，$\overline{Q}_1$与$\overline{Q}_2$的状态是互补，其中必定有一个是0。

1）若$\overline{Q}_1 = 0$，则图8-8中（1）线起到了使触发器F_2输出维持$\overline{Q}_2 = 1$，从而阻止触发器变1状态的作用，所以称其为置1阻塞线。

2）若$\overline{Q}_2 = 0$，则图8-8中（2）线起到了使触发器F_1输出维持$\overline{Q}_1 = 0$，从而阻止触发器变0状态的作用，所以称其为置0阻塞线。

综上所述可列出边沿D触发器的特性表，如表8-4所示。

表 8-4 边沿 D 触发器的特性表

CP	D	Q^n	Q^{n+1}
×	×	×	Q^n
⤴	0	0	0
⤴	0	1	0
⤴	1	0	1
⤴	1	1	1

由表 8-4 又可推出 D 触发器的特性方程：

$$Q^{n+1} = D$$

3. 动作特点

由前面的分析可知，触发器输出端状态的转换发生在 CP 的上升沿，而且触发器所保存下来的状态仅仅取决于 CP 上升沿到达时的输入状态。所以这是一个上升沿触发的边沿触发器。

在逻辑符号中，边沿触发的触发器以 CP 输入处内部的">"表示，如图 8-8 (b) 所示。另外在 CP 输入处，外部没有小圆圈表示上升沿触发，外部有小圆圈，则表示下降沿触发。

图 8-9 是上升沿触发的边沿 D 触发器的工作波形。

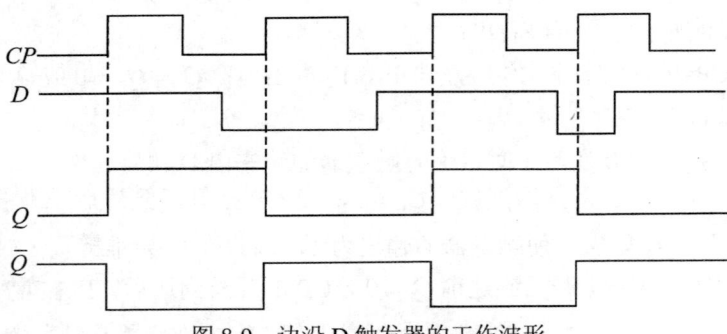

图 8-9　边沿 D 触发器的工作波形

8.2.5　触发器逻辑功能的转换

由于实际生产的集成时钟触发器，只有 JK 型触发器和 D 型触发器两种，而我们在应用中还常需要其他类型的触发器，下面我们将介绍触发器逻辑功能的转换方法。

1. 转换方法

（1）写出已有触发器和待求触发器的特性方程。

（2）变换待求触发器的特性方程，使之形式与已有触发器的特性方程一致。

（3）根据方程式如果变量相同、系数相等则方程一定相等的原则，比较已有和待求触发器的特性方程，求出转换逻辑。

2. JK 触发器转换成 D、T 和 T′ 触发器

JK 触发器的特性方程为

$$Q^{n+1} = J\overline{Q^n} + \overline{K}Q^n \tag{8-2}$$

（1）JK→D

D 触发器的特性方程为
$$Q^{n+1} = D \tag{8-3}$$

变换表达式（8-3），使之形式与式（8-2）相同，即

$$Q^{n+1} = D(\overline{Q^n} + Q^n) = D\overline{Q^n} + DQ^n \tag{8-4}$$

把 Q^n、$\overline{Q^n}$ 视为变量，余下部分看成系数，比较式（8-3）（8-4）即可得

$$\begin{cases} J = D \\ K = \overline{D} \end{cases}$$

转换电路见图 8-10。

（2）JK→T

T 触发器又称可控翻转触发器，其功能是 T=0 时保持原状态不变，T=1 时状态翻转。T 触发器的特性方程为

$$Q^{n+1} = T\overline{Q^n} + \overline{T}Q^n \tag{8-5}$$

比较式（8-2）（8-5）即可得

$$\begin{cases} J = T \\ K = T \end{cases}$$

转换电路见图 8-11。

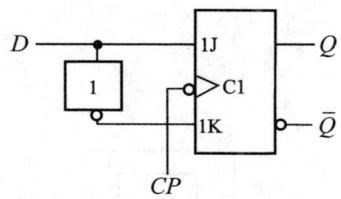

图 8-10　JK 触发器转换成的 D 触发器

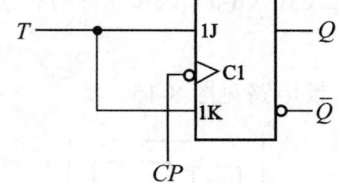

图 8-11　JK 触发器转换成的 T 触发器

（3）JK→T′

T′触发器又称翻转型触发器。T′触发器的特性方程为

$$Q^{n+1} = \overline{Q}^n \tag{8-6}$$

比较式（8-2）(8-6) 即可得

$$\begin{cases} J = 1 \\ K = 1 \end{cases}$$

转换电路见图 8-12。

3. D 触发器转换成 JK、T、和 T' 触发器

（1）D→JK

比较式（8-2）(8-3) 即可得

$$D = J\overline{Q^n} + \overline{K}Q^n$$

转换电路见图 8-13。

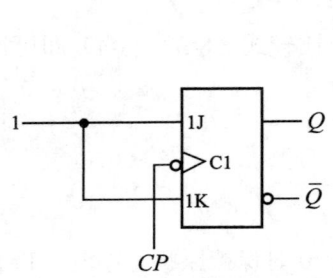
图 8-12　JK 触发器转换成的 T'触发器

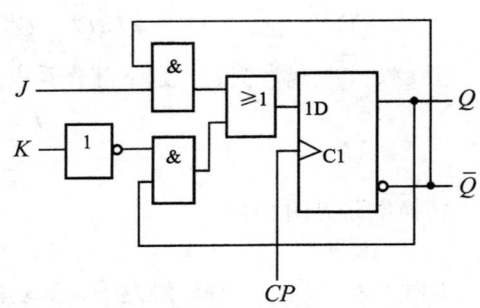
图 8-13　D 触发器转换成的 JK 触发器

（2）D→T

比较式（8-3）(8-5) 即可得

$$D = T \oplus Q^n$$

转换电路见图 8-14。

（3）D→T'

比较式（8-3）(8-6) 即可得

$$D = \overline{Q^n}$$

转换电路见图 8-15。

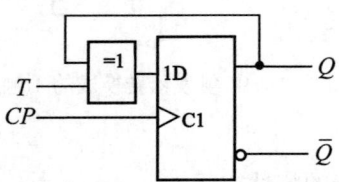
图 8-14　D 触发器转换成的 T 触发器

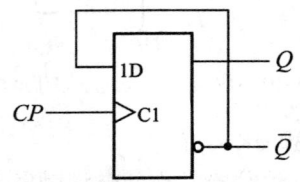
图 8-15　D 触发器转换成的 T'触发器

8.3 时序逻辑电路的分析

分析一个时序电路，就是要找出给定的时序逻辑电路的逻辑功能，并具体指出电路状态和输出的状态在输入变量和时钟信号作用下的变化规律。

8.3.1 同步时序逻辑电路的分析

由于同步时序逻辑电路是在同一时钟作用下，故分析比较简单，只要写出电路的驱动方程、输出方程和状态方程，根据状态方程得到电路的状态表或状态转换图，就可以得出电路的逻辑功能。

同步时序逻辑电路的一般分析步骤如下：

（1）从给定的逻辑电路图中写出每个触发器的驱动方程（也就是存储电路中每个触发器输入信号的逻辑函数式）。

（2）根据逻辑图写出电路的输出方程。

（3）把得到的驱动方程代入相应触发器的特性方程中，就可以得到每个触发器的状态方程，由这些状态方程得到整个时序逻辑电路的方程组。

（4）写出整个电路的状态转换表、状态转换图和时序图。

（5）由状态转换表或状态转换图得出电路的逻辑功能。

例 8-1 试分析图 8-16 所示的时序逻辑电路的逻辑功能，写出它的驱动方程、状态方程和输出方程，列出电路的状态转换表，画出状态转换图和时序图。

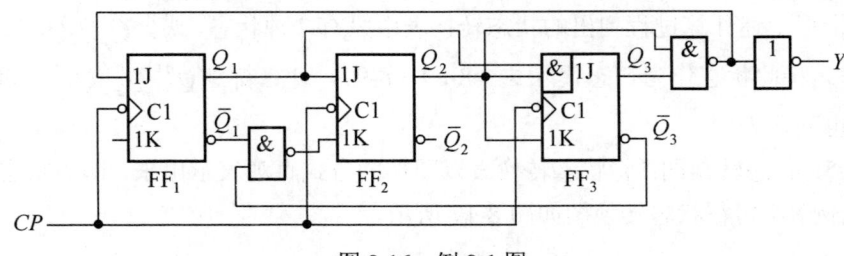

图 8-16 例 8-1 图

解 （1）列写驱动方程：

$$\begin{cases} J_1 = \overline{(Q_2 Q_3)}, & K_1 = 1 \\ J_2 = Q_1, & K_2 = \overline{\overline{(Q_1 Q_3)}} \\ J_3 = Q_1 Q_2, & K_3 = Q_2 \end{cases} \tag{8-7}$$

（2）列写输出方程：
$$Y = Q_2 \cdot Q_3 \tag{8-8}$$

（3）求出状态方程：将驱动方程代入触发器的特性方程中即得。

这里 JK 触发器的特性方程是 $Q^{n+1} = J\overline{Q^n} + \overline{K}Q^n$，故得出电路的状态方程，即

$$\begin{cases} Q_1^{n+1} = \overline{Q_2 \cdot Q_3} \cdot \overline{Q_1} \\ Q_2^{n+1} = Q_1 \cdot \overline{Q_2} + \overline{Q_1} \cdot \overline{Q_3} \cdot Q_2 \\ Q_3^{n+1} = Q_1 \cdot Q_2 \cdot \overline{Q_3} + \overline{Q_2} \cdot Q_3 \end{cases} \quad (8\text{-}9)$$

（4）列状态转换表：设初态 $Q_3Q_2Q_1 = 000$，代入电路的状态方程式（8-9）和输出方程式（8-8），得到电路次态（新态）和输出值，依序列成表直到返回初态，即为状态转换表。如表 8-5 所示。

表 8-5　例 8-1 的状态转换表

Q_3^n	Q_2^n	Q_1^n	Q_3^{n+1}	Q_2^{n+1}	Q_1^{n+1}	Y
0	0	0	0	0	1	0
0	0	1	0	1	0	0
0	1	0	0	1	1	0
0	1	1	1	0	0	0
1	0	0	1	0	1	0
1	0	1	1	1	0	0
1	1	0	0	0	0	1
1	1	1	0	0	0	1

表中需要检查是否包含电路所有可能的组合状态。$Q_3Q_2Q_1$ 的状态组合共有 8 种，而根据上述计算过程列出的状态转换表中只有 7 种状态，缺少 $Q_3Q_2Q_1 = 111$ 这个状态。将此状态作为初态代入式（8-8）（8-9），计算得到 $Q_3^{n+1}Q_2^{n+1}Q_1^{n+1} = 000$，$Y=1$，也列入表中。

（5）状态转换图：将状态转换表以图形的方式直观表示出来，即为状态转换图。由例 8-1 可得状态转换图如图 8-17 所示。

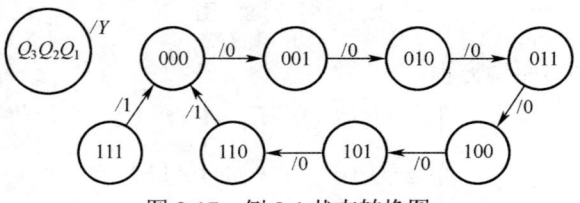

图 8-17　例 8-1 状态转换图

（6）时序图：在时钟脉冲序列的作用下，电路的状态、输出状态随时间变化

的波形叫做时序图。由状态转换表或状态转换图可得如图 8-18 所示。

（7）电路功能：从时序图可看出，每经过 7 个时钟脉冲，电路的状态循环变化一次，所以这个电路具有对时钟脉冲 CP 的计数功能。同时，经过 7 个时钟脉冲作用，输出端 Y 输出一个正脉冲。所以此电路是一个七进制计数器，Y 端是进位脉冲输出。

电路从循环外的无效状态（$Q_3Q_2Q_1=111$）能自动地回到循环中的状态（$Q_3^{n+1}Q_2^{n+1}Q_1^{n+1}=000$），因此电路具有自启动能力。

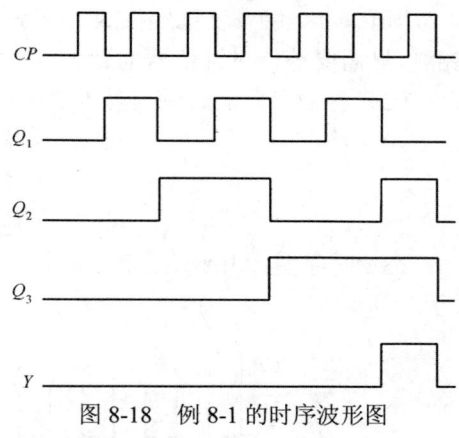

图 8-18　例 8-1 的时序波形图

8.3.2　异步时序逻辑电路的分析

所谓"异步"，是指在时序逻辑电路中，不是全部的触发器都拥有同一个时钟脉冲信号，也就是说触发器的翻转时刻不尽相同。由此使得异步时序逻辑电路的分析方法与同步时序逻辑电路的分析方法有所不同。在分析异步时序逻辑电路时，除了写出驱动方程、状态方程和输出方程外，还得写出各个触发器的时钟信号方程，并常采用时序图的分析方法，因此异步时序逻辑电路的分析要比同步时序逻辑电路的分析复杂。

例 8-2　已知异步时序逻辑电路的逻辑图如图 8-19 所示，试分析它的逻辑功能，画出电路的状态转换图和时序图。

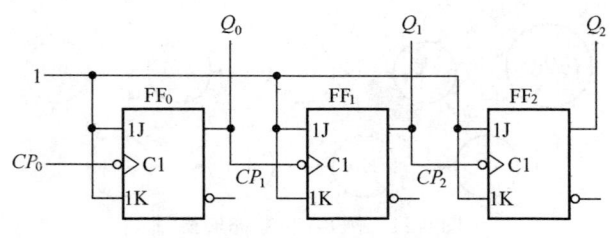

图 8-19　例 8-2 逻辑电路图

解　（1）电路是由下降沿触发的 JK 触发器组成，根据连接
$$\begin{cases} J_0 = K_0 = 1 \\ J_1 = K_1 = 1 \\ J_2 = K_2 = 1 \end{cases}$$

即所有 JK 触发器已经接成了 T'触发器，即翻转型触发器。每个触发器的状态翻转只需要等待时钟信号的到来。

（2）各触发器的时钟信号不是同一个信号，属于异步触发，连接方式是：

$$CP_0 = CP$$
$$CP_1 = Q_0$$
$$CP_2 = Q_1$$

（3）时序图：由驱动方程、时钟信号方程可以画出电路的时序图。如图 8-20 所示。

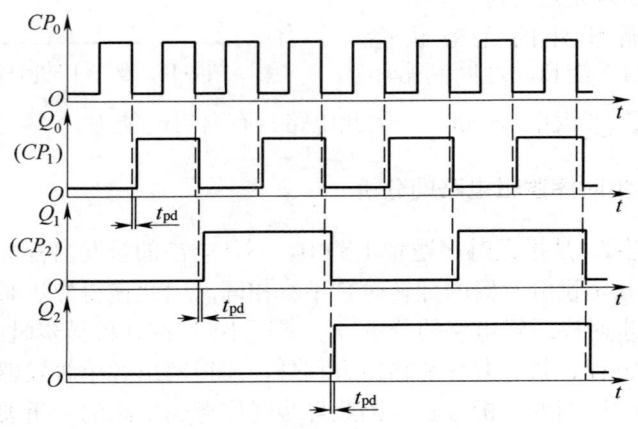

图 8-20　例 8-2 的时序图

由图可见，触发器输出端次态比 CP 下降沿滞后一个传输延迟时间 t_{pd}。

（4）状态转换图。根据时序图，可以画出电路的状态转换图，如图 8-21 所示。

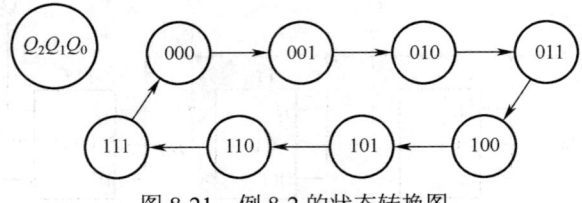

图 8-21　例 8-2 的状态转换图

由状态转换图可知，8 个状态 000～111 构成了一个循环，状态转换的顺序是三位二进制数的全部组合按加法的规律进行。

（5）电路功能：异步八进制加法计数器，因为包含三位二进制数的全部组合，也叫异步三位二进制加法计数器。

8.4 寄存器

寄存器是把数字系统中的数据或者运算结果暂时存放起来的逻辑电路。用于寄存一组二进制代码，它被广泛用于各类数字系统和数字计算机中。因为一个触发器能存储一位二进制代码，所以用 n 个触发器组成的寄存器可以存储一组 n 位二进制代码。对寄存器中使用的触发器只要求具有置 1、置 0 的功能即可，因而无论使用基本 RS 结构的触发器，还是 D 触发器、JK 触发器等，均能实现数据寄存功能。寄存器分为数码寄存器和移位寄存器。

8.4.1 数码寄存器

因为一个触发器能存储一位二进制代码，所以用 n 个触发器组成的寄存器可以存储一组 n 位二进制代码。MSI 寄存器的品种很多，现以 74LS175 为例介绍如下。

1. 引脚排列图和逻辑功能示意图

图 8-22（a）和（b）分别为 74LS175 的引脚排列图和逻辑功能示意图。该集成芯片是由四个边沿 D 触发器组成且带有异步清零端和互补输出端的寄存器。$D_0 \sim D_3$ 是并行数码输入端；$\overline{CR}$ 是异步清零端；CP 是控制时钟脉冲端；$Q_0 \sim Q_3$ 是并行数码输出端。

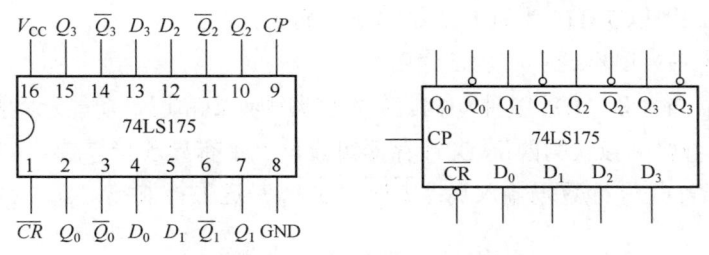

图 8-22　数码寄存器 74LS175

2. 逻辑功能

表 8-6 是 74LS175 的逻辑功能表。

表 8-6　74LS175 的功能表

输入						输出				工作状态
$\overline{CR}$	CP	D_0	D_1	D_2	D_3	Q_0^{n+1}	Q_1^{n+1}	Q_2^{n+1}	Q_3^{n+1}	
0	×	×	×	×	×	0	0	0	0	清零
1	↑	d_0	d_1	d_2	d_3	d_0	d_1	d_2	d_3	送数

由功能表可以看出该电路具有以下功能：

（1）清零功能。$\overline{CR}=0$，异步清零。无论寄存器中原来的内容是什么，只要$\overline{CR}=0$，就立即通过异步输入端将所有触发器清零，即寄存器状态变为"0000"。

（2）送数功能。当$\overline{CR}=1$时，在时钟脉冲CP的控制下送数。无论寄存器中原来的内容是什么，在$\overline{CR}=1$时，只要送数控制时钟脉冲CP的上升沿到来，加在并行数码输入端的数码$d_0 \sim d_3$，就被送入寄存器中。

（3）保持功能。当$\overline{CR}=1$时，CP的上升沿以外时间，寄存器保持内容不变，即各输出端$Q_0 \sim Q_3$的状态与$d_0 \sim d_3$无关，都将保持不变。

除了 74LS175 外，74LS273 也是带有清零端的寄存器。另外，还有带使能端的寄存器（如 74LS379、74LS377）和具有三态输出的寄存器（如 74LS374、CC4076）等，这里就不一一介绍了。

8.4.2 锁存器

锁存器又称为自锁电路，是暂时存储数据或信息的部件。它与一般边沿触发器的区别在于锁存器的数据送入是由时钟的约定电平来进行的，即当约定电平到来时，输出随输入数码变化，当约定电平撤销后，输出将保持不变。MSI 锁存器的型号很多。现以 74116 为例介绍这类电路的工作特点。

1. 引脚排列图和逻辑功能示意图

图 8-23（a）和（b）分别为 74116 的引脚排列图和逻辑功能示意图。该集成芯片是由两组彼此独立的四位 D 锁存器组成，且带有异步清零端。$\overline{CR}$是异步清零端；$D_0 \sim D_3$是并行数码输入端；$\overline{LE_A}$、$\overline{LE_B}$是送数控制端；$Q_0 \sim Q_3$是并行数码输出端。

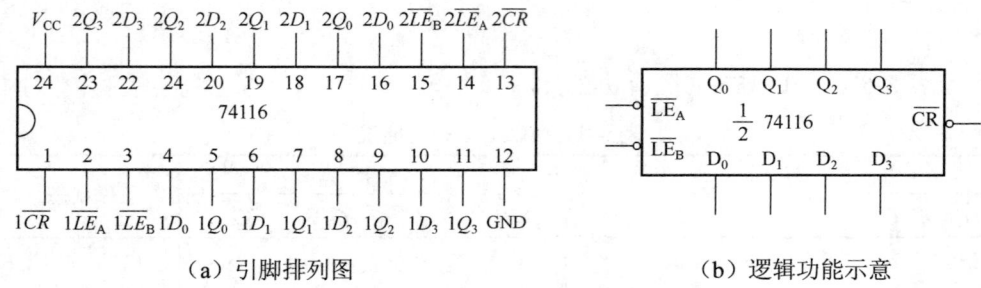

(a) 引脚排列图　　　　　　　　(b) 逻辑功能示意

图 8-23　锁存器 74116

2. 逻辑功能

表 8-7 是 74116 的逻辑功能表。

表 8-7　74116 的功能表

$\overline{CR}$	$\overline{LE_A}+\overline{LE_B}$	D_0	D_1	D_2	D_3	Q_0^{n+1}	Q_1^{n+1}	Q_2^{n+1}	Q_3^{n+1}	工作状态
0	×	×	×	×	×	0	0	0	0	清零
1	0	d_0	d_1	d_2	d_3	d_0	d_1	d_2	d_3	送数
1	1	×	×	×	×	Q_0^n	Q_1^n	Q_2^n	Q_3^n	保持

由功能表可以看出该电路具有以下功能：

（1）清零功能。$\overline{CR}=0$，异步清零，即只要 $\overline{CR}=0$，就立即将所有触发器清零，寄存器状态变为"0000"。

（2）送数功能。当 $\overline{CR}=1$ 时，$\overline{LE_A}+\overline{LE_B}=0$，加在并行数码输入端的数码 $d_0\sim d_3$，就被送入寄存器中。

（3）保持功能。当 $\overline{CR}=1$，$\overline{LE_A}+\overline{LE_B}=1$ 时，寄存器保持内容不变，各输出端的状态与 $d_0\sim d_3$ 无关。

MSI 锁存器除了 74116 外，还有 74LS75、74LS375 等。

8.4.3　移位寄存器

移位寄存器除了具有存储数码的功能以外，还具有移位功能。所谓移位功能，就是在移位脉冲的作用下，使存储在寄存器中的数码逐位向左或向右移动。因此，移位寄存器不但可以用来寄存数码，还可以用来实现数据的串行－并行转换、数值的运算以及数据处理等。

移位寄存器按移位功能来分，有单向移位寄存器和双向移位寄存器两种；按数据的写入及读出方式来分，有串入－串出、串入－并出、并入－串出及并入－并出四种。

下面以 MSI 双向移位寄存器 74LS194 为例介绍移位寄存器的工作特点。

1. 引脚排列图和逻辑功能示意图

图 8-24（a）和（b）分别为 74LS194 的引脚排列图和逻辑功能示意图。该集成芯片是由四个 RS 型触发器及一些控制门组成的四位双向移位寄存器。$\overline{CR}$ 是异步清零端；S_1、S_0 是工作状态控制端；D_{IR}、D_{IL} 分别为右移和左移串行数码输入端；$D_0\sim D_3$ 是并行数码输入端；CP 是时钟脉冲——移位操作信号；$Q_0\sim Q_3$ 是并行数码输出端。

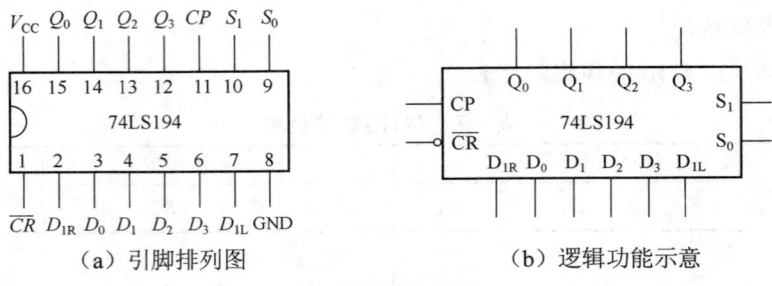

（a）引脚排列图　　　　　　　　　（b）逻辑功能示意

图 8-24　双向移位寄存器 74LS194

2. 逻辑功能

表 8-8 是 74LS194 的逻辑功能表。

表 8-8　74LS194 的功能表

输入										输出				工作状态
$\overline{CR}$	S_1	S_0	CP	D_{IR}	D_{IL}	D_0	D_1	D_2	D_3	Q_0^{n+1}	Q_1^{n+1}	Q_2^{n+1}	Q_3^{n+1}	
0	×	×	×	×	×	×	×	×	×	0	0	0	0	清零
1	1	1	↑	×	×	d_0	d_1	d_2	d_3	d_0	d_1	d_2	d_3	并行送数
1	0	1	↑	d_{IR}	×	×	×	×	×	d_{IR}	Q_0^n	Q_1^n	Q_2^n	右移
1	1	0	↑	×	d_{IL}	×	×	×	×	Q_1^n	Q_2^n	Q_3^n	d_{IL}	左移
1	0	0	×	×	×	×	×	×	×	Q_0^n	Q_1^n	Q_2^n	Q_3^n	保持
1	×	0	×	×	×	×	×	×	×	Q_0^n	Q_1^n	Q_2^n	Q_3^n	保持

由功能表可以看出该电路具有以下功能：

（1）清零功能。当 $\overline{CR}=0$ 时，74LS194 的所有触发器被异步清零。

（2）并行送数功能。当 $\overline{CR}=1$、$S_1S_0=11$ 时，时钟脉冲 CP 的上升沿到来后，加在并行输入端 $D_0 \sim D_3$ 的数码 $d_0 \sim d_3$，就被送入寄存器中。

（3）右移串行送数功能。当 $\overline{CR}=1$、$S_1S_0=01$ 时，在时钟脉冲 CP 的上升沿作用下，电路进行右移操作，即有

$$Q_0^{n+1} = d_{IR}、Q_1^{n+1} = Q_0^n、Q_2^{n+1} = Q_1^n、Q_3^{n+1} = Q_2^n$$

（4）左移串行送数功能。当 $\overline{CR}=1$、$S_1S_0=10$ 时，在时钟脉冲 CP 的上升沿作用下，电路进行左移操作，即有

$$Q_0^{n+1} = Q_1^n、Q_1^{n+1} = Q_2^n、Q_2^{n+1} = Q_3^n、Q_3^{n+1} = d_{IL}$$

（5）保持功能。当 $\overline{CR}=1$ 时，只要 $CP=0$ 或 $S_1S_0=00$，寄存器中的内容将保持不变，即有

$$Q_0^{n+1} = Q_0^n、Q_1^{n+1} = Q_1^n、Q_2^{n+1} = Q_2^n、Q_3^{n+1} = Q_3^n$$

MSI 移位寄存器产品有几十种系列，规格型号很多，应用非常广泛。

8.4.4 寄存器应用举例

1. 利用 74LS194 构成环形计数器

图 8-25 是由一片双向移位寄存器 74LS194 构成的右移环形计数器。在并行数码输入端 $D_0D_1D_2D_3$ 接入 "1000"，S_0 端恒接 1。

工作时，先在 S_1 端加入一个正脉冲，使电路处于送数状态。当时钟脉冲 CP 来到后，电路的输出状态为 $Q_0Q_1Q_2Q_3=1000$。随后撤销 S_1 端的正脉冲，使电路处于右移工作状态。由于 Q_3 和右移串行数码输入端 D_{IR} 相连，则在时钟脉冲 CP 的不断作用下，电路的输出状态将按 1000→0100→0010→0001→1000 的次序循环变化。由此可见，环形计数器的状态数等于移位寄存器的位数。且这些位数中仅有一个 1 在其中循环，因此不需要译码器就直接将计数器状态译出，故而其常用做节拍脉冲发生器。

2. 利用 74LS194 构成扭环形计数器

图 8-26 是由一片双向移位寄存器 74LS194 和一个非门组成的右移扭环形计数器。在工作状态控制端 S_1、S_0 接入 0、1，使电路处于右移工作状态。

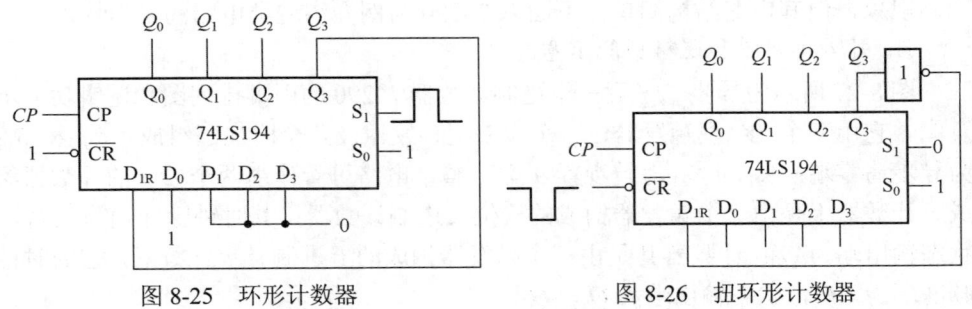

图 8-25　环形计数器　　　　　图 8-26　扭环形计数器

工作时，先将电路清零，使电路的输出状态为 $Q_0Q_1Q_2Q_3=0000$。由于 Q_3 通过非门和右移串行数码输入端 D_{IR} 相连，则在时钟脉冲 CP 的不断作用下，电路的输出状态将按 0000→1000→1100→1110→1111→0111→0011→0001→0000 的次序循环变化。不难看出，扭环形计数器的状态数等于移位寄存器位数的两倍。而且，电路在每一次状态转换时只有一个输出端的状态发生变化，因而在将电路状态译码时不会产生竞争冒险现象。

利用 74LS194 不仅可以构成环形计数器和扭环形计数器，还可以利用它的置数配合右移或左移移位功能构成二进制数的乘 2 或除 2 运算等，这里不再赘述。

8.5 计数器

计数器是数字系统中应用最广的一种时序电路。它不仅能用来计算输入脉冲的数目，对输入脉冲进行分频，还能用作计时单元、控制电路、数学运算、代码转换以及产生脉冲波形等。

计数器的种类繁多，按其工作方式不同，可分为同步计数器与异步计数器两种；按计数进位体制不同来分，有二进制计数器、十进制计数器及任意进制计数器；按计数方式不同来分类，可分为加法计数器、减法计数器及可逆计数器，而按清零和置数方式来分，则有异步清零、同步清零、异步置数和同步置数之别；按计数器中数字的编码方式来分，有二进制码计数器、二—十进制码（如8421码、5421码、余3码等）计数器和循环码计数器等。本节将着重介绍几种功能较强的MSI计数器。

8.5.1 异步计数器

异步计数器是异步时序电路，其主要特点是内部各触发器的时钟脉冲端 CP 不全都连接在一起，因此各触发器的翻转时刻有先有后，其输出可能会产生干扰毛刺现象，但其电路结构简单。下面以74290为例介绍这类电路的工作特点。

1. 引脚排列图和逻辑功能示意图

图8-27所示为异步二—五—十进制计数器74290的引脚排列图和逻辑功能示意图。它由三个JK型触发器、一个RS型触发器及几个附加门组成。R_{01} 和 R_{02} 为异步清零端；S_{91} 和 S_{92} 为异步置9端。整个电路可看作由两个独立的计数器组成。计数器Ⅰ是由一个触发器构成的一位二进制计数器，其时钟脉冲端为 CP_0，状态输出端为 Q_0；计数器Ⅱ是由三个触发器构成的五进制异步计数器，它的时钟脉冲端为 CP_1，状态输出端为 $Q_1Q_2Q_3$。

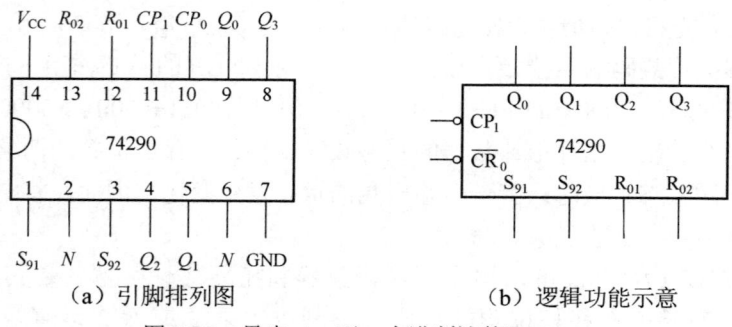

（a）引脚排列图　　　　　　（b）逻辑功能示意

图8-27　异步二—五—十进制计数器74290

2. 逻辑功能

表 8-9 是 74290 的逻辑功能表。由功能表可以看出该电路具有以下功能：

表 8-9　74290 的功能表

输入				输出				说明
R_{01} R_{02}		S_{91} S_{92}	CP	Q_3^{n+1}	Q_2^{n+1}	Q_0^{n+1}	Q_1^{n+1}	
1	0		×	0	0	0	0	清零
0	1		×	1	0	0	1	置 9
0	0		↓	十进制计数				$CP_0=CP$　$CP_1=Q_0$

（1）清零功能。当 $S_9=S_{91} \cdot S_{92}=0$、$R_0=R_{01} \cdot R_{02}=1$ 时，计数器异步清零。

（2）置 9 功能。当 $S_9=S_{91} \cdot S_{92}=1$、$R_0=R_{01} \cdot R_{02}=0$ 时，计数器异步置 9，即计数器的输出端状态为 $Q_0Q_1Q_2Q_3=1001$。

（3）计数功能。

1）若把时钟脉冲 CP 加在 CP_0 端，即 $CP_0=CP$，且把 Q_0 与 CP_1 从外部连接起来，即令 $CP_1=Q_0$，则电路进行十进制异步加法计数，计数器输出（$Q_3Q_2Q_1Q_0$）的状态将按 0000→0001→0010→0011→0100→0101→0110→0111→1000→1001→0000 的次序循环变化。

2）如果仅将 CP 接在 CP_0 端，而 Q_0 与 CP_1 不连接起来，那么电路只有 Q_0 对应的触发器工作，此时电路为一位二进制计数器。

3）要是只把 CP 接在 CP_1 端，即 $CP_1=CP$，此时 Q_0 对应的触发器不工作，而由其余三个触发器构成五进制异步加法计数器，其状态转换规律为（按 $Q_3Q_2Q_1$ 顺序）

000→001→010→011→100→000

4）倘若按 $CP_1=CP$、$CP_0=Q_3$ 连线，电路亦是十进制异步计数器，但其计数规律与 1）不同，为（按 $Q_0Q_3Q_2Q_1$ 顺序）

0000→0001→0010→0011→0100→1000→1001→1010→1011→1100→0000

8.5.2　同步计数器

同步计数器是同步时序电路，其主要特点是内部各触发器时钟端 CP 都连接在一起，因此各触发器的翻转时刻一致。

1. 同步二进制加法计数器（74161）

（1）引脚排列图和逻辑功能示意图。图 8-28（a）和（b）分别为 74161 的引脚排列图和逻辑功能示意图。该集成芯片是由四位 JK 型触发器和一些控制门组成的同步四位二进制（即十六进制）加法计数器。CP 是时钟脉冲信号端；$\overline{CR}$ 是异步清零端；$\overline{LD}$ 是同步置数控制端；$D_0 \sim D_3$ 是并行输入数据端；$Q_0 \sim Q_3$ 是计数器状态输出端；CO 是进位信号输出端。

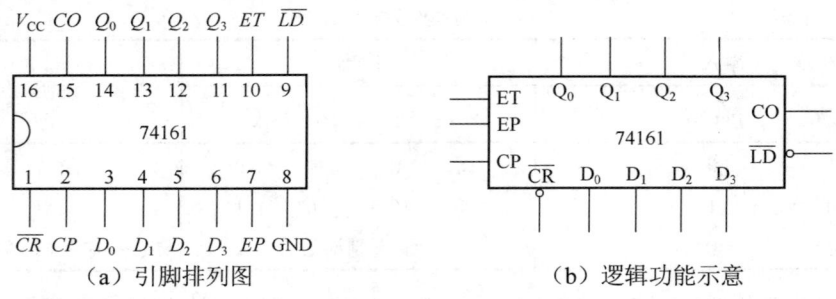

（a）引脚排列图　　　　　　　　　（b）逻辑功能示意

图 8-28　同步二进制加法计数器 74161

（2）逻辑功能。表 8-10 是 74161 的逻辑功能表。

表 8-10　74161 的功能表

输入									输出					工作状态
$\overline{CR}$	CP	$\overline{LD}$	ET	EP	D_0	D_1	D_2	D_3	Q_0^{n+1}	Q_1^{n+1}	Q_2^{n+1}	Q_3^{n+1}	CO	
0	×	×	×	×	×	×	×	×	0	0	0	0	0	清零
1	↑	0	×	×	d_0	d_1	d_2	d_3	d_0	d_1	d_2	d_3	$ETQ_3Q_2Q_1Q_0$	预置数
1	×	1	0	×	×	×	×	×	Q_0^n	Q_1^n	Q_2^n	Q_3^n	0	保持
1	×	1	1	0	×	×	×	×	Q_0^n	Q_1^n	Q_2^n	Q_3^n	$Q_3Q_2Q_1Q_0$	保持
1	↑	1	1	1	×	×	×	×	同步十六进制加法计数				$Q_3Q_2Q_1Q_0$	计数

由功能表可以看出该电路具有以下功能：

1）清零功能。当 $\overline{CR}=0$ 时，计数器异步清零。即只要 $\overline{CR}=0$，就立刻将所有触发器清零，使计数器输出状态变为"0000"。

2）同步并行置数功能。当 $\overline{CR}=1$、$\overline{LD}=0$ 时，在 CP 上升沿作用下，并行输入数据 $d_0 \sim d_3$ 进入计数器，使计数器的输出端状态为 $Q_0Q_1Q_2Q_3=d_0d_1d_2d_3$。

3）保持功能。当 $\overline{CR}=\overline{LD}=1$ 时，若 $ET \cdot EP=0$，则计数器将保持原来状态不变。对于进位输出信号有两种情况：如果 $ET=0$，那么 $CO=0$；如果 $ET=1$，那么 $CO=Q_3Q_2Q_1Q_0$。

4）计数功能。当 $\overline{CR}=\overline{LD}=1$ 时，若 $ET=EP=1$，则在时钟脉冲 CP 上升沿的连续作用下，计数器输出（$Q_3Q_2Q_1Q_0$）的状态将按 0000→0001→0010→0011→0100→0101→0110→0111→1000→1001→1010→1011→1100→1101→1110→1111→0000 的次序循环变化，完成十六进制（或称四位二进制）加法计数。

2. 同步十进制加法计数器（74160）

（1）引脚排列图和逻辑功能示意图。74160 的引脚排列图和逻辑功能示意图与 74161 的完全相同，见图 8-29。只不过 74160 是同步十进制加法计数器。

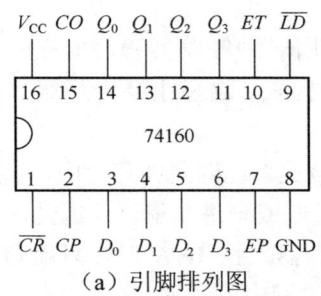
（a）引脚排列图

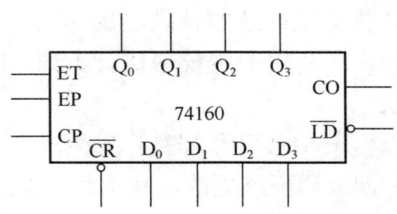
（b）逻辑功能示意

图 8-29　同步十进制加法计数器 74160

（2）逻辑功能。表 8-11 是 74160 的逻辑功能表。

表 8-11　74160 的功能表

输入									输出					工作状态
$\overline{CR}$	CP	$\overline{LD}$	ET	EP	D_0	D_1	D_2	D_3	Q_0^{n+1}	Q_1^{n+1}	Q_2^{n+1}	Q_3^{n+1}	CO	
0	×	×	×	×	×	×	×	×	0	0	0	0	0	清零
1	↑	0	×	×	d_0	d_1	d_2	d_3	d_0	d_1	d_2	d_3	ETQ_3Q_0	预置数
1	×	1	0	×	×	×	×	×	Q_3^n	Q_2^n	Q_1^n	Q_0^n	0	保持
1	×	1	1	0	×	×	×	×	Q_3^n	Q_2^n	Q_1^n	Q_0^n	$Q_3Q_2Q_1Q_0$	保持
1	↑	1	1	1	×	×	×	×	同步十进制加法计数				Q_3Q_0	计数

由功能表可以看出该电路具有以下功能：

1）清零功能。当 $\overline{CR}=0$ 时，计数器异步清零。

2）同步并行置数功能。当 $\overline{CR}=1$、$\overline{LD}=0$ 时，在 CP 上升沿作用下，并行输入数据 $d_0 \sim d_3$ 进入计数器，使计数器的输出端状态为 $Q_0Q_1Q_2Q_3=d_0d_1d_2d_3$。

3）保持功能。当 $\overline{CR}=\overline{LD}=1$ 时，若 $ET \cdot EP=0$，则计数器将保持原来状态不变。对于进位输出信号有两种情况：如果 $ET=0$，那么 $CO=0$；如果 $ET=1$，那么 $CO=Q_3Q_0$。

4）计数功能。当 $\overline{CR}=\overline{LD}=1$，若 $ET=EP=1$，则在时钟脉冲 CP 上升沿的连续作用下，计数器输出（$Q_3Q_2Q_1Q_0$）的状态将按 0000→0001→0010→0011→

0100→0101→0110→0111→1000→1001→0000 的次序循环变化，完成十进制加法计数。

8.5.3 用 MSI 构成任意进制计数器的方法

获得任意进制计数器的常用方法有两种：一是用时钟触发器和门电路进行设计；二是用中规模集成计数器（即 MSI 计数器）构成。这里主要介绍第二种方法。

由于 MSI 计数器是厂家生产的定型产品，其函数关系已固化在芯片中，状态分配即编码不能更改，其计数长度通常为固定的二进制或十进制编码。因此，如果现有 MSI 是 N 进制计数器，若要构成 M 进制计数器，且 $M<N$ 时，只能利用 MSI 上的清零端或置数控制端，让电路在顺序计数的过程中跳过 $N–M$ 个状态而获得。相应的实现方法分别称之为清零法和置数法。

1. 清零法（复位法）

清零法也叫复位法，适用于具有清零控制端的计数器。其构成方法是：现有的 N 进制计数器从全 0 状态 S_0 开始计数，当接收了 M 个计数脉冲后，电路进入 S_M 状态。如果将 S_M 状态译码，产生一个清零信号，并加到计数器的清零控制端，则计数器将回到 S_0 状态。这样即可跳过 $N–M$ 个状态，得到 M 进制计数器。

要注意的是，如果计数器是异步清零控制端，则当电路进入 S_M 状态后，立即被置成 S_0 状态，所以 S_M 状态仅在极短的瞬时出现，因此在稳定的状态循环中，应不包括 S_M 状态。而且计数循环一定从全 0 状态开始。图 8-30（a）为异步清零法示意图。

2. 置数法

置数法适用于具有预置数控制端的计数器。这种方法是通过给计数器置入某个计数初值的方法，跳过 $N–M$ 个状态，从而获得 M 进制计数器的。图 8-30（b）为置数法示意图。置数操作可以在电路的任何状态下进行。

对于具有同步预置数的计数器（如 74160、74161），$\overline{LD}=0$ 的信号从 S_i 状态译出，需要等待下一个 CP 信号才能将预置数作为计数初态 S_j 置入计数器，因此稳定的状态循环中应包含有 S_i 状态。

对于具有异步置数的计数器（见辅修材料 74LS190、74LS191），只要 $\overline{LD}=0$，立即会将预置数置入计数器，而不受 CP 信号的控制，因此 $\overline{LD}=0$ 信号应从 S_{i+1} 状态译出。S_{i+1} 状态只在极短的瞬间出现，稳态的状态循环中不包含这个状态，如图 8-30（b）中虚线所示。

第 8 章 时序逻辑电路

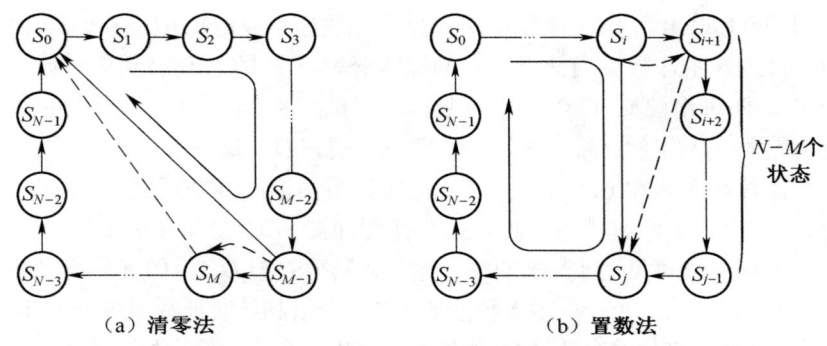

（a）清零法　　　　　　　　　（b）置数法

图 8-30　实现任意进制计数器的方法原理示意图

相比于清零法，置数法计数循环中的初态可由任意状态开始。

3. 举例说明

例 8-3　现有同步十进制加法计数器 74160，试分别采用清零法和置数法构成六进制计数器。

解　由 8.5.2 节可知，74160 为十进制计数器，它共有十个有效状态，而六进制计数器只需要六个有效状态，因此只需用一片 74160 即可实现。图 8-31（a）所示是利用 74160 的异步清零端 $\overline{CR}$（也称异步复位法）构成的六进制计数器。

由图 8-31（a）可见，计数器从 0000 状态开始计数，当第六个计数输入脉冲 CP 的上升沿到达时计数器进入 0110 状态，此时由门 G_1 产生一个清零信号（即门 G_1 输出 0）加到计数器的异步清零端 $\overline{CR}$，使计数器立刻返回 0000 状态。在这个计数过程中，由于 $\overline{CR}$ 是异步清零端，因此 0110 状态存在的时间极其短暂（约为几十纳秒），但它又是不可缺少的。故 0110 状态叫做过渡状态。门 G_2 在计数器进入 0101 状态时产生一个进位输出信号 Y_1。其状态转换图如图 8-32（a）所示。图中，过渡态 0110 用虚线表示。

而图 8-31（b）和（c）则均是利用 74160 的同步置数控制端 $\overline{LD}$（也称同步置数法）构成的六进制计数器，只不过它们的初始状态不同。

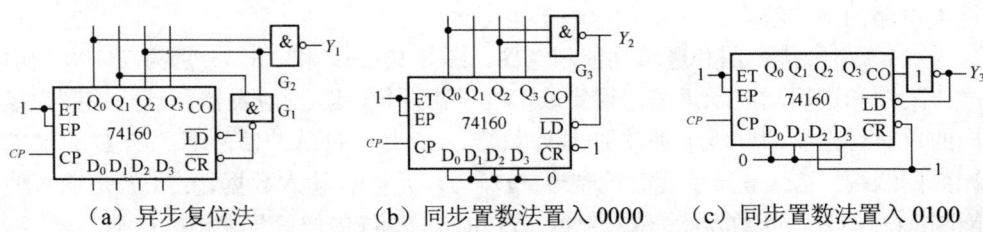

（a）异步复位法　　　　（b）同步置数法置入 0000　　　（c）同步置数法置入 0100

图 8-31　应用 74160 构成六进制计数器的连接图

由图 8-31（b）可见，计数器的并行输入数据端 $D_3D_2D_1D_0$=0000，故它也是从 0000 状态开始计数，当第五个计数输入脉冲 CP 的上升沿到达时计数器进入 0101 状态，此时由门 G_3 产生一个置数信号（即门 G_3 输出 0，该信号也可以作为进位输出信号 Y_2）加到计数器的同步置数控制端 $\overline{LD}$，这样计数器处于置数状态，当第六个计数输入脉冲 CP 的上升沿到达时计数器返回 0000 状态。这里，置数控制信号 0101 状态是稳定状态。其状态转换图如图 8-32（b）所示。

由图 8-31（c）可见，计数器的并行输入数据端 $D_3D_2D_1D_0$=0100，故它是从 0100 状态开始计数，当第五个计数输入脉冲 CP 的上升沿到达时计数器进入 1001 状态，此时由于计数器的进位输出端 CO=1 使非门产生一个置数信号加到计数器的同步置数控制端 $\overline{LD}$，这样计数器处于置数状态，当第六个计数输入脉冲 CP 的上升沿到达时计数器返回 0100 状态。Y_3 为进位输出信号。其状态转换图如图 8-32（c）所示。

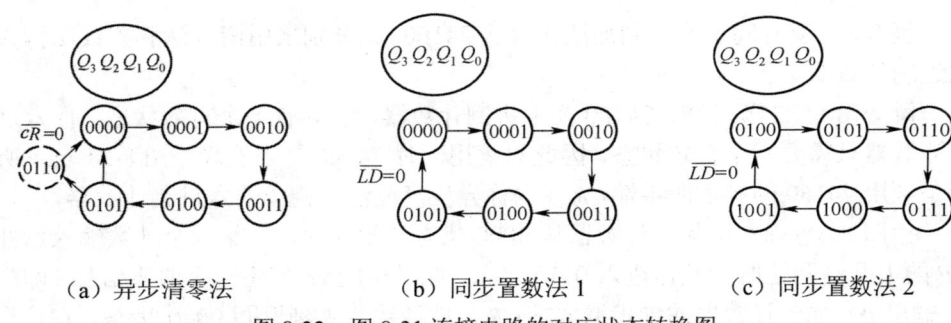

图 8-32　图 8-31 连接电路的对应状态转换图

8.6　辅修内容

8.6.1　可逆计数器

可逆计数器也叫加减计数器，这里以同步十进制可逆计数器 74190 为例介绍这类电路的工作特点。

（1）引脚排列图和逻辑功能示意图。图 8-33（a）和（b）分别为 74190 的引脚排列图和逻辑功能示意图。该集成芯片是由四位 JK 型触发器和一些控制门组成的单时钟控制的同步十进制加/减计数器。CP 是时钟脉冲信号端；$\overline{U}/D$ 为加减计数控制端；$\overline{LD}$ 是异步置数控制端；$D_0 \sim D_3$ 是并行输入数据端；$\overline{CT}$ 是输入使能端；$Q_0 \sim Q_3$ 是计数器状态输出端；CO/BO 是进位/借位信号输出端；$\overline{RC}$ 是输出端用于多个芯片级间联接。

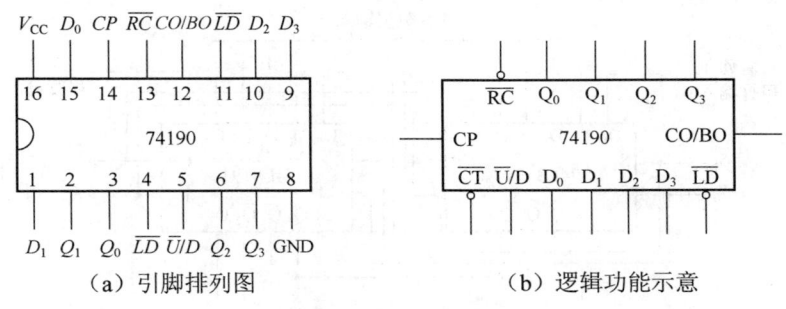

图 8-33 可逆计数器 74190

(2) 逻辑功能。表 8-12 是 74190 的逻辑功能表，它反映了 74190 具有：同步十进制可逆计数功能（状态编码为 8421BCD 码）；异步并行置数功能；保持功能。74190 没有专用的清零输入端，但可以借助异步并行置入数据 0000 间接实现清零功能。

表 8-12　74190 的功能表

输入							输出				说明
$\overline{LD}$	$\overline{CT}$	$\overline{U}/D$	CP	D_0	D_1	D_2	D_3	Q_0^{n+1}	Q_1^{n+1}	Q_2^{n+1}	Q_3^{n+1}	
0	×	×	×	d_0	d_1	d_2	d_3	d_0	d_1	d_2	d_3	异步并行置数
1	0	0	↑	×	×	×	×	加	法	计	数	$CO/BO=Q_3Q_0$
1	0	1	↑	×	×	×	×	减	法	计	数	$CO/BO=\overline{Q_3}\overline{Q_2}\overline{Q_1}\overline{Q_0}$
1	1	×	×	×	×	×	×	保			持	

（注：表中输出列 d_3 d_2 d_1 d_0 对应 $Q_3^{n+1}Q_2^{n+1}Q_1^{n+1}Q_0^{n+1}$ 顺序）

$\overline{RC}$ 作用的说明：其表达式为

$$\overline{RC} = \overline{\overline{CP} \cdot CO/BO \cdot \overline{CT}}$$

当 $\overline{CT}=0$ 即 $CT=1$、$CO/BO=1$ 时，$\overline{RC}=CP$，可见此时它产生的输出进位脉冲与时钟脉冲 CP 相同。

8.6.2　中规模时序逻辑电路的功能扩展

常用时序逻辑电路需要功能扩展时可用多块同一类型的芯片，利用功能扩展端或控制端进行级联，例如可用两片 74LS194 构成八位双向移位寄存器，可用两片 74LS161 构成八位二进制加法计数器和任意进制计数器。

1. 用 74LS194 构成八位双向移位寄存器

用 74LS194 构成多位双向移位寄存器的接法十分简单。图 8-34 是用两片 74LS194 接成八位双向移位寄存器的连接图。这时只需要将其中一片的 Q_3 接至另一片的 D_{IR} 端，而将另一片的 Q_0 接到这一片的 D_{IL}，同时把两片的 S_1、S_0、CP 和 $\overline{R_D}$ 分别并联就行了。

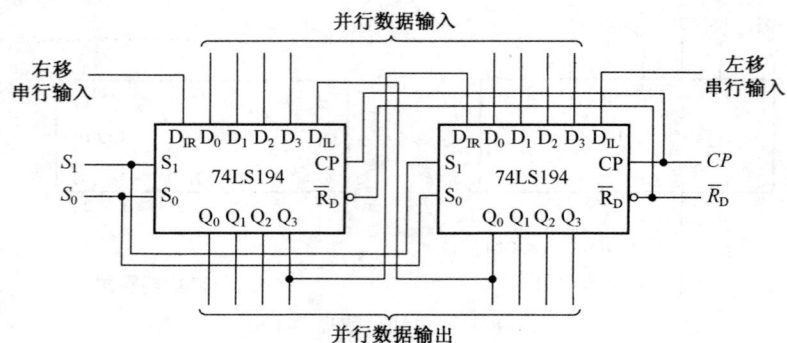

图 8-34 用两片 74LS194 构成八位双向移位寄存器

2. 用两片 74LS161 接成八位二进制加法计数器

将两片 74LS161 直接按并行进位方式（同步方法）或串行进位方式（异步方法）连接即得到八位二进制计数器。

图 8-35 所示电路是并行进位方式的接法。片 1 的 EP 和 ET 恒为 1，始终处于计数状态，其进位输出 C 作为片 2 的 EP 和 ET 输入。每当片 1 计到 1111 跳回 0000 时，片 2 同时计入 1。可见这种接法两片 74LS161 是同步工作方式，所以也称为同步连接方法。

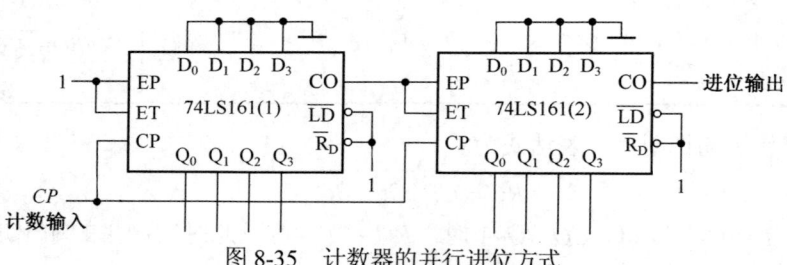

图 8-35 计数器的并行进位方式

图 8-36 所示电路是串行进位方式的连接方法。两片 74LS161 的 EP 和 ET 恒为 1，都工作在计数状态，将片 1 的进位输出 C 经反相后接到片 2 的 CP 端。可见，在这种接法下两片 74LS161 不是同步工作的，所以也称为异步工作方式。

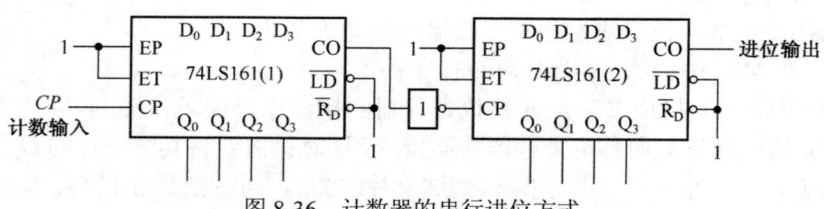

图 8-36 计数器的串行进位方式

3. 多块计数器芯片的任意进制设计

在任意进制计数器的设计中，若一块芯片不够，则需要多块芯片扩展后再利用功能端设计构成。

例 8-4 用 74160 构成二十九进制计数器。

图 8-37 是用两片 74160 构成的二十九进制计数器。它是先将两片 74160 以并行进位方式连成一个百进制计数器，再由门 G 控制实现所需进制计数器。

由图可见，计数器由全 0 状态开始计数，当计入 28 个 CP 脉冲后门 G 输出 0，计数器进入置数状态，第 29 个 CP 脉冲到来后计数器返回全 0 状态，从而得到二十九进制计数器。

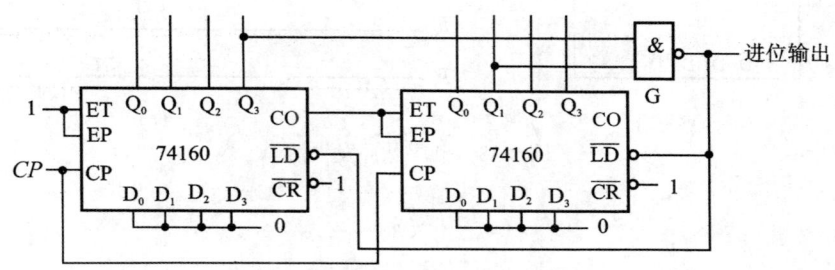

图 8-37　74160 构成二十九进制计数器

8.6.3　MSI 计数器的应用举例

1. 顺序脉冲发生器

在一些数字系统中，有时需要系统按照事先规定的顺序进行一系列的操作。这就要求系统的控制部分能给出一组在时间上有一定先后顺序的脉冲信号。顺序脉冲发生器就是用来产生这样一组顺序脉冲的电路。

图 8-38（a）所示电路是用同步十六进制计数器 74161 和 3 线—8 线译码器 74138 构成的顺序脉冲发生器。图中 74161 的低 3 位输出 Q_0、Q_1、Q_2 作为 74138 的 3 位输入信号，由 74138 的输出端产生 8 个顺序脉冲。另外译码器的使能端 S_1 接有 $\overline{CP}$，目的在于消除竞争冒险现象。

由 74161 的逻辑功能可知，在计数工作状态时，它的低 3 位具有八进制计数功能，所以在连续输入 CP 信号的情况下，$Q_2Q_1Q_0$ 的状态将按 000 一直到 111 的顺序反复循环，这样在译码器输出端就依次输出 $\overline{P_0} \sim \overline{P_7}$ 这 8 个顺序脉冲，其波形如图 8-38（b）所示。

2. 可控分频器

如图 8-39 所示是由 74LS194 和 74LS160 组成的跳频信号发生器。其中，CP_1

脉冲频率为 10kHz，CP_2 脉冲频率为 10Hz，74LS194 的初始状态是 0001。

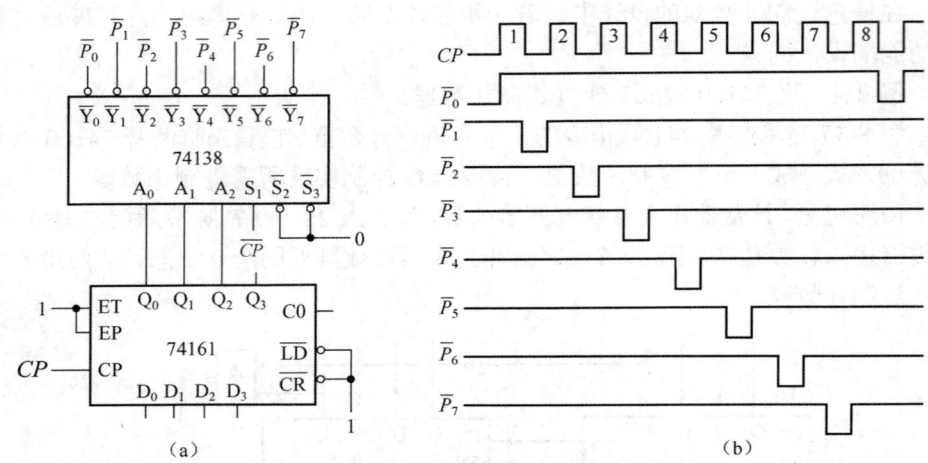

图 8-38 顺序脉冲发生器

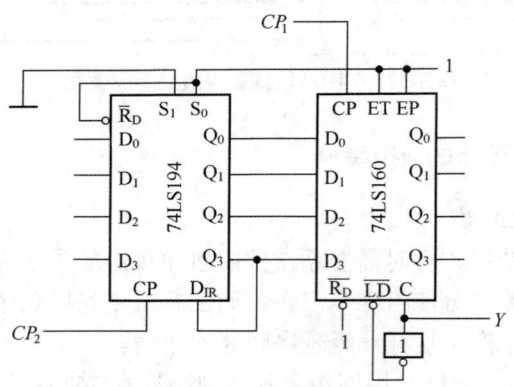

图 8-39 跳频信号发生器

由图可知 74LS160 工作在计数状态，它的并行数据输入端受 74LS194 的输出状态控制。而 74LS194 的 $S_1=0$，$S_0=1$，Q_3 接右移串行数据输入端，它工作在循环右移工作状态，在 10Hz 低频信号作用下，74LS194 循环右移 1 位，使得 74LS160 的计数进制发生变化，输出信号 Y 的频率发生变化，从而构成频率循环变化的脉冲信号发生器。

当 74LS194 的 $Q_3Q_2Q_1Q_0$=0001，74LS160 是九进制计数器，所以 Y 的输出频率是 CP_1 脉冲频率的九分频，即为 1.11kHz。

当 74LS194 的 $Q_3Q_2Q_1Q_0$=0010，74LS160 是八进制计数器，所以 Y 的输出频

率是 CP_1 脉冲频率的八分频,即为 1.25kHz。

当 74LS194 的 $Q_3Q_2Q_1Q_0$=0100,74LS160 是六进制计数器,所以 Y 的输出频率是 CP_1 脉冲频率的六分频,即为 1.67kHz。

当 74LS194 的 $Q_3Q_2Q_1Q_0$=1000,74LS160 是二进制计数器,所以 Y 的输出频率是 CP_1 脉冲频率的二分频,即为 5kHz。

所以该系统循环输出 1.11kHz、1.25kHz、1.67kHz、5kHz 的脉冲信号,周期为 400ms,每个频率信号的持续时间为 100ms。

本章主要介绍时序逻辑电路的特点、构成、分析方法和设计方法。

1. 本章要点

(1)触发器是构成时序逻辑电路的基本逻辑单元。可以用来保存 1 位二值信息。触发器按其逻辑功能可分为 RS 触发器、JK 触发器、D 触发器、T 触发器和 T'触发器等几种类型。这些逻辑功能可以用特性表、特性方程、状态图或时序图来描述。按其结构可分为基本型、同步型、主从型和边沿型触发器等。电路结构不同,则触发器的动作特点不同。只有了解这些不同的动作特点,才能正确地使用这些触发器。

特别需要指出,触发器的电路结构和逻辑功能是两个不同的概念,两者没有固定的对应关系。同一种逻辑功能的触发器可以用不同的电路结构实现;同一种电路结构的触发器可以做成不同的逻辑功能。

(2)同步时序逻辑电路和异步时序逻辑电路的特点、分析方法和步骤。

(3)常用中规模集成时序逻辑组件(寄存器、移位寄存器和计数器等)及其应用。

寄存器是一种能接收、存储和传输数据或信息的时序电路,N 位寄存器能存储 N 位数据。寄存器的种类繁多,应用中可根据需要进行选择。

移位寄存器也是一种能接收、存储和传输数据或信息的时序电路,不过它多了一个移位功能,这使它在数字系统中的应用更为广泛,如实现数据的串—并行转换、数据运算、数据处理和控制等。

计数器是数字系统中应用最广泛的一种时序电路,它不仅能用于记录输入脉冲数,还可以用于分频、定时、产生脉冲波形以及进行数字运算和控制等。

(4)实现 N 进制计数器常用的方法有两种,本章着重介绍了用 MSI 计数器构成 N 进制计数器的方法。N 进制计数器有 N 个有效状态,它的工作特点是每来一个时钟脉冲,计数器状态就改变一次,当第 N 个脉冲到来后状态的改变正好完成一次循环。根据这一特点利用 MSI 计数器的清零或置数控制端，让电路跳过一些状态就可以实现所需进制的计数器了。若要实现的计数器的进制数超过 MSI 计数器的进制数时，可以将多片 MSI 计数器级联后再来构成所需进制的计数器。

2. 本章基本要求

（1）理解触发器的电路结构和工作原理，掌握触发器的逻辑符号、电路结构和逻辑功能。

（2）掌握时序逻辑电路的分析方法和步骤。

（3）掌握常用中规模集成时序逻辑电路的逻辑符号、功能及其应用。

（4）掌握实现 N 进制计数器常用的两种方法。

在本章的学习中，应当注意掌握触发器的结构和功能特点、时序逻辑电路的分析和设计以及 MSI 组件的逻辑功能，才能更好地应用这些组件实现各类数字电路。

习题 8

8-1 试分别画出图 8-40 中各触发器输出端 Q 在时钟脉冲 CP 下的波形。设它们的初始状态均为 "0"。指出哪个具有计数功能。

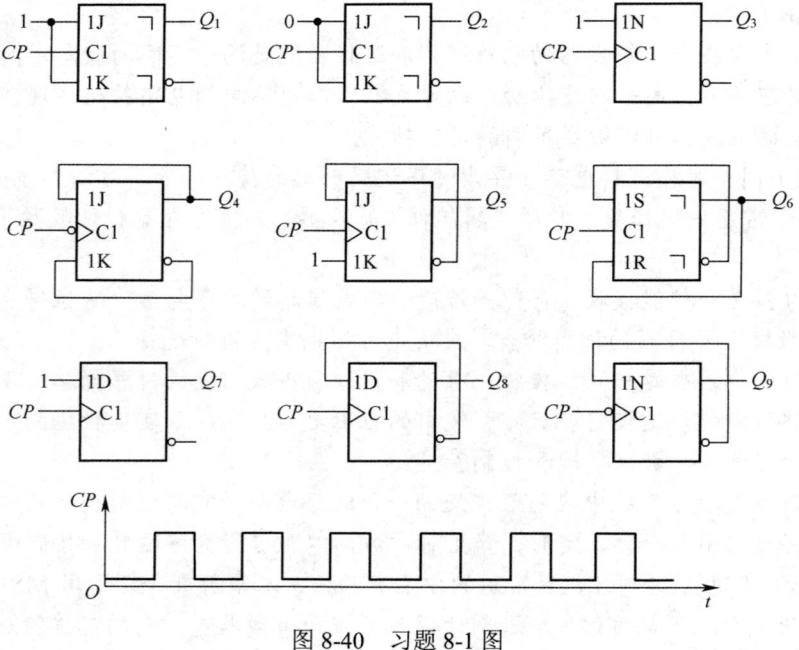

图 8-40 习题 8-1 图

8-2 已知边沿触发结构的 JK 触发器的输入波形如图 8-41 所示,试画出 Q 和 $\bar{Q}$ 端的输出波形。设触发器的初始状态为 0。

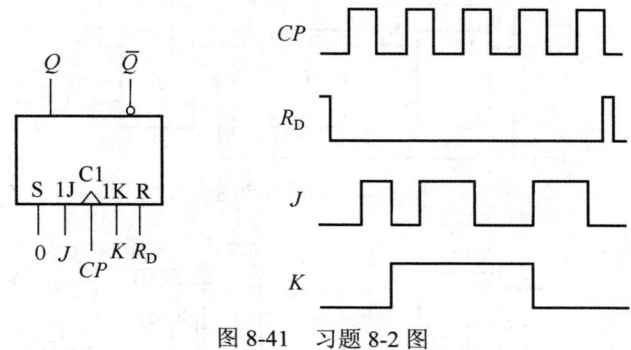

图 8-41 习题 8-2 图

8-3 试分析图 8-42 所示的电路,画出 Y_1 和 Y_2 在时钟脉冲 C 下的波形,说明电路功能。设初始状态 $Q=0$。

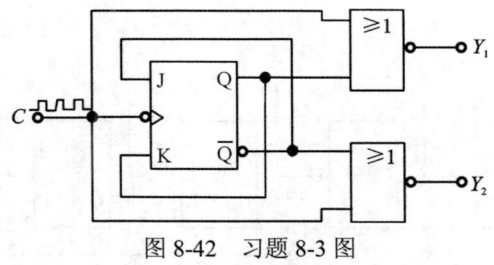

图 8-42 习题 8-3 图

8-4 在图 8-43 的逻辑图中,试画出 Q_1 和 Q_2 端在时钟脉冲 C 下的波形。其中时钟脉冲 C 的频率是 4000Hz,那么 Q_1 和 Q_2 波形的频率各为多少?设初始状态 $Q_1=Q_2=0$。

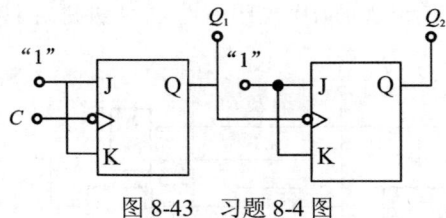

图 8-43 习题 8-4 图

8-5 时序电路如图 8-44 所示,起始状态 $Q_0Q_1Q_2=100$,试分析电路的逻辑功能,画出电路的状态转换图。

8-6 试分析图 8-45 所示电路逻辑功能,写出驱动方程、状态方程,画出状态转换图。

8-7 图 8-46 是由 JK 触发器组成的四位二进制加法计数器。试改变级间的连接方法,画出也是由该触发器组成的四位二进制减法计数器，并列出其状态表。在工作之前先清零，使各个触发器的输出端 $Q_0 \sim Q_3$ 均为 "0"。

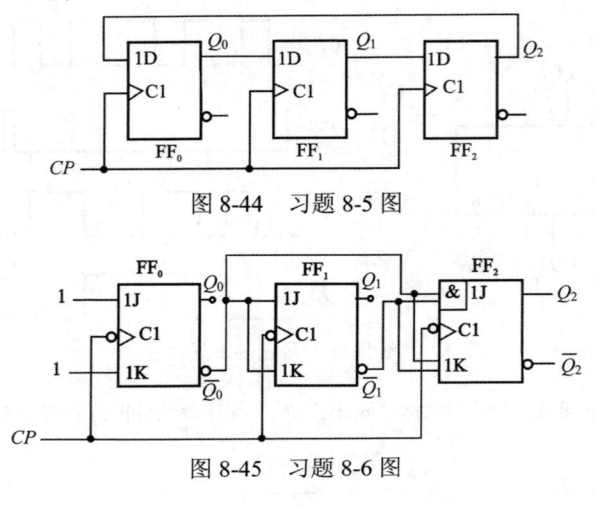

图 8-44　习题 8-5 图

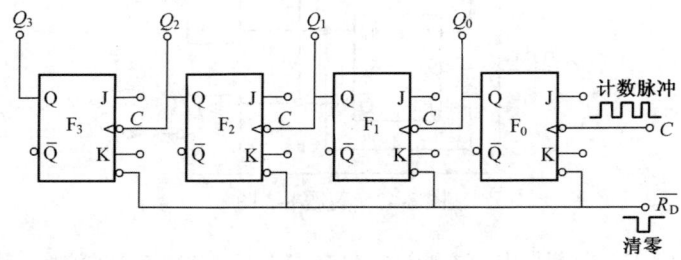

图 8-45　习题 8-6 图

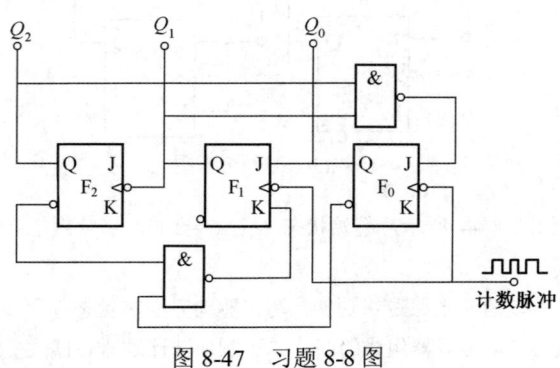

图 8-46　由 JK 触发器组成的四位异步二进制加法计数器

8-8　试画出图 8-47 所示电路的时序波形图，说明它是几进制计数器，设初始状态为"000"。

图 8-47　习题 8-8 图

8-9 分析图 8-48 所示电路，画出状态图，说明电路完成的功能。

8-10 试用四位双向移位寄存器 74LS194 构成八位双向移位寄存器。

8-11 分析图 8-49 所示电路，画出状态图，说明这是几进制计数器。

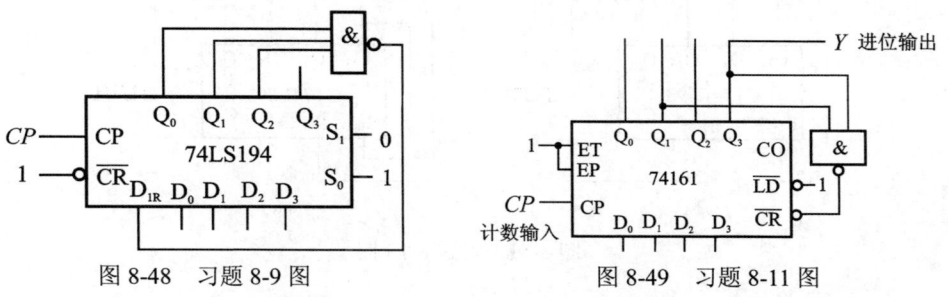

图 8-48 习题 8-9 图   图 8-49 习题 8-11 图

8-12 CT74LS293 型计数器的逻辑图、外引线排列图及功能表如图 8-50 所示。它有两个时钟脉冲输入端 C_0 和 C_1。试问①从 C_0 输入，Q_0 输出时，是几进制计数器？②从 C_1 输入，Q_3、Q_2、Q_1 输出时，是几进制计数器？③将 Q_0 端接到 C_1 端，从 C_0 输入，Q_3、Q_2、Q_1、Q_0 输出时，是几进制计数器？图中 $R_{0(1)}$ 和 $R_{0(2)}$ 是清零输入端，当两端全为"1"时，将四个触发器清零。

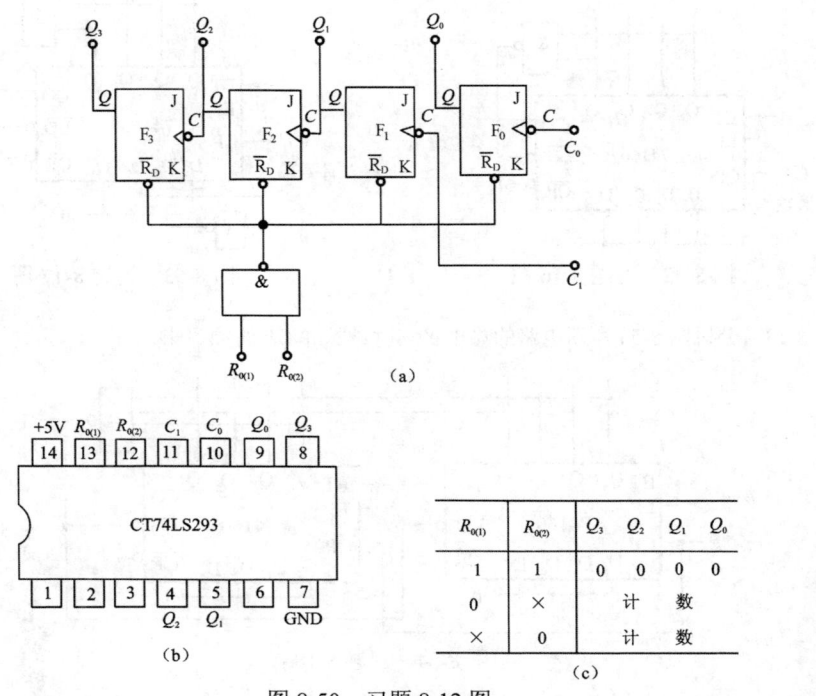

图 8-50 习题 8-12 图

8-13 将 CT74LS93 接成图 8-51 所示的两个电路时，各为几进制计数器？能否把它接成七进制或十一进制计数器？

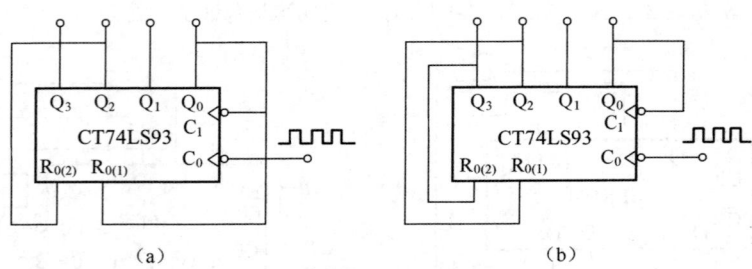

图 8-51 习题 8-13 图

8-14 试用反馈置"9"法将 CT74LS290 型计数器改接成七进制计数器。

8-15 试用两片 CT74LS290 计数器接成二十四进制计数器。

8-16 分析图 8-52 所示电路，画出其时序图，若计数输入脉冲 CP 的频率为 7kHz，则 Y 的频率应为多少？

8-17 图 8-53 是由 74160 构成的可控进制计数器。试说明当 $M=0$ 和 $M=1$ 时，各为多少进制？

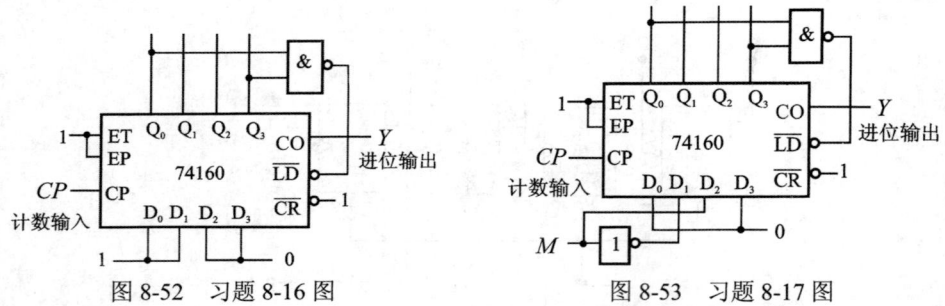

图 8-52 习题 8-16 图   图 8-53 习题 8-17 图

8-18 分析图 8-54 所示电路的输出 Y 与时钟脉冲 CP 的频率比。

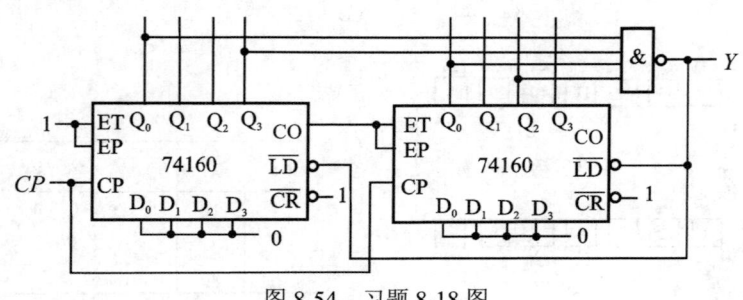

图 8-54 习题 8-18 图

8-19 试用 74190 设计一个一百进制可逆计数器。

8-20 图 8-55 所示电路为同步十六进制计数器 74161 和八选一数据选择器 74151 构成的序列信号发生器。试画出此电路的时序图。

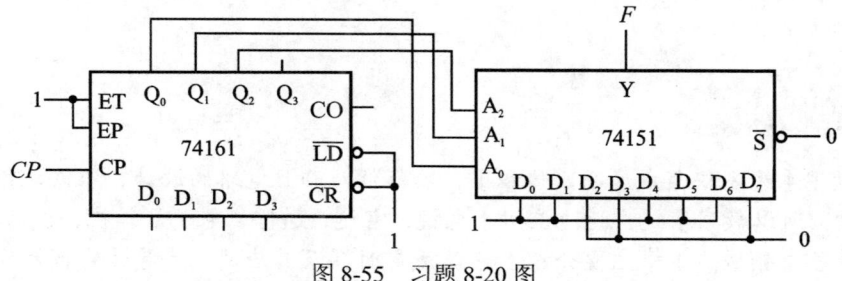

图 8-55 习题 8-20 图

第 9 章 数字系统及应用

数字系统不仅集成度高、体积小、功耗低,而且电路的设计、维修、维护灵活方便,所以数字系统广泛地应用于电视、雷达、通信、电子计算机、自动控制、航天等各个领域。本章主要介绍 555 集成定时器及其应用、半导体存储器及其应用、可编程逻辑器件及其应用以及 A/D、D/A 转换器的工作原理等内容。

9.1　555 集成定时器及其应用

555 定时器是一种多用途的数字—模拟混合集成电路,利用它能极方便地构成施密特触发器、单稳态触发器和多谐振荡器。由于使用灵活、方便,所以 555 定时器在波形的产生与变换、测量与控制、电子玩具、家用电器等许多领域都得到了应用。本节主要介绍 555 定时器的电路结构与工作原理,以及用 555 定时器分别接成施密特触发器、单稳态触发器和多谐振荡器的电路结构与工作原理。

9.1.1　555 定时器的电路结构及工作原理

555 定时器为双极型产品,7555 为 CMOS 型的产品,为了实际需求,又出现了双极型 556 和 CMOS 型 7556。尽管厂家不同,但各种类型的 555 定时器的功能及外部引脚排列都是相同的。图 9-1 是国产双极型定时器 CB555 的电路结构图和管脚排列图。它由比较器 C_1 和 C_2、基本 RS 触发器、集电极开路的放电三极管 T_D 和 3 个 5kΩ 电阻组成的分压器四部分组成。各管脚的名称和功能如下:

管脚 1 为接地端。

管脚 8 为电源端。可在 5~18V 范围内使用。

管脚 5 为控制电压输入端。当 V_{CO} 是空时,比较器 C_1 和 C_2 的参考电压(电压比较的基准)V_{R1} 和 V_{R2} 由 V_{CC} 经三个 5kΩ 电阻分压给出,比较器 C_1 的参考电压为 $\frac{2}{3}V_{CC}$,比较器 C_2 的参考电压为 $\frac{1}{3}V_{CC}$;如果 V_{CO} 外接固定电压,则 $V_{R1}=V_{CO}$,$V_{R2}=\frac{1}{2}V_{CO}$。V_{CO} 端不用时,可悬空,或通过 0.01μF 的电容接地以防止干扰的引入。

第9章 数字系统及应用

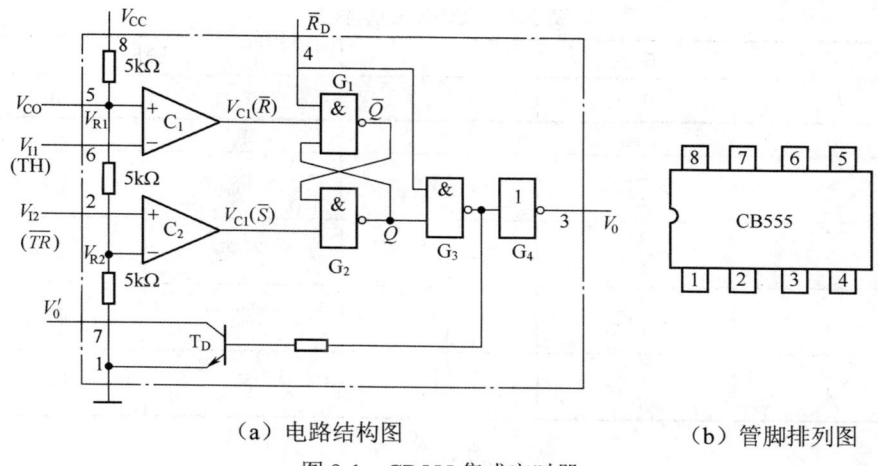

（a）电路结构图　　　　　　　　（b）管脚排列图

图 9-1　CB555 集成定时器

管脚 3 为输出端。输出电流可达 200mA，因此可直接驱动继电器、发光二极管、扬声器、指示灯等，输出电压约低于电源电压 1～3V。

管脚 6 为比较器 C_1 的输入端（也称阈值端，用 TH 标注）。当 $V_{I1} < V_{R1}$ 时，比较器 C_1 的输出 $V_{c1} = 1$（高电平）；当 $V_{I1} > V_{R1}$ 时，$V_{c1} = 0$（低电平）。

管脚 2 为比较器 C_2 的输入端（也称触发端，用 TR 标注）。当 $V_{I2} < V_{R2}$ 时，比较器 C_2 的输出 $V_{c2} = 0$；当 $V_{I2} > V_{R2}$ 时，$V_{c2} = 1$。

管脚 4 为复位端。当 $\overline{R_D} = 0$ 时，使触发器及 555 定时器的输出直接复位（置"0"）。不用时加以高电平。

管脚 7 为放电端。当 $Q = 0$ 时，放电晶体管 T_D 导通，外接电容元件 C 通过 T_D 进行放电。

由图 9-1 可知，当 $V_{I1} > V_{R1}$，$V_{I2} > V_{R2}$ 时，比较器 C_1 的输出 $V_{c1} = 0$，比较器 C_2 的输出 $V_{c2} = 1$，即 $\overline{R} = 0$，$\overline{S} = 1$，基本 RS 触发器被置 0，T_D 导通，同时 V_0 低电平。

当 $V_{I1} < V_{R1}$，$V_{I2} > V_{R2}$ 时，$V_{c1} = 1$，$V_{c2} = 1$；即 $\overline{R} = \overline{S} = 1$，触发器的状态保持不变，因而 T_D 和 V_0 的状态也维持不变。

当 $V_{I1} < V_{R1}$，$V_{I2} < V_{R2}$ 时，$V_{c1} = 1$，$V_{c2} = 0$，即 $\overline{R} = 1$，$\overline{S} = 0$，故触发器被置 1，T_D 截止，同时 V_0 为高电平。

当 $V_{I1} > V_{R1}$，$V_{I2} < V_{R2}$ 时，$V_{c1} = 0$，$V_{c2} = 0$，即 $\overline{R} = \overline{S} = 0$，触发器 $Q = \overline{Q} = 1$，V_0 于高电平，同时 T_D 截止。

这样我们得到了 CB555 的图型符号，如图 9-2 所示，表 9-1 是它的功能表。

表 9-1　CB555 的功能表

输入			输出	
R'_D	v_{I1}	v_{I2}	v_o	T_D
0	×	×	低	导通
1	$>\frac{2}{3}V_{CC}$	$>\frac{1}{3}V_{CC}$	低	导通
1	$<\frac{2}{3}V_{CC}$	$>\frac{1}{3}V_{CC}$	不变	不变
1	$<\frac{2}{3}V_{CC}$	$<\frac{1}{3}V_{CC}$	高	截止
1	$>\frac{2}{3}V_{CC}$	$<\frac{1}{3}V_{CC}$	高	截止

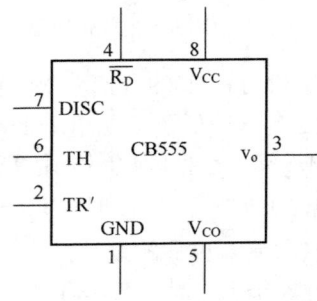

图 9-2　CB555 的逻辑符号

9.1.2　555 定时器构成的施密特触发器

施密特触发器是脉冲波形变换中经常使用的一种电路,其主要性能特点是:

(1) 有两个稳态,所以广义上说是一种双稳态触发器。

(2) 属于电平触发型电路,即依靠输入信号 V_I 的电压幅度来触发和维持电路状态。

(3) 输入信号从低电平上升的过程中,电路状态转换时对应的输入电平与输入信号从高电平下降过程中对应的输入转换电平不同。通常称为施密特触发器的回差特性,是其固有特性。其电压传输特性如图 9-3 所示。

(4) 在电路状态转换时,通过电路内部的正反馈过程使输出电压波形的边沿变得很陡。

利用这些特点不仅能将边沿变化缓慢的信号波形整形为边沿陡峭的矩形波,而且可以将叠加在矩形波脉冲高、低电平上的噪声有效地清除。图 9-4 是由 555 定时器构成的施密特触发器。

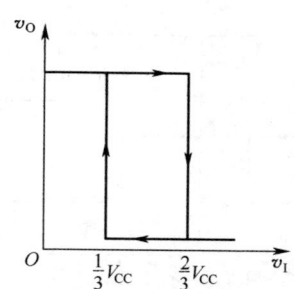
图 9-3 施密特触发器的传输特性

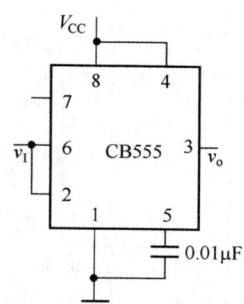
图 9-4 555 定时器构成的施密特触发器

由图可知,这是个典型的反相输出的施密特触发器。工作原理:
当 $V_I < \frac{1}{3}V_{CC}$, $Q=1$ ($v_o=V_{OH}$), $\bar{Q}=0$; 当 V_I 增加时, $\frac{2}{3}V_{CC} > V_I > \frac{1}{3}V_{CC}$, $Q=1$, $\bar{Q}=0$, 触发器保持原态; 当 $V_I > \frac{2}{3}V_{CC}$ 时, $Q=0$ ($V_o=V_{OL}$), $\bar{Q}=1$。

当 $V_I > \frac{2}{3}V_{CC}$ 时, $Q=0$, $\bar{Q}=1$; 当 V_I 减少时, $\frac{2}{3}V_{CC} > V_I > \frac{1}{3}V_{CC}$, $Q=0$, $\bar{Q}=1$, 触发器保持原态; 当 V_I 减少到 $V_I < \frac{1}{3}V_{CC}$, $Q=1$ ($V_o=V_{OH}$), $\bar{Q}=0$。

故其正向阈值电压为 $V_{T+} = \frac{2}{3}V_{CC}$, 负向阈值电压为 $V_{T-} = \frac{1}{3}V_{CC}$, 故电路的回差电压为 $\Delta V_T = V_{CC}/3$。可通过 5 脚外接电压 V_{CO} 来改变回差电压的大小。

9.1.3 555 定时器构成的单稳态触发器

单稳态触发器具有以下特点:
(1) 它有稳态和暂稳态两个不同的工作状态。
(2) 在外界触发脉冲的作用下,能从稳态翻转到暂稳态,在暂稳态维持一段时间以后,再自动返回稳态。
(3) 暂稳态维持时间的长短取决于电路本身的参数,与触发脉冲的宽度和幅度无关。

由于具备上述特点,单稳态触发器被广泛应用于定时、波形发生,脉冲整形和延时等。下面介绍以 555 定时器构成的单稳态触发器。

图 9-5 是用 555 定时器接成的单稳态触发器。触发脉冲由 2 端输入,由 T_D 和 R 组成的反相器输出电压 V_O'(7 端)接至 V_{I1}(6 端),同时对地接入电容 C, R 和 C 是外接元件。

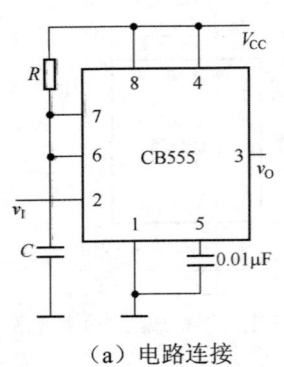 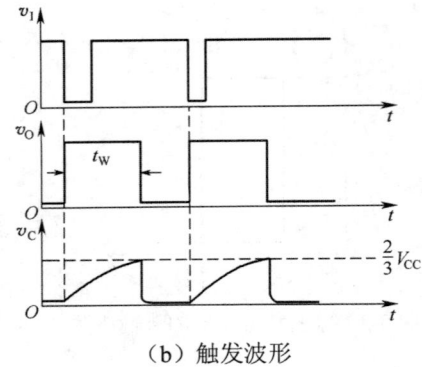

(a) 电路连接　　　　　　　　　　(b) 触发波形

图 9-5　555 定时器构成的单稳态触发器

当没有触发脉冲时，V_I 处于高电平，那么稳态时这个电路一定处于 $V_{C1}=V_{C2}=\overline{R}=\overline{S}=1$，$Q=0$，$V_O=0$ 的状态。假定接通电源后，触发器停在 $Q=0$ 的状态，则 T_D 饱和导通，$V_C=0$，故 $\overline{R}=\overline{S}=1$，$V_{C1}=V_{C2}=1$，$Q=0$ 及 $V_O=0$ 的状态将稳定地维持不变；若接通电源后，触发器停在 $Q=1$ 的状态，则 T_D 截止，V_{CC} 便经 R 向 C 充电，当充到 V_C 略大于 $\frac{2}{3}V_{CC}$ 时，$\overline{R}=V_{C1}=0$，于是将触发器置 0，同时 T_D 导通，电容 C 经 T_D 迅速放电，使 $V_C=0$，此后由于 $\overline{R}=\overline{S}=1$，触发器保持 $Q=0$ 状态不变，输出也相应地稳定在 $V_O=0$ 的状态。

因此，通电后电路便自动地停在 $Q=0$ 的稳态。

当触发脉冲的下降沿到达，使 $\overline{S}=V_{C2}=0$（此时 $\overline{R}=V_{C1}=1$），触发器被置 1，V_O 跳变为高电平，电路进入暂态。与此同时，T_D 截止，V_{CC} 经 R 向 C 开始充电。

当充电至 V_C 略大于 $\frac{2}{3}V_{CC}$ 时，$\overline{R}=V_{C1}=0$，从而使触发器自动翻转到 $Q=0$，$V_O=0$ 的稳态，此后电容 C 经 T_D 迅速放电。图 9-5 画出了在触发信号作用下 V_C 和 V_O 的波形。

输出的是矩形脉冲，其宽度 t_W 等于暂态的持续时间，它取决于外接 R 和 C 的大小。从图 9-5（b）可知：t_W 等于电容电压在交电过程中从 0 上升到 $\frac{2}{3}V_{CC}$ 所需要的时间。

$$t_W = RC\ln 3 = 1.1RC \tag{9-1}$$

改变 RC 的值，可改变脉冲宽度 t_W。这种电路产生的脉冲宽度可从几个微秒到数分钟，精度可达 0.1%。

图 9-6 为单稳态触发器的应用电路。这种电路可作为失落脉冲检出电路，如对机器的转速或人的心律进行监视，当机器转速降到一定限度或人的心律不齐时就发出报警信号。

第 9 章 数字系统及应用

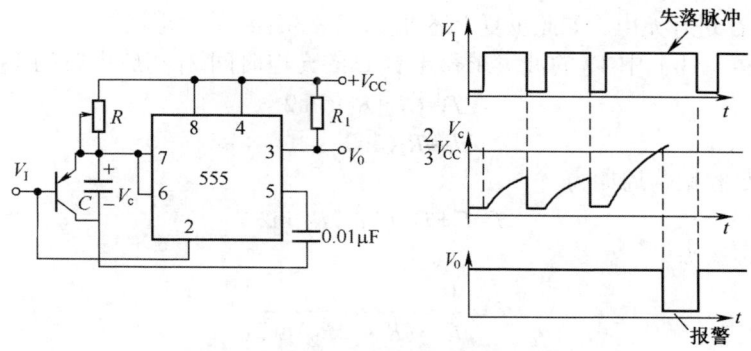

图 9-6 单稳压触发器的应用电路

9.1.4 555 定时器构成的多谐振荡器

多谐振荡器也称为无稳态触发器。在接通电源以后，不需外加触发信号，便能自动输出一定频率的矩形脉冲（自激振荡）。由于矩形波中含有丰富的高次谐波分量，所以习惯上又把矩形波振荡器叫做多谐振荡器。多谐振荡器主要用于产生各种矩形波或时钟信号。下面主要介绍用 555 定时器构成的多谐振荡器。

由 555 定时器构成的多谐振荡器如图 9-7（a）所示，其工作波形见图 9-7（b）。

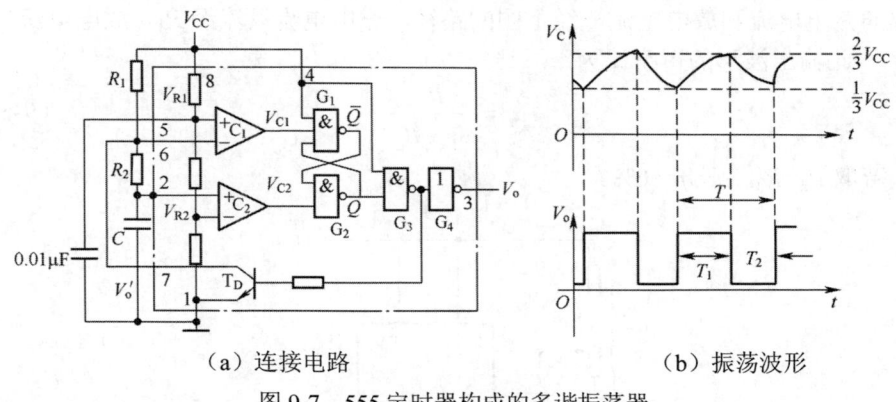

（a）连接电路　　　　　　　　　　（b）振荡波形

图 9-7　555 定时器构成的多谐振荡器

接通电源后，V_{CC} 经 R_1 和 R_2 对 C 进行充电，当 V_C 上升到略高于 $\frac{2}{3}V_{CC}$ 时，比较器 C_1 的输出 $V_{C1}=0$，即 $\overline{R}=0$，将触发器置 0，同时 $V_O=0$；一旦 $Q=0$，T_D 将导通，电容 C 经 R_2 和 T_D 放电，V_C 下降，当 V_C 下降到略低于 $\frac{1}{3}V_{CC}$ 时，比较器 C_2 的输出 $V_{C2}=0$，即 $\overline{S}=0$，将触发器置 1，同时 V_O 又翻转为高电平；一旦 $Q=1$，T_D 将截止，V_{CC} 又经

R_1 和 R_2 对 C 进行充电。如此重复上述过程，V_O 为连续的矩形波。

由图 9-7（b）中 V_C 的波形求得电容 C 的充电时间 T_1 和放电时间 T_2 分别为

$$T_1=(R_1+R_2)C\ln2$$
$$T_2=R_2C\ln2$$

故电路的振荡周期为

$$T=T_1+T_2=(R_1+2R_2)\ln2 \qquad (9\text{-}2)$$

振荡频率为

$$f=\frac{1}{T}=\frac{1}{(R_1+2R_2)\ln2}$$
$$=\frac{1.43}{(R_1+2R_2)C} \qquad (9\text{-}3)$$

通过改变 R 和 C 的参数即可改变振荡频率。用 CB555 组成的多谐振荡器的最高振荡频率达 500kHz，用 CB7555 组成的多谐振荡器最高振荡频率可达 1MHz。

输出波形的占空比为

$$q=\frac{T_1}{T}=\frac{R_1+R_2}{R_1+2R_2} \qquad (9\text{-}4)$$

上式说明，图 9-7 电路输出波形的占空比始终大于 50%。为了得到小于或等于 50% 的占空比，可以采用图 9-8 所示的改进电路，由于接入了二极管 D_1 和 D_2，电容的充电电流和放电电流流经不同的路径，充电电流只流经 R_1，放电电流只流经 R_2。此输出波形的占空比为

$$q=\frac{R_1}{R_1+R_2} \qquad (9\text{-}5)$$

若取 $R_1=R_2$，则 $q=50\%$。

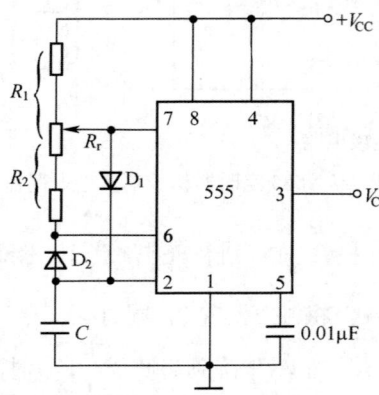

图 9-8　占空比可调的多谐振荡器

9.2 半导体存储器及其应用

存储器是一些数字系统和电子计算机的重要组成部分，它用来存放数据、资源和运算程序等二进制信息。在计算机中，以前多采用磁芯片存储器。随着集成技术的发展，目前，半导体存储器得到了广泛的应用，尤其在微型计算机系统中，半导体存储器已完全取代了磁芯片存储器。

半导体存储器按存储功能分，有只读存储器和随机存取存储器，按构成元件分，有双极型存储器和 MOS 型存储器。双极型存储器速度快，但功耗大；MOS 型存储器速度较慢，但功耗小，集成度高。

可编程逻辑器件是一种新型的逻辑芯片，用户使用相应的编程器和软件，在这种芯片上可以灵活地编制自己需要的逻辑程序，有的芯片还可以多次编程。这种逻辑器件，通用性强、使用灵活、工作可靠、易于编程和保密。

本节首先分析只读存储器和随机存取存储器的基本结构和工作原理，然后简要介绍其应用。

9.2.1 只读存储器（ROM）

只读存储器（ROM）是存储器中结构最简单的一种，它存储的信息是固定不变的。工作时，只能读出信息，不能随时写入信息，所以称为只读存储器。

1. ROM 的结构框图

因为半导体存储器的存储单元数目极其庞大，而器件的引脚数目有限，所以在电路结构上就不可能像寄存器那样把每个存储单元的输入和输出直接引出。为解决这个矛盾，在存储器中给每个存储单元编一个地址，只有被输入地址代码指定的那些存储单元才能与公共的输出引脚接通，进行数据的读出操作。

ROM 的电路结构包含地址译码器、存储矩阵和输出缓冲器三个部分，如图 9-9 所示，其中地址译码器的作用是将输入的地址代码译成相应的控制信号（字线），利用这个控制信号从存储矩阵中把指定单元选出，并把其中的数据送到输出缓冲器。输出缓冲器能提高存储器的带负载能力，能实现对输出状态的三态控制，以便与系统的总线连接。

如图 9-9 所示，$A_{n-1},\cdots,A_1,A_0$ 为 ROM 的地址线，$W_0,W_1,\cdots,W_{2^n-1}$ 为 ROM 的字线，$D_0',D_1',\cdots,D_{m-1}'$ 为 ROM 的位线，$D_0,D_1,\cdots,D_{m-1}$ 为数据输出端。$\overline{CS}$ 为三态控制端，其 ROM 的存储容量为 $2^n \times m$ 个存储单位，如果 $n=10, m=8$，则 ROM 的存储容量为 $2^{10} \times 8 = 1k \times 8 = 8kb$。

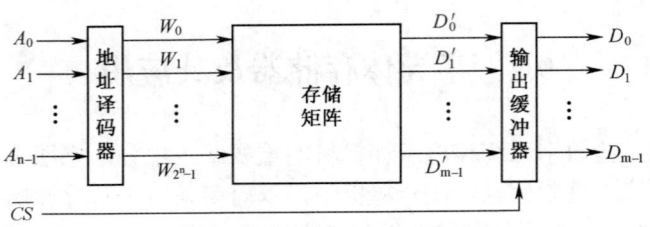

图 9-9 ROM 的电路结构框图

2. 不同类型的 ROM

（1）二极管掩膜 ROM

图 9-10 是具有 2 位地址输入码和 4 位数据输出的二极管掩膜 ROM，它的存储单元使用二极管构成。它的地址译码器由 4 个二极管与门组成。2 位地址代码 A_1A_0 能给出 4 个不同的地址。地址译码器将这 4 个地址代码分别译成 $W_0 \sim W_3$ 4 根线上的高电平信号。存储矩阵实际上是由 4 个二极管或门组成的编码器，当 $W_0 \sim W_3$ 每根线上给出高电平信号时，都会在 $D_3 \sim D_0$ 4 根线上输出一个 4 位二值代码。通常将每个输出代码叫一个"字"，并把 $W_0 \sim W_3$ 叫做字线，把 $D_3 \sim D_0$ 叫做位线（或数据线），而 A_1、A_0 称为地址线。输出端的缓冲器用来提高带负载能力，并将输出的高、低电平变换为标准的逻辑电平。同时，通过给定 $\overline{CS}$ 信号实现对输出的三态控制。

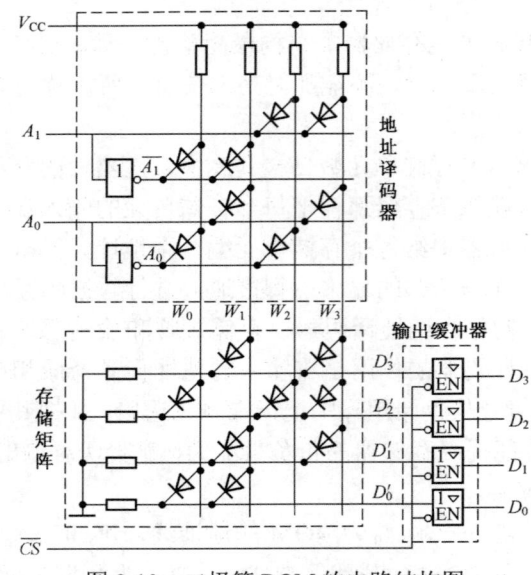

图 9-10 二极管 ROM 的电路结构图

在读取数据时，只要输入指定的地址码并令 $\overline{CS}=0$，则指定地址内各存储单元所存的数据便会出现在输出数据线上。例如当 $A_1A_0=10$ 时，$W_2=1$，而其他字线均为低电平。由于只有 D_2' 一根线与 W_2 间接有二极管,所以这个二极管导通后使 D_2' 为高电平,而 D_0'、D_1' 和 D_3' 为低电平。如果这时 $\overline{CS}=0$,即可在数据输出端得到 $D_3D_2D_1D_0=0100$。全部 4 个地址内的存储内容列于表 9-2。

表 9-2　ROM 中的数据表

地址		数据			
A_1	A_0	D_3	D_2	D_1	D_0
0	0	0	1	0	1
0	1	1	0	1	1
1	0	0	1	0	0
1	1	1	1	1	0

不难看出,字线和位线的每个交叉点都是一个存储单元。交点处接有二极管时相当于存 1,没有接二极管时相当于存 0。交叉点的数目也就是存储单元数。习惯上用存储单元的数目表示存储器的存储量(或称容量),并写成"(字数)×(位数)"的形式。

(2) 可编程只读存储器(PROM)

可编程 ROM 是用户可以根据自己的需要将信息代码存入各存储单元之内,但一旦写入后,就不能再更改,故称可编程的只读存储器,简称 PROM。

PROM 的总体结构与掩膜 ROM 一样,同样由存储矩阵、地址译码和输出电路组成。不过在出厂时已经在存储矩阵的所有交叉点上全部制作了存储元件,即相当于在所有存储单元中都存入了 1。

图 9-11 是熔丝型 PROM 存储单元的原理图。它由一只三极管和串在发射极的快速熔断丝组成。三极管的发射结相当于接在字线与位线之间的二极管。熔丝用很细的低熔点合金丝或多晶硅导线制成。在写入数据时只要设法将需要存入 0 的那些存储单元上的熔丝烧断就行了。

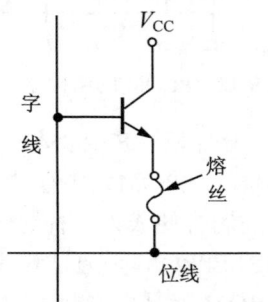

图 9-11　熔丝型 PROM 的存储单元

图 9-12 是一个 16×8 位 PROM 的结构原理图。编程时首先应输入地址代码，找出要写入 0 的单元地址。然后使 V_{CC} 和选中的字线提高到编程所要求的高电平，同时在编程单元的位线上加入编程脉冲（幅度约 20V，持续时间约十几微秒）。这时写入放大器 A_W 的输出为低电平、低内阻状态，有较大的脉冲电流流过熔丝，将其熔断。正常工作的读出放大器 A_R 输出的高电平不足以使 D_Z 导通，A_W 不工作。

可见，PROM 的内容一经写入以后，就不可能修改了，所以它只能写入一次。因此，PROM 仍不能满足研制过程中经常修改存储内容的需要。这就要求产生一种可以擦除重写的 ROM。

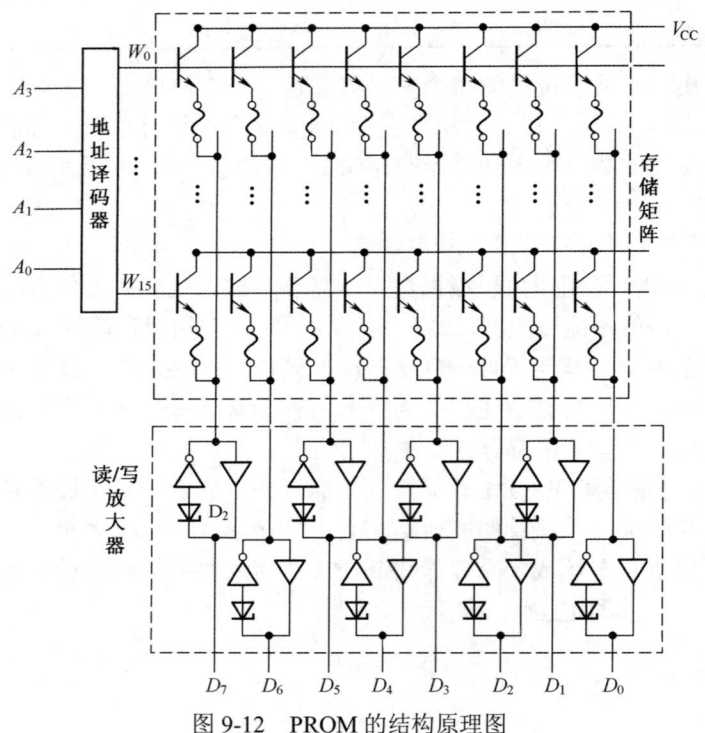

图 9-12　PROM 的结构原理图

（3）可擦除的可编程只读存储器（EPROM）

由于可擦除的可编程 ROM（EPROM）中存储的数据可以擦除重写，因而它在需要经常修改 ROM 中内容的场合便成为一种比较理想的器件。

最早研究成功并投入使用的 EPROM 是通过紫外线照射进行擦除的，并称之为 EPROM。因此，现在一提到 EPROM 就是指这种用紫外线擦除的可编程 ROM（Ultra

Violet Erasable Programmable Read Only Memory，简称 UVEPROM)。但是由于对紫外线照射时间和照度均有一定要求，擦除速度较慢，所以使用不够方便。

不久又出现了用电信号可擦除的可编程 ROM(Electrically Erasable Programmable Read Only Memory，简称 EEPROM)。后来又研制成功快闪存储器（Flash Memory)，也是一种用电信号擦除的可编程 ROM，集成度更高，擦除更为快捷。

9.2.2 随机存取存储器（RAM）

随机存取存储器中的存储单元采用与 ROM 不同的电路结构，在工作时，存储的信息状态随时可按指定地址进行改写或读出，简称为 RAM。其缺点是存储器失去电源后，存储的信息代码全部丢失，不能保存。再次使用时，必须将外部存储器信息（如软磁盘）再导入或用键盘再写入 RAM 中。

RAM 按存储单元电路原理可分为：静态 RAM、动态 RAM。

静态存储单元是在触发器的基础上附加门控管而构成的，因此，它是靠触发器的自保功能存储数据的。SRAM 电路通常由存储矩阵、地址译码器和读/写控制电路（即输入/输出电路）三部分组成，如图 9-13 所示。下面即对这三部分分别进行介绍。

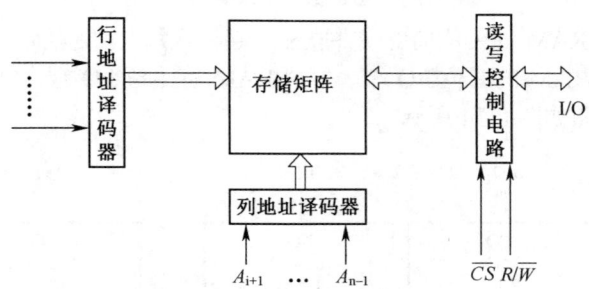

图 9-13　SRAM 的结构框图

（1）存储矩阵。存储矩阵由许多存储单元排列而成，每个存储单元能存储 1 位二值数据（1 或 0)，在译码器和读/写电路的控制下，既可以写入 1 或 0，又可以将存储的数据读出。

（2）地址译码器。地址译码器一般都分成行地址译码器和列地址译码器两部分。行地址译码器将输入地址代码的若干位译成某一条字线的输出高、低电平信号，从存储矩阵中选中一列存储单元；列地址译码器将输入地址代码的其余几位译成某一根输出线上的高、低电平信号，从字线中的一行存储单元中再选 1 位（或几位），使这些被选中的单元通过读/写控制电路与输入/输出端接通，以便对这些单元进行读、写操作。

（3）读/写控制电路。读/写控制电路用于对电路的工作状态进行控制。当读/

写控制信号 $R/\overline{W}$ =1 时,执行读操作,将存储单元里的数据送到输入/输出端上。当 $R/\overline{W}$ =0 时,执行写操作,加到输入/输出端上的数据被写入存储单元之中。在读/写控制电路上都另设有片选输入端 $\overline{CS}$。当 $\overline{CS}$ =0 时,RAM 为正常工作状态;当 $\overline{CS}$ =1 时所有的输入/输出端均为高阻态,不能对 RAM 进行读/写操作。

9.2.3 存储器的扩展与应用

当使用一片 ROM 或 RAM 器件不能满足对存储容量的要求时,就需要将若干片 ROM 或 RAM 组合起来,形成一个容量更大的存储器。存储器的扩展可分为字扩展和位扩展两种。

1. 位扩展方式

如果每一片 ROM 或 RAM 中的字数已经够用而每个字的位数不够用时,应采用位扩展的连接方式,将多片 ROM 或 RAM 组合成位数更多的存储器。

例 9-1 试用 1024×1 RAM 扩展成 1024×8 存储器。

解 1024×8 存储器需 1024×1 RAM 的片数

$$N = \frac{总存储容量}{一片存储容量} = \frac{1024 \times 8}{1024 \times 1} = 8 \text{(片)}$$

只要把八片 RAM 的十位地址线并联在一起,八片 RAM 的 $\overline{CS}$、$R/\overline{W}$ 也相应并联在一起,八片 RAM 的 8 位 I/O 端(每片 RAM 有 1 位 I/O 端)并行输出,即实现了位扩展,连接图如图 9-14 所示。

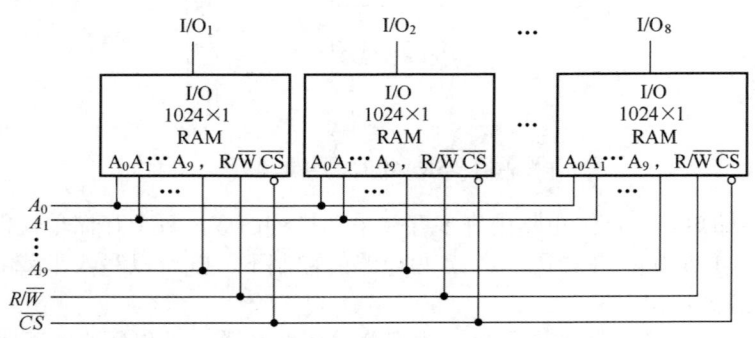

图 9-14 RAM 位扩展芯片连接图

ROM 芯片上没有读/写控制端 $R/\overline{W}$,在进行位扩展时其余引出端的连接方法和 RAM 完全相同。

2. 字扩展方式

如果每项一片存储器的数据位数够用而字数不够用时,则需要采用字扩展方式,将多片存储器(RAM 或 ROM)芯片接成一个字数更多的存储器。

图 9-15 是用扩展方式将 4 片 256×8 位的 RAM 接成一个 1024×8 位的 RAM 的例子。

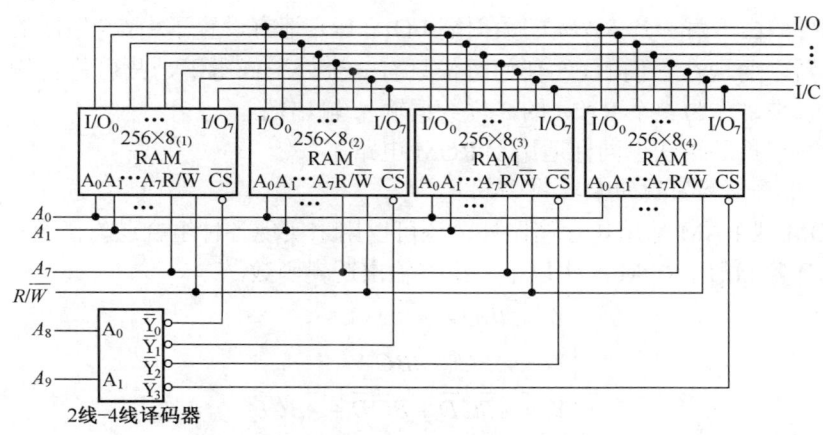

图 9-15 RAM 字扩展芯片连接图

因为 4 片中共有 1024 字，所以必须给它们编成 1024 个不同地址。然后每片集成电路上的地址输入端只有 8 位（$A_0 \sim A_7$），给出的地址范围全都是 0~256，无法区分 4 片中同样的地址单元，因此，必须增加两位地址代码 A_8、A_9，使地址代码增加到 10 位才能得到 2^{10}=1024 个地址。如果取第一片的 A_9A_8=00，第二片的 A_9A_8=01，第三片的 A_9A_8=10，第四片的 A_9A_8=11，那么 4 片的地址分配表将如表 9-3 所示。

表 9-3 图 9-16 中各片 RAM 电路的地址分配

器件编号	A_9	A_8	$\overline{Y_0}$	$\overline{Y_1}$	$\overline{Y_2}$	$\overline{Y_3}$	地址范围 $A_9 A_8 A_7 A_6 A_5 A_4 A_3 A_2 A_1 A_0$
RAM（1）	0	0	0	1	1	1	00 0000000～00 1111111 （0）　　　　　（255）
RAM（2）	0	1	1	0	1	1	01 0000000～01 1111111 （256）　　　　（511）
RAM（3）	1	0	1	1	0	1	10 0000000～10 1111111 （512）　　　　（767）
RAM（4）	1	1	1	1	1	0	11 0000000～11 1111111 （768）　　　　（1023）

由表 9-3 可见，4 片 RAM 的低 8 位地址是相同的，所以接线时把它们分别并联起来就行。由于每片 RAM 上只有 8 个地址输入端，所以 A_8、A_9 的输入端只好借用 $\overline{CS}$

端。图中使用 2 线—4 线译码器将 A_9A_8 的 4 种编码 00、01、10、11 分别译成 $\overline{Y_0}$、$\overline{Y_1}$、$\overline{Y_2}$、$\overline{Y_3}$ 四个低电平输出信号,然后它们分别去控制 4 片 RAM 的 $\overline{CS}$ 端。

此外,由于每一片 RAM 的数据端 $I/O_1 \sim I/O_8$ 都有设置了由 $\overline{CS}$ 控制的三态输出缓冲器,而现在它们的 $\overline{CS}$ 任何时候只有一个处于低电平,故可将它们的数据端并联起来,作为整个 RAM 的 8 位数据输入/输出端。

上述字扩展接法也同样适用于 ROM 电路。

3. 用存储器实现组合逻辑函数

ROM 或 RAM 除用作存储器外,还可以用来实现各种组合逻辑函数。

例 9-2 试用 ROM 产生以下一组多输出逻辑函数。

$$\begin{cases} Y_1 = \overline{A}BD + A\overline{BD} \\ Y_2 = ABC + \overline{ABC} \\ Y_3 = A\overline{B}C\overline{D} + BC\overline{D} + \overline{A}BCD \\ Y_4 = \overline{A}\overline{B}C\overline{D} + BCD \end{cases} \quad (9\text{-}6)$$

解 将式(9-6)代入最小项之和的形式得到

$$\begin{cases} Y_1 = \overline{A}BCD + \overline{A}BC\overline{D} + A\overline{B}CD + A\overline{B}\overline{C}D \\ Y_2 = ABCD + ABC\overline{D} + \overline{A}\overline{B}CD + \overline{A}\overline{B}\overline{C}D \\ Y_3 = A\overline{B}C\overline{D} + ABC\overline{D} + \overline{A}BC\overline{D} + \overline{A}BCD \\ Y_4 = \overline{A}\overline{B}C\overline{D} + ABCD + \overline{A}BCD \end{cases} \quad (9\text{-}7)$$

或写成

$$\begin{cases} Y_1 = m_7 + m_5 + m_3 + m_1 = m_1 + m_3 + m_5 + m_7 \\ Y_2 = m_{15} + m_{14} + m_5 + m_4 = m_4 + m_5 + m_{14} + m_{15} \\ Y_3 = m_{10} + m_{14} + m_6 + m_7 = m_6 + m_7 + m_{10} + m_{14} \\ Y_4 = m_2 + m_{15} + m_7 = m_2 + m_7 + m_{15} \end{cases} \quad (9\text{-}8)$$

取有 4 位地址输入、4 位数据输出的 16×4 位 ROM,将 A、B、C、D 四个输入变量分别接至地址输入端 A_3、A_2、A_1、A_0,每个输入地址对应一个 A、B、C、D 的最小项,并使地址译码器的一条输出线(字线)为 1,每一位数据输出都是若干字线输出的逻辑或,按照逻辑函数的要求,在接入存储器件的矩阵交叉点上画一个圆点,以代替存储器件,图中以接入存储器件表示存 1,以不接存储器件表示存 0,存入相应的数据,即可在数据输出端 D_3、D_2、D_1、D_0 得到 Y_1、Y_2、Y_3、Y_4,如图 9-16 所示。

另外,由 ROM 的电路结构可知,译码器的输出包含了输入变量全部的最小项,而每一位数据输出又都是若干个最小项之和,因而任何形式的组合函数均能通过向 ROM 中写入相应的数据来实现。

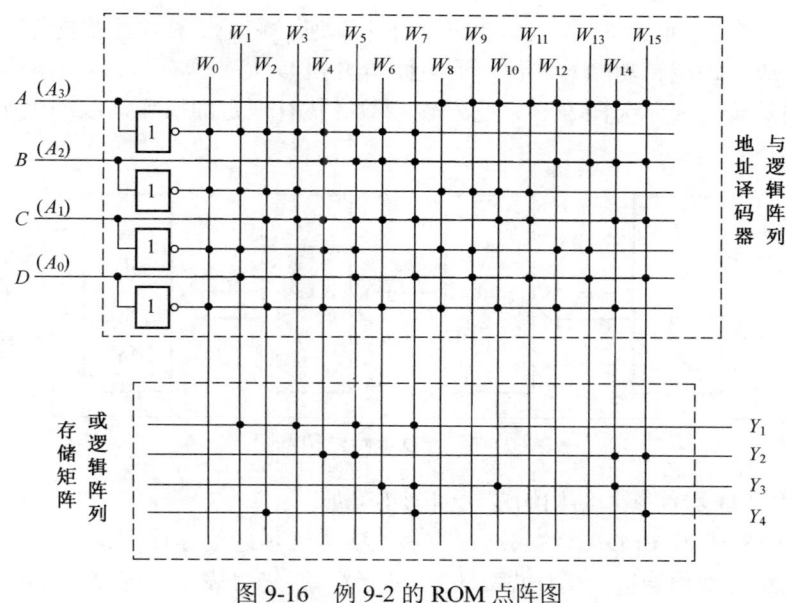

图 9-16 例 9-2 的 ROM 点阵图

不难推想,用具有 n 位输入地址、m 位数据输出的 ROM 可以获得一组(最多为 m 个)任何形式的 n 变量组合逻辑函数,只要根据函数的形式向 ROM 中写入相应的数据即可。

9.3 可编程逻辑器件

9.3.1 可编程逻辑器件概述

数字集成电路产品从逻辑功能的特点上可以分为两种形式,即标准通用型和专用型。标准通用型集成电路是指常用的中、小规模数字电路(如 74 系列、4000 系列等),其逻辑功能设计以实现数字系统的基本功能块为目的,一般比较简单,并且固定不变,特点是通用性强、使用方便灵活。但是采用通用型器件设计数字逻辑系统有很多缺点,如体积、重量较大,可靠性和可维护性较差等。

专用型集成电路是指按某种专门用途而设计、制造的集成电路,又称 ASIC (Application Specific Integrated Circuit),具有体积小、功耗低、可靠性高、高度保密性等特点。从发展过程及技术特点来看,ASIC 器件包括全定制和半定制两大类。半定制 ASIC 又可分为门阵列(Gate Array)、标准单元(Standard Cell)和可编程逻辑器件(Programmable Logic Device)。

可编程逻辑器件(PLD)是 20 世纪 70 年代发展起来的有划时代意义的新型

逻辑器件，自 20 世纪 80 年代以来发展非常迅速。它是一种由用户配置（用户编程）以完成某种逻辑功能的器件，不同种类的 PLD 大多具有与、或两级结构，其基本电路结构可表示为图 9-17，它对输入数据执行一定的操作，以产生所需的输出数据。

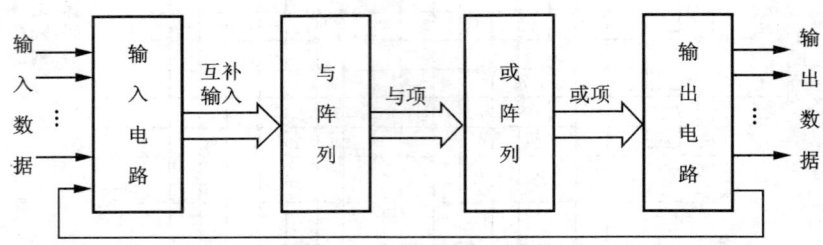

图 9-17 PLD 电路结构框图

描述 PLD 器件基本结构的逻辑图形符号如下：

图 9-18 表示 PLD 器件的连接方法，实点表示硬线连接，也就是固定连接；"×"表示可编程连接，交叉点处无实点或"×"符号表示不连接，即断开连接。

图 9-18 PLD 的连接法

图 9-19 表示 PLD 器件的互补输出缓冲器，它的两个输出 B 和 C 是其输入 A 的原码和反码，即 $B=A$，$C=\overline{A}$。

A	B	C
0	0	1
1	1	0

图 9-19 PLD 的互补输出缓冲器

图 9-20 表示 PLD 器件的三态输出缓冲器，它的输出 B 在三态控制信号（EN）的禁止状态（0/1）下与输入 A 无关，呈现高阻；使能状态（1/0）下为输入 A 的反码，即 $B=\overline{A}$。

图 9-21 给出了 PLD 器件的与门表示法，输入 A、B、C、D 称为"输入项"，输出 $P=A \cdot B \cdot D$ 称为"积项"。

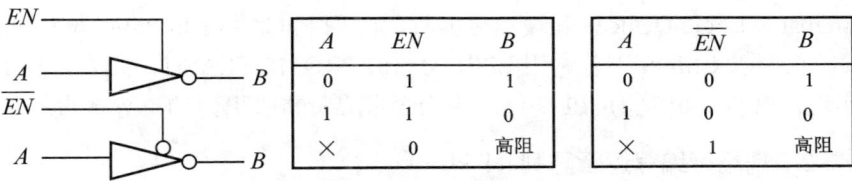

图 9-20　PLD 的三态输出缓冲图

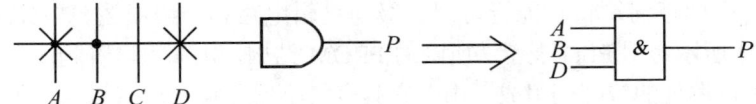

图 9-21　PLD 的与门表示法

图 9-23 给出了 PLD 器件的或门表示法，输出 $Y=P_1+P_3+P_4$ 称为"和项"。

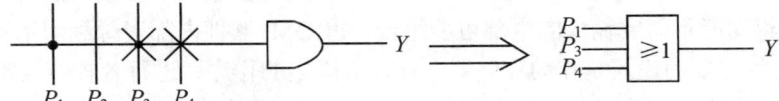

图 9-22　PLD 的或门表示法

图 9-23 给出了 PLD 器件输出恒等于 0 的与门缺省表示法，输出 P 为全部输入项的可编程连接，$P=A\cdot \overline{A}\cdot B\cdot \overline{B}=0$。这说明，当缓冲器的互补输出都连至一积项时，该积项恒为"0"。

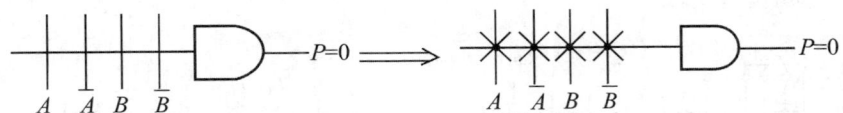

图 9-23　PLD 的与门缺省表示

PLD 集标准通用器件和半定制逻辑器件的许多优点于一身，再加上它的可编程性，为数字系统的设计带来了很多方便，随着工艺和技术的进步，在现代电子系统中占有的地位也越来越重要。

PLD 器件自问世以来，已经形成了多种结构、多种产品，主要包括低密度可编程逻辑器件和高密度可编程逻辑器件（HCPLD，High Capacity Programmable Logic Device）。低密度器件可用门数低于 600 门，称为简单 PLD，产品主要有 PROM 现场可编程逻辑阵列 FPLA（Field Programmable Logic Array）、可编程阵列逻辑 PAL（Programmable Array Logic）、通用阵列逻辑 GAL（Generic Array Logic）等，工艺上是以 CMOS 工艺 EPROM、EEPROM 和 FLASH 存储单元来实现的。HPLD 器件的可用门数高于 600 门，主要指复杂可编程逻辑器件 CPLD（Complex

Programmable Logic Device）和现场可编程门阵列 FPGA（Field Programmable Gate Array）。主要以 CMOS 工艺利用 EPROM、EEPROM、FLASH、SRAM 和反熔丝技术实现，PLD 尤其是 HCPLD 已成为当今世界最富吸引力的半导体市场之一。

9.3.2 现场可编程逻辑阵列（FPLA）

根据逻辑代数的知识可以得知：任何一个复杂的逻辑函数式都可以变换成与或表达式，因此任何逻辑功能皆可用一级与逻辑电路和一级或逻辑电路来实现。

图 9-24 所示为用 PLD 表示法所画的 PROM 结构，由图可以看到，它是由固定的与阵列和可编程的或阵列组成，由于它具有最小项之和的标准与或式逻辑描述，可以用来实现各种逻辑函数，所以它也被称为第一代 PLD。但由于它的与阵列为全译码制，当输入有 n 个变量时，与阵列的输出为 n 个输入变量可能组合的全部最小项，即 2^n 个与项，导致了阵列较大、开关时间较长，速度较其他逻辑器件慢，另外，大多数逻辑功能不需要输入的全部可能组合，PROM 器件内部资源利用率不高。所以 PROM 的主要用途还是作为存储器，如存放固定的程序、进行各种查表操作等。

现场可编程逻辑阵列 FPLA 是在 1970 年研制成功的，图 9-25 所示为 FPLA 的基本结构，由图可见，FPLA 的基本结构类似于 PROM，也是由与或两级阵列组成，但其与阵列是可编程的，与阵列不是全译码方式，它只产生函数所需的积项。或阵列也是可编程的，它选择所需要的积项来连接到指定的或门上，相对 PROM 而言，FPLA 提供了一个较小较快的阵列，在其输出端产生的逻辑函数是简化的与或表达式。

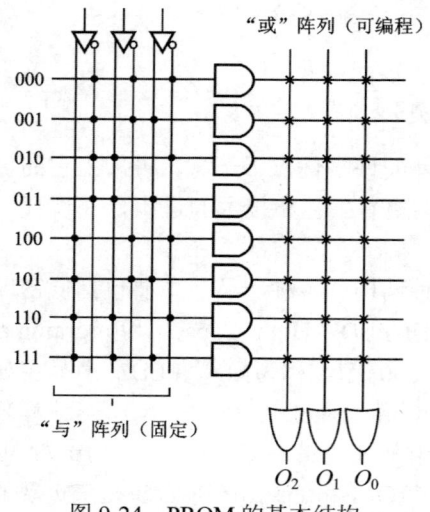

图 9-24　PROM 的基本结构

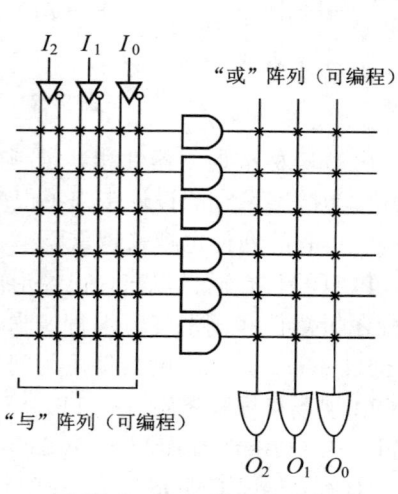

图 9-25　FPLA 的基本结构

例 9-3 试分别用 PROM 和 FPLA 产生以下一组多输出逻辑函数

$$Z_1 = A\overline{C} + \overline{A}\,\overline{B}$$
$$Z_2 = \overline{A}B + A\overline{B}C$$

解 PROM 的实现方法是必须先将函数化为最小项之和的形式，其编程阵列如图 9-26（a）所示；而 FPLA 的与阵列和或阵列均可编程，因此可直接利用其与阵列产生逻辑函数中的的乘积项，其编程阵列如图 9-26（b）所示。

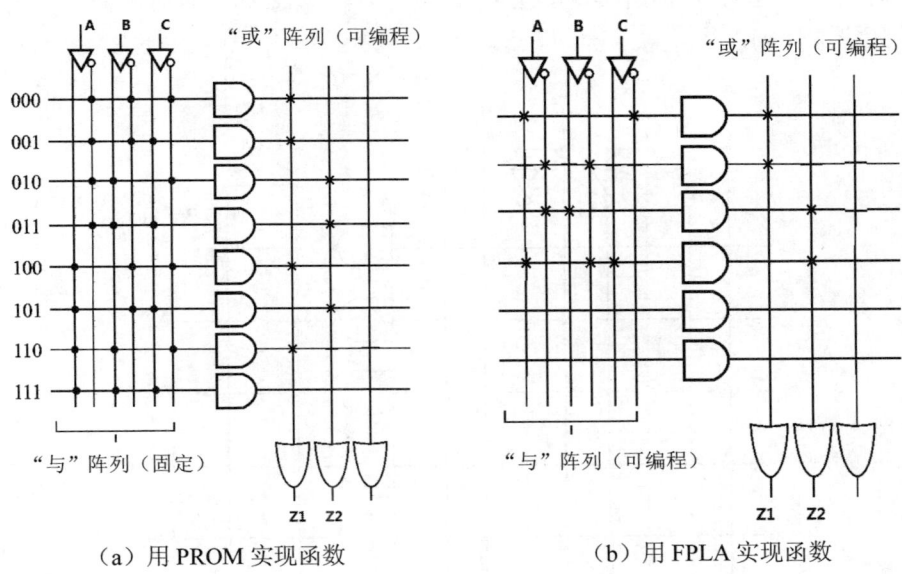

（a）用 PROM 实现函数　　　　　　（b）用 FPLA 实现函数

图 9-26　例 9-3 实现电路图

可以看出，在完成同样逻辑功能的情况下，FPLA 比 PROM 阵列的编程简捷得多。这是因为 PROM 有固定的 2^n 个最小项，与阵列的字线以其最小项的形式出现；FPLA 的字线数则是由与或表达式中的与项数决定，显然，后者的数目少于前者。

从上例可知，使用 FPLA 设计组合逻辑电路比 PROM 更合理，是处理逻辑函数的一种更有效的方式，但在以往使用 FPLA 时，由于其与或两个阵列都可编程，编程工具和支持软件都有一定的困难，且运行速度不够快。

9.3.3　可编程阵列逻辑（PAL）

可编程阵列逻辑 PAL 是 20 世纪 70 年代后期由美国 MMI 公司推出的可编辑逻辑器件，它是在 PROM 和 FPLA 基础上发展起来的，它同 PROM 和 FPLA 一样都采用"阵列逻辑"技术,但是它相比较 PROM 而言更灵活,便于完成多种逻辑功能,同时又比 FPLA 工艺简单,易于编程和实现。

PAL 器件的编辑原理是采用熔丝工艺来实现各种逻辑功能,这种"可熔连接"给设计人员提供了"在硅片上写入"的功能。

1. PAL 器件的基本结构

PAL 器件的基本结构是由可编程的与逻辑阵列和固定的或逻辑阵列完成,如图 9-27 所示。PAL 器件所实现的逻辑表达式具有"积之和"的形式,因而可以完成任意逻辑功能。

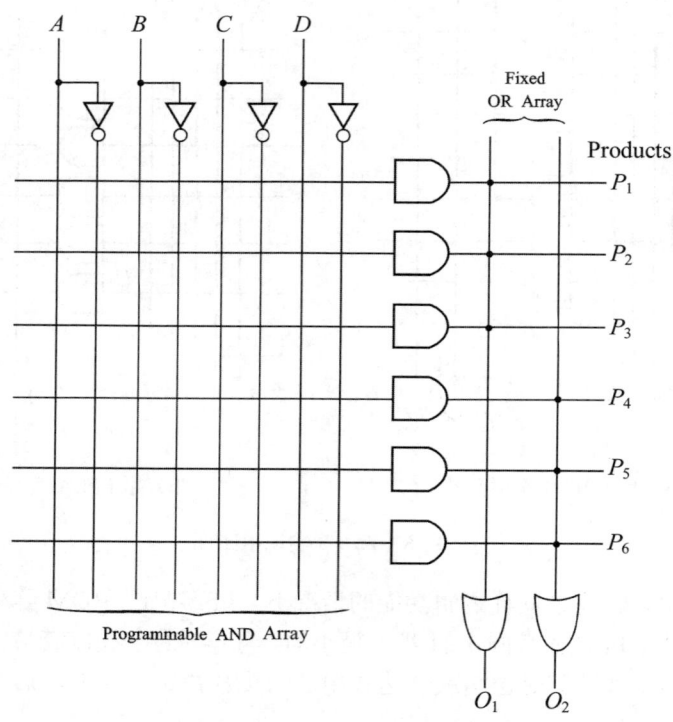

图 9-27 PAL 的基本结构

由图可见,与逻辑阵列的所有编程点均采用金属熔丝,编程时将有用的熔丝保留,将无用的熔丝熔断,即可得到所需电路。

2. PAL 器件的类型

为了满足组合逻辑电路和时序逻辑电路设计的需要,PAL 有多种不同类型的输出结构和反馈方式,一般可分为专用输出结构、可编程输入/输出结构,带反馈的寄存器输出结构等几种类型。

（1）专用输出结构

专用输出结构的 PAL 器件的逻辑图如图 9-28 所示。它是在图 9-27 所示的 PAL 基本门阵列结构的输出中加入反相器而形成的，以低电平做输出信号（低电平有效）。PAL 基本门阵列的输出结构也属于专用输出结构，以高电平做输出信号（高电平有效）。有些 PAL 器件输出端采用互补输出结构，同时输出一对互补信号，也属于专用输出结构。

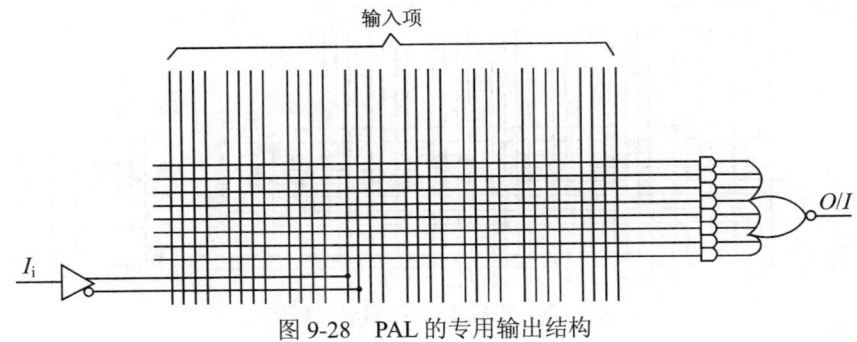

图 9-28 PAL 的专用输出结构

专用输出结构的共同特点是所有设置的输出端只能作输出使用，这种结构的 PAL 器件只适用于某些简单组合逻辑的场合。

（2）可编程输入/输出结构

可编程输入/输出结构（可编程 I/O 结构）的 PAL 器件的逻辑图如图 9-29 所示，特点是输出端有一个三态门，并用某一乘积项编程来控制其三态，同时三态输出又反馈回与逻辑阵列。当编程使该乘积项恒为 0 时，三态门呈现高阻，此时可把 I/O 作输入端；当编程该乘积项为 1 时，三态门选通，I/O 端只能作输出端。

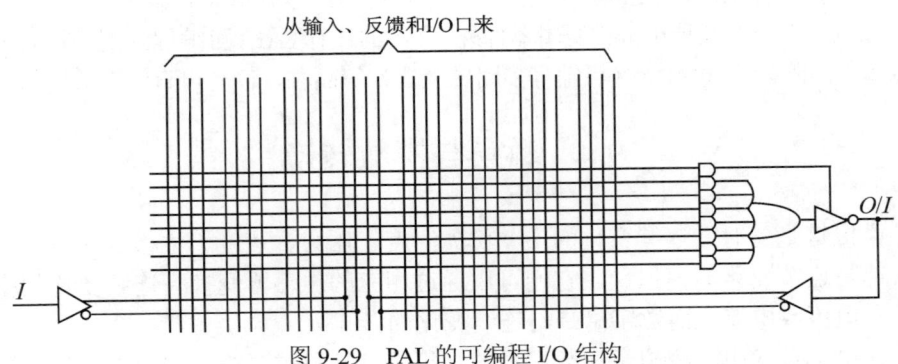

图 9-29 PAL 的可编程 I/O 结构

（3）带反馈的寄存器输出结构

带反馈的寄存器输出结构的逻辑图如图 9-30 所示，特点是在 PAL 的基本与或两级阵列和输出三态缓冲器之间加入由触发器组成的寄存器，在时钟的上升沿，与或阵列的输出存入 D 触发器，D 触发器的[AKQ-]端反馈回与逻辑阵列，Q 端通过三态门送到输出端，此结构使 PAL 器件能方便地实现各种时序逻辑功能。

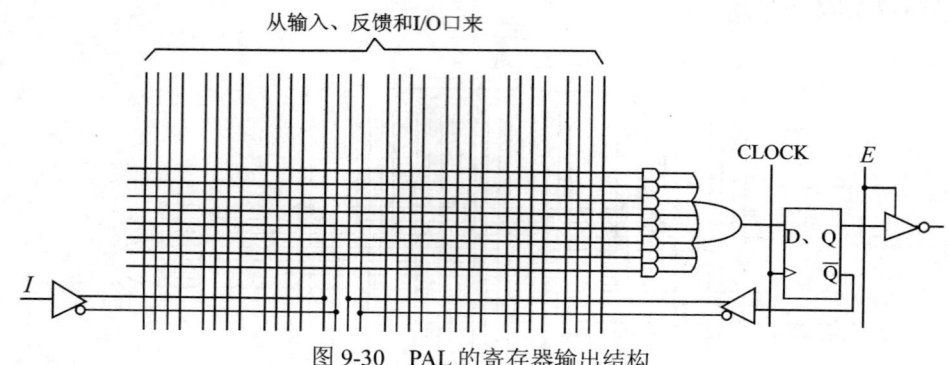

图 9-30　PAL 的寄存器输出结构

9.3.4　通用阵列逻辑

通用阵列逻辑（GAL）是近期发展起来的一种新一代可编程逻辑器件，其功能比 PLA 更强，性能也更优越。GAL 是一种可多次编程、可电擦除的通用逻辑器件，它具有功能很强的可编程的输出级，能灵活地改变工作模式。GAL 既能用作组合逻辑器件，也能用作时序逻辑器件；其输出引脚既能用作输出端，也能配置成输入端。此外，GAL 还可设置加密位，以防他人对阵列组态模式及信息的非法复制。

GAL 丰富灵活的逻辑功能，为复杂的逻辑设计提供了极为有利的方便条件。由于 GAL 芯片内部电路结构较复杂，限于篇幅，具体分析见辅修内容。

除以上介绍的几种可编程逻辑器件外，常用的还有 PAL（可编程阵列逻辑）、PGA（可编程门阵列）、PMUX（可编程多路转换器）等品种，读者可查阅有关资料。

9.4　数模与模数转换

模拟量是随时间连续变化的量，例如温度、压力、速度、位移等非电量绝大多数都是连续变化的模拟量，它们可以通过相应的传感器变换为连续变化的模拟量——电压或电流。而数字量是不连续变化的。

在电子技术中，模拟量和数字量的互相转换是很重要的。例如用电子计算机对生产过程进行控制时，首先要将被控制的模拟量转换为数字量，才能送到数字计算机中去进行运算和处理，然后又要将处理得出的数字量转换为模拟量，才能实现对被控制的模拟量的控制。再如在数字仪表中，也必须将被测的模拟量转换为数字量，才能实现数字显示。

能将数字量转换为模拟量的装置称为数模转换器，简称 D/A 转换器或 DAC，能将模拟量转换为数字量的装置称为模数转换器，简称 A/D 转换器或 ADC。因此，DAC 和 ADC 是联系数字系统和模拟系统的"桥梁"，也可称为两者之间的接口。图 9-31 是数模和模数转换的原理框图。

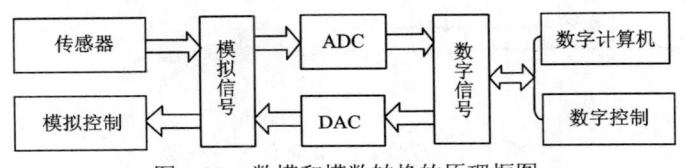

图 9-31　数模和模数转换的原理框图

9.4.1　数模转换器

D/A 转换器有多种，下面只介绍目前用得较多的权电阻网络 D/A 转换器和倒 T 型电阻网络 D/A 转换器。

1. 权电阻网络 D/A 转换器

图 9-32 是一个权电阻网络 D/A 转换器的原理图，它由 4 位权电阻网络、4 个模拟开关和 1 个求和放大器组成。其中电阻网络的电阻值依次为 2^3R、2^2R、2^1R、2^0R，即按照二进制数的各位权的规律排列。模拟开关 S_3、S_2、S_1 和 S_0 的状态分别受输入代码 d_3、d_2、d_1 和 d_0 的取值控制，代码为 1 时开关接到参考电压 V_{REF} 上，代码为 0 时开关接地。故 $d_i=1$ 时有支路电流 I_i 流向求和放大器，$d_i=0$ 时支路电流为零。因此，可以写出求和放大器输入端的电流为

$$i_\Sigma = I_3+I_2+I_1+I_0$$
$$= \frac{V_{REF}}{2^0R}d_3 + \frac{V_{REF}}{2^1R}d_2 + \frac{V_{REF}}{2^2R}d_1 + \frac{V_{REF}}{2^3R}d_0$$
$$= \frac{V_{REF}}{2^3R}(2^3d_3 + 2^2d_2 + 2^1d_1 + 2^0d_0)$$

可见，求和放大器输入电流的大小与输入的数字量成正比。将上式写成一般表达式，则有

$$i_\Sigma = \frac{V_{REF}}{2^{n-1}R}(2^{n-1}d_{n-1} + 2^{n-2}d_{n-2} + \dots + 2^1d_1 + 2^0d_0) = \frac{V_{REF}}{2^{n-1}R}D_n \quad (9-9)$$

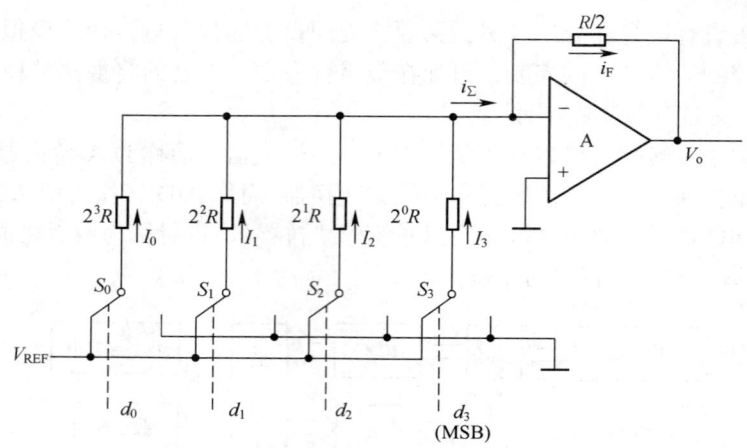

图 9-32 权电阻网络型 D/A 转换器

若求和放大器的反馈电阻取为 R/2 时，则输出电压为

$$V_O = -\frac{1}{2} i_\Sigma R$$

$$= -\frac{V_{REF}}{2^n} D_n \quad (其中\ D_n = 2^{n-1}d_{n-1} + 2^{n-2}d_{n-2} + \ldots + 2^1 d_1 + 2^0 d_0) \quad (9-10)$$

上式表明，输出的模拟电压正比于输入的数字量 D_n，从而实现了从数字量到模拟量的转换。当 $D_n=0$ 时，$V_O=0$；当 $D_n=11\cdots 11$ 时，$V_O = -\frac{2^n-1}{2^n}V_{REF}$，所以 V_O 变化范围是 $0 \sim -\frac{2^n-1}{2^n}V_{REF}$。

权电阻网络 D/A 转换器结构简单，但是当其位数增加时，各个电阻的阻值相差较大，在很宽的阻值范围内每个电阻都要很高的精度，给制造工艺带来很大困难。为了克服上述缺点，可采用倒 T 型网络。

2. 倒 T 型电阻网络 D/A 转换器

倒 T 型电阻网络 D/A 转换器由 R-2R 倒 T 型电阻网络、模拟开关和求和放大器组成，如图 9-33 所示。

模拟开关 S_3、S_2、S_1 和 S_0 的状态分别受输入代码 d_3、d_2、d_1 和 d_0 的取值控制。当 $d_i=1$ 时，开关将电阻 2R 与求和放大器的反相输入端相连；当 $d_i=0$ 时，开关将电阻 2R 接地。无论开关 S_3、S_2、S_1、S_0 合到哪一边，都相当于接到了"地"电位上，流过每个支路的电流也始终不变。由图 9-32 可知

$$i_\Sigma = \frac{I}{2}d_3 + \frac{I}{4}d_2 + \frac{I}{8}d_1 + \frac{I}{16}d_0$$

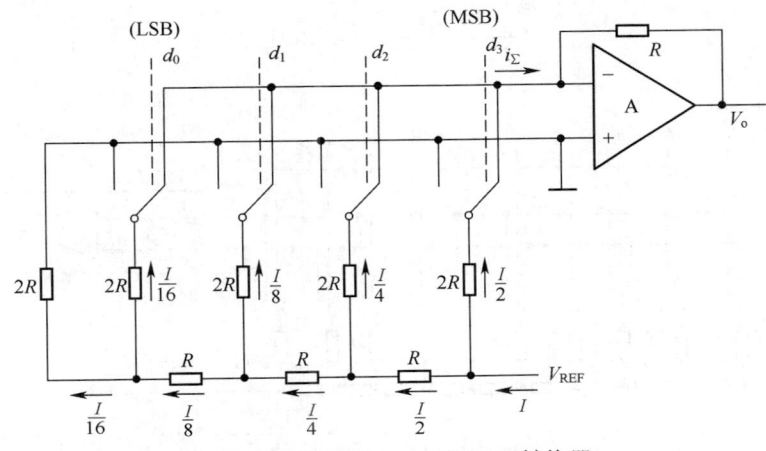

图 9-33 倒 T 型电阻网络 D/A 转换器

在求和放大器的反馈电阻阻值等于 R 的条件下,输出电压为:

$$V_O = i_\Sigma R = -\frac{V_{REF}}{2^4}(2^3 d_3 + 2^2 d_2 + 2^1 d_1 + 2^0 d_0)$$

对于 n 位输入的倒 T 型电阻网络 D/A 转换器,在求和放大器的反馈电阻值为 R 条件下,模拟模出电压为

$$V_O = -\frac{V_{REF}}{2^n}(2^{n-1} d_{n-1} + 2^{n-2} d_{n-2} + ... + 2^1 d_1 + 2^0 d_0) = -\frac{V_{REF}}{2^n} D_n \quad (9-11)$$

上式说明输出的模拟电压与输入的数字量成正比。

图 9-34 是采用倒 T 型电阻网络的单片集成 D/A 转换器 CB7520(AD7520)的电路原理图。它的输入为 10 位二进制数,采用 CMOS 电路构成模拟开关,求和放大器是外接的,运算放大器的反馈电阻可以使用 CB7520 内设的反馈电阻 R,也可以另选反馈电阻接到 I_{out1} 与 V_O 之间。外接的参考电压 V_{REF} 必须保证有足够的稳定度,才能确保应有的转换精度。

3. D/A 转换器的主要技术指标

(1)转换精度。在 D/A 转换器中常用分辨率和转换误差来描述转换精度。

分辨率可以用输入二进制数码的位数给出。从理论上讲,在分辨率为 n 位的 D/A 转换器中,输出模拟电压的大小应能区分出输入代码从 00…00 到 11…11 全部 2^n 个不同的状态,给出 2^n 个不同等级的输出电压。

另外,也可以用 D/A 转换器能够分辨出来的最小输出电压(对应的输入二进制数只有最低位为 1)与最大输出电压(对应的输入二进制数的所有位全为 1)之比来表示分辨率。例如 10 位 D/A 转换器的分辨率可以表示为

$$\frac{1}{2^{10}-1} = \frac{1}{1023} = 0.001 \tag{9-12}$$

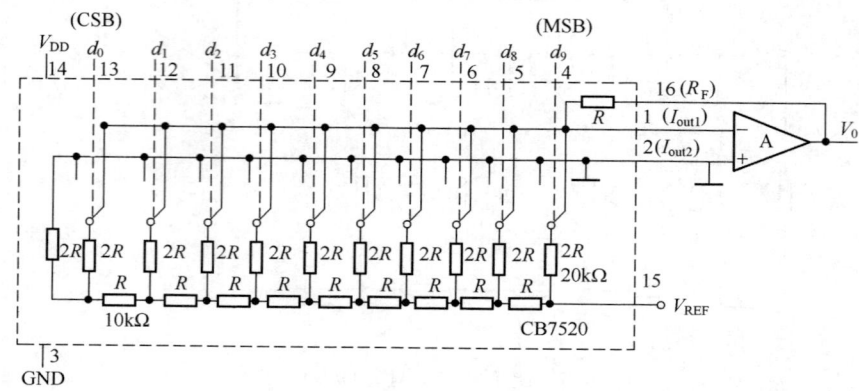

图 9-34 CB7520（AD7520）的电路原理图

分辨率不能完全表述转换精度，因为 D/A 转换器的各个环节在参数和性能上和理论值之间不可避免地会产生误差，因此 D/A 转换器实际能达到的转换精度要由转换误差来决定。这些误差包括比例系数误差，从 $V_0 \propto V_{REF} D_n$，即 V_{REF} 变化引起的误差，如图 9-35（a）所示，由求和放大器零点漂移引起的误差，如图 9-35（b）所示；由模拟开关不一致，以及网络电阻值的误差，都会引起非线性误差，如图 9-35（c）所示。如此等等，都说明在转换过程中会引起误差，一般误差应小于 $\frac{1}{2}$ LSB（最低有效位）。

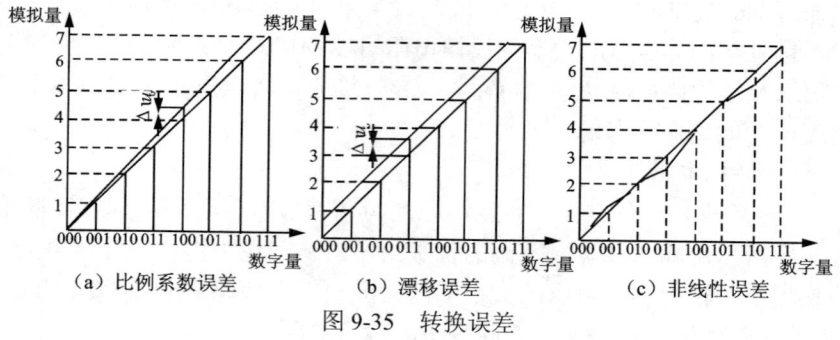

图 9-35 转换误差

（2）转换速度。转换速度是 D/A 转换器的另一个重要参数，它包括建立时间和转换速率两部分。

建立时间是指在大信号工作下，即输入由全 0 变成全 1，或者由全 1 变成全 0

时，输出电压达到某一规定值（一般指输出电压进入与稳态值相差$(\pm\frac{1}{2})$LSB 范围内）所需要的时间，用 t_{set} 表示。目前，10 位或 12 位单片集成 DAC（不包括运算放大器）的转换时间一般不超过 1μs。

转换速率 SR 也是指在大信号工作时模拟电压的变化率。

D/A 转换器完成一次转换所需的最大时间为

$$t_{TRmax}=t_{set}+U_{omax}/SR$$

式中，U_{omax} 为输出模拟电压的最大值。

9.4.2 模数转换器

1. A/D 转换的一般步骤

在 A/D 转换器中，因为输入的模拟信号在时间上是连续的，而输出的数字信号是离散的，所以转换只能在一系列选定的瞬间对输入的模拟信号取样，然后再把这些取样值转换成输出的数字量。因此，A/D 转换要经过取样、保持、量化和编码四个步骤。

（1）取样与保持。由于 A/D 转换过程需要一定的时间，因此，不能将连续变化的模拟信号在每一瞬间的值都变换成数值量，而需要对其进行取样。取样就是将时间上连续变化的模拟信号 $X(t)$ 转换为时间上断续（离散）变化的模拟信号 $Y(t)$，取样过程如图 9-36 所示。图 9-36（a）中输入信号 $X(t)$ 经过传输门 T 输出，传输门受脉宽为 τ、周期为 T_S 的取样信号 $S(t)$ 控制。显然，在脉冲 τ 期间，传输门开启，输出信号 $Y(t)$ 等于输入信号 $X(t)$；而在 $T_S-\tau$ 期间，传输门关闭，输出信号 $Y(t)=0$，这样经过一个取样周期取一个输入信号 $X(t)$ 的样点，得到如图 10-36（b）所示的取样输出信号 $Y(t)$。

如果取样后的离散信号 $Y(t)$ 经过低通滤波器后能不失真地恢复为输入的原始信号 $X(t)$，则说明离散信号的性质保持了输入信号的性质。可以证明只要满足采样频率 $f_s \geqslant 2f_{imax}$（f_{imax} 为输入信号频谱中的最高频率），就可以达到上述目的，这就是取样定理。取样后的输出 $Y(t)$ 须经保持电路保持起来，即将取样脉冲脉宽 τ 内所取得的模拟信号暂时存储起来，使其在两次取样的时间间隔 $(T_S-\tau)$ 内保持不变，为后面的量化、编码提供一个稳定的值，也就是说，$(T_S-\tau)$ 是提供 A/D 变换（量化和编码等）所需要的时间，取样保持电路及波形如图 9-37 所示。

（2）量化与编码。模拟信号经取样—保持电路处理后得到的阶梯波，仍然是模拟信号，每一个阶梯，其数值都是连续的。所谓量化，就是用一个规定的最小量单位 Δ 去度量某一模拟量，最终模拟量的大小就可以用这个最小量单位 Δ 的整数倍来表示。我们把这个最小量单位 Δ 叫做量化单位。量化的结果用代码表示，称为编码。这些代码就是 A/D 转换的结果。

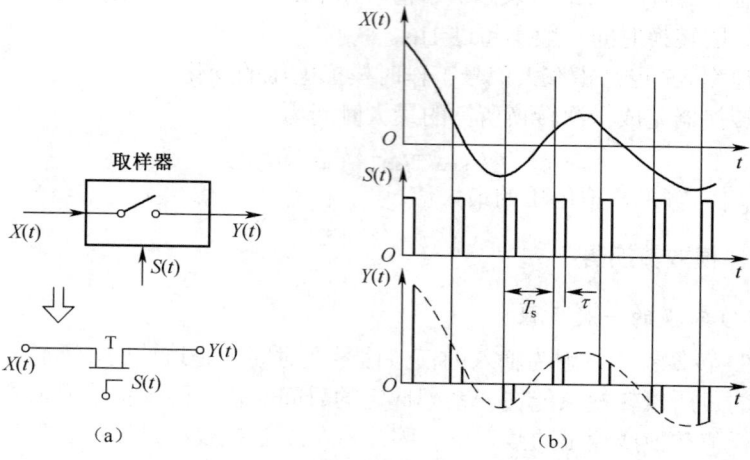

图 9-36　取样过程

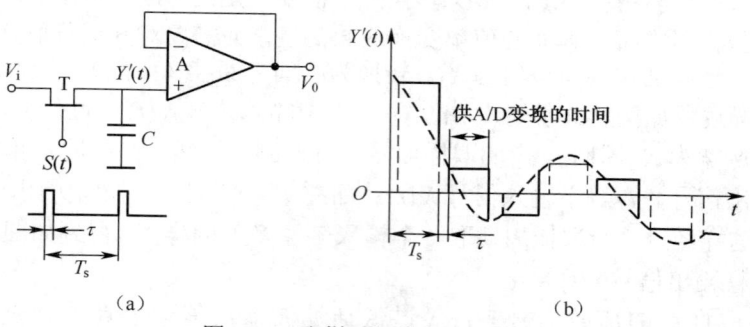

图 9-37　取样－保持电路及波形

既然模拟量是连续的，那么它就不一定能被 Δ 整除，量化过程不可避免地会产生误差，这种误差叫量化误差。量化一般有两种方法，方法不同，引起的误差也不同。例如要把 0～1V 的模拟电压信号转换成三位二进制代码。方法之一是取 $\Delta = \frac{1}{8}$V，并规定数值在 $0 \sim \frac{1}{8}$V 之间的模拟量，视为 0Δ，用二进制代码 000 表示，凡数值在 $\frac{1}{8}$V～$\frac{2}{8}$V 之间的模拟量都当作 1Δ，用二进制数 001 表示，…，如图 9-38（a）所示。不难看出，这种量化方法可能带来的最大量化误差可达 Δ，即 $\frac{1}{8}$V。方法之二是取量化单位 $\Delta = \frac{2}{15}$V，并将 $0 \sim \frac{1}{15}$V 之间的模拟量看作 0Δ，用二进制数 000 表示，凡数值在 $\frac{1}{15}$V～$\frac{3}{15}$V 之间的模拟量都当作 1Δ，用二进制数 001 表示，…，如图 10-38（b）所示。不难看出，这种量化方法可能带来量化误差是可正可负的，且最大量化误差的绝对值为 $\frac{1}{2}$Δ，即 $\frac{1}{15}$V。通常都采用第二种方法进行量化。

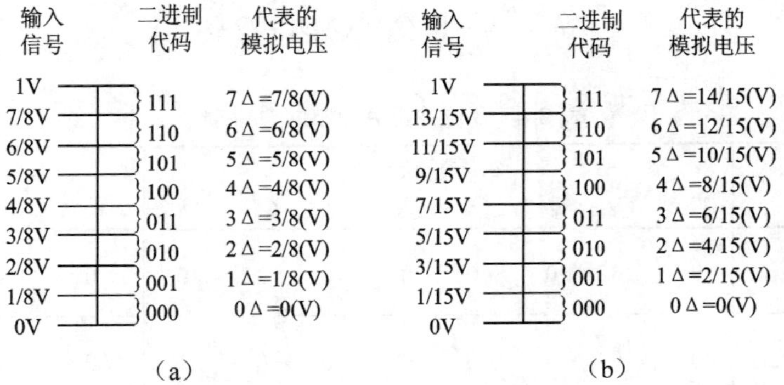

图 9-38 划分量化电平的两种方法

2. 直接 A/D 转换器

A/D 转换器通常有直接式和间接式两种。直接 A/D 转换器能把输入的模拟电压直接转换为输出的数字量，而不需要经过中间变量。常用的电路有并联比较型和反馈比较型。

（1）并联比较型 A/D 转换器。图 9-39 是并联比较型 A/D 转换器电路结构图，它由电压比较器、寄存器和代码转换器三部分组成。输入为 $0～V_{REF}$ 间的模拟电压，输入为 3 位 2 进制数码 $d_2d_1d_0$。这里略去了取样－保持电路，假定输入的模拟电压 V_1 已经是取样－保持电路的输出电压了。

电压比较器中的量化电平的划分采用图 9-38（b）所示方式，8 个电阻将参考电压 V_{REF} 分压成 $\frac{1}{15}V_{REF}$ 到 $\frac{3}{15}V_{REF}$ 之间的 7 个比较电平，量化单位 $\Delta=\frac{2}{15}V_{REF}$，然后将 7 个比较电平分别接到 7 个电压比较器 C_1～C_7 的反相输入端，作为比较基准。将输入的模拟电压同时加到每个比较器的同相输入端，与 7 个比较基准进行比较。

当 $V_1<\frac{1}{15}V_{REF}$ 时，所有比较器的输出全是低电平，CP 上升沿到来后寄存器中所有触发器 $F_{F1}～F_{F7}$ 都被置成 0；当 $\frac{1}{15}V_{REF}<V_1<\frac{3}{15}V_{REF}$ 时，只有比较器 C_1

输出为高电平，CP 上升沿到来后 FF_1 被置 1，其余触发器被置 0。依此类推，可列出 V_I 为不同电压时寄存器的状态，如表 9-4 所示。寄存器的输出是一组 7 位数值代码，还须经代码转换电路，将其转换成所需的二进制数。从表 9-4 可知，代码转换电路输出与输入之间的逻辑函数式为

$$\begin{cases} d_2 = Q_4 \\ d_1 = Q_6 + Q_2\overline{Q_4} \\ d_2 = Q_7 + Q_5\overline{Q_6} + Q_3\overline{Q_4} + Q_1\overline{Q_2} \end{cases} \quad (9\text{-}13)$$

表 9-4 3 位并行 A/D 转换功能表

模拟输入 V_I	寄存器状态								数字输出		
	Q_7	Q_6	Q_5	Q_4	Q_3	Q_2	Q_1	Q_0	d_2	d_1	d_0
$(0 \sim \frac{1}{15})V_{REF}$	0	0	0	0	0	0	0	0	0	0	0
$(\frac{1}{15} \sim \frac{3}{15})V_{REF}$	0	0	0	0	0	0	0	1	0	0	1
$(\frac{3}{15} \sim \frac{5}{15})V_{REF}$	0	0	0	0	0	0	1	1	0	1	0
$(\frac{5}{15} \sim \frac{7}{15})V_{REF}$	0	0	0	0	0	1	1	1	0	1	1
$(\frac{7}{15} \sim \frac{9}{15})V_{REF}$	0	0	0	0	1	1	1	1	1	0	0
$(\frac{9}{15} \sim \frac{11}{15})V_{REF}$	0	0	0	1	1	1	1	1	1	0	1
$(\frac{11}{15} \sim \frac{13}{15})V_{REF}$	0	0	1	1	1	1	1	1	1	1	0
$(\frac{13}{15} \sim 1)V_{REF}$	0	1	1	1	1	1	1	1	1	1	1

按照式（9-13）即可得到图 9-39 中的代码转换电路。

并行 A/D 转换器的优点是转换速度快，但是随着分辨率的提高，元件的数量将按几何级数增加，一个 n 位的 A/D 转换器，其比较器的个数为 2^{n-1}，有一个比较器就有一个寄存器，显然这是很不经济的。目前单片集成的并联比较型 A/D 转换器也有输出为 4 位和 6 位的产品，完成一次转换的时间在 10ns 以内。

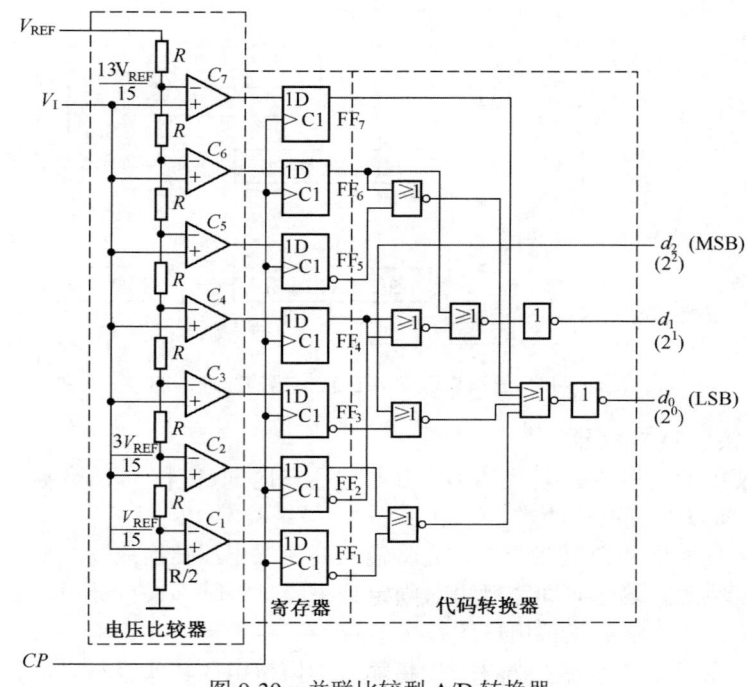

图 9-39 并联比较型 A/D 转换器

（2）反馈比较型 A/D 转换器。反馈比较型 A/D 转换器的构思是这样的：取一个数字量加到 D/A 转换器上，于是得到一个对应的输出模拟电压。然后将这个模拟电压与输入的模拟电压进行比较，若两者不相等，则调整所取的数字量，直到两个模拟电压相等为止，最后所取的这个数字量就是所求的结果。

下面只介绍目前用得较多的逐次比较型 A/D 转换器。它由顺序脉冲发生器、逐次逼近寄存器、D/A 转换器、电压比较器和时钟脉冲源等 5 个部分组成，其原理框图如图 9-40 所示。

转换开始，顺序脉冲发生器输出的顺序脉冲首先将寄存器的最高位置 1，经 D/A 转换器转换成相应的模拟电压 V_0 送入比较器与待转换输入电压 V_I 进行比较。若 $V_0 > V_I$，说明数字量过大，将最高位的 1 去掉，而将次高位置 1；若 $V_0 < V_I$，说明数字量还不够大，应将最高位的 1 保留，同时须将次高位置 1。

这样逐次比较下去，一直到最低位为止。寄存器的逻辑状态就是对应于输入电压 V_I 的输出数字量。

目前单片集成逐次逼近 A/D 转换器有 AD751、AD5770、ADC0804、ADC0809 等，其转换时间固定，易于与微机接口，在输出位数较多时，元器件明显少于并联型 A/D 转换器，故应用非常广泛。

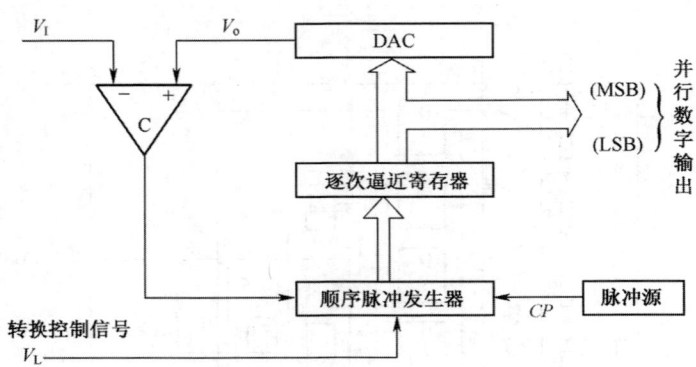

图 9-40　逐次逼近型 A/D 转换器的原理框图

3. 间接 A/D 转换器

目前使用的间接 A/D 转换器多半属于电压－时间（简称 $V\text{-}T$）变换型和电压－频率（简称 $V\text{-}F$）变换型两类。

在 $V\text{-}T$ 变换型 A/D 转换器中，先将输入的模拟电压转换成与之成正比的时间宽度信号，然后在这个时间宽度里对固定频率的时钟脉冲进行计数，所得到的计数结果就是正比于输入模拟电压的数字信号。

在 $V\text{-}F$ 变换型 A/D 转换器中，先将输入的模拟电压转换成与之成正比的频率信号，然后在一个固定的时间间隔里对得到的频率信号进行计数，所得到的计数结果就是正比于输入模拟电压的数字信号。

目前用得最多的双积分型 A/D 转换器，它是间接 A/D 转换器，属于 $V\text{-}T$ 变换型 A/D 转换器。其原理框图如图 9-41 所示。它由积分器、比较器、计数器、控制逻辑和时钟脉冲源等几部分组成。

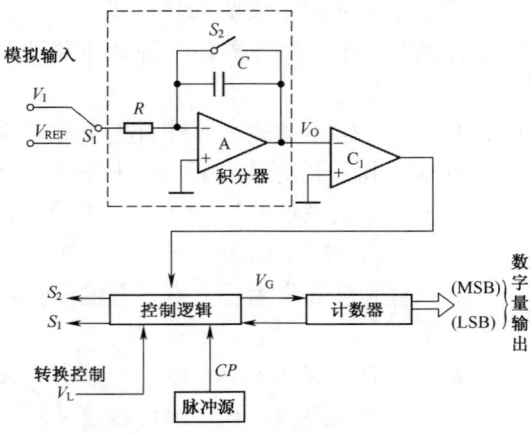

图 9-41　双积分型 A/D 转换器的原理框图

双积分型 A/D 转换器的转换是通过积分来完成的，因此对交流噪声抗干扰能力很强。它的另一个优点是工作性能较稳定，前后两次积分采用的是同一个积分器，因此元件及电路等因素造成的误差通过前后两次积分，可自动抵消。

双积分型 A/D 转换器的主要缺点是由于双积分而使转换速度变慢，一般为几毫秒到几十毫秒，所以常用于工业仪表中。

4. A/D 转换器的主要技术指标

（1）A/D 转换器的转换精度。在单片集成 A/D 转换器中也采用分辨率和转换误差来描述转换精度。

分辨率用输出的二进制代码的位数表示，位数越多，量化误差越小，分辨率越高。

转换误差通常以相对误差给出，它是指 A/D 转换器实际输出的数字量和理想输出的数字量之间的差别，并且用最低有效位的倍数表示。例如给出相对误差$\leqslant \pm \frac{1}{2}$LSB，这就表明实际输出的数字量和理论计算出的数字量之间的误差不大于最低位 1 的一半。假设 A/D 的分辨率是 10 位，输入的模拟电压在 0~5V 范围内，可求得量化单位 $\Delta = \frac{5}{2^{10}} \approx 5\text{mV}$，这个 A/D 转换器的误差在 $\pm 2.5\text{mV}$ 以内。

（2）转换速度。A/D 转换器的转换速度是指完成一次 A/D 转换所需的时间。它主要取决于转换电路的类型，不同类型 A/D 转换器的转换速度相差悬殊。如上所述，并联比较型的速度最快，逐次逼近型的转换速度次之，而双积分型 A/D 转换器的转换速率就要慢得多。

9.5 辅修内容

9.5.1 动态随机存储器

（1）动态随机存储器（DRAM）的动态存储单元。动态存储单元是利用 MOS 管栅极电容的暂存作用来存储信息的，因此需要刷新。

早期采用的动态存储单元为四管电路或三管电路，这两种电路的优点是外围控制电路比较简单，读出信号也比较大，而缺点是边部电路结构不够简单，不利于提高集成度，后来出现的单管动态存储单元是所有存储单元中电路结构最简单的一种，虽然它的外围控制电路比较复杂，但由于在提高集成度上所具有的优势，使它成为目前所有大容量 DRAM 首选的存储单元。图 9-42 的虚框即为三管动态存储单元。

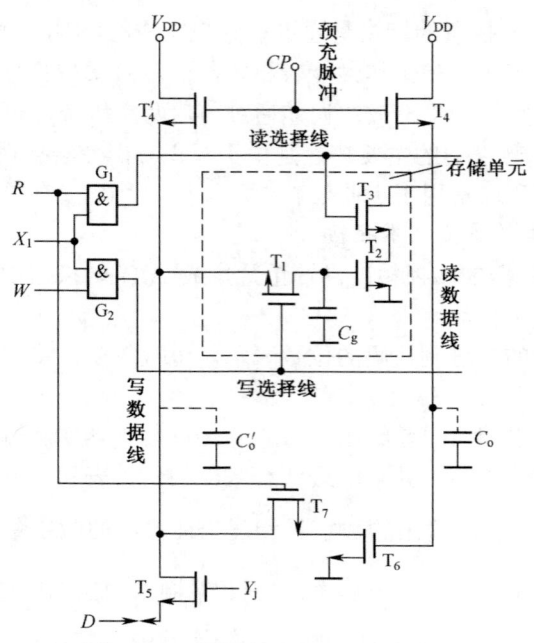

图 9-42 三管 NMOS 动态存储单元

图中的三管动态存储单元只用一个栅极电容 C_g 来实现数据暂存。由于这种存储单元的存取速度快，使用元件少，刷新电路简单，所以目前应用较多。

动态存储单元通常比静态存储单元所用元件少、集成度高，适用于大容量存储器。静态存储单元虽然使用元件多，集成度低，但不需要刷新电路，使用方便，适用于小容量存储器。随着新技术的开发，目前静态存储单元的集成度已大大提高，再加上采用 CMOS，功耗和速度指标得以改善而备受用户青睐，现在用的 64k 静态 RAM，每片功耗只有 10mV，其维持功耗可低达 15nW，完全可用电池作后备电源，构成不挥发存储器。

（2）DRAM 的总体结构。为了提高集成度的同时减少器件引脚的数目，目前的大容量 DRAM 多半都采用 1 位输入、1 位输出和地址分时输入的方式。

图 9-43 是一个 64k×1 位 DRAM 总体结构的框图。从总体上讲，它仍然包含存储矩阵、地址译码器和输入/输出电路三个组成部分。

存储矩阵中的单元仍按行、列排列。为了压缩地址译码器的规模，经常将存储矩阵划分为若干块。例如图 9-43 的例子中是把存储矩阵划分为（1）（2）两个 128 行、256 列的矩阵。

在采用地址分时输入的 DRAM 中，地址代码是分两次从同一组引脚输入的。分时操作由 $\overline{CAS}$ 两个时钟信号来控制。首先令 $\overline{RAS}=0$，输入地址代码的

$A_0 \sim A_7$ 位，然后令 $\overline{CAS}$=0，再输入地址代码的 $A_8 \sim A_{15}$ 位。$A_0 \sim A_6$ 被送到行地址译码器并被锁存，A_7 送入对应的寄存器。行地址译码器的输出同存储矩阵（1）和存储矩阵（2）中各选中一行存储单元，然后再由 A_7 通过输入/输出电路从两行中选出一行。$A_8 \sim A_{15}$ 被送往列地址译码器，列地址译码器的输出从 256 列中选中一列。

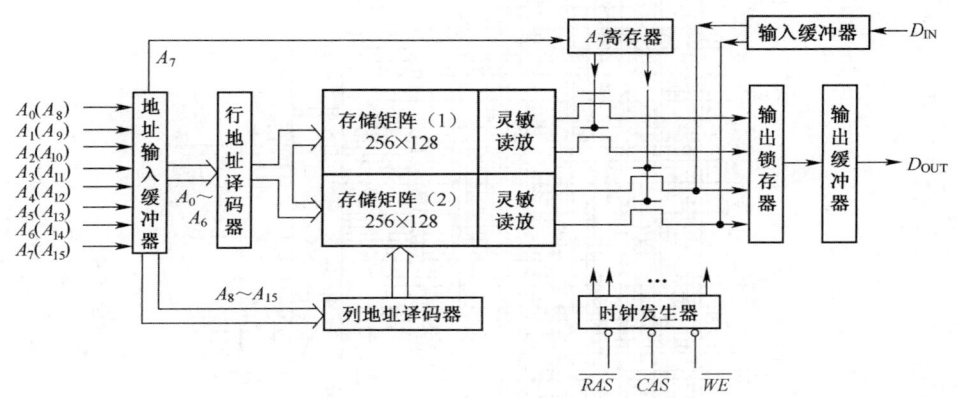

图 9-43　DRAM 的总体结构框图

当 $\overline{WE}$=1 时进行读操作，被输入地址代码选中单元中的数据经过输出锁存器、输出三态缓冲器到达数据输出端 D_{OUT}。当 $\overline{WE}$=0 时进行写操作，加到数据输入端 D_{IN} 的数据经过输入缓冲器写入由输入地址指定的单元中去。

9.5.2　通用阵列逻辑（GAL）

通用阵列逻辑（GAL）是 Lattice 公司于 1985 年推出的一种新型的、建立在 PAL 基础之上的可编程逻辑器件，它与 PAL 一样，也具有与阵列和或阵列两级基本结构。GAL 采用电可擦除的 CMOS（EECMOS）工艺制造，可重新配置逻辑，可重新组态各个可编程单元，而 PAL 采用双极型熔丝工艺，一旦编程以后不能修改；并且 PAL 器件的输出电路结构的类型繁多，给设计和使用带来了许多不便，GAL 对电路结构进行了改进，在输出端引入了可编程的输出逻辑宏单元 OLMC（Output Logic Macro Cell），OLMC 可被编程为不同的工作状态，具有不同的电路结构，从而可用同一种类型的 GAL 器件实现 PAL 器件的各种输出电路结构，保证了对各种类型的复杂的逻辑设计的可变性和灵活性。

1. GAL 器件的基本结构

（1）基本结构

目前常用的 GAL 器件有 GAL16V8 和 GAL22V10 两种系列，它们的结构基本相同，如图 9-44 所示，以 GAL16V8 为例来说明 GAL 的基本结构。

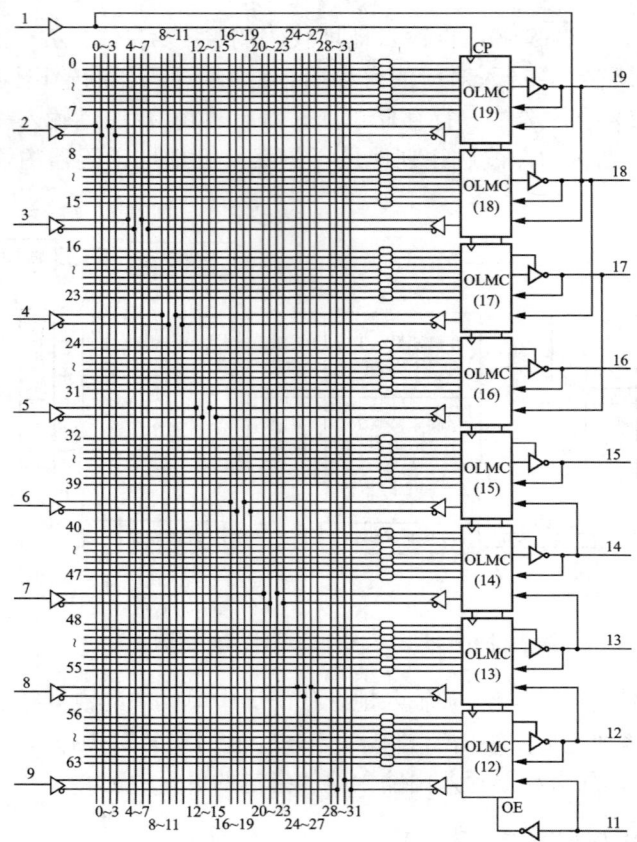

图 9-44　GAL16V8 的基本结构图

由图可见，GAL16V8 有 8 个输入端（2～9 脚），每个输入端有一个输入缓冲器；8 个输出端（12～19 脚），每个输出端有一个输出逻辑宏单元（OLMC），OLMC 通过一个三态输出缓冲器送到输出端，通过一个反馈/输入缓冲器到与逻辑阵列；32 列×64 列的与逻辑阵列可编程，32 列表示有 32 个输入变量（8 个输入的原码和反码以及 8 个输出反馈信号的原码和反码，共 32 个输入变量），64 行表示有 64 个乘积项（每一个输出含 8 个乘积项，8 个输出共 64 个乘积项），共有 2048 个可编程点；组成或逻辑阵列的 8 个或门分别包含于 8 个 OLMC 中，每一个 OLMC 固定连接 8 个乘积项，不可编程；另外，1 脚是系统时钟 CK，11 脚为三态输出缓冲器的公共控制端 OE，10 脚为公共地，20 脚为直流电源 V_{CC}（直流+5V）。

由图 9-44 可见，GAL 与 PAL 相比，结构上的不同之处就在于 OLMC，GAL16V8 提供了一个 OLMC，OLMC 的结构示意图如图 9-45 所示，图中的(n)表示 OLMC 的编号，这个编号与每个 OLMC 所对应的引脚号码一致。

第 9 章 数字系统及应用

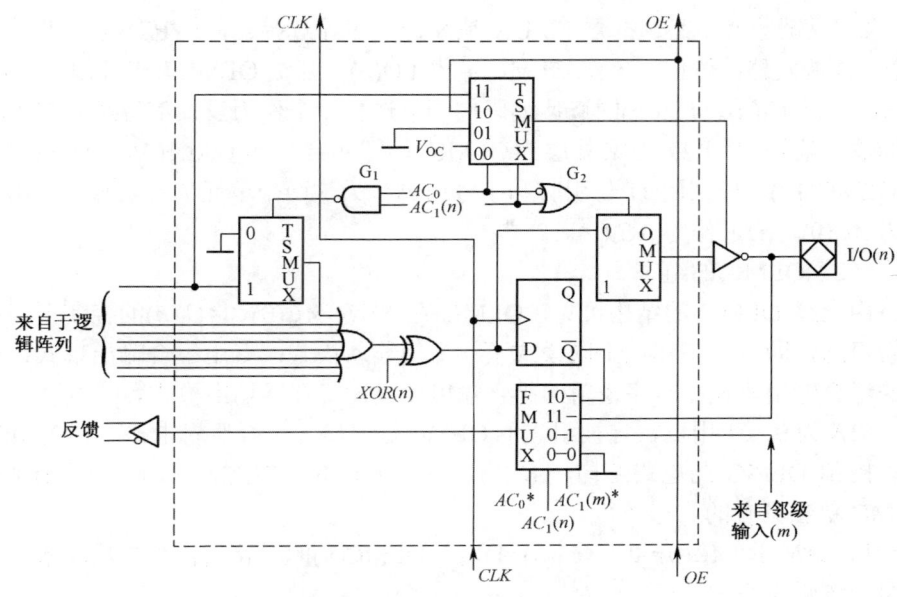

图 9-46 OLMC 的逻辑结构图

OLMC 中的或门完成或操作,有 8 个输入端,固定接收来自与逻辑阵列的输出,或门输出端只能实现不大于 8 个乘积项的与或逻辑函数;或门的输出信号送到一个受 $XOR(n)$ 信号控制的异或门,完成极性选择,当 $XOR(n)=0$ 时,异或门输出与输入(或门输出)同相,当 $XOR(n)=1$ 时,异或门输出与输入反相。

OLMC 中的四个多路选择器在控制信号 $AC(0)$ 和 $AC_1(n)$ 的作用下,可实现不同的输出电路结构。

1)乘积项选择多路选择器 PTMUX 是 2 选 1 多路选择器,PTMUX 的一个输入是地,另一个输入是该 OLMC 所连的来自与逻辑阵列的 8 个乘积项的第一项,而另外 7 个乘积项直接作为或门的输入。PTMUX 在 $AC(0)$ 和 $AC_1(n)$ 的与非运算结果控制下,选择地或第一乘积项作为或门的输入。

2)三态控制多路选择器 TSMUX 是 4 选 1 多路选择器,4 个输入信号是 V_{CC}、地、OE 和来自与逻辑阵列的第一乘积项,TSMUX 在 $AC(0)$ 和 $AC_1(n)$ 的两位编码控制下,从 4 个输入中选择一个作为输出三态缓冲器的控制信号。

3)输出选择多路选择器 OMUX 是一个 2 选 1 多路选择器,前述异或门输出直接送到 OMUX 的 0 输入端,作为逻辑运算的组合型输出;异或门的输出在时钟信号 CLK 的上升沿存入 D 触发器,D 触发器的输出 Q 送到 OMUX 的 1 输入端,作为逻辑运算的寄存器型输出。OMUX 在 $AC(0)$ 和 $AC_1(n)$ 的或非运算结果控制下选择组合逻辑输出或寄存器输出。

4）反馈选择多路选择器 FMUX 是 8 选 1 多路选择器，但它的输入信号只有 4 个：D 触发器的输出、本级 OLMC 输出 I/O(n)、邻级 OLMC 输出和地，FMUX 在 $AC(0)$、$AC_1(n)$、$AC_1(m)$ 的三位编码控制下选择一个作为反馈信号送回与逻辑阵列的输入信号。对于 GAL 最外层的 OLMC，如图 9-45 所示 GAL16V8 的 OLMC(12) 和 OLMC(19)，分别用 11 号引脚和 1 号引脚作为这两个单元的邻级输入，用 SYN 作为 $AC(0)$，SYN 作为 $AC_1(n)$。

（2）OLMC 的组态

由上述 OLMC 的结构可见，OLMC 在 SYN、$AC(0)$、$AC_1(n)$ 的控制下，可以重新组态，即可以工作在不同模式下：专用输入模式；专用组合输出模式；带反馈的组合输出模式；时序逻辑的组合输出模式；寄存器输出模式。

SYN 为 0 或 1 用以决定被组态的 OLMC 是时序或组合逻辑电路，$AC(0)$，$AC_1(n)$ 用以控制 OLMC 的电路结构，$AC(0)$ 是所有 OLMC 共用的，而 $AC_1(n)$ 则是每个 OLMC 单独具有的。

1）SYN=1，$AC(0)$=0，$AC_1(n)$=1 时，OLMC(n) 的电路结构为专用输入模式，是组合逻辑电路。

2）SYN=1，$AC(0)$=0，$AC_1(n)$=0 时，OLMC(n) 的电路结构为专用组合输出模式，是组合逻辑电路。

3）SYN=1，$AC(0)$=1，$AC_1(n)$=1 时，OLMC(n) 的电路结构为带反馈的组合输出模式。

4）SYN=0，$AC(0)$=1，$AC_1(n)$=0 时，OLMC(n) 的电路结构为寄存器输出模式，是时序逻辑电路。

5）SYN=0，$AC(0)$=1，$AC_1(n)$=1 时，OLMC(n) 的电路结构为时序逻辑的组合输出模式。需注意的是，工作在 011 模式的 OLMC 不能单独存在，必须和寄存器输出的 010 模式的 OLMC 共存于一片 GAL 芯片中，也就是说，工作在 011 模式的 OLMC 是时序逻辑电路中的组合逻辑部分。

2. GAL 的行地址映射图

GAL16V8 的行地址映射图如图 9-46 所示，它对应 GAL 器件内部可编程逻辑功能电路、信息记录和电路管理的所有编程单元，但并不表示这些编程单元的实际空间布局情况。

第 0～31 行，每行 64 位，为 32×64 的阵列，对应 32×64 的与逻辑阵列的编程单元，每一位对应一个编程单元。

第 33～59 行，是保留给制造厂家备用的地址空间，用户不可以使用。

第 61 行，该行只有 1 位，为加密单元。这一位一旦被编程，就禁止对与逻辑阵列的存取，从而防止与逻辑阵列被再次编程或读出，可以达到保密电路设计结果的目的,该保密单元只能在整体擦除时和与逻辑阵列一起被擦除。

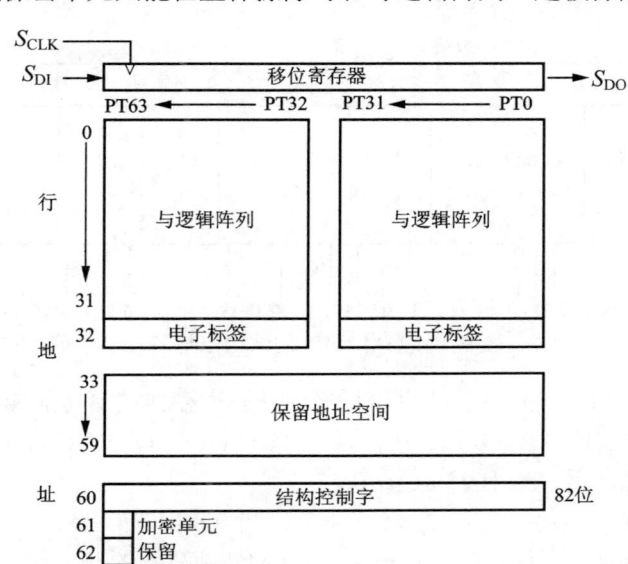

图 9-46 GAL16V8 的行地址映射图

第 63 行,该行只有 1 位,为整体擦除位。将该位清 0,就执行清除功能,从第 0 行到第 63 行的所有内容统统被擦除,原被编程器件回到编程前的未使用状态。

由图 9-47 可见,整个行地址结构对应一个 64 位的移位寄存器,该移位寄存器用于串行预装入编程数据,每装满一次,就向行地址中写入一行,整个行地址的编程是逐行进行的。第 32 行是电路标签(ES),共 64 位(8 个字节),用户可任意对这 64 个数据位分成若干个字段,每个字段可以占用不大于 64 位的任意位数,不同字段用来存储不同的内容:制造厂标记码、器件编程数据码、编程器识别码、编程模式号代码及保留字段等。即使第 61 行的加密单元被编程,ES 的数据始终能读出,在整体擦除时,ES 的数据也被擦除,保证在重新编程时 ES 的数据始终是最新的。

第 60 行是结构控制字,上面所述 GAL 器件的各种组态形式的实现是由结构控制字来控制的。控制字共 82 位,其组成如图 9-47 所示,其中的(n)表示它们控制 GAL16V8 时的每个 OLMC 的输出引脚号。

结构控制字各位的功能如下:

乘积项 PT 禁止位:共 64 位,分别控制与逻辑阵列的 64 行,即 64 个乘积项(PT0～PT63),以屏蔽某些不用的积项。

极性控制位 $XOR(n)$:共 8 位,分别控制 8 个 OLMC 中异或门的输出极性。

$XOR(n)=0$ 时，输出低电平有效；$XOR(n)=1$ 时，输出高电平有效。

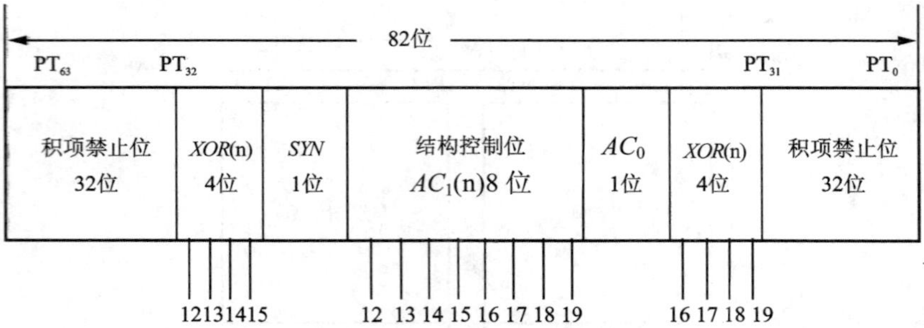

图 9-47 GAL16V8 的结构控制字

同步位 SYN：仅一位，它确定 GAL 器件具有寄存器输出功能或纯组合型的输出功能。在最外层的两个 OLMC 中，即 GAL16V8 的 OLMC(12) 和 OLMC(19)，用 $\overline{SYN}$ 代替 AC_0，用 SYN 代替 $AC_1(n)$。

结构控制位 $AC_1(n)$：共 8 位，分别控制 8 个 OLMC。

结构控制位 AC_0：只 1 位，对于 8 个 OLMC 是公共的。

本章小结

本章主要介绍 555 集成定时器及其应用、半导体存储器及其应用、可编程逻辑器件及其应用以及 A/D、D/A 转换器的工作原理。

1. 本章要点

（1）555 定时器是一种用途十分广泛的集成电路，用 555 定时器接成的施密特触发器和单稳态触发器是数字系统中最常用的两种整形电路。因为施密特触发器输出的高低电平随输入信号的电平改变，所以输出脉冲的宽度是由输入信号决定的，由于它的滞回特性和输出电平转换过程的正反馈的作用，所以输出波形的边沿得到明显的改善。单稳态触发器输出信号的宽度则完全由电路参数决定，与输入信号无关，输入信号只起触发作用。因此，单稳态触发器可以用于产生固定宽度的脉冲信号。用 555 定时器接成的多谐振荡器不需要外加输入信号，只要接通供电电源，就能自动产生矩形脉冲信号。因此，555 定时器在波形的产生、变换整形、定时以及控制系统和其他方面的应用都十分广泛。

（2）半导体存储器是一种能存储大量数据的半导体器件。半导体存储器一般由地址译码器、存储矩阵和输入/输出电路（或读写控制电路）三部分组成。半导体存储器有许多不同的类型，从读、写功能上分成只读存储器（ROM）和随机存取存储器（RAM）两大类。掌握各种类型半导体存储器在电路结构上和性能上的不同特点，将为我们合理选择这些器件提供理论依据。在一片存储器芯片的存储量不够用时，可以将多片芯片组合起来，构成一个更大容量的存储器。利用半导体存储器还可以用来实现组合逻辑函数。

（3）可编程逻辑器件 PLD 是一种新型半导体数字集成电路，它的最大特点是可以通过编程的方法设置其逻辑功能。FPLA 和 PAL 是较早应用的两种 PLD。这两种器件多采用双极型、熔线工艺或 UVCMOS 工艺制作，电路的基本结构是与或逻辑阵列型。采用这两种工艺制作的器件可靠性好，成本也较低，所以在一些定型产品中仍然在使用。GAL 是继 PAL 之后出现的一种 PLD，它采用 EECMOS 工艺生产，可以用电信号擦除和改写。电路的基本结构型式仍为与或阵列型式，但由于输出电路做成了可编程的 OLMC 结构，能设置成不同的输出电路结构，所以有较强的通用性。

（4）A/D、D/A 转换器的种类十分繁杂。在 D/A 转换器中我们主要介绍了权电阻网络型和倒 T 型电阻网络型 D/A 转换器；在 A/D 转换器中将其分为直接 A/D 和间接 A/D 转换器两大类，在直接 A/D 转换器中主要讲述并联比较型和反馈比较型中的逐次逼近型 A/D 转换器；在间接 A/D 转换器中主要讲述了双积分型（V-T 型）电路。事实上，在许多使用计算机进行信号检测、控制或信号处理的系统中，系统所能达到的精度和速度最终是由 A/D、D/A 转换器的转换精度和转换速度所决定的。所以，转换精度和转换速度是 A/D、D/A 转换器最重要的两个技术指标。

2. 本章基本要求

（1）理解 555 定时器的基本原理和应用，掌握利用 555 定时器构成施密特触发器、单稳态触发器和多谐振荡器的连接方法和基本参数。

（2）了解半导体存储器的结构和应用，掌握利用半导体存储器实现组合逻辑函数的方法。

（3）了解可编程逻辑器件 PLD 的功能和特点。

（4）了解 A/D、D/A 转换器的转换过程和工作原理，掌握不同种类 A/D、D/A 的特点和性能指标。

习题9

9-1 在图 9-4 用 555 接成的施密特触发电路中，试求：

（1）当 $V_{CC}=12V$，而且没有外接控制电压时，V_{T+}、V_{T-} 及 ΔV_T 的值。

（2）当 $V_{CC}=9V$，外接控制电压 $V_{CO}=5V$ 时，V_{T+}、V_{T-} 及 ΔV_T 的值。

9-2 在图 9-7 用 555 接成的多谐振荡电路中，若 $V_{CC}=12V$，$R_1=R_2=51k\Omega$，$C=0.01\mu F$，试

计算电路的振荡频率。

9-3 图 9-48 是一简易触摸开关电路,当手摸金属片时,发光二极管点亮,经过一段时间后发光二极管熄灭。试说明其工作原理,并求发光二极管能亮多长时间?

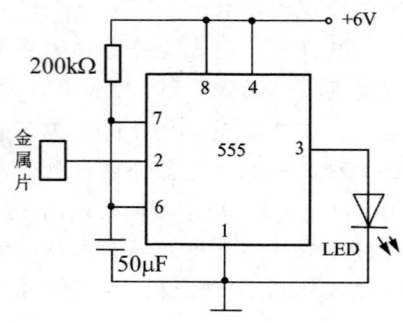

图 9-48 习题 9-3 图

9-4 图 9-49 是走廊楼梯节电控制开关的电路图。

(1) 分析电路的工作原理。

(2) 若要求每按一次开关,路灯照明 120s,问 R 应调节为多大?

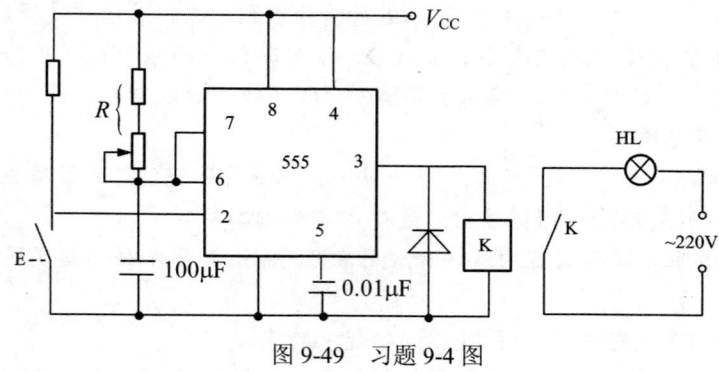

图 9-49 习题 9-4 图

9-5 已知 ROM 如图 9-50 所示,试列表说明 ROM 存储的内容。

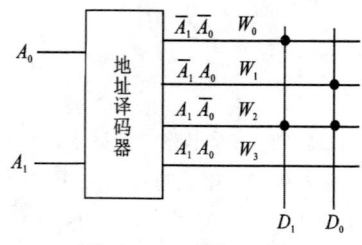

图 9-50 习题 9-5 图

9-6 二极管存储矩阵如图 9-51 所示,选择线低电平有效。试画出其简化阵列图并列表说明其存储内容。

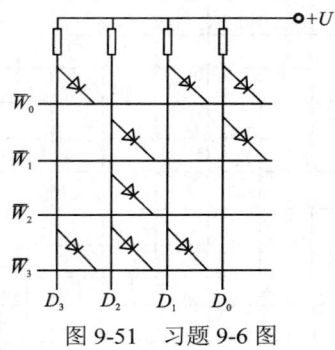

图 9-51 习题 9-6 图

9-7 试用 ROM 产生一组与或逻辑函数,画出 ROM 阵列图,并列表说明其存储内容。逻辑函数是:

$Y_2 = AB + BC + CA$ $Y_1 = A\overline{B} + \overline{A}B$ $Y_0 = AB + BC$

9-8 若 PROM 存储矩阵的编程如图 9-52 所示,试写出 D_3、D_2、D_1、D_0 的逻辑函数表达式。

9-9 图 9-53 为编程不完整的 PLA 阵列图(其中或阵列尚未编程)。试根据其输出的一组逻辑函数 $Y_0 \sim Y_3$ 将或阵列予以编程。逻辑函数为:

$Y_0 = \overline{A}BCD + \overline{A}BC$ $Y_1 = \overline{A}B\overline{C}D + ABC$

$Y_2 = A\overline{B}C\overline{D} + \overline{A}BC\overline{D} + ABCD$ $Y_3 = \overline{ABCD} + \overline{ABC}D + ABC\overline{D}$

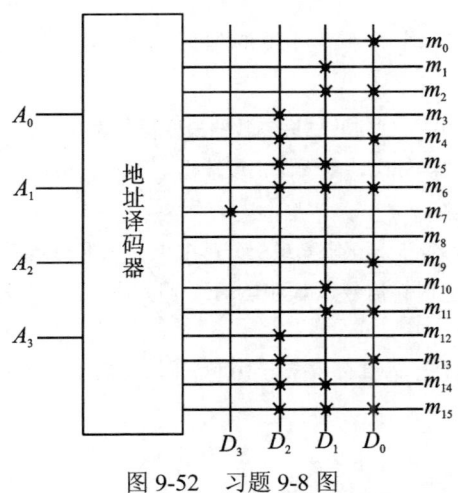

图 9-52 习题 9-8 图

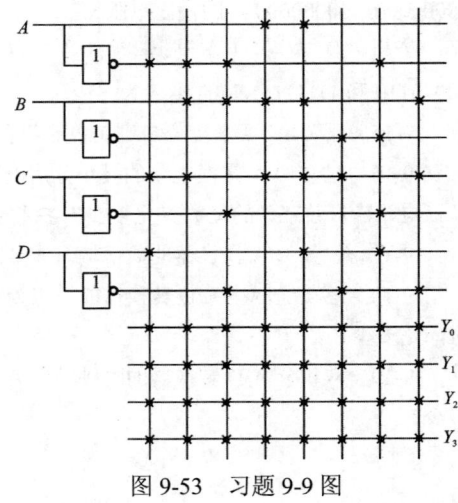

图 9-53 习题 9-9 图

9-10 图 9-54 为已编程的 PLA 阵列图，试写出所实现的逻辑函数。

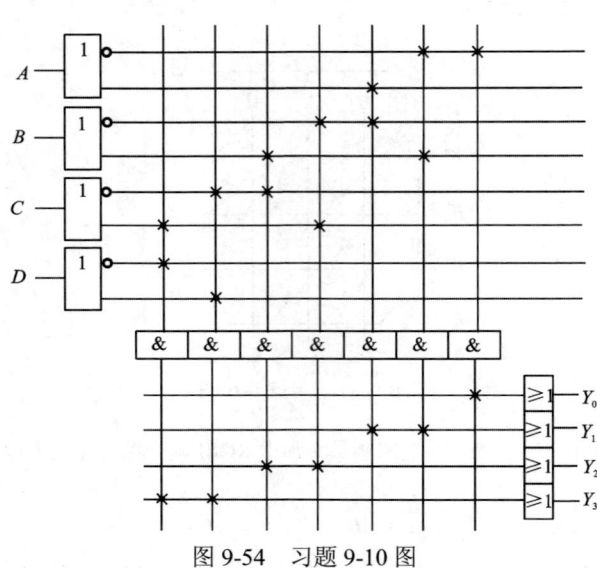

图 9-54 习题 9-10 图

9-11 某台计算机的内存储器设置有 32 位的地址线，16 位并行数据输入/输出，试计算它的最大存储容量多少？

9-12 试用 16 片 2114（1024×4 位的 RAM）和 3 线—8 线译码器 74LS138 接成一个 8k×8 位的 RAM。

9-13 有一八位 T 型电阻网络 DAC，设 V_{REF}=+5V，R_F=3R，试求 $d_7 \sim d_0$ =11111111，10000000，00000000 时的输出电压 u_o。

9-14 有一八位 T 型电阻网络 DAC，R_F=3R，若 $d_7 \sim d_0$ = 00000001 时 u_o=−0.04V，那么 00010110 和 11111111 时的 u_o 各为多少伏？

9-15 某 DAC 要求十位二进制数能代表 0~50V，试问此二进制数的最低位代表几伏。

9-16 已知 D/A 转换电路的最小分辨电压 V_{LSB}=5mV，最大满刻度输出电压 V_M=10V，试求该电路输入数字量的位数 N 是多少？参考电压 V_{REF}=?

9-17 已知 D/A 转换器的数字输入 N=10 位，V_M=5V，试求其最小分辨电压 V_{LSB} 和分辨率。

9-18 逐次逼近型 A/D 转换器的输出为 8 位，时钟信号频率为 1MHz，问完成一次转换的时间是多少？

9-19 双积分 A/D 转换器的时钟频率为 100kHz，若其分辨率为 10 位，问最高采样频率是多少？